2D/3D CAD

전산응용기계제도

[illegible]사 실기

이광수 저

일진사

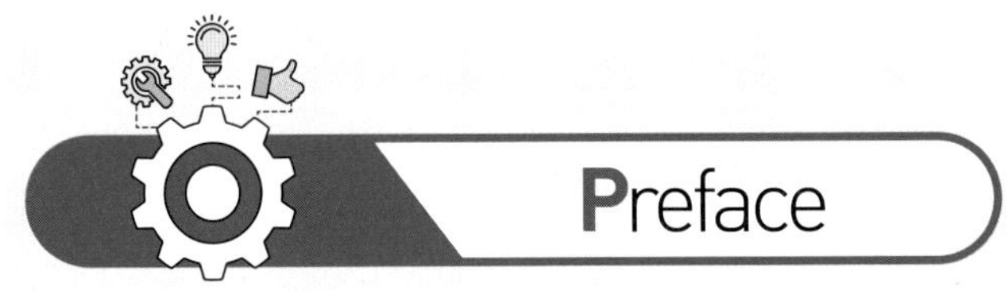

전자 · 컴퓨터 기술의 급속한 발전에 따라 기계 제도 분야에서도 컴퓨터에 의한 설계 및 생산 시스템(CAD/CAM)이 광범위하게 이용되고 있다. CAD/CAM 시스템이 모든 산업의 중추적인 역할을 담당하게 되면서 이를 효율적이고 전문적으로 활용할 수 있도록 산업현장에서 필요로 하는 인력을 양성하기 위한 노력이 계속되고 있다.

이에 따라 국가기술자격시험에서는 검정 요구사항에 따라 2D 조립도를 보고 CAD 프로그램을 활용하여 부품 모델링을 하고, 이 모델링 데이터를 이용하여 2D 부품도와 3D 렌더링 등각 투상도를 작성하여 제출하도록 하고 있다.

이 책은 CAD/CAM 분야에 종사하고 있는 현장 실무자나 전산응용기계제도기능사 실기시험을 준비하는 수험생들이 최소의 시간으로 최대의 학습 효과를 거둘 수 있도록 다음과 같이 구성하였다.

첫째, 전산응용기계제도기능사 실기시험 시 요구되는 도면의 크기와 도면의 작성 양식을 알기 쉽게 정리하였다.

둘째, 출제 과제를 철저히 분석하여 실기시험에서 출제 빈도가 높은 과제 도면을 체계적으로 구성하였다.

셋째, 출제 과제의 부품도(2D)와 렌더링 등각 투상도(3D)의 모범 답안을 수록하여 스스로 학습상태를 점검하며 학습할 수 있도록 하였다.

넷째, 2018년 3회 시험부터 적용된 개정사항을 반영하여 렌더링 등각 투상도의 부품란 '비고'에 질량을 비중 7.85로 계산하여 기입하였다.

끝으로, 이 책이 나오기까지 많은 도움을 주신 모든 분들께 고마움을 표하며, 특히 본 책을 출간하는 데 아낌없는 노력을 쏟아주신 도서출판 **일진사** 직원 여러분께 깊은 감사를 드린다.

저자 씀

 전산응용기계제도기능사 실기 출제기준

직무 분야	기계	중직무 분야	기계 제작	자격 종목	전산응용기계 제도기능사	적용 기간	2018.7.1. ~ 2020.12.31.

● 직무내용 : CAD 시스템을 이용하여 산업체에서 제품개발, 설계, 생산기술 부문의 기술자들이 기술정보를 표현하고 저장하기 위한 도면, 그래픽 모델 및 파일 등을 산업표준 규격에 준하여 제도하는 업무 등의 직무 수행

● 수행준거 : 1. CAD 시스템을 사용하여 파일의 생성, 저장, 출력 등의 제도 환경을 설정할 수 있다.
2. 기계장치와 지그 등의 구조와 각 부품의 기능, 조립 및 분해순서를 파악하여 한국산업규격(KS)에 준하는 제작용 부품 도면을 작성할 수 있다.
3. 출력장치를 사용하여 한국산업규격에 준하는 도면을 출력할 수 있다.

실기검정방법	작업형	시험시간	5시간 정도

실기과목명	주요항목	세부항목
전산응용기계 제도 작업	1. 설계관련 정보 수집 및 분석	1. 정보 수집하기 2. 정보 분석하기
	2. 설계관련 표준화 제공	1. 소요자재 목록 및 부품 목록 관리하기
	3. 도면 해독	1. 도면 해독하기
	4. 형상(3D/2D) 모델링	1. 모델링 작업 준비하기 2. 모델링 작업하기
	5. 설계 도면 작성	1. 설계사양과 구성요소 확인하기 2. 도면 작성하기 3. 도면 출력 및 데이터 관리하기
	6. 설계 검증	1. 공학적 검증하기

Contents

Chapter 3 국가기술자격 실기시험문제

Chapter

1 제도의 개요

Craftsman
Computer
Aided
Mechanical
Drawing

1 도면의 크기와 양식

1 도면의 크기(KS B ISO 5457)

도면의 크기는 물체의 크기와 척도에 따라 용도에 맞게 결정한다. 도면용으로 사용하는 제도용지는 A열 사이즈(A0~A4)를 사용하며, A열 용지의 크기는 짧은 변(a)과 긴 변(b)의 길이의 비가 1 : $\sqrt{2}$이다. A0~A4 용지는 긴 쪽을 좌우 방향으로 놓고 사용하며, 특히 A4 용지는 짧은 쪽을 좌우 방향으로 놓고 사용해도 좋다.

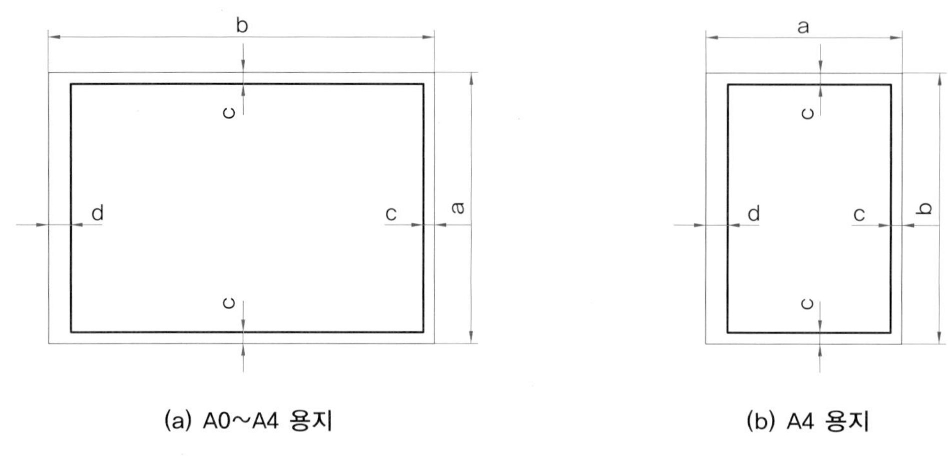

(a) A0~A4 용지 (b) A4 용지

도면의 크기에 따른 윤곽 치수

도면의 크기 확장은 피하는 것이 좋다. 그럴 수 없다면 A열(예 A3) 용지의 짧은 변의 치수와 그보다 큰 A열(예 A1) 용지의 긴 변의 치수 조합으로 확장한다.

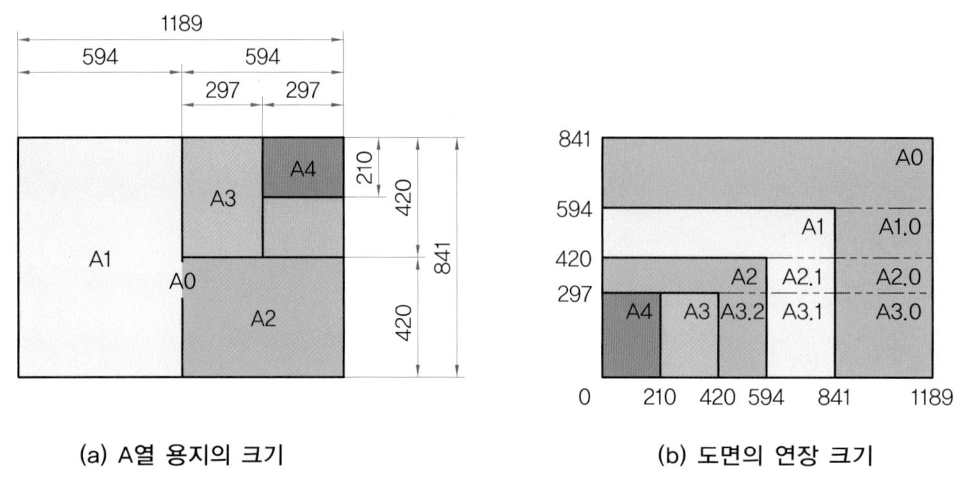

(a) A열 용지의 크기 (b) 도면의 연장 크기

A열 제도용지의 크기

2 도면의 양식(KS B ISO 5457)

도면을 그리기 위해서는 무엇을, 왜, 언제, 누가, 어떻게 그렸는지와 도면 관리에 필요한 것들을 표시하기 위해 도면에 양식을 마련해야 한다.

도면에 그려야 할 양식은 중심 마크, 윤곽선, 표제란, 구역 표시, 재단 마크 등이 있다.

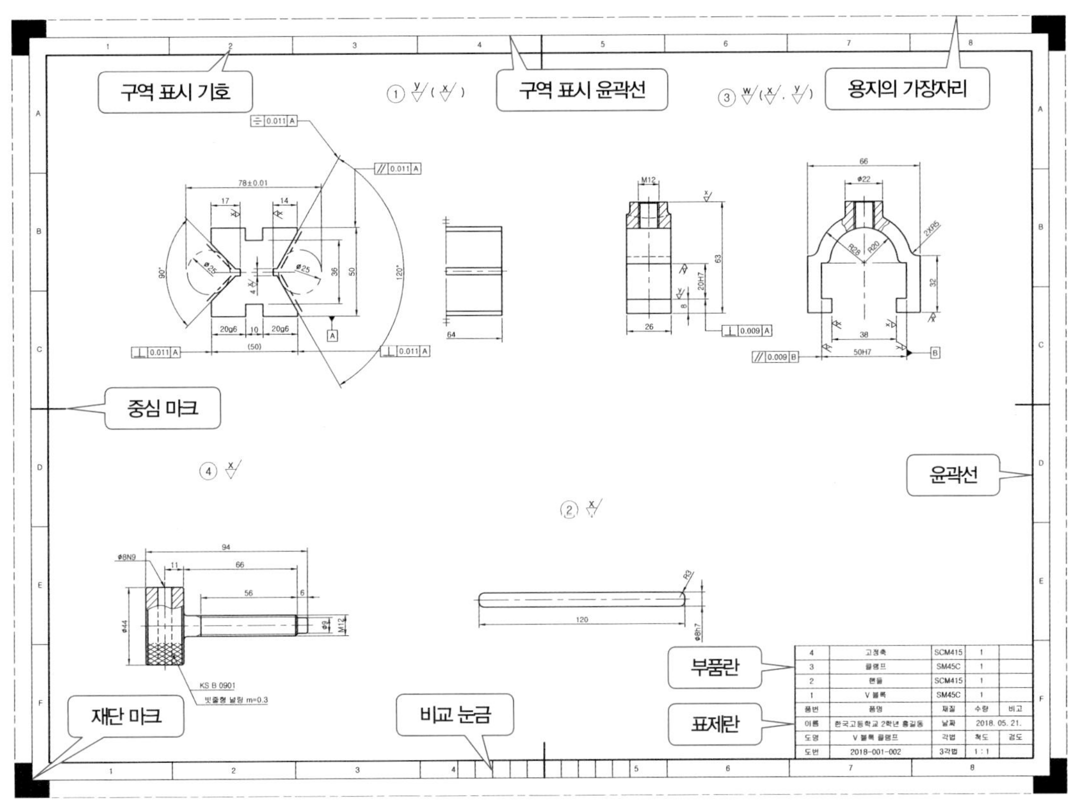

도면의 양식

3 자격 검정 시 요구사항

KS 규격과 달리 도면의 크기는 A2 용지로 하고 도면의 출력은 A3 용지로 한다.

(1) 도면의 크기

(단위 : mm)

구 분	도면의 한계		중심 마크	
기호 / 도면 크기	a	b	c	d
A2 (부품도)	420	594	10	5

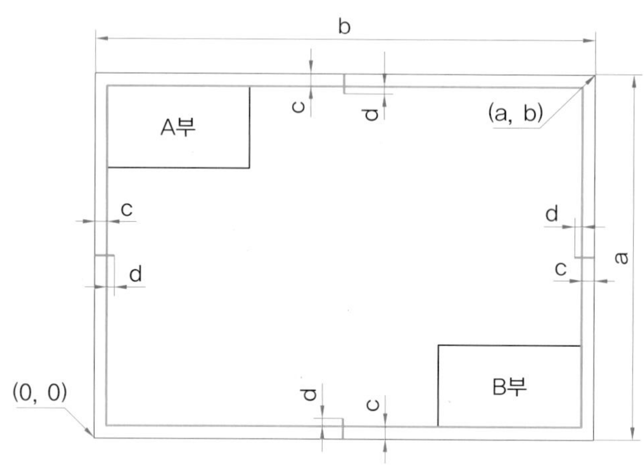

도면의 한계와 중심 마크

(2) 도면의 작성 양식

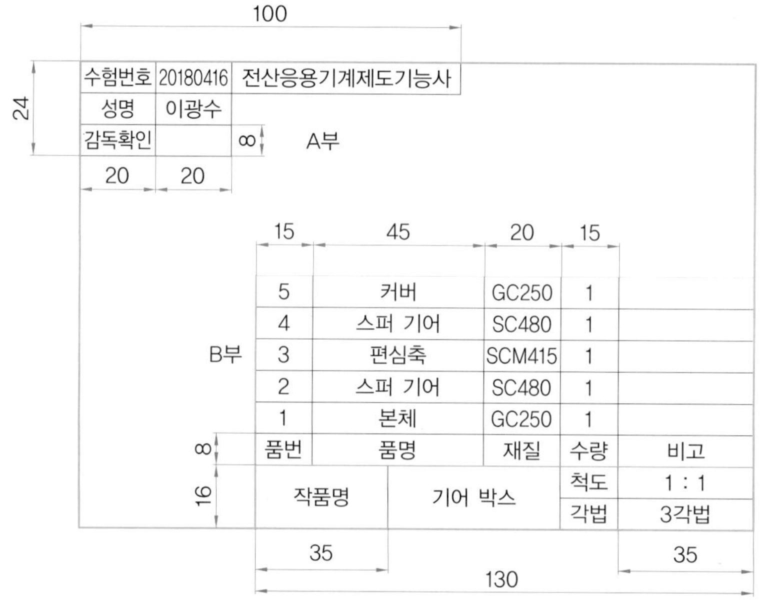

도면의 작성 양식

(3) 선 굵기에 따른 색상 및 용도

문자, 숫자, 기호의 높이	선 굵기	지정 색상	용 도
7.0mm	0.70mm	파란색	윤곽선, 표제란과 부품란의 윤곽선 등
5.0mm	0.50mm	초록색, 갈색	외형선, 부품 번호, 개별 주서, 중심 마크 등
3.5mm	0.35mm	노란색	숨은선, 치수와 기호, 일반 주서 등
2.5mm	0.25mm	흰색, 빨간색	해치선, 치수선, 치수 보조선, 중심선, 가상선 등

Chapter

2 도면 그리기

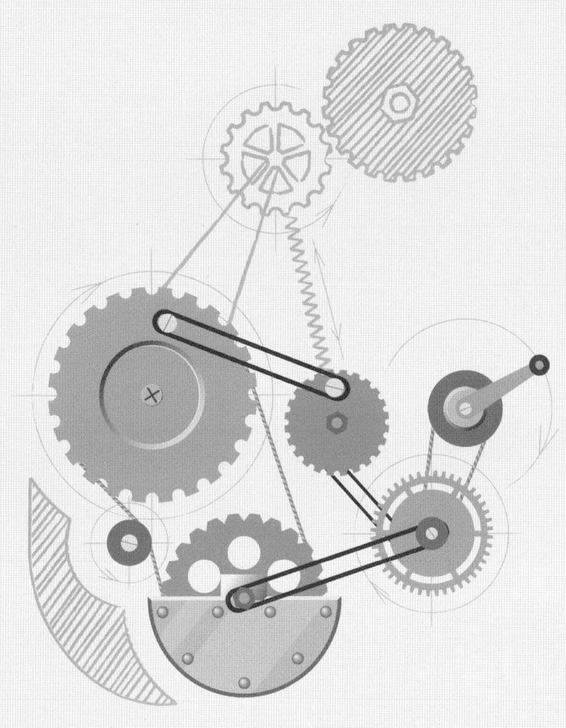

Craftsman Computer Aided Mechanical Drawing

1 동력 전달 장치

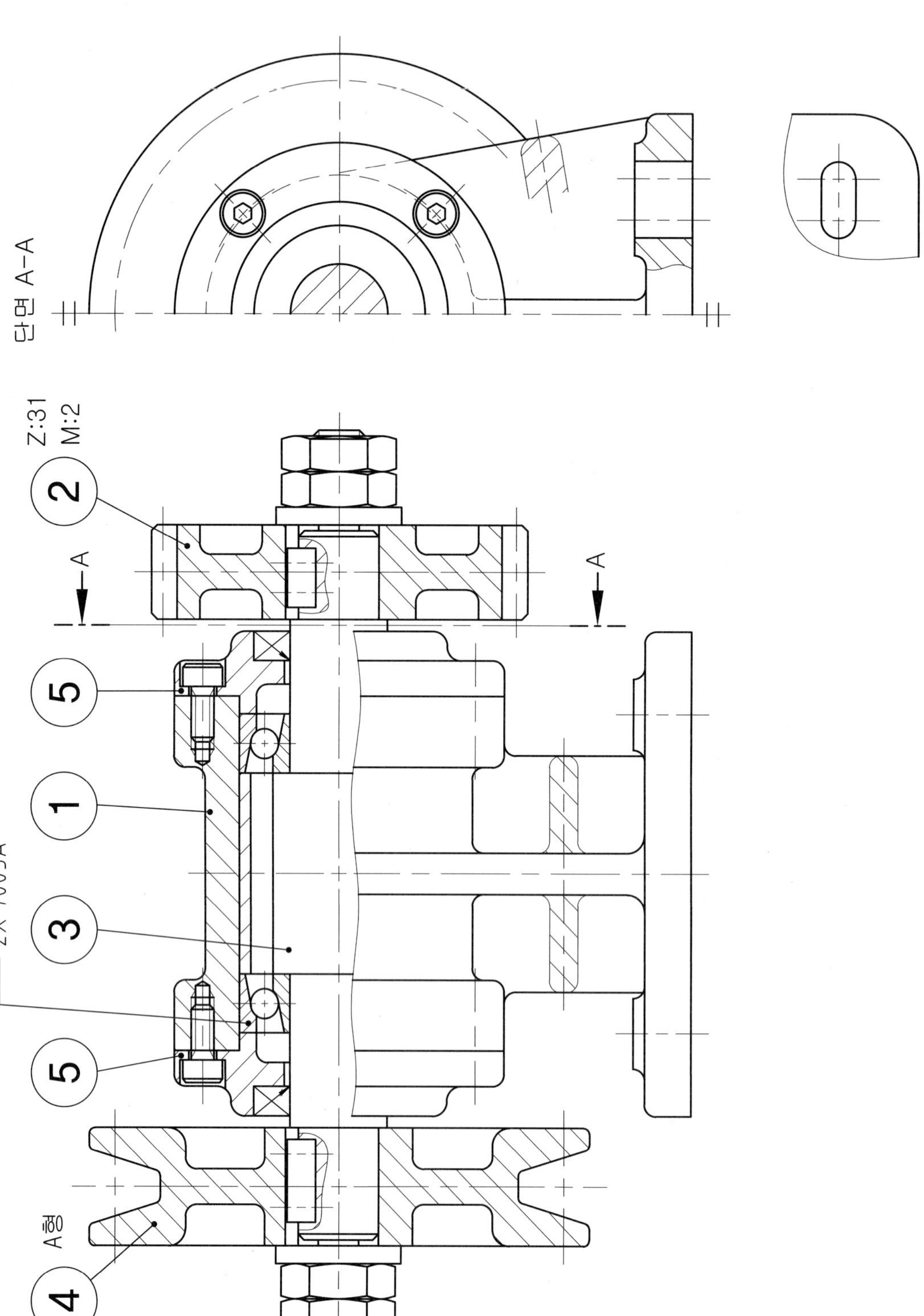

1 동력 전달 장치의 이해

동력 전달 장치는 모터에서 발생한 동력을 기계에 전달하기 위한 장치를 말한다. 동력의 공급 및 전달, 속도 제어, 회전 제어 등의 역할을 한다.

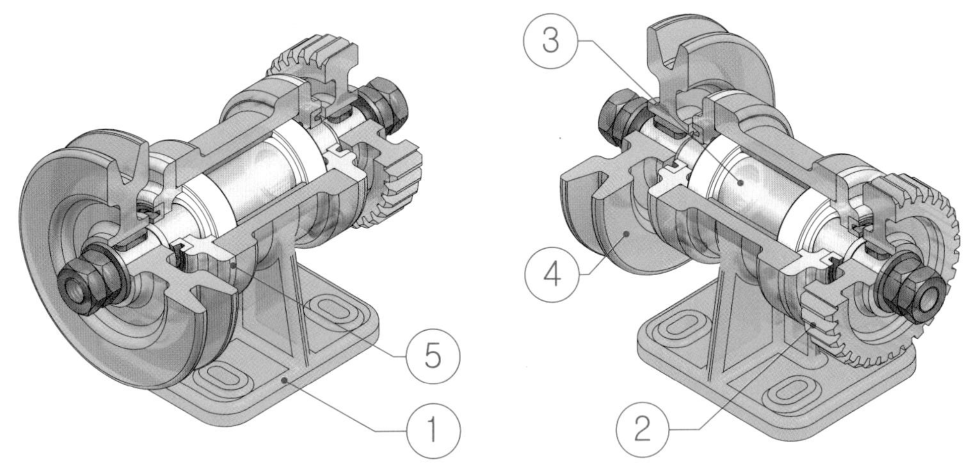

동력 전달 장치 조립도

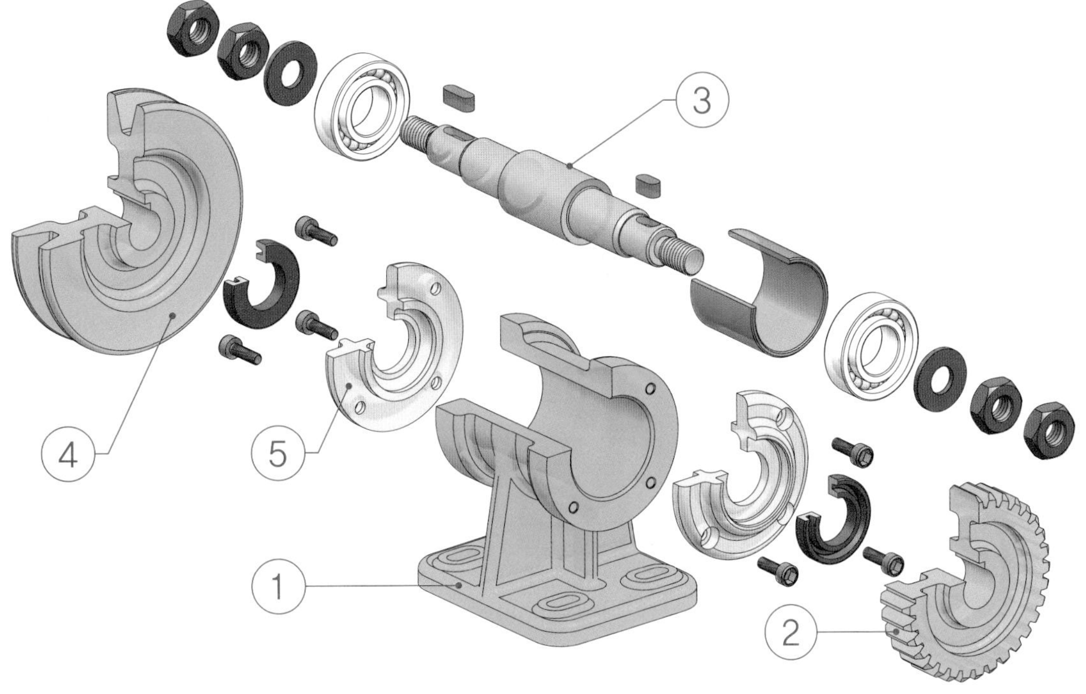

동력 전달 장치 구조도

(1) 동력 전달 방법

전동기에서 발생한 동력은 V 벨트를 통해 축에 고정된 벨트 풀리로 전달된다. 벨트 풀리에 전달된 동력은 2개의 베어링으로 지지된 축을 통해 스퍼 기어로 전달되며, 이렇게 전달된 동력은 스퍼 기어에 연결된 다른 기계 장치로 전달되어 일을 한다.

(2) 설계 조건

① A형 V 벨트 풀리와 기어의 모듈이 2이고 잇수가 31인 스퍼 기어를 사용한다.

② 축을 지지하는 베어링은 앵귤러 볼 베어링으로 7003A의 규격을 사용한다.

③ 베어링 커버에 사용된 밀봉 장치는 오일 실을, 커버 조립 볼트는 M4 육각 구멍 붙이 볼트를, 축에 조립된 V 벨트 풀리와 기어의 고정은 M10 로크너트를 사용한다.

2 동력 전달 장치 그리기

① 본체 그리기

동력 전달 장치에서 본체는 축, 베어링, 베어링 커버, 본체 고정구 등과 같은 동력 전달 장치의 요소들이 조립되어 동력을 전달할 수 있도록 지지해 주는 기능을 하며 구조적으로 다른 곳에 설치할 수 있도록 구성되어 있다.

(1) 본체의 재료 선택

본체의 재료는 주조성이 좋고 압축 강도가 큰 회주철품(GC250)을 많이 사용한다.

상품성을 높이기 위해 외면은 명청색 도장 처리를 하고 내면은 광명단 도장을 하여 산화되는 것을 방지한다.

본체의 기계 재료

기계 재료의 종류 및 기호	인장 강도(N/mm^2)	명 칭
GC250	250 이상	회주철품
SC450	450 이상	탄소 주강품

(2) 본체 투상

본체의 외형과 내부의 단면을 보면 어떻게 투상해야 할지 알 수 있다. 도면은 투상을 먼저 하고 치수를 결정해야 하는데, 이때 본체의 치수보다 베어링 치수를 먼저 결정한다.

본체의 다듬질 정도는 제거 가공이 불필요한 부위의 표면 거칠기($\overset{\circ}{\bigtriangledown}$)와 일반 가공에서 정밀 가공까지 요구되는 부위의 표면 거칠기 ($\overset{w}{\bigtriangledown}$, $\overset{x}{\bigtriangledown}$, $\overset{y}{\bigtriangledown}$)를 적용한다.

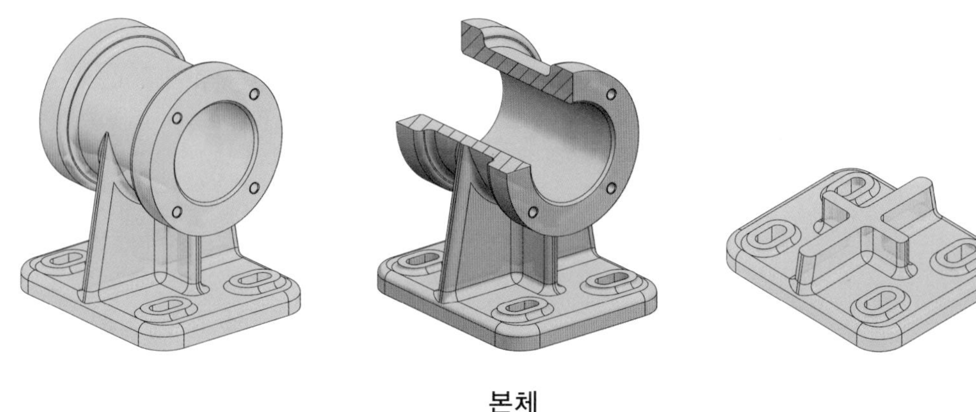

본체

① 데이텀 설정

데이텀은 원칙적으로 문자 기호에 의해 지시하며, 영어의 대문자를 정사각형으로 둘러 싸고, 데이텀 삼각 기호에 지시선을 연결하여 나타낸다. 이때 데이텀 삼각 기호는 빈틈없이 칠해도 좋고 칠하지 않아도 좋다.

본체의 바닥면은 다른 곳에 설치할 수 있도록 되어 있는데, 이 면을 데이텀으로 설정한다. 이것이 치수 기입의 기준이 된다.

다듬질 정도는 중간 다듬질($\overset{x}{\bigtriangledown}$) 이상을 적용해야 측정 오차를 줄일 수 있다.

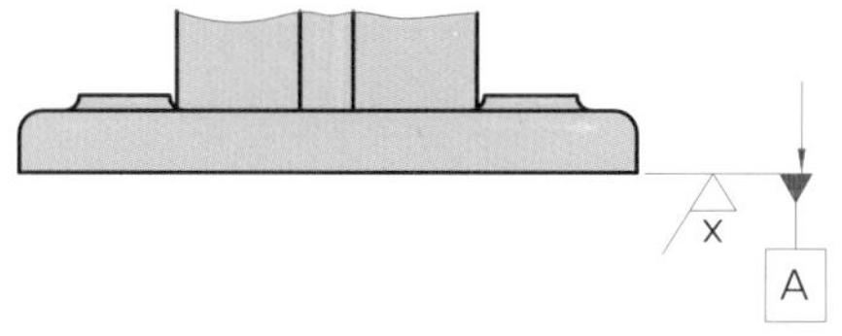

데이텀 설정

② 베어링 치수 결정

그림과 같이 축과 본체의 양쪽에 조립될 베어링 치수를 먼저 결정한다. 베어링의 안지름으로 축의 치수를 결정하고, 베어링의 바깥지름으로 본체의 안지름을 결정한다.

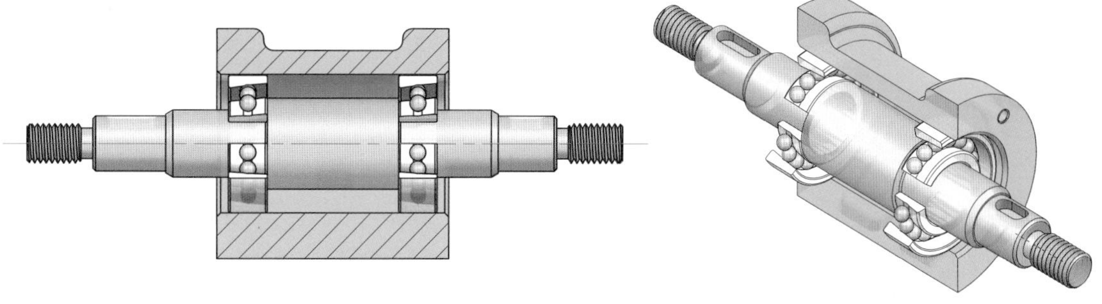

본체와 축의 베어링 조립 부위

③ 끼워 맞춤 공차, 기하 공차 및 다듬질 기호 기입

㈎ 본체에 조립된 앵귤러 볼 베어링 7003A는 안지름이 17mm, 바깥지름이 35mm, 너비가 10mm이다. 본체의 베어링 조립부의 치수가 35mm이므로 공차는 H8이다.

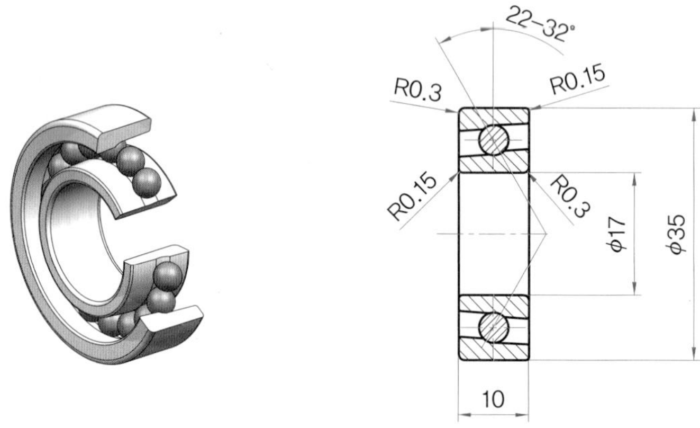

앵귤러 볼 베어링(70계열)

앵귤러 볼 베어링(70계열)의 치수(KS B 2024) (단위 : mm)

베어링 70계열 호칭 번호[1]			치수				
			d	D	B	r_{min}[2]	참고 $r_{1\ min}$[2]
7000A	7000B	7000C	10	26	8	0.3	0.15
7001A	7001B	7001C	12	28	8	0.3	0.15
7002A	7002B	7002C	15	32	9	0.3	0.15
7003A	7003B	7003C	17	35	10	0.3	0.15
7004A	7004B	7004C	20	42	12	0.6	0.3
7005A	7005B	7005C	25	47	12	0.6	0.3

주 (1) 접촉각의 기호 A는 생략할 수 있다. (2) 내륜 및 외륜의 최소 허용 모떼기 치수이다.

호칭 접촉각(KS B 2024)

호칭 접촉각	C	A	B
	10° 초과 20° 이하	20° 초과 32° 이하	32° 초과 45° 이하

(나) 베어링이 조립되는 부분은 정밀 다듬질(y/▽)을, 커버가 조립되는 부분은 중간 다듬질(x/▽)을 적용하며, 그 외의 가공부는 거친 다듬질(w/▽)을 적용한다.

(다) 기하 공차는 데이텀 A를 기준으로 평행도를 적용하며, 평행도에 적용되는 기능 길이는 60mm이므로 IT 5급일 때 50mm 초과 80mm 이하의 IT 공차는 13μm이고, 평행도는 [// | 0.013 | A]이다.

(라) 원통도는 데이텀 없이 사용하는 모양 공차로 IT 공차가 평행도와 같이 13μm이므로 [⌭ | 0.013]이다.

IT 공차

기준 치수 (mm)		IT 공차 등급					
		3	4	5	6	7	8
초과	이하	기본 공차의 수치(μm)					
3	6	2.5	4	5	8	12	18
6	10	2.5	4	6	9	15	22
10	18	3	5	8	11	18	27
18	30	4	6	9	13	21	33
30	50	4	7	11	16	25	39
50	80	5	8	13	19	30	46
80	120	6	10	15	22	35	54

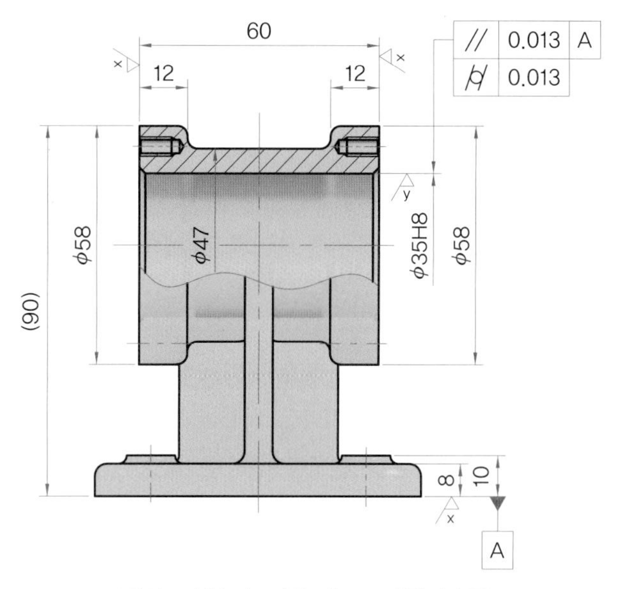

표면 거칠기 기호가 표기된 본체

참고

- 직각도에 적용되는 기능 길이는 측정하는 면에 한정되므로 데이텀 면에서부터 전체 높이가 아니라 기능 길이 58mm이다.
- 커버 조립부는 개스킷이 조립되고 본체 60mm가 일반 공차이므로 정밀한 직각도까지는 필요하지 않다.

④ 본체의 탭 나사와 볼트 구멍의 부분 단면도 그리기

(가) 본체에 커버를 조립하고 고정하기 위해 M4 나사로 체결한다.

(나) 탭 나사의 표기법은 치수선과 치수 보조선을 사용하여 표기하며, 산업 현장에서는 도면에 간단히 지시선으로 표기한다.

(다) 측면도의 탭 나사 중심선의 지름 치수는 반치수로 기입하며, 치수선은 중심을 넘어가도록 그린다.

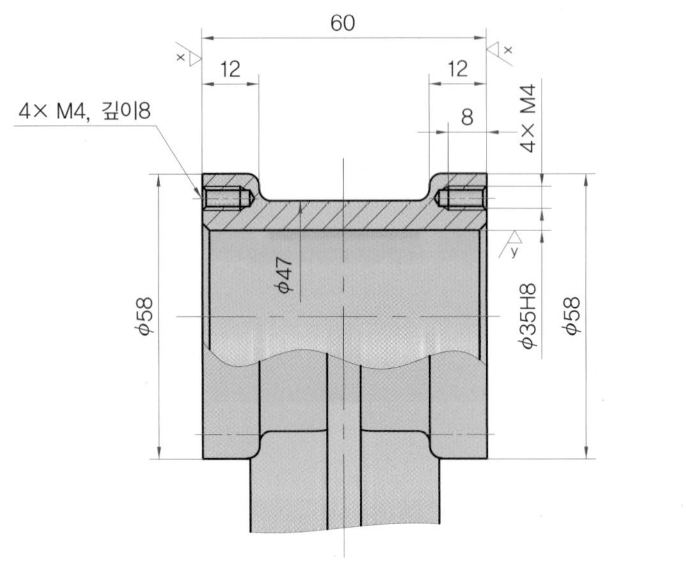

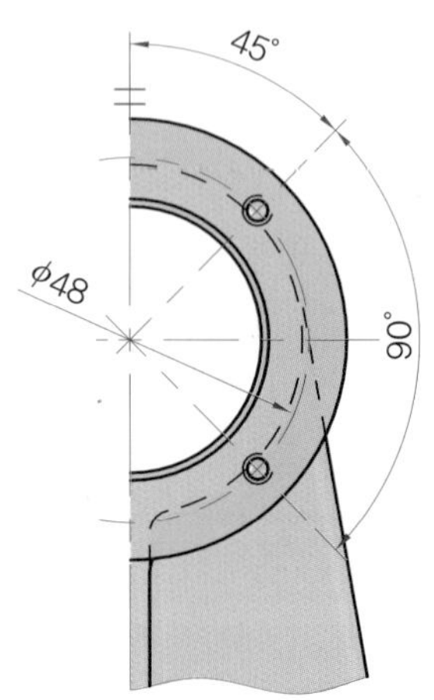

본체의 탭 나사 그리기

(라) 본체의 일부인 볼트 구멍을 부분 절단하여 내부 구조를 그린다. 이 경우는 파단선(가는 실선)으로 그 경계를 나타낸다.

(마) 파단선으로 경계를 나타낼 때는 대칭, 비대칭에 관계없이 나타낸다.

(바) 볼트 구멍의 다듬질 정도는 거친 다듬질(w/▽)을 적용한다.

(사) 치수는 4× 6으로 기입한다. 이때 4는 4개의 구멍을 말하며 6은 치수이다.

(아) 저면도는 볼트 구멍 부분만 부분 투상한다.

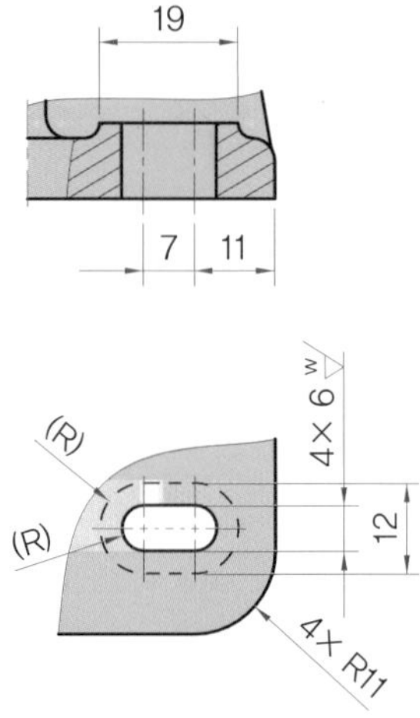

볼트 구멍의 부분 단면도

⑤ **리브의 회전 도시 단면도 그리기**

핸들이나 바퀴의 암, 림, 리브, 훅, 축, 구조물의 부재 등의 절단면은 90° 회전하여 그린다.

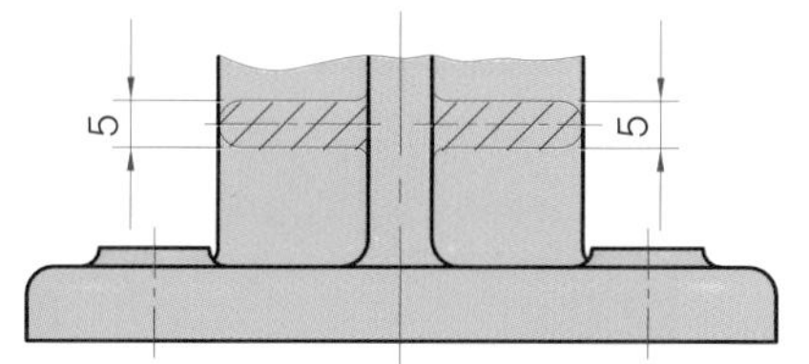

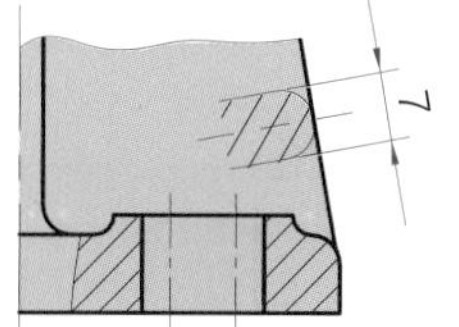

리브의 회전 도시 단면도

⑥ **중심 거리 허용차 기입**

바닥면(데이텀)에서 본체의 베어링이 조립되는 축의 중심선(구멍)까지의 중심 거리는 61mm이므로 IT 2급일 때 50mm 초과 80mm 이하의 중심 거리 허용차는 23㎛이고, 중심 거리는 61±0.023mm이다.

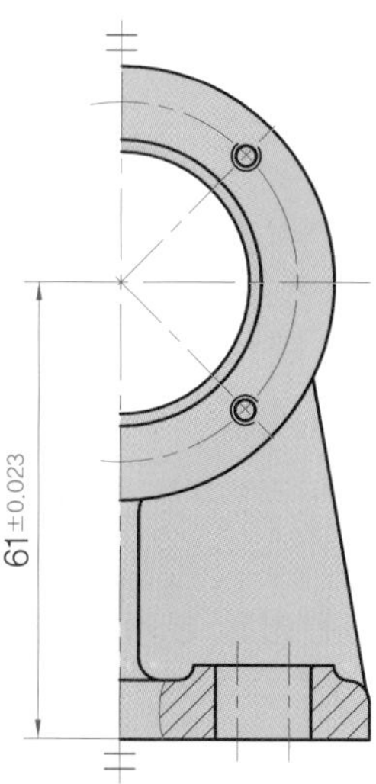

중심 거리의 허용차 기입

(3) 완성된 도면 검도

① 부품의 상호 조립 및 작동에 필요한 베어링 등 끼워 맞춤 공차를 검도한다.

② 부품의 가공과 방법, 기능에 알맞은 표면 거칠기를 적용했는지 검도한다.

③ 선의 용도에 따른 종류와 굵기, 색상에 관하여 검도한다(layer 지정).

④ 누락된 치수나 중복된 치수, 계산해야 하는 치수에 관하여 검도한다.

⑤ 기계 가공에 따른 기준면(데이텀)의 치수 기입에 관하여 검도한다.

⑥ 치수 보조선, 치수선, 지시선이 적절하게 사용되었는지 검도한다.

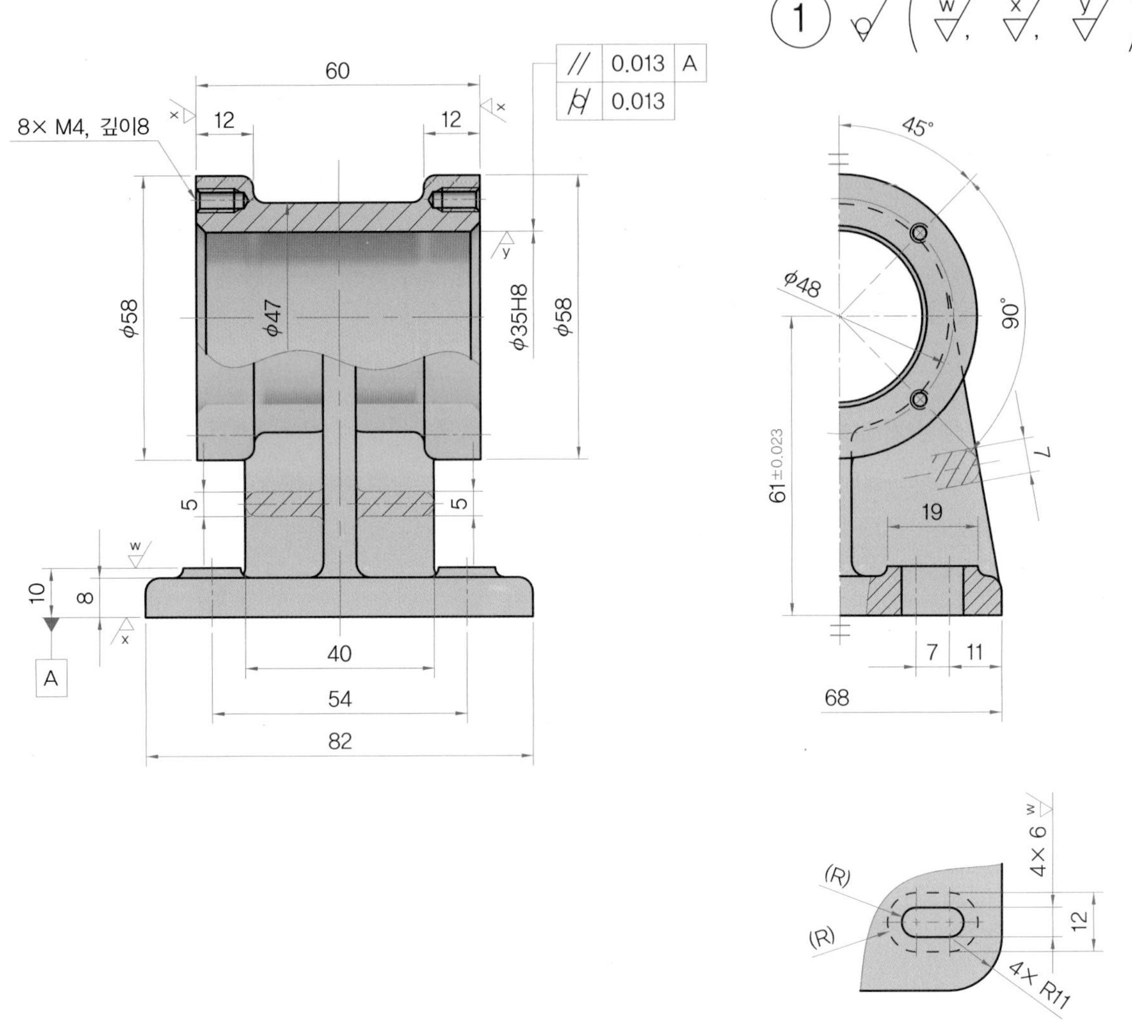

완성된 본체 도면

② 스퍼 기어 그리기

기어는 축간 거리가 짧고 확실한 회전을 전달시킬 때 또는 하나의 축에서 다른 축에 일정한 속도비로 동력을 전달할 때 사용하며, 미끄러짐 없이 확실한 동력을 전달할 수 있다. 감속비는 최고 1:6까지 가능하며, 효율은 가공 상태에 따라 95~98% 정도이다.

(1) 스퍼 기어의 재료 선택

기어 이의 열처리를 고려하여 주조하거나 봉재를 절단하여 선반 가공한 후 호빙 머신 등으로 치형을 가공하여 열처리할 수 있는 주강 또는 특수강 제품을 선택한다. 여기서는 SC49를 사용하였다.

기어의 기계 재료(KS D 3867, 3752)

기계 재료의 종류 및 기호	인장 강도(N/mm^2)	명 칭
SCM415	415 이상	크로뮴-몰리브데넘강
SM45C	686 이상	기계 구조용 탄소강
SC49	-	주강

(2) 스퍼 기어 그리기

스퍼 기어는 축과 수직인 방향에서 본 그림을 정면도로 그리며, 측면도는 키 홈 부분만을 국부 투상으로 그린다.

① 피치원 지름 $= m$(모듈) $\times Z$(잇수) $= 2 \times 31 = 62$ mm

② 바깥지름 $= (Z+2)m = (31+2) \times 2 = 66$ mm

③ 전체 이 높이 $= 2.25 \times m = 2.25 \times 2 = 4.5$ mm

④ 기어 이는 정밀 다듬질(y▽)을, 그 외의 가공부는 중간 다듬질(x▽)을 적용한다.

⑤ 이는 부분 열처리 $H_RC40 \pm 2$를 적용하며 굵은 일점 쇄선으로 표기한다.

⑥ 데이텀은 구멍 14mm인 중심선을 데이텀 축선으로 지정하여 데이텀 문자 E를 기입한다.

⑦ 데이텀 E를 기준으로 기어 피치원은 복합 공차인 원주 흔들림을 적용한다. 기능 길이는 P.C.D 62mm이므로 IT 5급일 때 50mm 초과 80mm 이하의 IT 공차가 13μm이므로 원주 흔들림은 [↗ | 0.013 | E]이다.

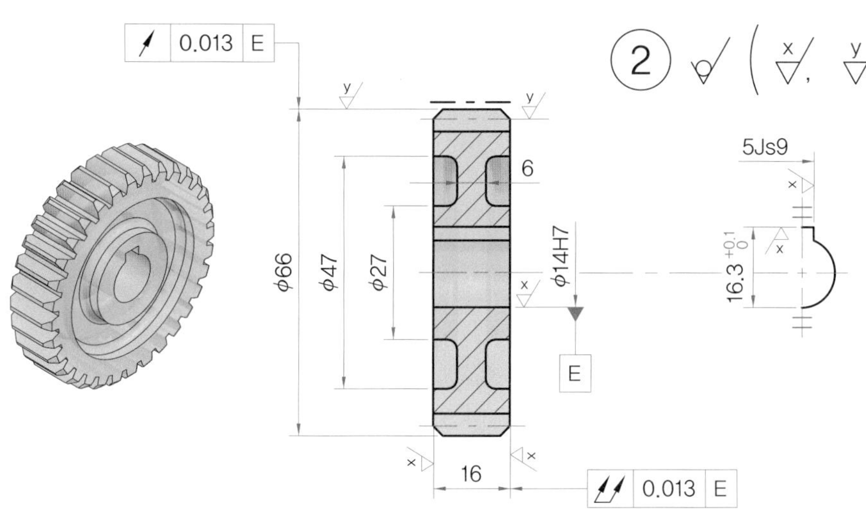

스퍼 기어 요목표		
기어 치형		표준
공구	치형	보통 이
	모듈	2
	압력각	20°
잇수		31
전체 이 높이		4.5
피치원 지름		φ62
다듬질 방법		호브 절삭
정밀도		KS B ISO 1328-1, 4급

스퍼 기어 그리기

③ 축 그리기

축은 동력을 전달하는 기계요소이다. 축이 정확하게 설계되고 가공 및 조립되어야 기계의 소음과 진동이 적고 수명이 길어진다.

(1) 축의 재료 선택

축의 재료는 강도와 열처리 방법 및 내식성, 가공성 등을 종합적으로 검토하여 결정한다.

열처리가 필요한 축은 선반 가공 후 열처리를 하고 연삭 등 마무리 가공을 하여 완성한다. 여기서는 SCM415를 사용하였다.

축의 기계 재료(KS D 3867, KS D 3752)

기계 재료의 종류 및 기호	인장 강도(N/mm^2)	명 칭
SCM415	450 이상	크로뮴-몰리브데넘강
SM45C	686 이상	기계 구조용 탄소강

(2) 베어링의 KS 규격 적용 및 공차와 기하 공차의 치수 기입

① 앵귤러 볼 베어링 7003A는 안지름이 17mm이므로 축 지름은 ϕ17js5의 중간 끼워 맞춤 공차이다. 베어링이 r=0.3이므로 축 단의 구석은 R0.3 이하로 라운드 가공하고, 베어링 조립부는 정밀 다듬질(y/▽)을 적용한다.

② 축의 중심선을 데이텀 축선으로 지정하여 데이텀 문자 B와 C로 지정한다.

③ 기하 공차는 데이텀 B-C를 기준으로 원주 흔들림을 적용한다. 원주 흔들림에 적용되는 기능 길이는 17mm이므로 IT 5급일 때 10mm 초과 18mm 이하의 IT 공차는 8μm이고, 원주 흔들림은 | ↗ | 0.008 | B-C | 이다.

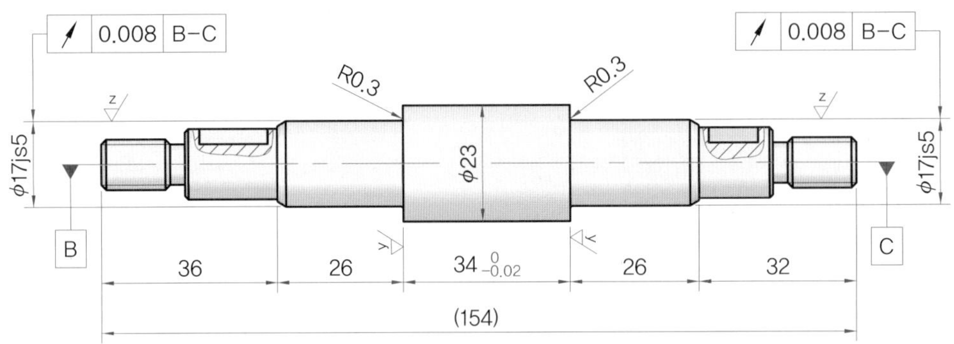

베어링의 KS 규격 적용 및 공차와 기하 공차의 치수 기입

(3) 오일 실 관계 치수 기입

오일 실의 조립부는 초정밀 다듬질(z/▽)을 적용한다. 오일 실은 회전 운동을 하는 동력 전달 장치의 커버에 사용되며 오일이 누수되지 않도록 기밀을 유지한다. 이물질의 침입을 차단하기 위해 많이 사용된다.

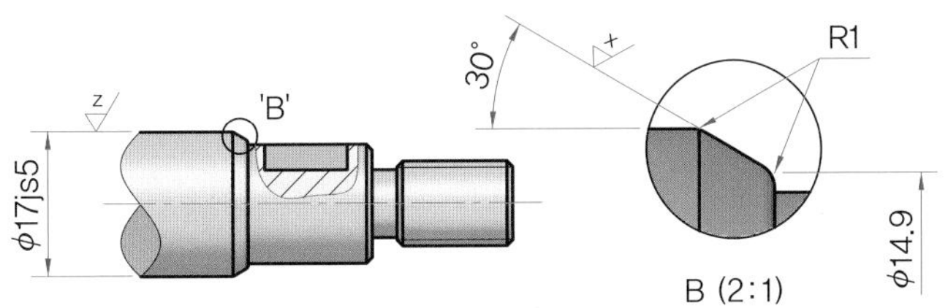

축의 모떼기와 둥글기의 R1은 둥글기를 만드는 정도이다. KS B 2804 참조

오일 실 관계 치수 기입

(4) 센터 구멍 치수 기입

센터는 주로 선반에서 주축과 심압대 축 사이에 삽입되어 공작물을 지지하는 것으로, 보통 선단각을 60°로 하지만 중량물을 지지할 때는 75° 또는 90°인 것을 사용한다.

> **참고**
> 센터 구멍의 치수는 KS B 0410을 적용하며 도시 방법은 KS A ISO 6411-1을 적용한다. 센터 구멍의 표면 거칠기는 y/▽를 적용하며 t=t'+0.3d 이상이다.

(5) 완성된 축 도면

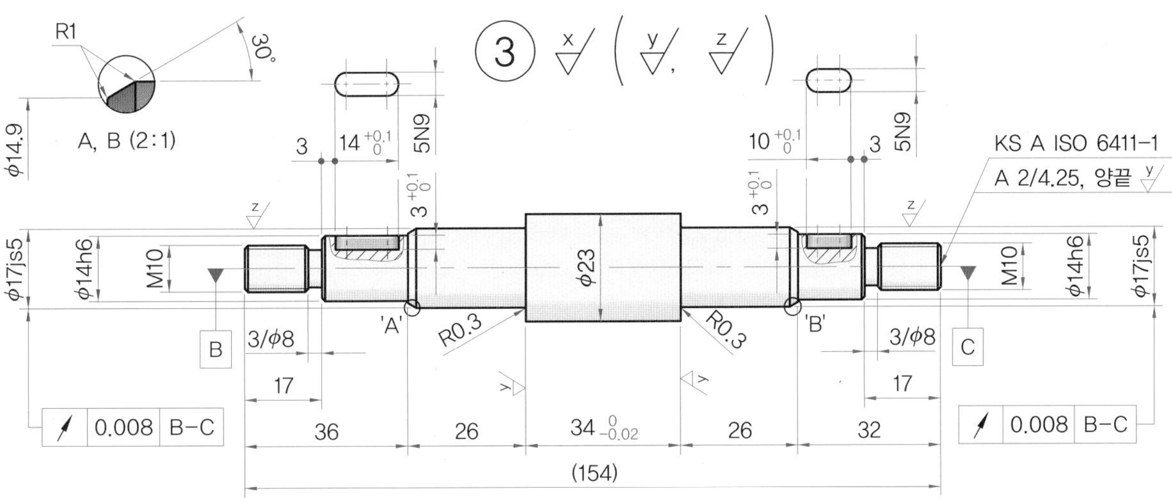

완성된 축 도면

④ V 벨트 풀리 그리기

V 벨트는 벨트 풀리와의 마찰이 크고 미끄럼이 생기기 어려워 축간 거리가 짧고 속도비가 큰 경우의 동력 전달에 좋다.

중심 거리는 2~5m에서 사용이 적당하나 수십 cm 이내인 짧은 거리에도 효과적이며, 엇걸기를 할 수 없어 두 축의 회전 방향을 바꿀 수 없다.

(1) V 벨트 풀리의 재료 선택

일반적으로 주철을 사용하는데, 여기서는 회주철품 3종인 GC250을 사용하였다.

V 벨트 풀리의 기계 재료

기계 재료의 종류 및 기호	인장 강도(N/mm²)	명 칭
GC250	250 이상	회주철품
SC450	450 이상	탄소 주강품

(2) V 벨트 풀리 그리기(KS B 1400)

① V 벨트 홈부의 치수와 공차 기입

㈎ V 벨트가 M형이고 호칭 지름이 79mm인 V 벨트 풀리의 홈부의 치수와 공차를 기입한다.

㈏ V 홈의 각도는 34°±0.5°로, 홈 부위는 확대도로 표기한다.

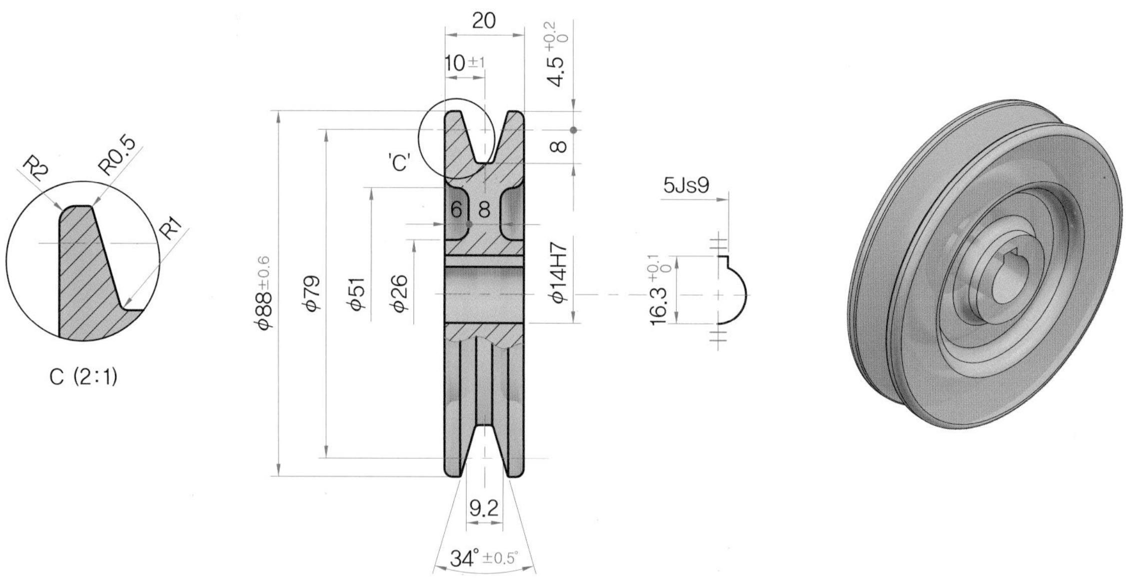

V 벨트 홈부의 치수와 공차 기입

② 데이텀 설정

V 벨트 풀리의 기하 공차를 기입할 때 기준선은 구멍 ϕ14H7의 중심선을 데이텀 축선으로 지정하여 데이텀 문자 D로 지정한다.

③ 기하 공차 기입

V 벨트의 호칭 지름이 79mm이므로 75mm 이상 118mm 이하의 바깥둘레 흔들림 허용값은 0.3mm이고 림 측면 흔들림 허용값도 0.3mm이다. 따라서 데이텀 D를 기준으로 원주 흔들림은 | ↗ | 0.3 | D |이다.

참고

기능 길이 88mm로 IT 5급을 적용하면 80mm 이상 120mm 이하의 IT 공차는 15μm이므로 원주 흔들림은 | ↗ | 0.015 | D | 이다.

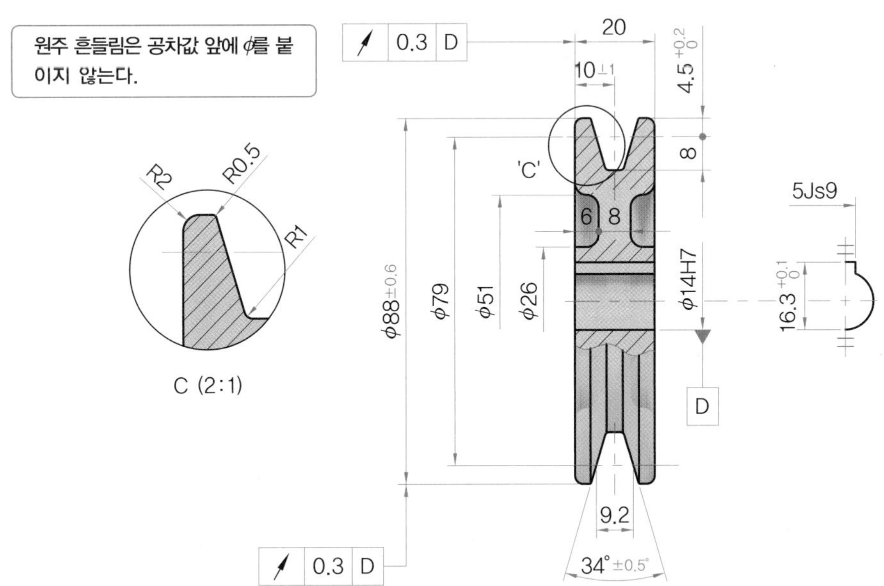

V 벨트 풀리의 기하 공차 기입

④ 다듬질 기호 기입

V 벨트 풀리는 주강 또는 주물 제품으로 다듬질 정도는 ∅/(x/▽, y/▽) 까지 요구된다. V 벨트 풀리의 홈 측면인 V 벨트 접촉부는 정밀 다듬질(y/▽)을 적용하며 풀리의 바깥지름의 둘레, 림 측면, 홈 둘레는 중간 다듬질(x/▽)을 적용한다.

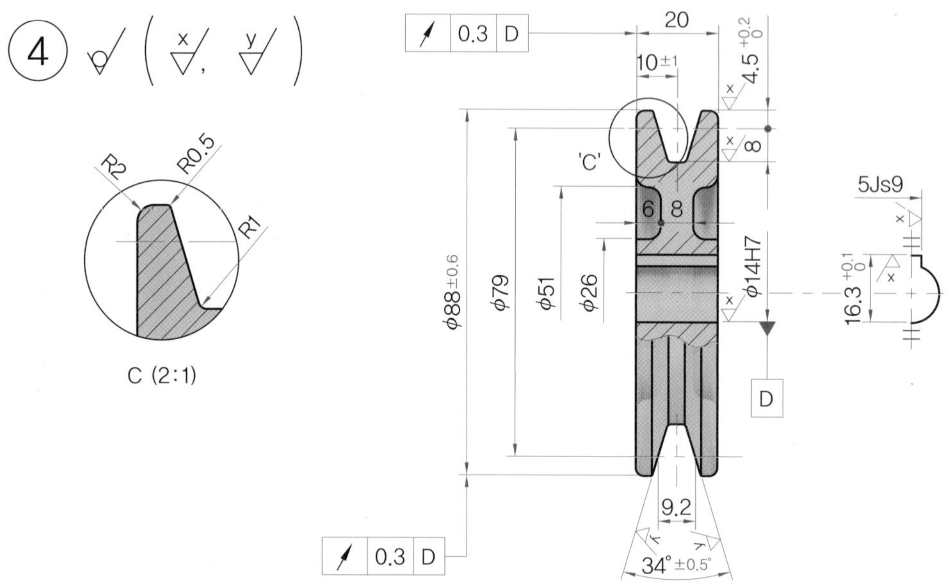

V 벨트 풀리의 다듬질 기호 기입

⑤ **키 홈 그리기**

㈎ 축의 지름이 14mm이므로 12mm 초과 17mm 이하일 때 키 호칭 치수는 5×5mm, 키 홈 b_1, b_2는 5mm, 공차는 축이 N9, 구멍이 Js9이다. 또한 키 홈의 깊이는 축(t_1)이 3mm이고 구멍(t_2)이 2.3mm이다.

㈏ 키 홈은 헐거운 끼워 맞춤으로 고정하므로 중간 다듬질(x)을 적용한다.

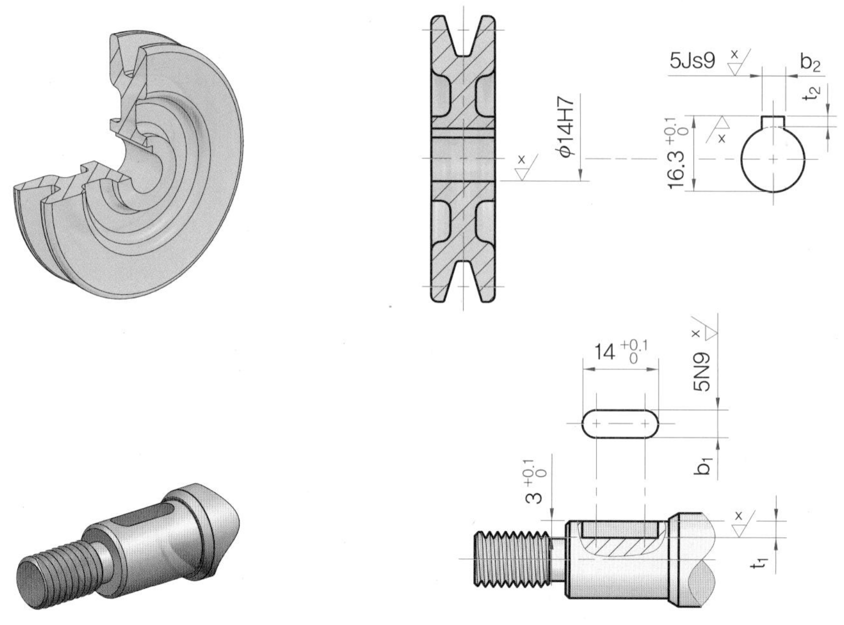

키 홈 그리기

⑤ 커버 그리기

오일이 본체 밖으로 새어나오지 않도록 하기 위해 밀봉 장치를 갖춘 것을 커버라 한다. 커버는 본체의 양쪽에 조립하며 오일의 누수를 막기 위해 개스킷을 사용하기도 한다.

(1) 커버의 재료 선택

커버는 주물 제품으로 복잡한 형상을 쉽게 가공하기 위해 널리 사용한다. 여기서는 회주철품 GC200을 사용하였다.

커버의 기계 재료

기계 재료의 종류 및 기호	인장 강도(N/mm^2)	명 칭
GC200	200 이상	회주철품

(2) 커버의 다듬질 기호 및 기하 공차 기입

① **다듬질 기호 기입** : 커버와 베어링의 접촉부, 오일 실 조립부는 정밀 다듬질($\overset{y}{\bigtriangledown}$)을 적용하며, 본체와 조립부는 중간 다듬질($\overset{x}{\bigtriangledown}$)을, 그 외의 가공부는 거친 다듬질($\overset{w}{\bigtriangledown}$)을 적용한다.

② **기하 공차 기입** : 커버의 기하 공차는 보통 오일 실 조립부에 원통도를 지시하는 정도이다. 원통도에 적용되는 기능 길이는 5.2mm이므로 IT 5급일 때 3mm 초과 6mm 이하의 IT 공차가 5μm이므로 원통도는 | ⌭ | 0.005 |이다.

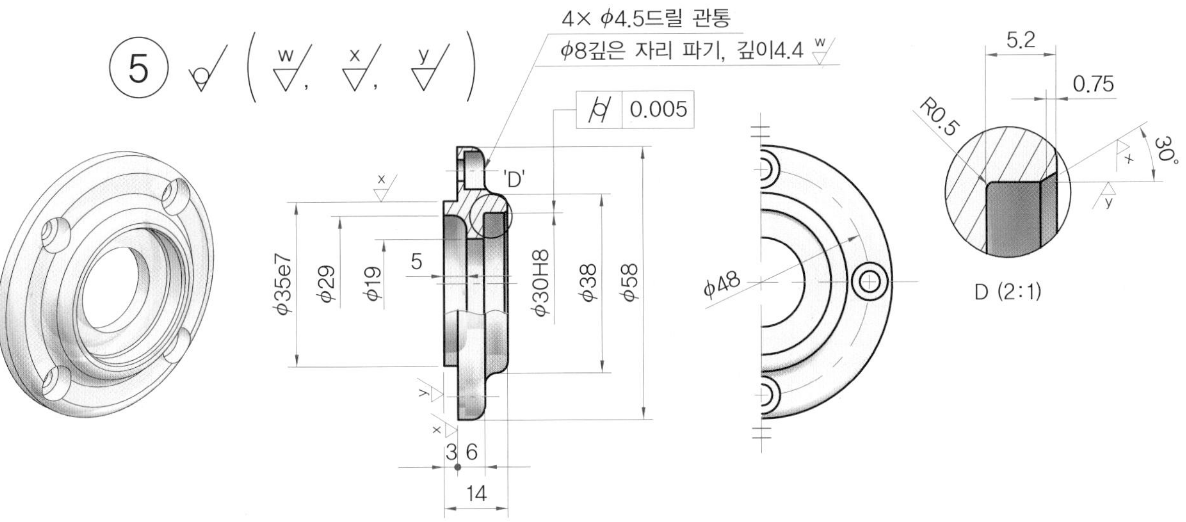

커버 그리기

3 동력 전달 장치 부품도

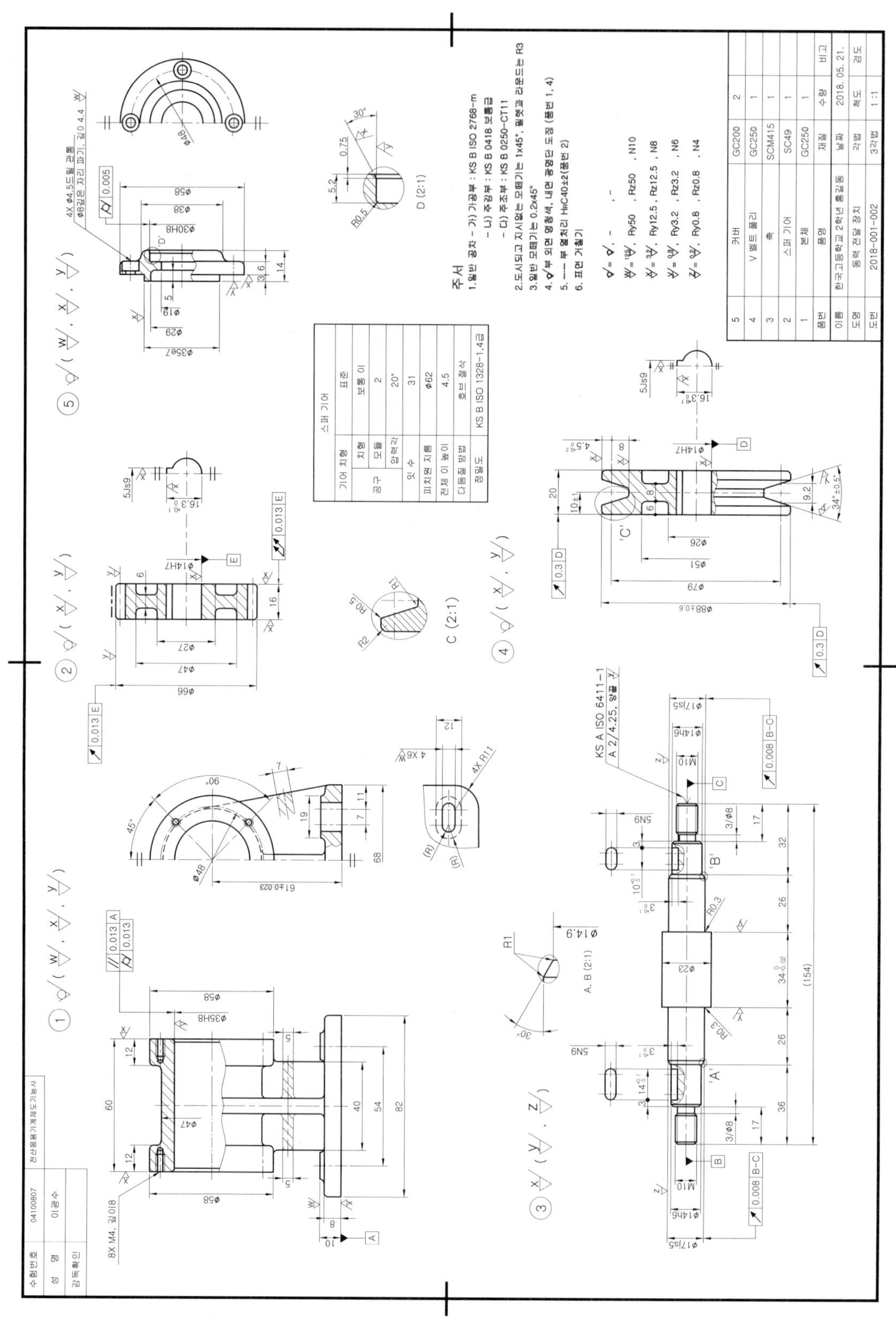

4 동력 전달 장치 등각 투상도

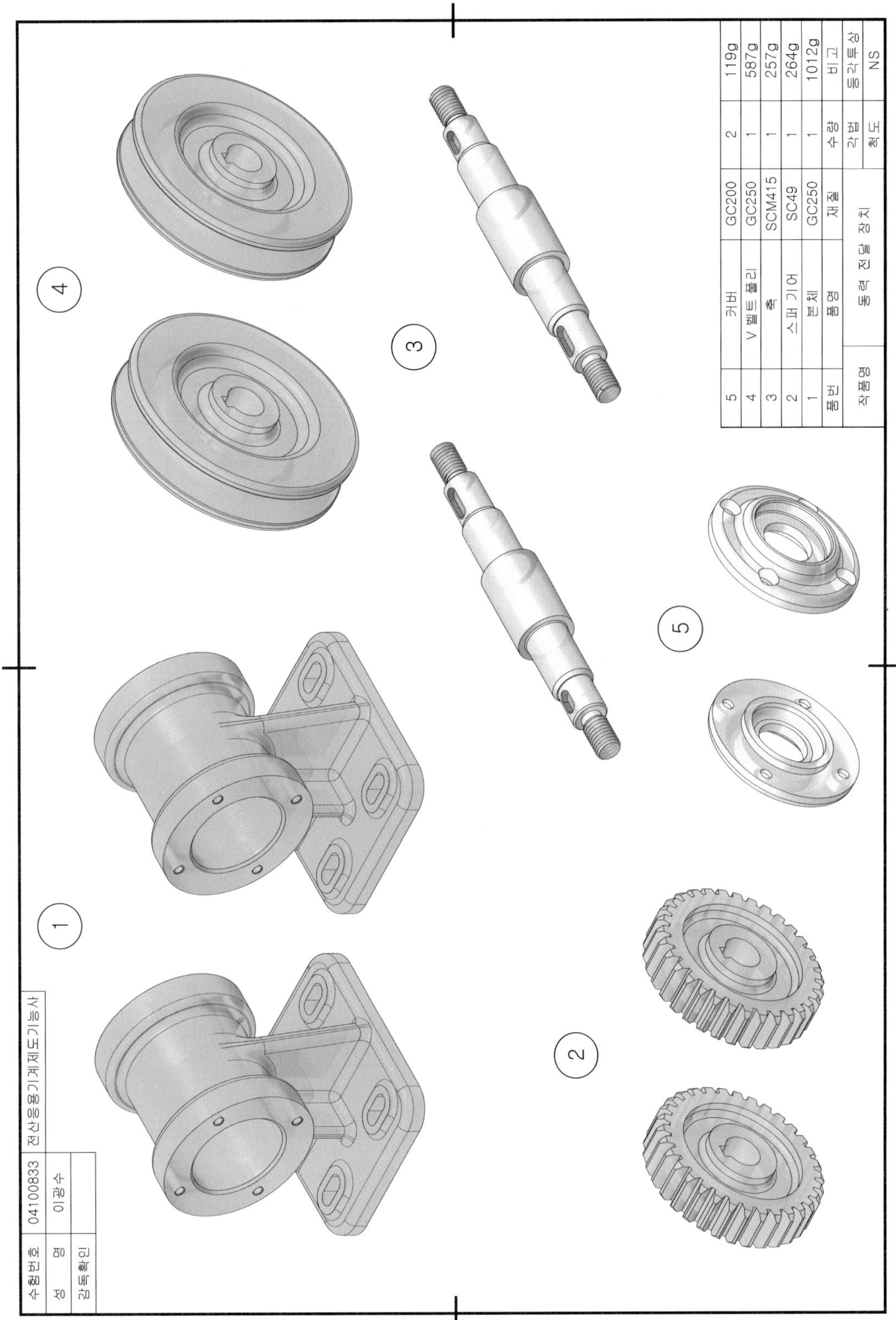

5 커버 GC200 2 119g
4 V 벨트 풀리 GC250 1 587g
3 축 SCM415 1 257g
2 스퍼 기어 SC49 1 264g
1 본체 GC250 1 1012g
품번 품명 재질 수량 비고
작품명 동력 전달 장치 각법 등각투상
척도 NS
수험번호 04100833 전산응용기계제도기능사
성 명 이광수
감독확인
1
2
3
4
5

2 드릴 지그

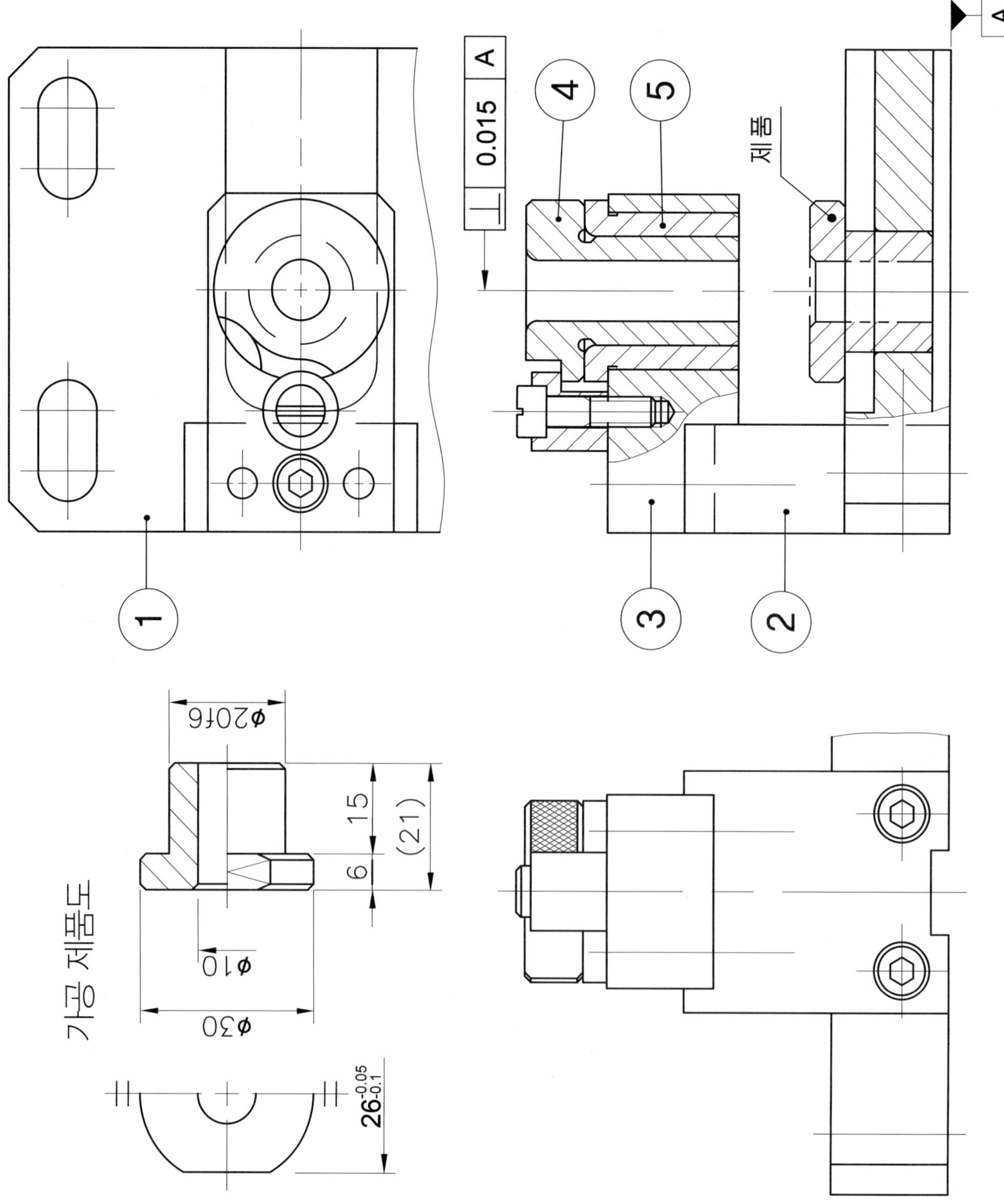

1 드릴 지그의 이해

드릴 지그는 베어링 부시의 제품을 대량 생산하기 위해 부시의 안지름을 완성 치수로 2차 가공하여 제품을 완성할 수 있다. 이러한 드릴 지그는 드릴링 머신, 밀링 머신, 머시닝 센터 등과 같이 여러 가지 기계에 설치하여 사용되고 있다.

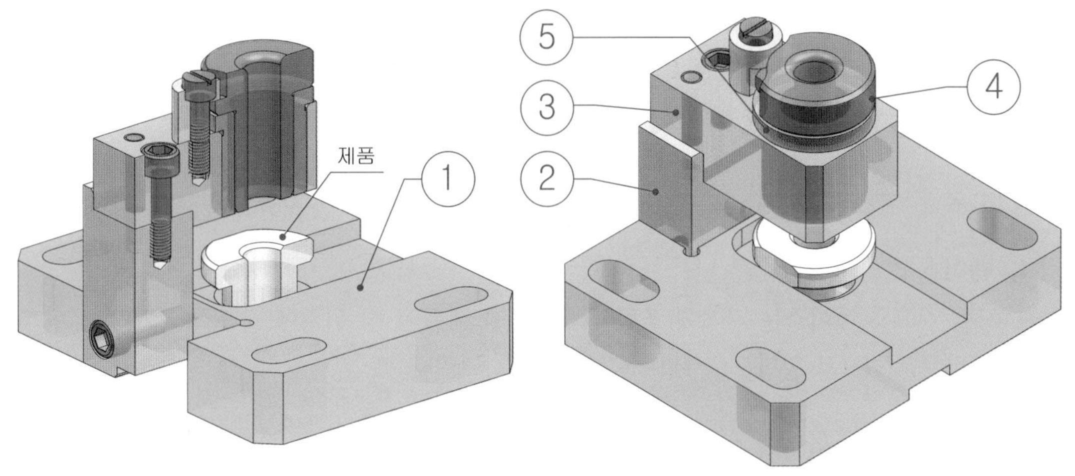

드릴 지그 조립도

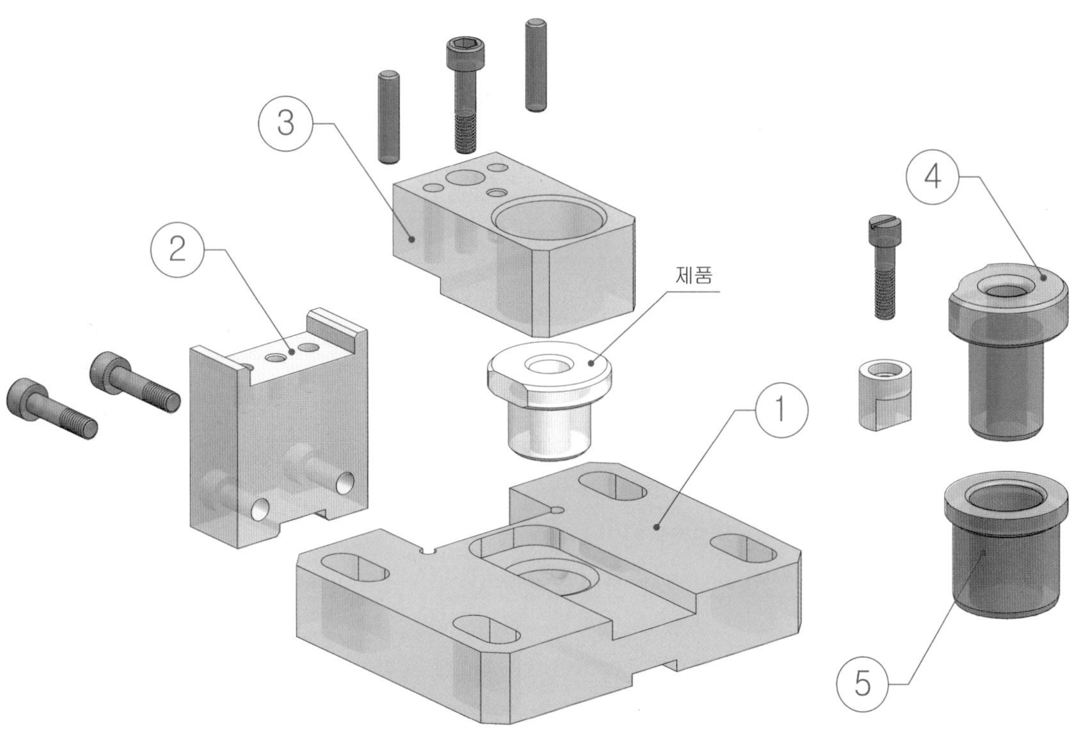

드릴 지그 구조도

(1) 드릴 지그

드릴 지그는 베이스, 지지대, 플레이트, 부시, 지그용 부시(고정 라이너) 등으로 구성되어 있다.

(2) 설계 조건

① 드릴 지그는 단조 또는 1차 가공한 반제품의 안지름을 10mm로 가공하도록 설계한다.

② 부시는 우회전용 노치이므로 노치를 교환하여 각각 다른 제품을 가공할 수 있도록 설계한다.

2 드릴 지그 그리기

① 베이스 그리기

드릴 지그의 베이스는 기계에 조립되어 가공할 부품이 정 위치에 오도록 제품의 세팅 역할을 하는 것이므로 밑면으로부터 직각이 되도록 그린다.

(1) 베이스의 재료 선택

베이스의 재료는 기계 구조용 탄소 강재(SM45C)를 사용하며, 상품성을 높이기 위해 파커라이징 처리를 하여 산화되는 것을 방지한다.

베이스의 기계 재료(KS D 3867, KS D 3752)

기계 재료의 종류와 기호	인장 강도(N/mm^2)	명칭
SCM415	415 이상	크로뮴-몰리브데넘강
SM45C	686 이상	기계 구조용 탄소강

(2) 베이스의 주 투상도 결정

부품의 특성을 가장 잘 나타내는 투상면인 평면도를 주 투상도로 하며, 주 투상도 왼쪽에 좌측면도를, 오른쪽에 우측면도를 배치하고 정면도를 단면도로 투상한다.

(3) 다듬질 기호 및 끼워 맞춤 공차 기입

① 다듬질 정도는 일반 가공에서 정밀 가공까지 요구되는 부위의 표면 거칠기($\overset{w}{\triangledown}$/, $\overset{x}{\triangledown}$/, $\overset{y}{\triangledown}$/)를 적용한다.

지지대 조립면, 제품 고정면, 홈부는 정밀 다듬질($\overset{y}{\triangledown}$/)을, 데이텀(베이스 저면)은 중간 다듬질($\overset{x}{\triangledown}$/) 이상을, 그 외의 가공면은 거친 다듬질($\overset{w}{\triangledown}$/)을 적용한다.

② 끼워 맞춤은 40H7, 26H7, 14H7, ϕ20H7은 홈과 구멍이므로 구멍 기준 H를 적용한다.

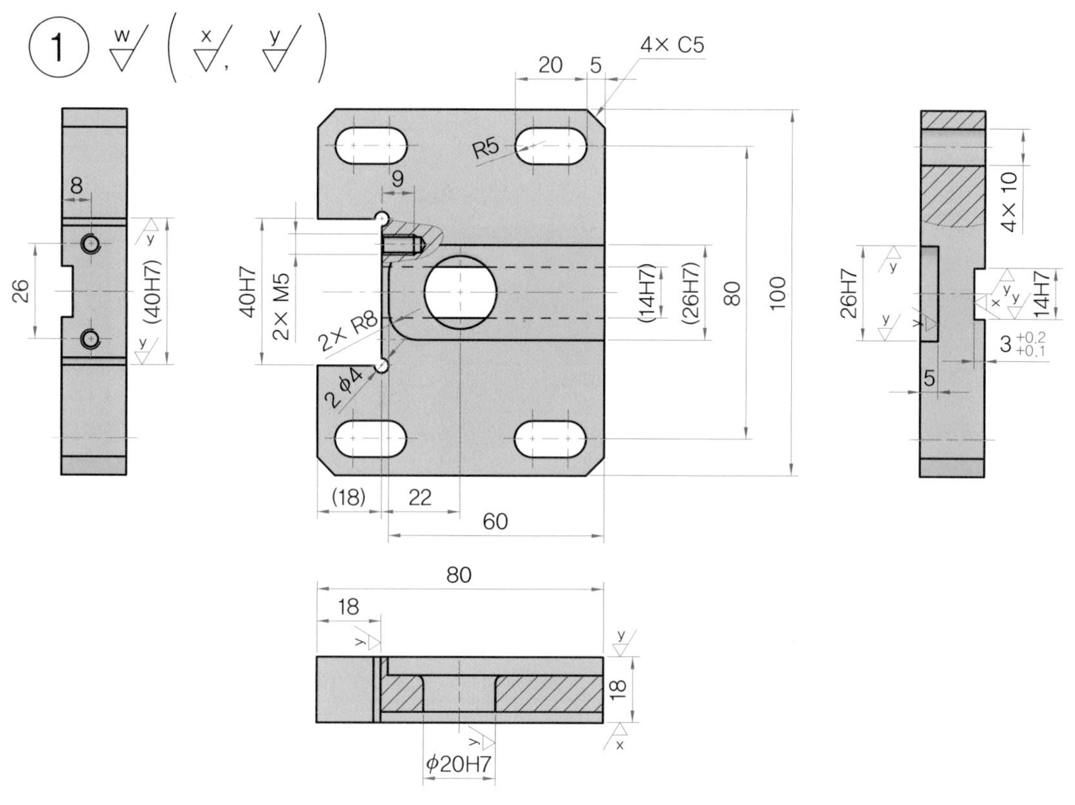

베이스의 다듬질 정도 및 끼워 맞춤 공차 기입

(4) 데이텀 설정 및 기하 공차 기입

① 데이텀 A를 베이스 저면에 잡는다.

② 지지대 조립 홈부에 데이텀 A를 기준으로 자세 공차인 직각도를 적용하며, 기능 길이 18mm는 IT 5급일 때 10mm 초과 18mm 이하의 IT 공차가 8μm이므로 직각도는 [⊥ | 0.008 | A] 이다. 여기에 데이텀 B를 잡는다.

③ 홈부에 데이텀 A를 기준으로 자세 공차인 직각도를 적용하며, 기능 길이 3mm는 IT 5급 3mm 이하의 IT 공차가 4μm이므로 직각도는 [⊥ | 0.004 | A] 이다. 데이텀 B를 기준으로 직각도를 적용하며, 기능 길이 62mm는 IT 5급 50~80의 IT 공차가 13μm이므로 직각도는 [⊥ | 0.013 | B] 이다.

④ 게이지 구멍은 데이텀 A를 기준으로 자세 공차인 직각도를 적용하며, 기능 길이 10(=18−3−5)mm는 IT 5급 6~10의 IT 공차가 6μm이므로 직각도는 [⊥ | φ0.006 | A] 이다.

⑤ 제품이 조립되는 홈은 데이텀 A를 기준으로 자세 공차인 직각도를 적용하며, 기능 길이 5mm는 IT 5급 3~6의 IT 공차가 5μm이므로 직각도는 [⊥ | 0.005 | A] 이다. 데이텀 B를 기준으로 직각도를 적용하며, 기능 길이 60mm는 IT 5급 50~80의 IT 공차가 13μm이므로 직각도는 [⊥ | 0.013 | B] 이다.

⑥ 데이텀 B를 기준으로 이론상 정확한 치수 22의 위치 공차를 적용하며, IT 5급 18~30의 IT 공차가 9μm이므로 위치도는 | ⌖ | φ0.009 | B | 이다.

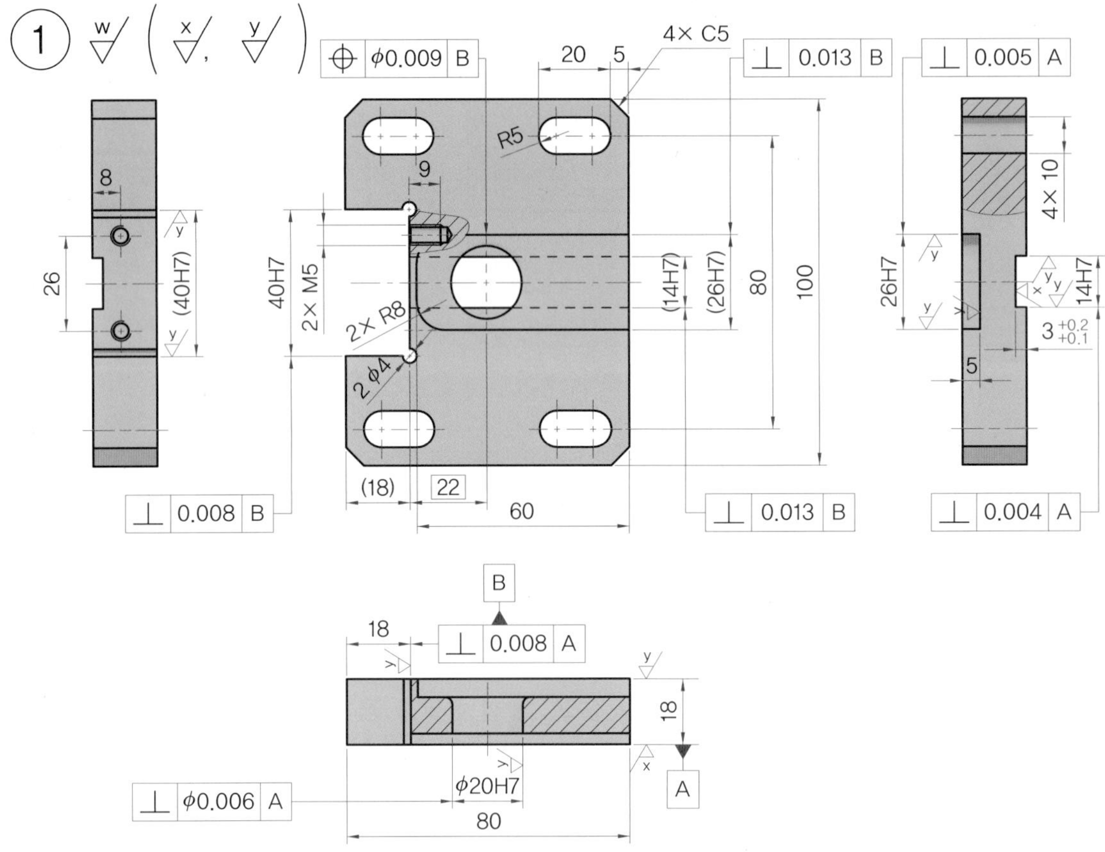

베이스의 데이텀 설정 및 기하 공차 기입

② 지지대 그리기

브래킷으로서 베이스와 지그 홀더에 직각이 되도록 그리며, 상품성을 높이기 위해 파커라이징 처리를 하여 산화되는 것을 방지한다.

(1) 지지대의 재료 선택

지지대의 재료는 기계 구조용 탄소 강재(SM45C)를 사용한다.

지지대의 기계 재료(KS D 3867, KS D 3752)

기계 재료의 종류와 기호	인장 강도(N/mm^2)	명칭
SCM415	415 이상	크로뮴-몰리브데넘강
SM45C	686 이상	기계 구조용 탄소강

(2) 지지대의 주 투상도 결정

부품의 특성을 가장 잘 나타내는 투상면인 정면도를 주 투상도로 하며, 주 투상도 우측에 우측면도를 배치하고 정면도 위쪽에 평면도를 투상한다.

(3) 다듬질 기호 및 끼워 맞춤 공차 기입

① 베이스와 플레이트 조립면, 핀 구멍은 정밀 다듬질(y▽)을, 홈부의 조립에 영향이 없는 홈부는 중간 다듬질(x▽)을, 그 외의 일반적인 가공면은 거친 다듬질(w▽)을 적용한다.

② 끼워 맞춤은 32H7, 14H7은 홈이므로 구멍 기준 H를 적용한다.

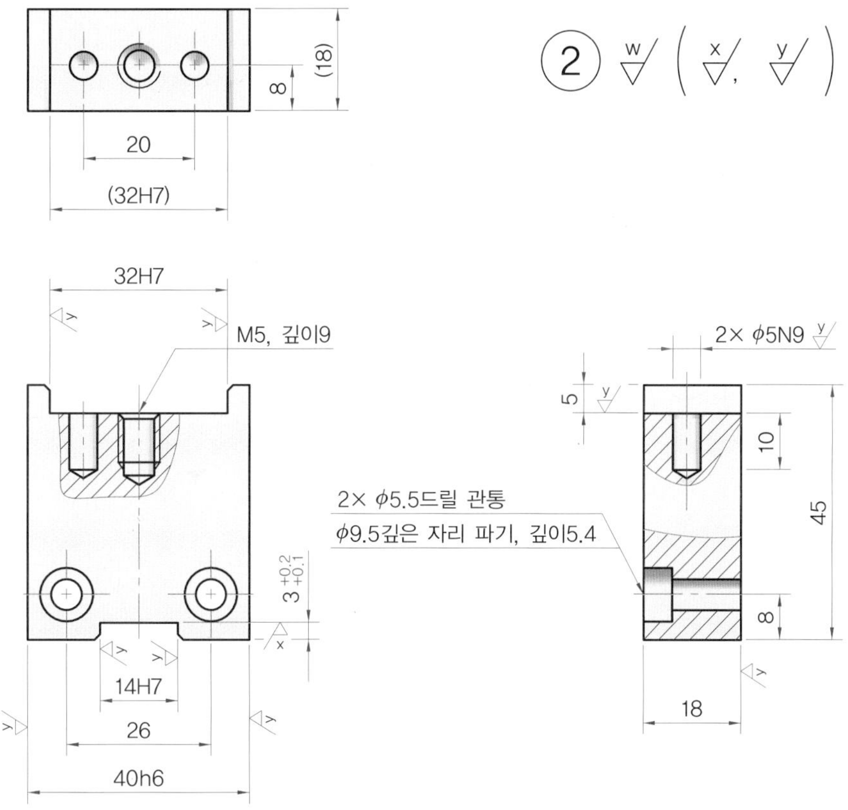

지지대의 다듬질 기호 및 끼워 맞춤 공차 기입

(4) 데이텀 설정 및 기하 공차 기입

① 데이텀 C를 베이스 조립 측면에 잡는다.

② 베이스 조립부는 데이텀 C를 기준으로 자세 공차인 직각도를 적용하며, 기능 길이 18mm는 IT 5급 10~18의 IT 공차가 8μm이므로 직각도는 | ⊥ | 0.008 | C | 이고, 여기에 데이텀 D를 잡는다.

③ 홈부에 데이텀 D를 기준으로 평행도를 적용하며, 기능 길이 3mm와 5mm는 IT 5급 3 이하,

3~6의 IT 공차가 4㎛, 5㎛이므로 평행도는 각각 | // | 0.004 | D |, | // | 0.005 | D |이다.

④ 플레이트 조립부는 데이텀 C를 기준으로 자세 공차인 직각도를 적용하며, 기능 길이 18mm는 IT 5급 10~18의 IT 공차가 8㎛이므로 직각도는 | ⊥ | 0.008 | C |이다.

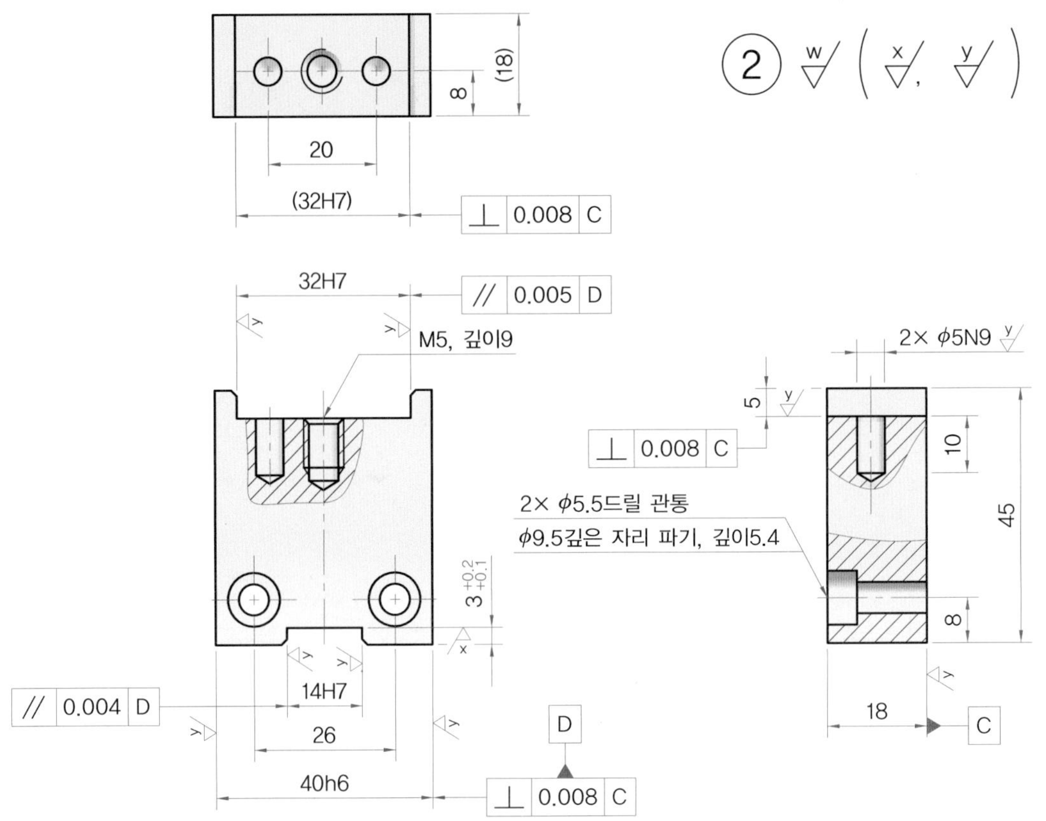

지지대의 데이텀 설정 및 기하 공차 기입

③ 플레이트 그리기

플레이트는 베이스 구멍 중심축과 부시의 중심축이 일치하도록 수평이 되게 그린다.

(1) 플레이트의 재료 선택

플레이트의 재료는 기계 구조용 탄소 강재(SM45C)를 사용한다.

플레이트의 기계 재료(KS D 3867, KS D 3752)

기계 재료의 종류와 기호	인장 강도(N/mm²)	명칭
SCM415	415 이상	크로뮴-몰리브데넘강
SM45C	686 이상	기계 구조용 탄소강

(2) 플레이트 주 투상도 결정

부품의 특성을 가장 잘 나타내는 투상면인 정면도를 주 투상도로 하며, 주 투상도 왼쪽에 좌측면도를 배치하고 정면도 위쪽에 평면도를 투상하며, 정면도는 온단면도로 투상한다.

(3) 다듬질 기호 및 끼워 맞춤 공차 기입

① 지지대와 라이너 조립면, 핀 구멍은 정밀 다듬질(y/▽)을 적용하고, 그 외의 일반적인 가공면은 거친 다듬질(w/▽)을 적용한다.

② 끼워 맞춤은 32h6이 홀더이므로 축 기준 h를 적용한다.

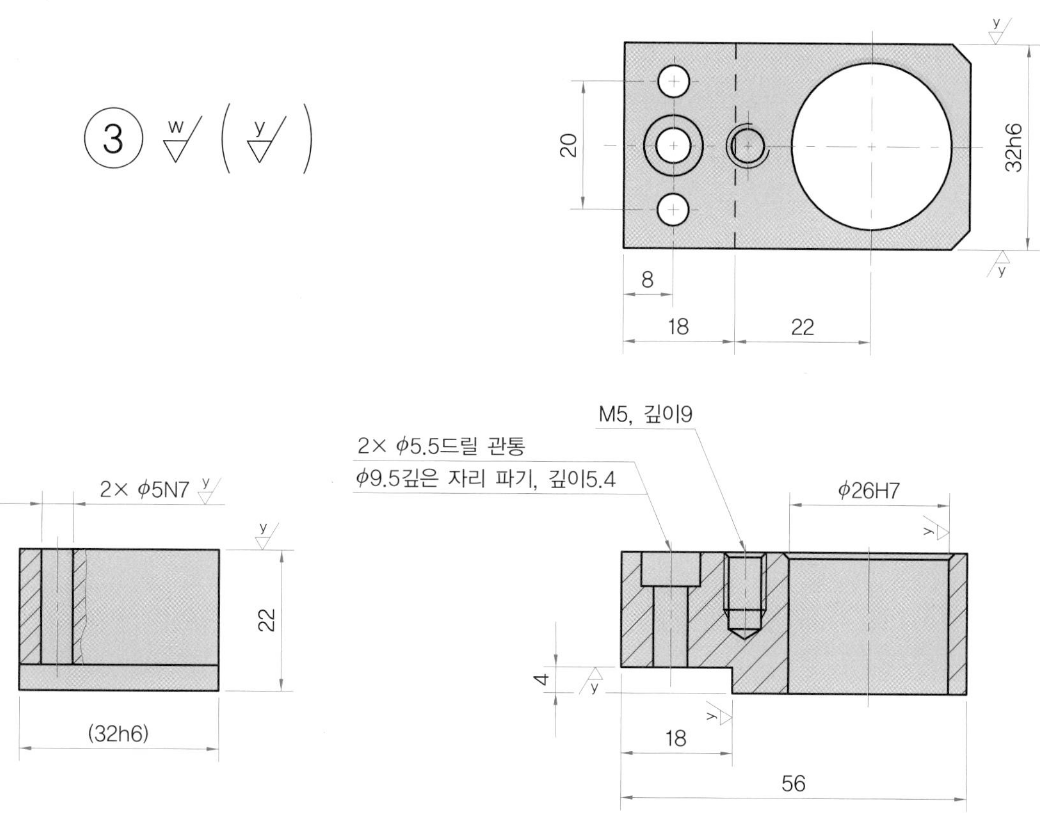

플레이트의 다듬질 기호 및 끼워 맞춤 공차 기입

(4) 데이텀 설정 및 기하 공차 기입

① 부시 조립부 원통면은 데이텀 없이 적용하는 모양 공차인 원통도를 적용하며, 기능 길이 22mm는 IT 5급 18~30의 IT 공차가 9μm이므로 원통도는 | ⌭ | 0.009 | 이다. 이 축선에 데이텀 E를 잡는다.

② 지지대 조립부는 데이텀 E를 기준으로 자세 공차인 직각도를 적용하며, 기능 길이

18mm는 IT 5급 10~18의 IT 공차가 8μm이므로 직각도는 [⊥ | 0.008 | E]이다. 여기에 데이텀 G를 잡는다. E를 기준으로 지지대 조립부에 평행도를 적용하며, 기능 길이 4mm는 IT 5급 3~6의 IT 공차가 5μm이므로 평행도는 [// | 0.005 | E]이다.

③ 지지대 조립면에 데이텀 G를 기준으로 직각도를 적용하며, 기능 길이 22mm는 IT 5급 18~30의 IT 공차가 9μm이므로 직각도는 [⊥ | 0.009 | G]이다.

④ 데이텀 F를 기준으로 이론적으로 정확한 치수 22의 위치 공차를 적용하면 IT 5급 18~30의 IT 공차가 9μm이므로 위치도는 [⌖ | ϕ0.009 | F]이다.

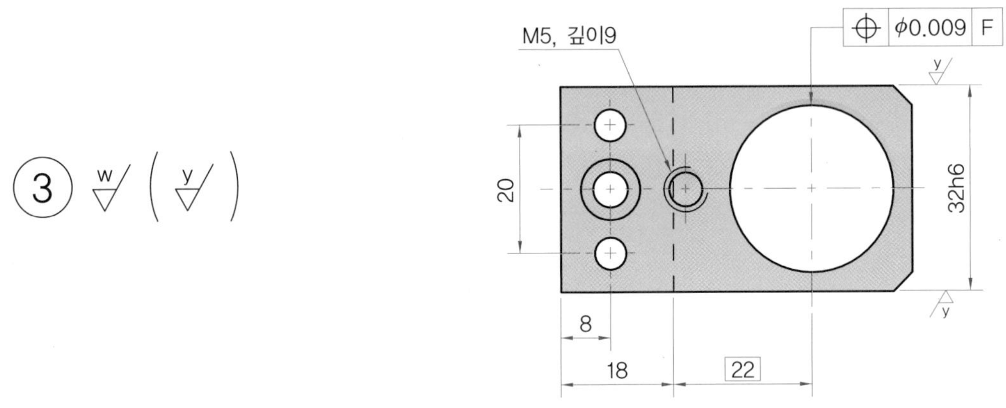

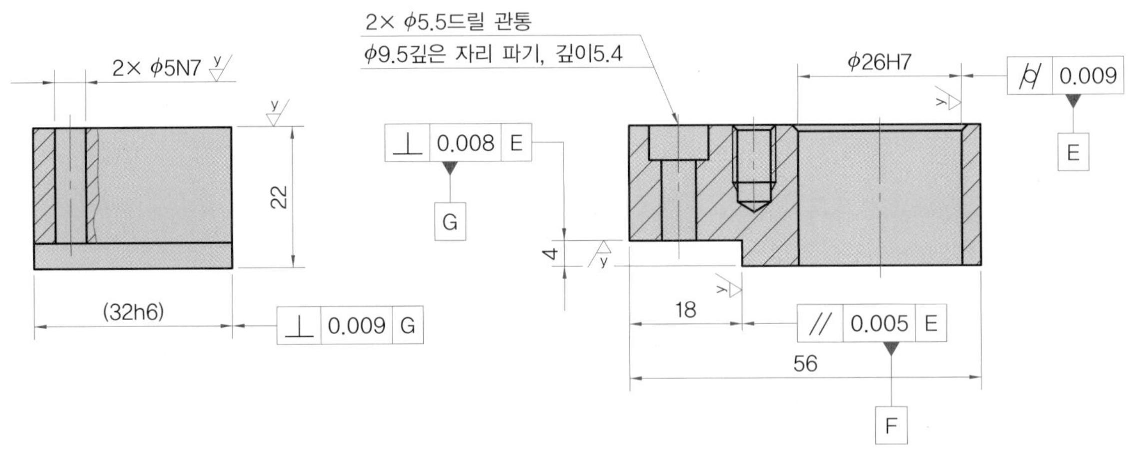

플레이트의 데이텀 설정 및 기하 공차 기입

④ 부시 그리기

부시는 드릴 공구가 휘어짐 없이 가공될 수 있도록 안내하며, 마모와 가공 지름에 따라 자주 교체할 수 있도록 노치형으로 되어 있다.

(1) 부시의 재료 선택 : 부시의 재료는 크로뮴-몰리브데넘강(SCM415)을 사용한다.

부시의 기계 재료(KS D 3867, KS D 3752)

기계 재료의 종류와 기호	인장 강도(N/mm²)	명칭
SCM415	415 이상	크로뮴-몰리브데넘강
SM45C	686 이상	기계 구조용 탄소강

(2) 부시의 주 투상도 결정

부품의 특성을 가장 잘 나타내는 투상면인 정면도를 주 투상도로 하며, 주 투상도 왼쪽에 좌측면도를 배치하고 정면도를 한쪽 단면도로 투상한다.

(3) 다듬질 기호 및 끼워 맞춤 공차 기입

① 부시의 다듬질은 안지름 안내면과 바깥지름에 정밀 다듬질(y)을 적용하며, 그 외의 가공면은 중간 다듬질(x)을 적용한다.

② 끼워 맞춤은 ϕ10F7, ϕ18m6은 KS B 1030 규격을, ϕ10F7은 리머용 구멍 지름 KS B 0401 규격의 F를 적용한다.

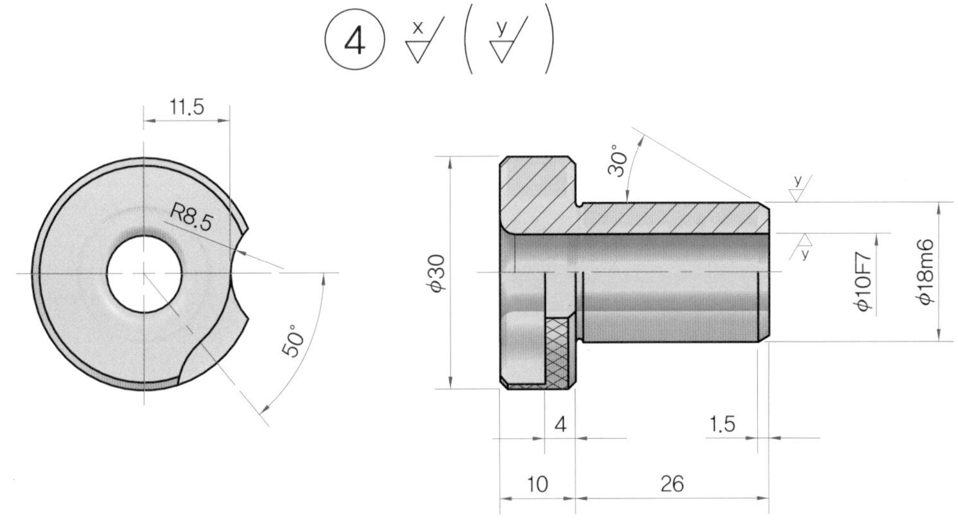

부시의 다듬질 기호 및 끼워 맞춤 공차 기입

(4) 데이텀 설정 및 기하 공차 기입

① ϕ10F7은 구멍 지름에 데이텀 H를 잡는다.

② 부시는 데이텀 H를 기준으로 구멍 지름 ϕ10F7과 바깥지름 ϕ18m6이 동심도이므로 기하 공차의 위치 공차인 동심도를 적용하며, 공차의 구멍 지름(d_1=ϕ10F7)은 18.0mm 이하의 동심도 허용차가 0.012mm이므로 동심도는 | ◎ | ϕ0.012 | H | 이다.

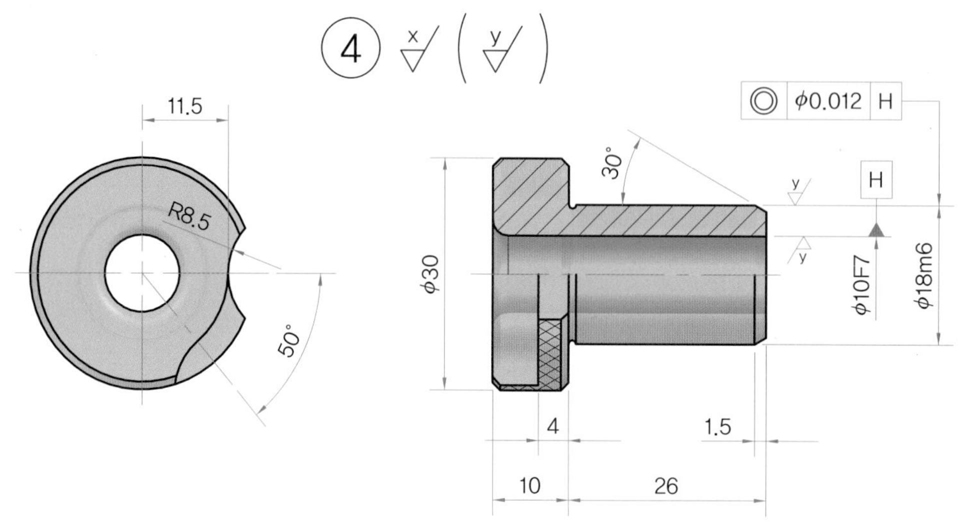

부시의 데이텀 설정 및 기하 공차 기입

동심도 허용차(KS B 1030)

(단위 : mm)

구멍 지름(d_1)	고정 라이너	고정 부시	삽입 부시
18.0 이하	0.012	0.012	0.012

⑤ 지그용 부시(고정 라이너) 그리기

지그용 부시는 홀더에 조립되어 드릴 부시의 장착을 안내한다.

(1) 지그용 부시의 재료 선택

지그용 부시의 재료는 크로뮴-몰리브데넘강(SCM415)을 사용한다.

지그용 부시의 기계 재료(KS D 3867, KS D 3752)

기계 재료의 종류와 기호	인장 강도(N/mm^2)	명칭
SCM415	415 이상	크로뮴-몰리브데넘강
SM45C	686 이상	기계 구조용 탄소강

(2) 지그용 부시의 주 투상도 결정

부품의 특성을 가장 잘 나타내는 투상면인 정면도를 주 투상도로 하며, 주 투상도 오른쪽에 우측면도를 배치하고 대칭 생략도로 투상하며, 정면도는 온 단면도로 투상한다.

(3) 다듬질 기호 및 끼워 맞춤 공차 기입

① 부시(라이너)의 안지름과 바깥지름은 정밀 다듬질(y/▽)을 적용하며, 그 외는 중간 다듬질(x/▽)을 적용한다.

② 끼워 맞춤은 ϕ18F7, ϕ26p6은 KS B 1030 규격을 적용한다.

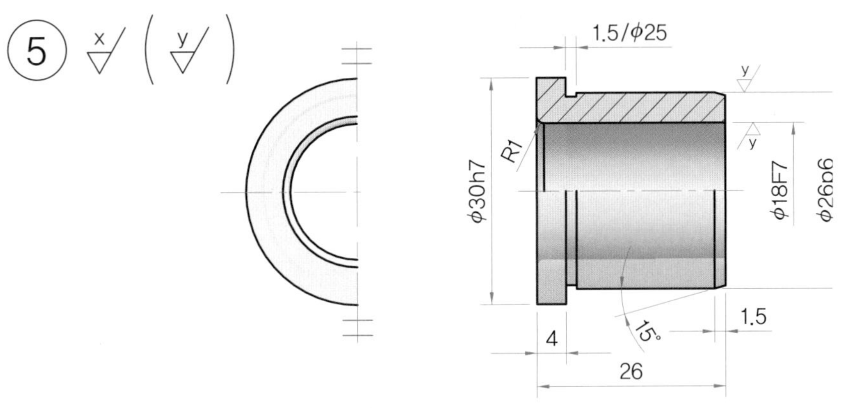

지그용 부시의 다듬질 기호 및 끼워 맞춤 공차 기입

(4) 데이텀 설정 및 기하 공차 기입

① ϕ18F7은 구멍 지름에 데이텀 J를 잡는다.

② 지그용 부시는 데이텀 J를 기준으로 구멍 지름 ϕ18F7과 바깥지름 ϕ26p6이 동심도이므로 기하 공차의 위치 공차인 동심도를 적용하며, 공차의 구멍 지름($d_1 = \phi18F7$)은 18.0mm 이하의 동심도 허용차가 0.012mm이므로 동심도는 | ◎ | ϕ0.012 | J | 이다.

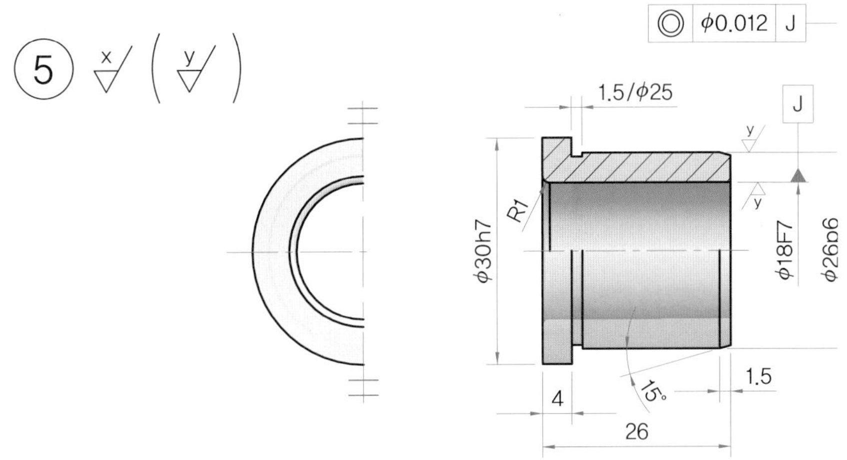

지그용 부시의 데이텀 설정 및 기하 공차 기입

3 드릴 지그 부품도

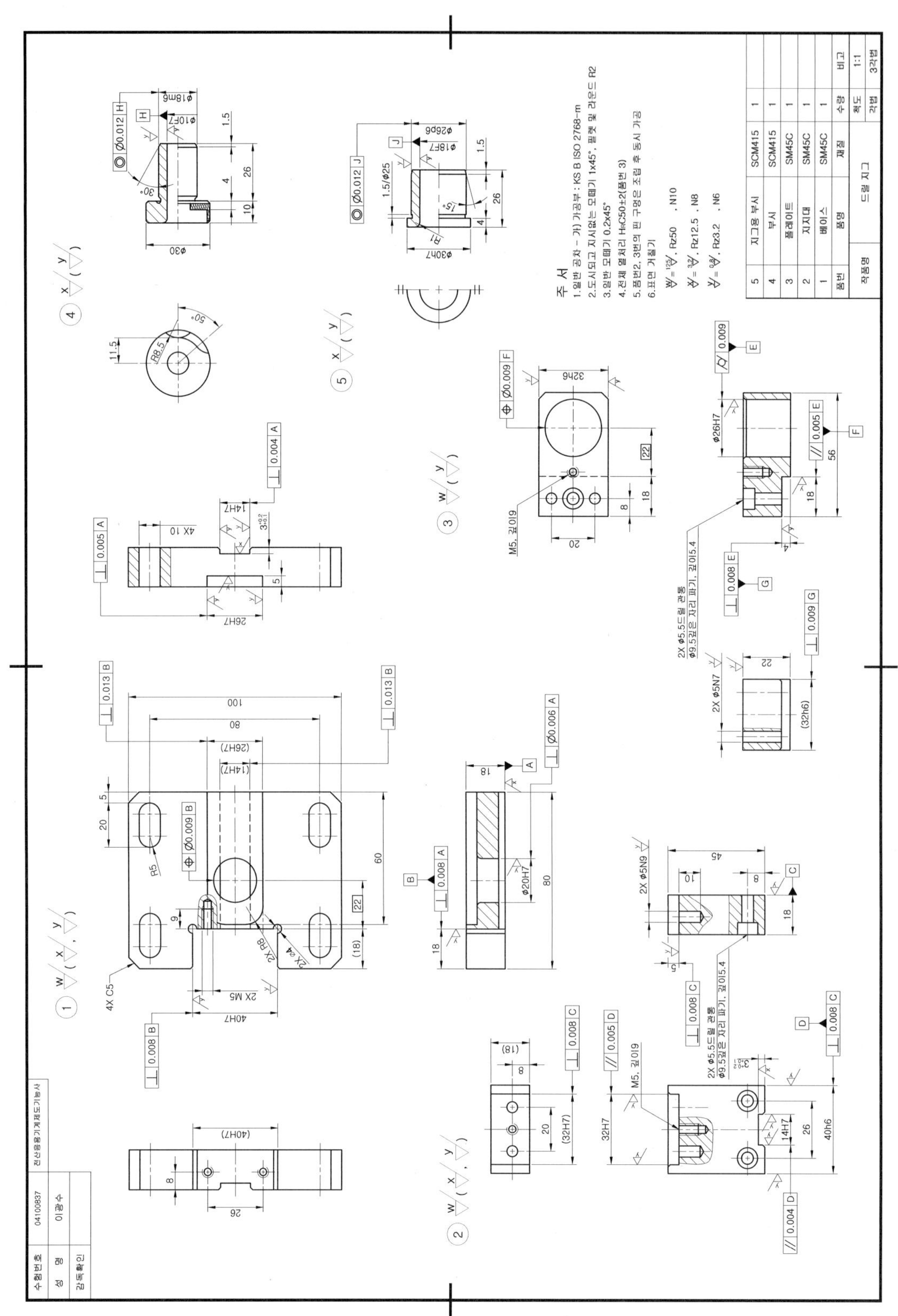

4 드릴 지그 등각 투상도

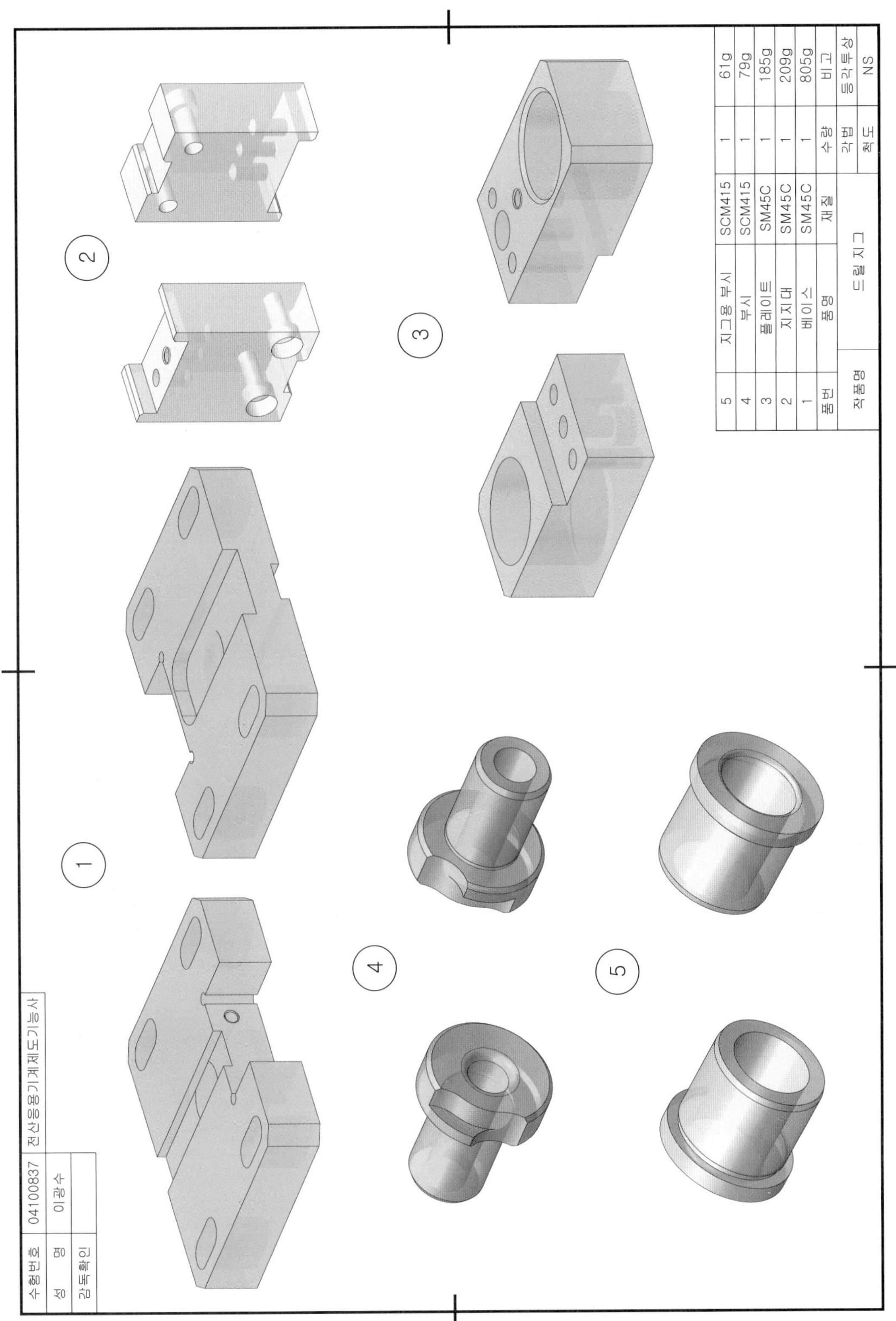

2
3
1
4
5
5 지그용 부시 SCM415 1 61g
4 부시 SCM415 1 79g
3 플레이트 SM45C 1 185g
2 지지대 SM45C 1 209g
1 베이스 SM45C 1 805g
품번 품명 재질 수량 비고
작품명 드릴 지그 각법 등각투상
척도 NS
수험번호 04100837 전산응용기계제도기능사
성 명 이광수
감독확인

Chapter

3 국가기술자격 실기시험문제

Craftsman
Computer
Aided
Mechanical
Drawing

국가기술자격 실기시험문제

자격종목	전산응용기계제도기능사		과제명	도면참조	
비번호		시험일시		시험장명	

시험시간 : 5시간

1 요구사항

지급된 재료 및 시설을 이용하여 1의 부품도(2D) 제도, 2의 렌더링 등각 투상도(3D) 제도를 순서에 관계없이, 다음의 요구사항들에 따라 제도하시오.

1. 부품도(2D) 제도

(1) 주어진 문제의 조립도면에 표시된 부품번호(①, ②, ③)의 부품도를 CAD 프로그램을 이용하여 A2 용지에 척도는 1:1로, 투상법은 제3각법으로 제도하시오.

(2) 각 부품들의 형상이 잘 나타나도록 투상도와 단면도 등을 빠짐없이 제도하고, 설계 목적에 맞는 기능 및 작동을 할 수 있도록 치수 및 치수 공차, 끼워 맞춤 공차와 기하 공차 기호, 표면 거칠기 기호, 표면처리, 열처리, 주서 등 부품 제작에 필요한 모든 사항을 기입하시오.

(3) 제도 완료 후 지급된 A3(420×297) 크기의 용지(트레이싱지)에 수험자가 직접 흑백으로 출력하고 확인하여 제출하시오.

2. 렌더링 등각 투상도(3D) 제도

(1) 주어진 문제의 조립도면에 표시된 부품번호(①, ②, ③)의 부품을 파라메트릭 솔리드 모델링을 하고 모양과 윤곽을 알아보기 쉽도록 뚜렷한 음영, 렌더링 처리를 하여 A2 용지에 제도하시오.

(2) 음영과 렌더링 처리는 예시 그림과 같이 형상이 잘 나타나도록 등각 축 2개를 정해 척도는 NS로 실물의 크기를 고려하여 제도하시오.
(단, 형상은 단면하여 표시하지 않습니다.)

(3) 부품란 '비고'에 모델링한 부품 중 (①, ③) 부품의 질량을 g 단위로 소수 첫째 자리에서 반올림하여 기입하시오.

- 질량은 렌더링 등각 투상도(3D) 부품란의 '비고'에 기입하며, 반드시 재질과 상관없이 비중을 7.85로 하여 계산하시기 바랍니다.

(4) 제도 완료 후, 지급된 A3(420×297) 크기의 용지(트레이싱지)에 수험자가 직접 흑백으로 출력하여 확인하고 제출하시오.

3. 부품도 제도, 렌더링 등각 투상도 제도 – 공통

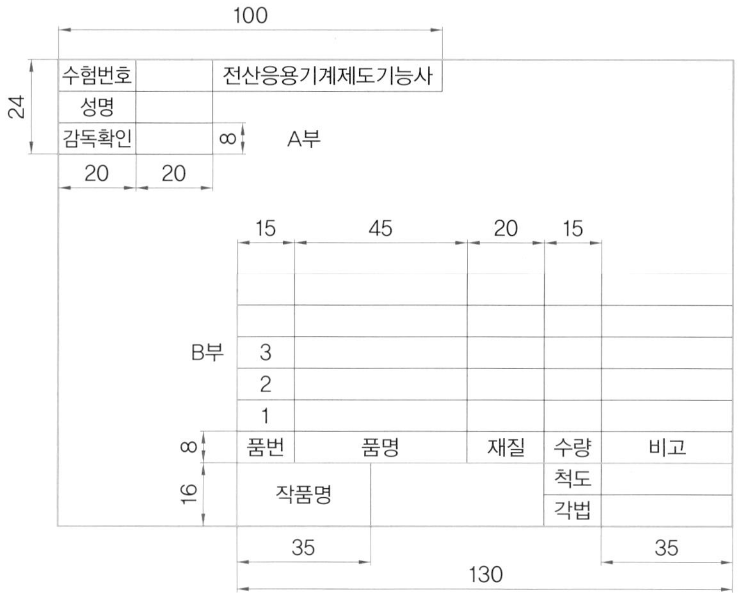

도면 작성 양식(2D 및 3D)

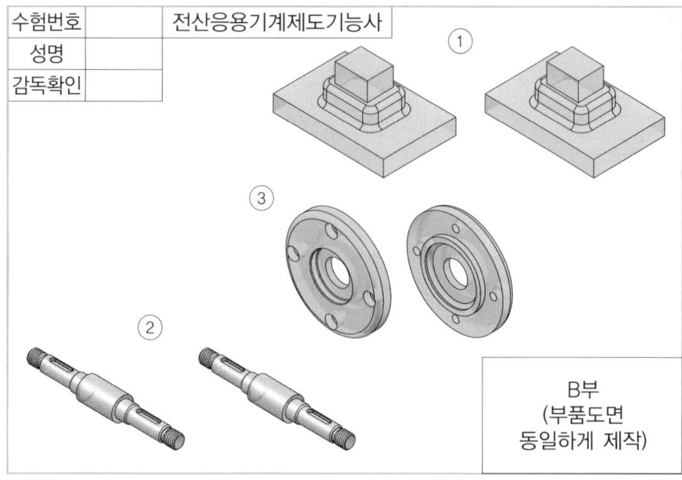

3D 모델링도 예시

(1) 도면 작성 양식과 3D 모델링도는 앞의 그림을 참고하여 나타내고, 좌측상단 A부에 수험번호, 성명을 먼저 작성하며, 오른쪽 하단 B부에는 표제란과 부품란을 작성한 후 제도작업을 합니다.
(A부와 B부는 부품도(2D)와 렌더링 등각 투상도(3D)에 모두 작성합니다.)

(2) 도면의 크기 및 한계설정(Limits), 윤곽선 및 중심 마크 크기는 다음과 같이 설정하고, a와 b 도면의 한계선(도면의 가장자리 선)이 출력되지 않도록 하시오.

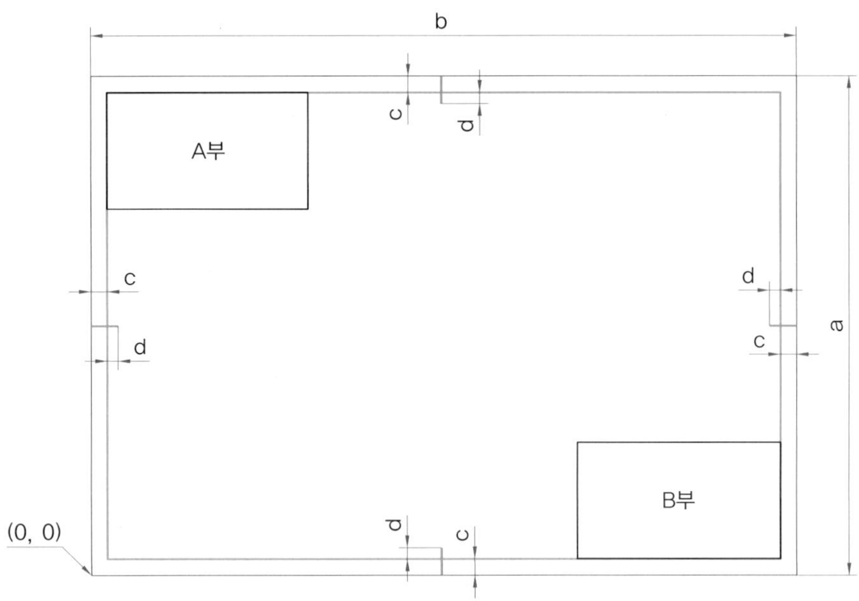

구분	도면의 한계		중심 마크	
기호 / 도면 크기	a	b	c	d
A2(부품도)	420	594	10	5

도면의 크기 및 한계 설정, 윤곽선 및 중심 마크

(3) 문자, 숫자, 기호의 크기, 선 굵기는 다음 표에서 지정한 용도별 크기를 구분하는 색상을 지정하여 제도하시오.

문자, 숫자, 기호의 높이	선 굵기	지정 색상(Color)	용도
7.0mm	0.70mm	청(파란)색 (Blue)	윤곽선, 표제란과 부품란의 윤곽선 등
5.0mm	0.50mm	초록(Green), 갈색(Brown)	외형선, 부품번호, 개별주서, 중심 마크 등
3.5mm	0.35mm	황(노란)색 (Yellow)	숨은선, 치수와 기호, 일반 주서 등
2.5mm	0.25mm	흰색(White), 빨강(Red)	해치선, 치수선, 치수보조선, 중심선, 가상선 등

※ 위 표는 Autocad 프로그램 상에서 출력을 용이하게 위한 설정이므로 다른 프로그램을 사용할 경우 위 항목에 맞도록 문자, 숫자, 기호의 크기, 선 굵기를 지정하시기 바랍니다.

※ 출력도면에서 문자, 숫자, 기호의 크기 및 선 굵기 등이 옳지 않을 경우 감점이나 채점대상 제외가 될 수 있으니 참고하시기 바랍니다.

(4) 아라비아 숫자, 로마자는 컴퓨터에 탑재된 ISO표준을 사용하고, 한글은 굴림 또는 굴림체를 사용하시오.

지급 재료	※ 트레이싱지(A3)로 출력되지 않으면 오작 처리
트레이싱지(A3) 2장	

2 수험자 유의사항

다음 유의사항을 고려하여 요구사항을 완성하시오.

(1) 제공한 KS 데이터에 수록되지 않은 제도규격이나 데이터는 과제로 제시된 도면을 기준으로 하여 제도하거나 ISO규격과 관례에 따르시오.

(2) 문제의 조립도면에서 표시되지 않은 제도규격은 지급한 KS규격 데이터에서 선정하여 제도하시오.
(3) 문제의 조립도면에서 치수와 규격이 일치하지 않을 때는 해당규격으로 제도하시오. (단, 과제도면에 치수가 명시되어 있을 때는 명시된 치수로 작성해야 합니다.)
(4) 마련한 양식의 A부 내용을 기입하고 감독위원의 확인 서명을 받아야 하며, B부는 수험자가 작성하시오.
(5) 수험자에게 주어진 문제는 비번호, 시험일시, 시험장명을 기재하여 반드시 제출하시오.
(6) 시작 전 바탕화면에 본인 비번호로 폴더를 생성한 후, 이 폴더에 비번호를 파일명으로 하여 작업내용을 저장하고, 시험 종료 후 하드디스크의 작업내용은 삭제하시오.
(7) 정전 또는 기계고장으로 인한 자료손실을 방지하기 위하여 수시로 저장하시오.
 – 이러한 문제 발생 시 '작업정지시간 + 5분'의 추가시간을 부여합니다.
(8) 수험자는 제공된 장비의 안전한 사용과 작업 과정에서 안전수칙을 준수하시오.
(9) 다음 사항에 대해서는 채점 대상에서 제외하니 특히 유의하시기 바랍니다.

■ 기권

수험자 본인이 수험 도중 기권 의사를 표시한 경우

■ 실격

㉮ 시험 시작 전 program 설정 · 조정하거나 미리 작성된 Part program(도면, 단축키 셋업 등) 또는 LISP와 같은 Block(도면양식, 표제란, 부품란, 요목표, 주서 및 표면 거칠기 등)을 사용한 경우
㉯ 채점 시 도면 내용이 다른 수험자와 일부 또는 전부가 동일한 경우
㉰ 파일로 제공한 KS 데이터에 의하지 않고 지참한 노트나 서적을 열람한 경우
㉱ 수험자의 장비조작 미숙으로 파손 및 고장을 일으킨 경우

■ 미완성

㉮ 시험시간 내에 부품도(1장), 렌더링 등각투상도(1장)을 하나라도 제출하지 아니한 경우

3D 모법답안 제출용 - V 블록 클램프

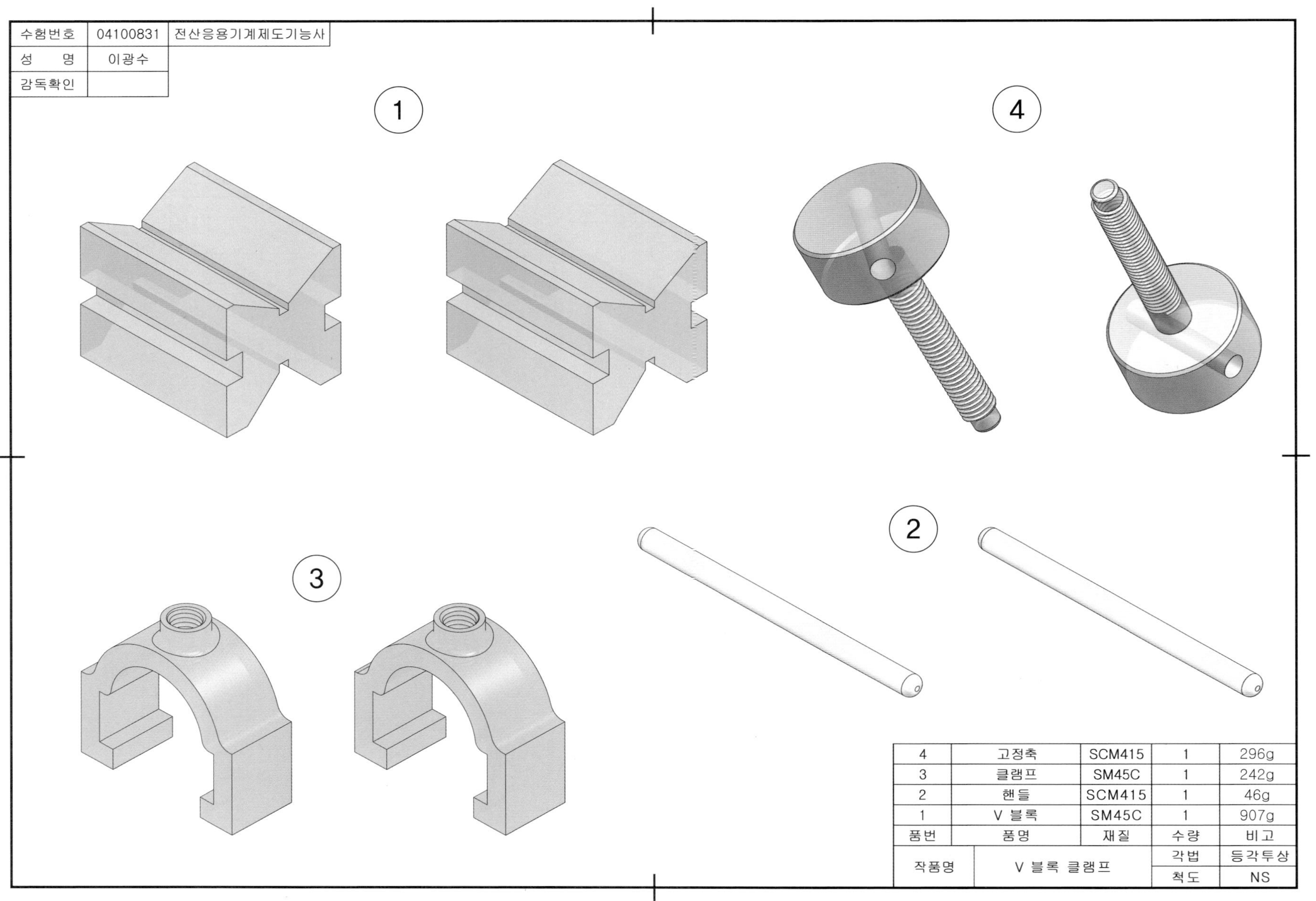

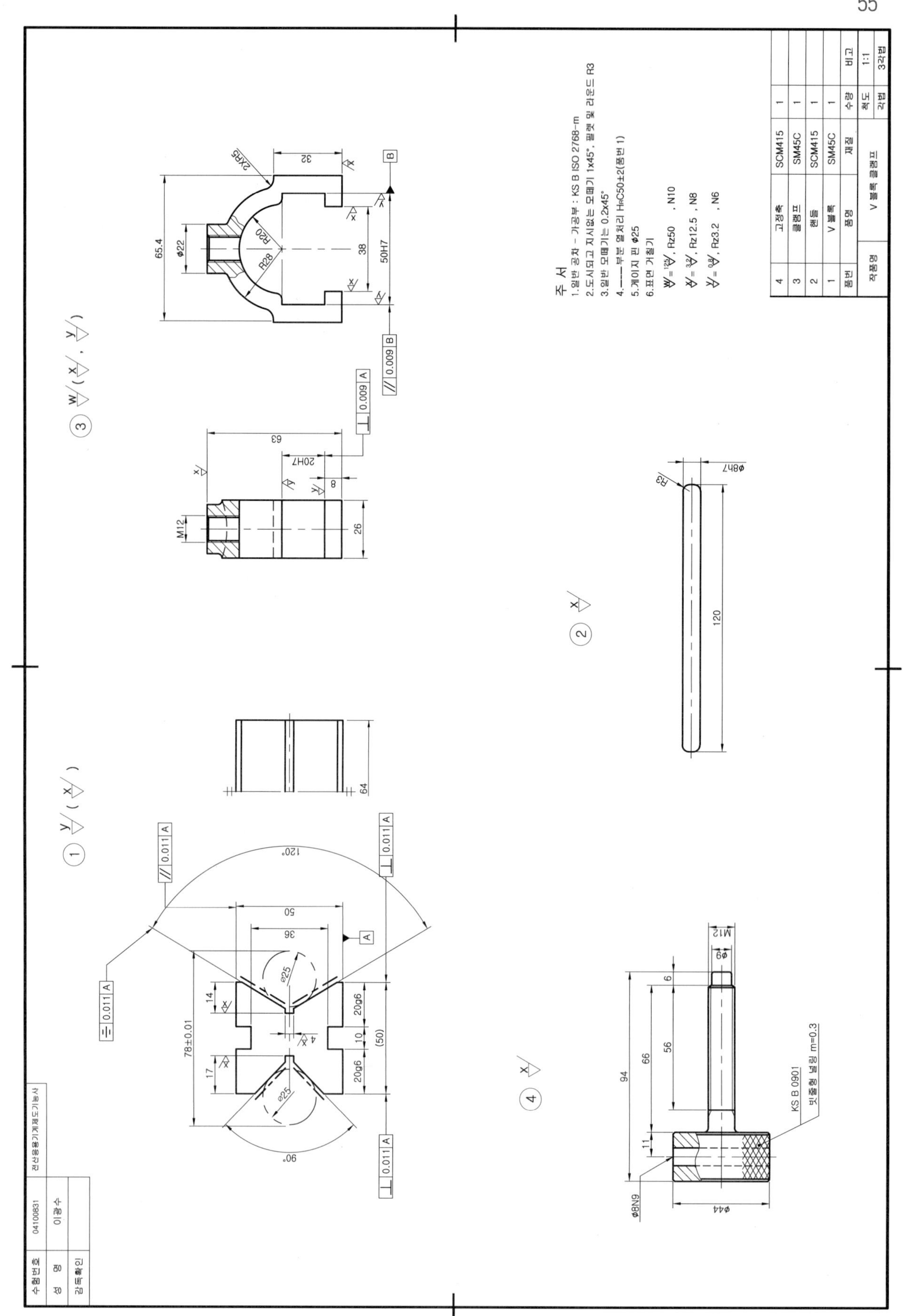
주 서
1.일반 공차 - 가공부 : KS B ISO 2768-m
2.도시되고 지시없는 모떼기 1x45°, 필렛 및 라운드 R3
3.일반 모떼기는 0.2x45°
4.——— 부분 열처리 HRC50±2(품번 1)
5.게이지 핀 φ25
6.표면 거칠기
Rz50 , N10
Rz12.5 , N8
Rz3.2 , N6
4 고정축 SCM415 1
3 클램프 SM45C 1
2 핸들 SCM415 1
1 V 블록 SM45C 1
품번 품명 재질 수량 비고
작품명 V 블록 클램프 척도 1:1 각법 3각법
수험번호 04100831 전산응용기계제도기능사
성 명 이광수
감독확인
KS B 0901 빗줄형 널링 m=0.3

과제1 V 블록 클램프

• 등각 투상도(3D) 부품란 '비고'에 질량을 기입한다.
• 비중을 7.85로 계산하여 소수 첫째 자리에서 반올림한다.

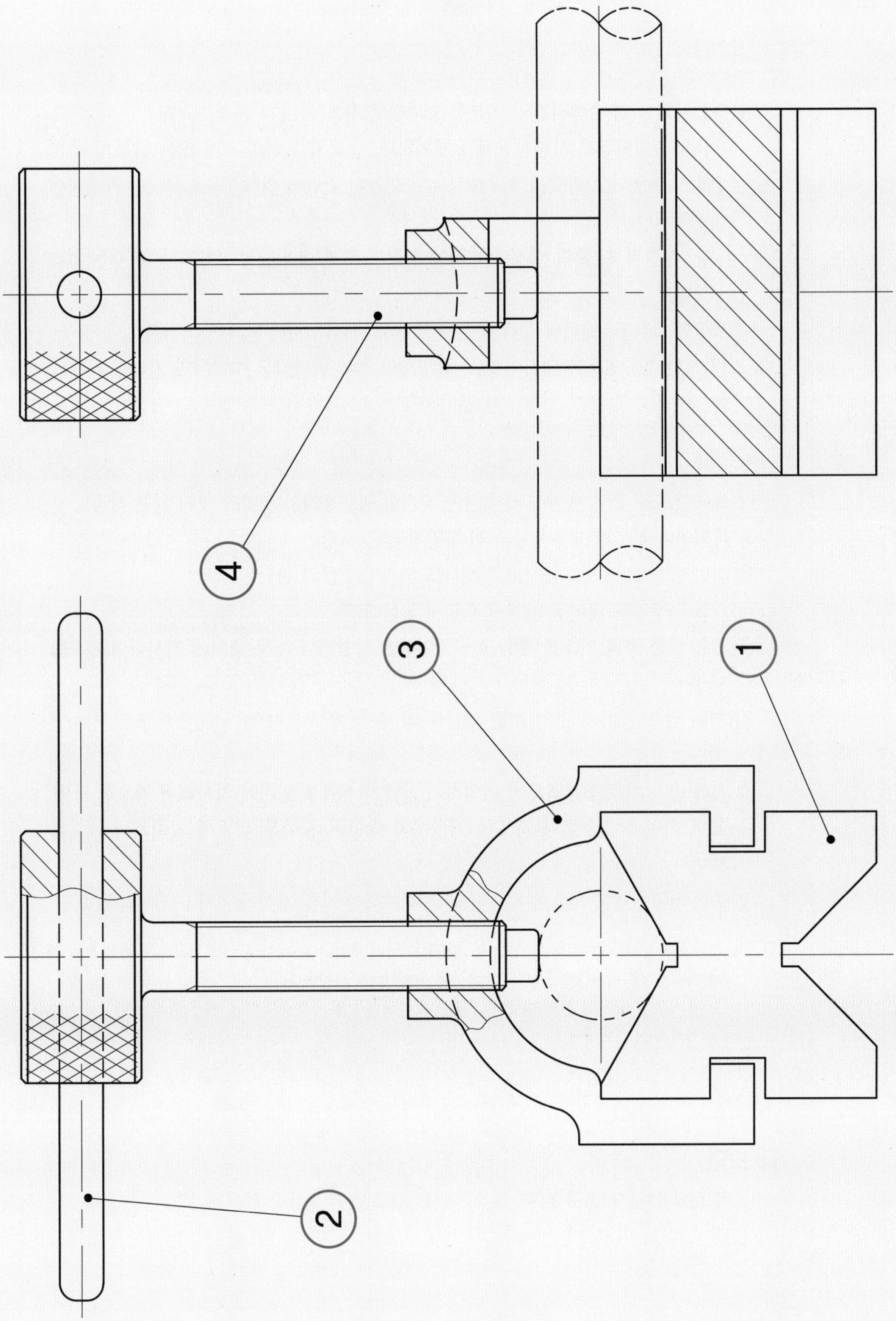

4

3

1

2

㉯ 수험자의 직접 출력시간이 10분을 초과한 경우
(다만, 출력시간은 시험시간에서 제외하며, 출력된 도면의 크기 또는 색상 등이 채점하기 어렵다고 판단될 경우에는 감독위원의 판단에 의해 1회에 한하여 재출력이 허용됩니다.)
- 단, 재출력 시 출력 설정만 변경해야 하며 도면 내용을 수정하거나 할 수는 없습니다.

㉰ 요구한 부품도, 렌더링 등각 투상도 중에서 1개라도 투상도가 제도되지 않은 경우
(지시한 부품번호에 대하여 모두 작성해야 하며 하나라도 누락되면 미완성 처리)

■ 기타

㉮ 요구한 도면 크기에 제도되지 않아 제시한 출력용지와 크기가 맞지 않는 작품
㉯ 각법이나 척도가 요구사항과 전혀 맞지 않은 도면
㉰ 전반적으로 KS 제도규격에 의해 제도되지 않았다고 판단된 도면
㉱ 지급된 용지(트레이싱지)에 출력되지 않은 도면
㉲ 끼워 맞춤 공차 기호를 부품도에 기입하지 않았거나 아무 위치에 지시하여 제도한 도면
㉳ 끼워 맞춤 공차의 구멍 기호(대문자)와 축 기호(소문자)를 구분하지 않고 지시한 도면
㉴ 기하 공차 기호를 부품도에 기입하지 않았거나 아무 위치에 지시하여 제도한 도면
㉵ 표면 거칠기 기호를 부품도에 기입하지 않았거나 아무 위치에 지시하여 제도한 도면
㉶ 조립상태(조립도 혹은 분해조립도)로 제도하여 기본 지식이 없다고 판단되는 도면

※ 출력은 사용하는 CAD 프로그램으로 출력하는 것이 원칙이나, 이상이 있을 경우 pdf 파일 혹은 출력 가능한 호환성이 있는 파일로 변환하여 출력하여도 무방합니다.
- 이 경우 폰트 깨짐 등의 현상이 발생될 수 있으니 이점 유의하여 CAD 사용 환경을 적절히 설정하여 주시기 바랍니다.

3 도면

동력 전달 장치, 치공구 장치, 그 외 기계조립 도면이 문제로 제시됩니다.

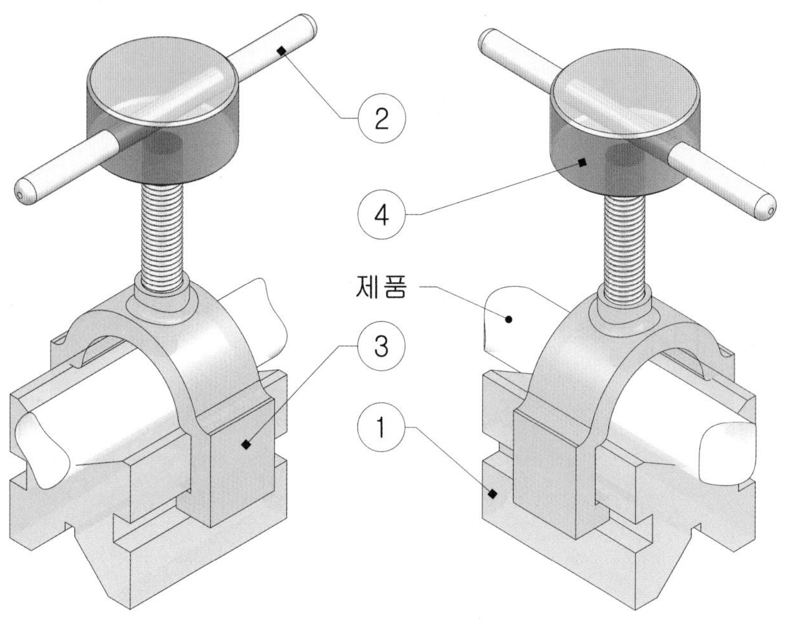

V 블록 클램프 조립도

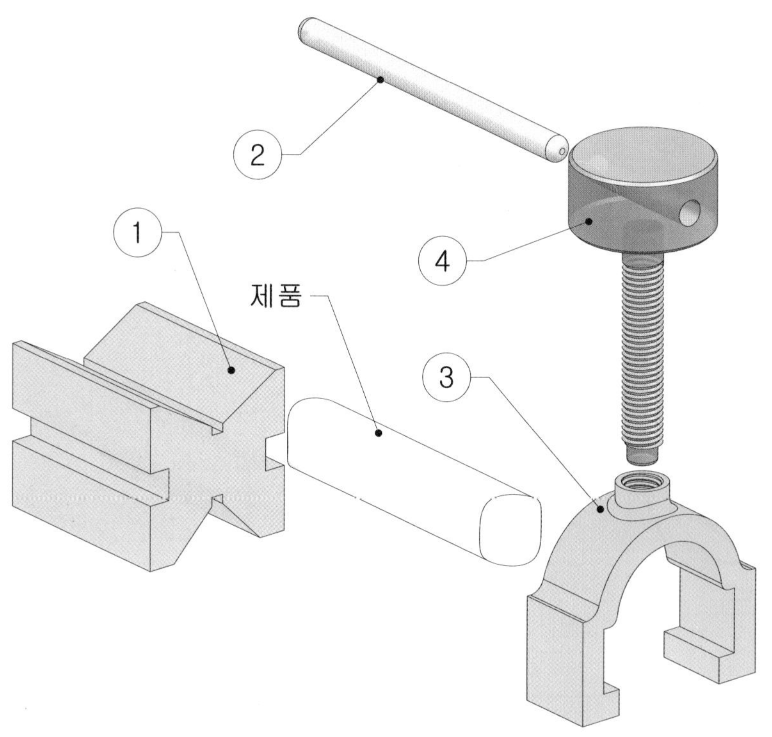

V 블록 클램프 구조도

과제2 샤프트 서포트

- 등각 투상도(3D) 부품란 '비고'에 질량을 기입한다.
- 비중을 7.85로 계산하여 소수 첫째 자리에서 반올림한다.

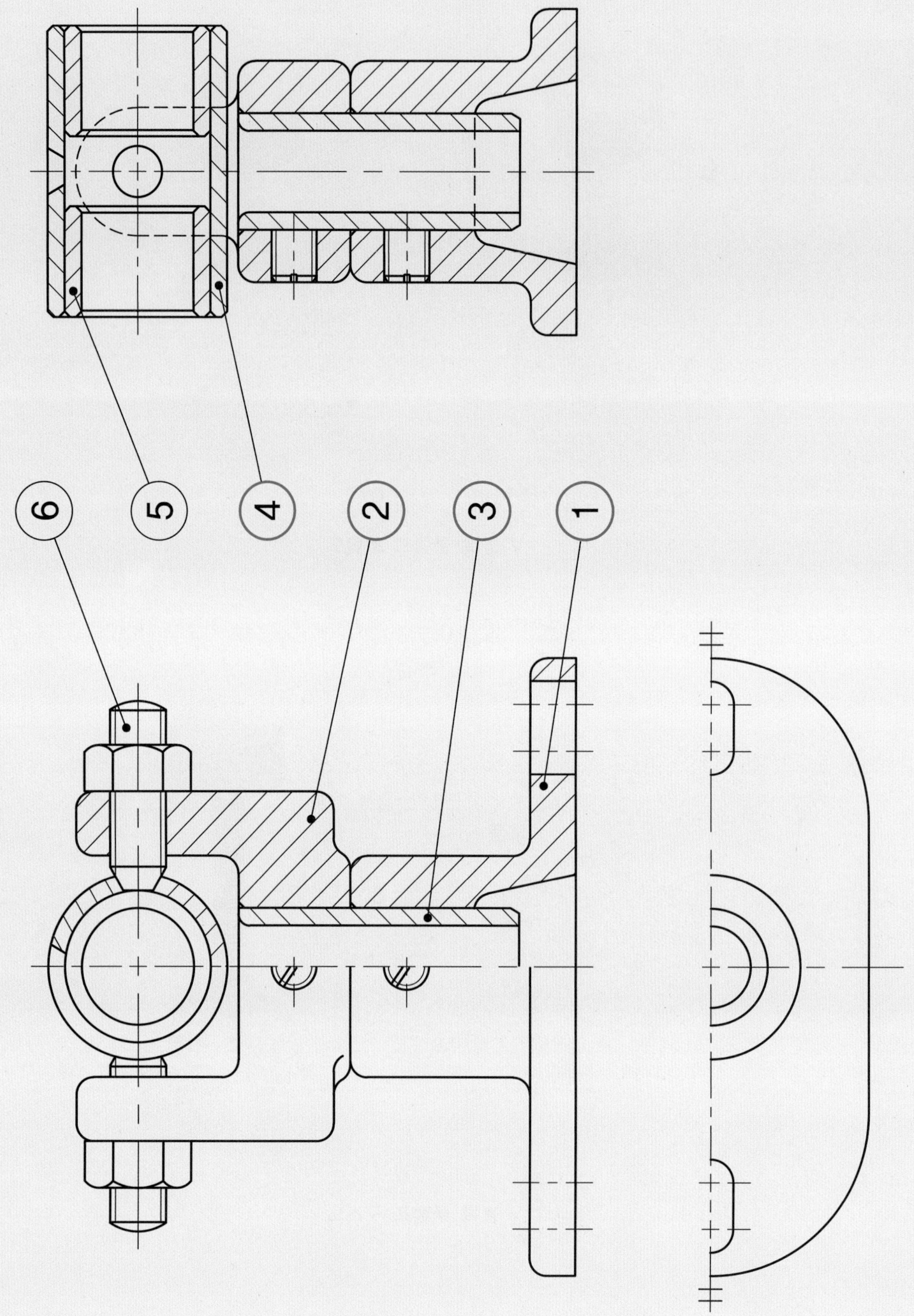

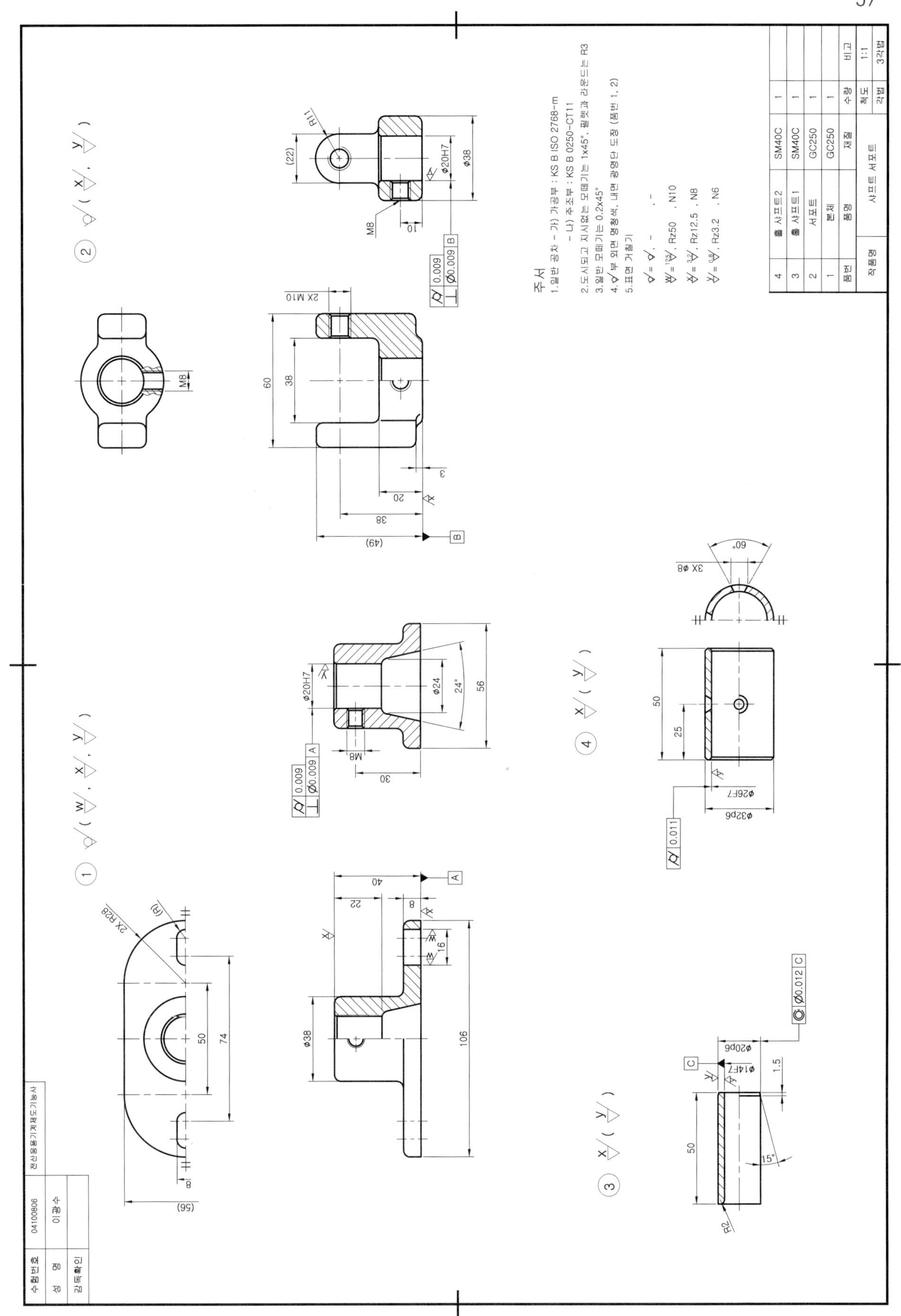
주서
1.일반 공차 - 가) 가공부 : KS B ISO 2768-m
- 나) 주조부 : KS B 0250-CT11
2.도시되고 지시없는 모떼기는 1x45°, 필렛과 라운드는 R3
3.일반 모떼기는 0.2x45°
5.표면 거칠기
4 샤프트2 SM40C 1
3 샤프트1 SM40C 1
2 서포트 GC250 1
1 본체 GC250 1
품번 품명 재질 수량 비고
작품명 샤프트 서포트
척도 1:1
각법 3각법
수험번호 04100806
성명 이광수
감독확인
전산응용기계제도기능사

3D 모법답안 제출용 – 샤프트 서포트

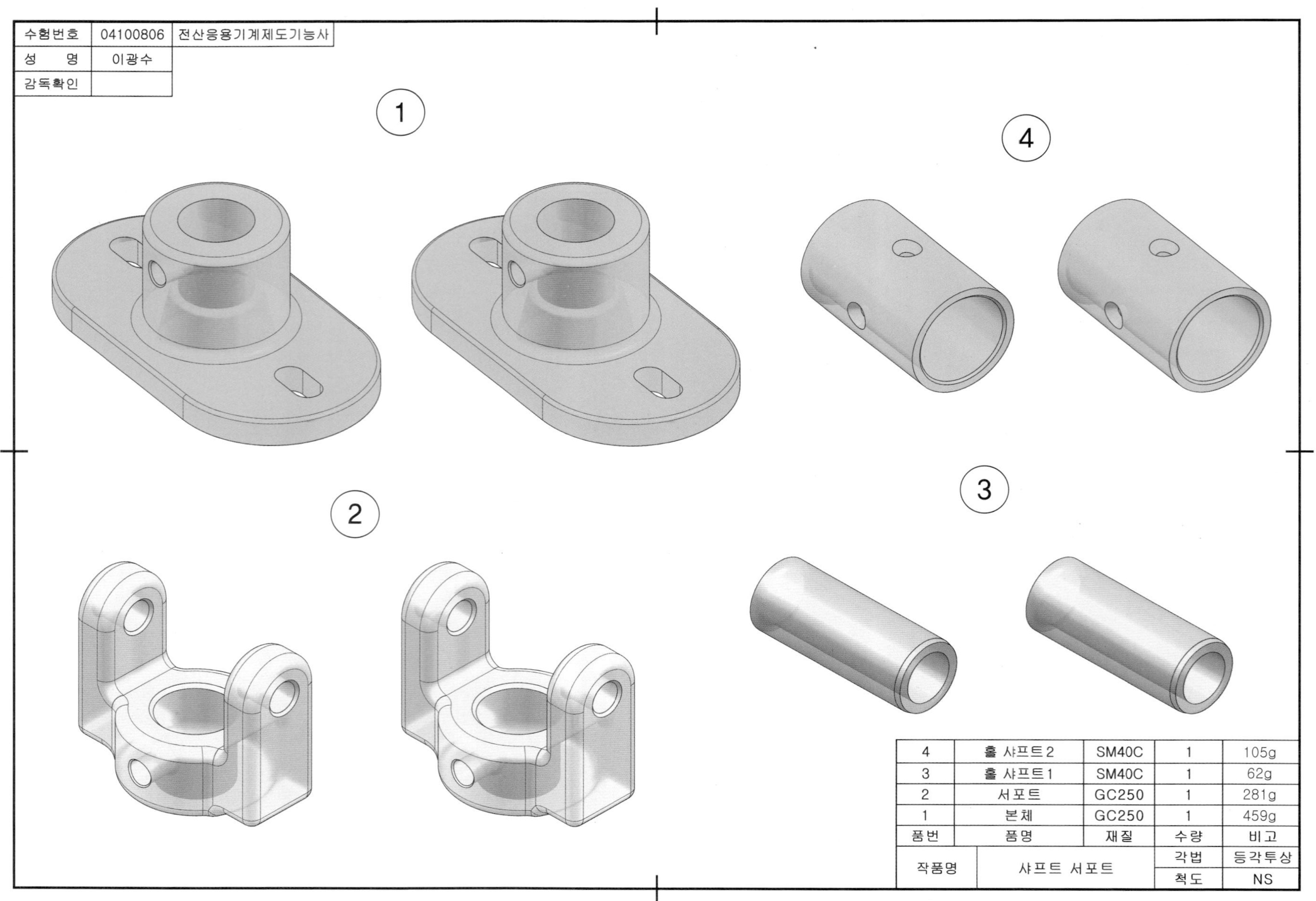

수험번호 04100806 전산응용기계제도기능사
성 명 이광수
감독확인
1
4
2
3
4 홀 샤프트2 SM40C 1 105g
3 홀 샤프트1 SM40C 1 62g
2 서포트 GC250 1 281g
1 본체 GC250 1 459g
품번 품명 재질 수량 비고
작품명 샤프트 서포트 각법 등각투상
척도 NS

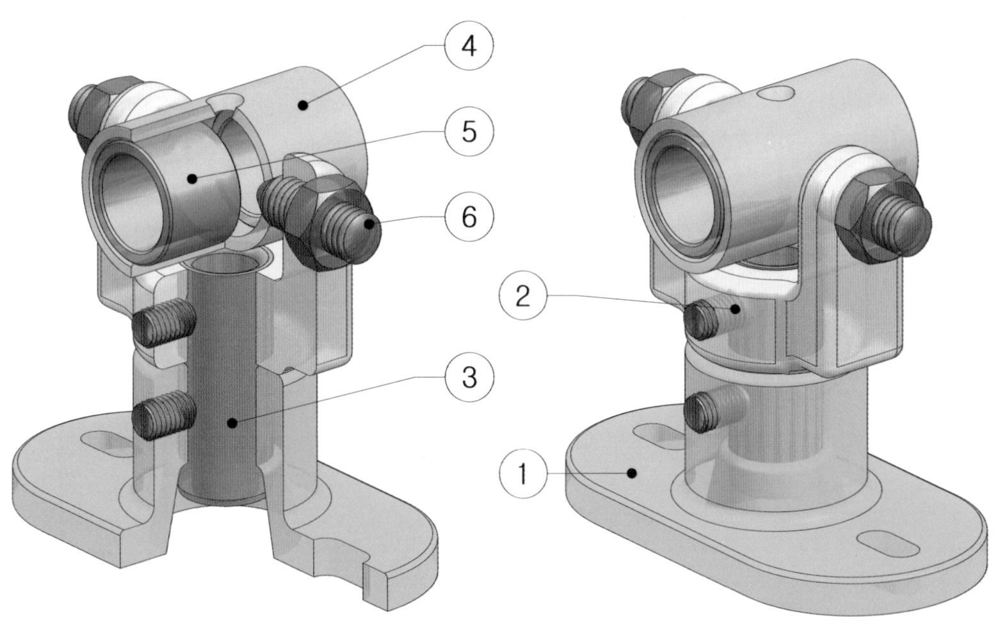

샤프트 서포트 조립도

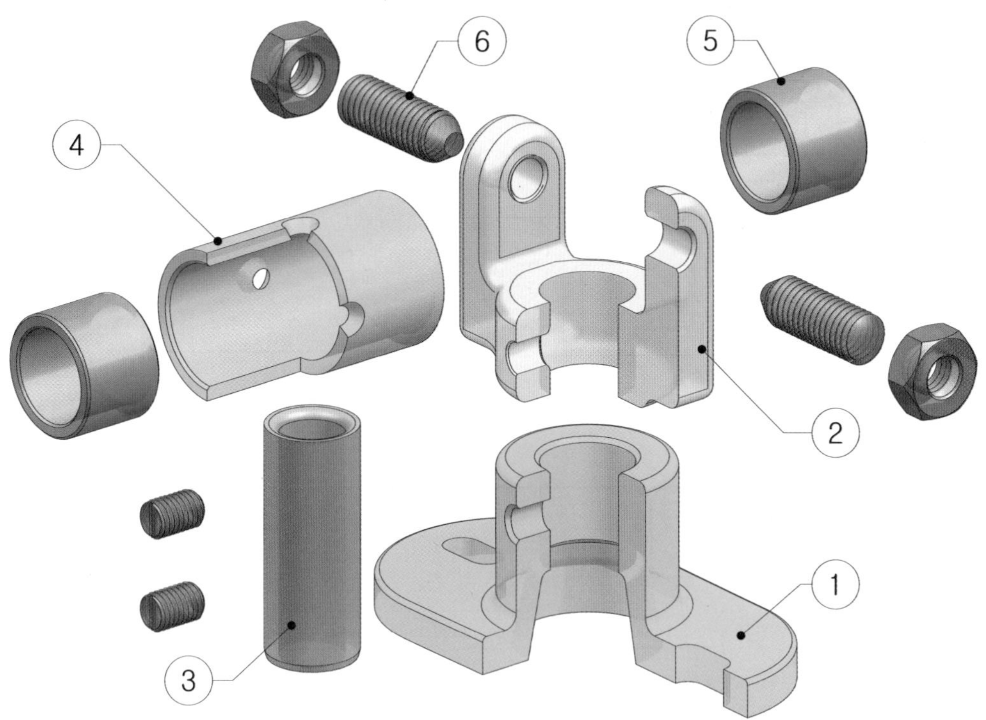

샤프트 서포트 구조도

과제3 실린더 펌프

- 등각 투상도(3D) 부품란 '비고'에 질량을 기입한다.
- 비중을 7.85로 계산하여 소수 첫째 자리에서 반올림한다.

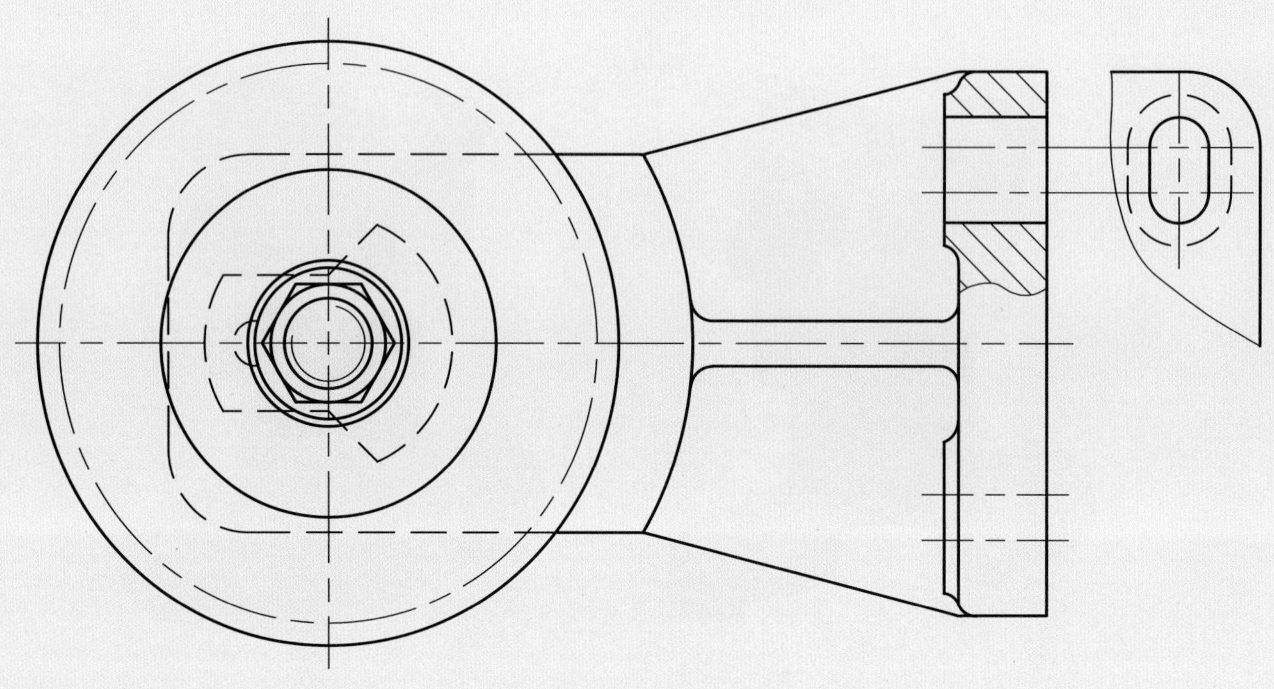

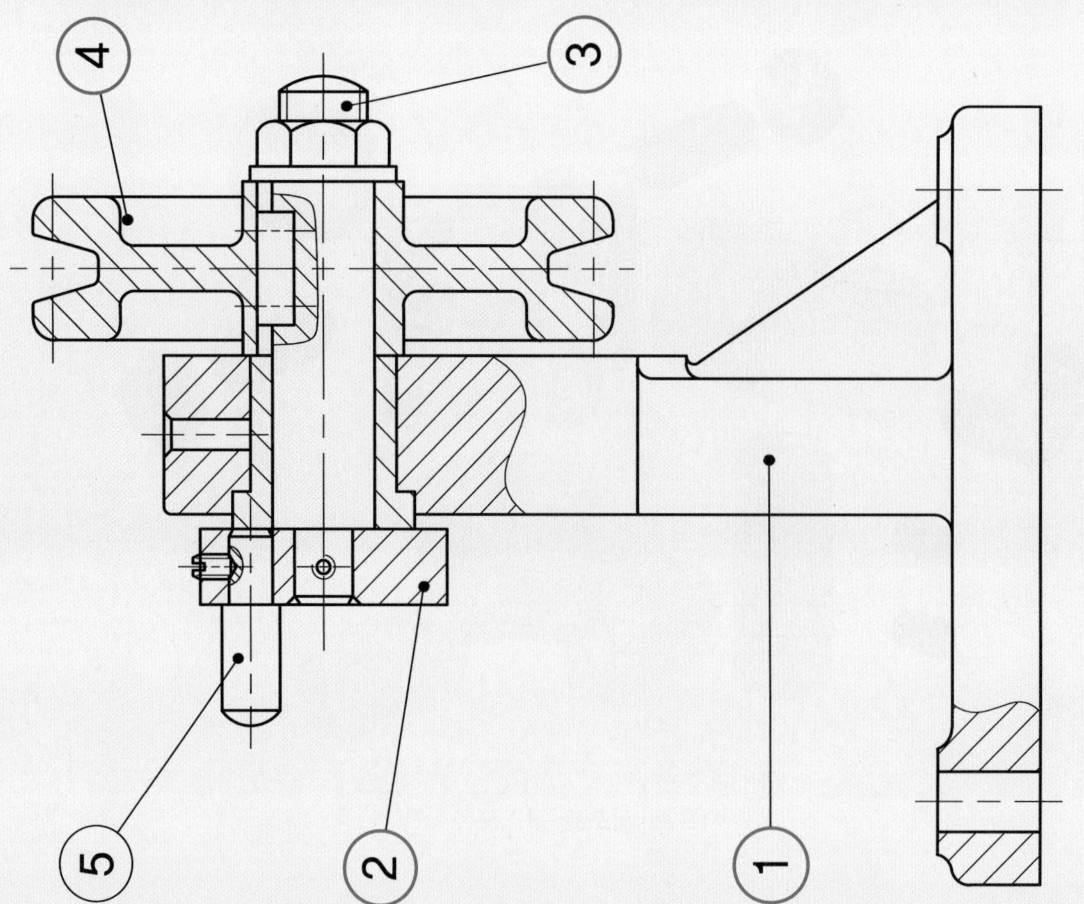

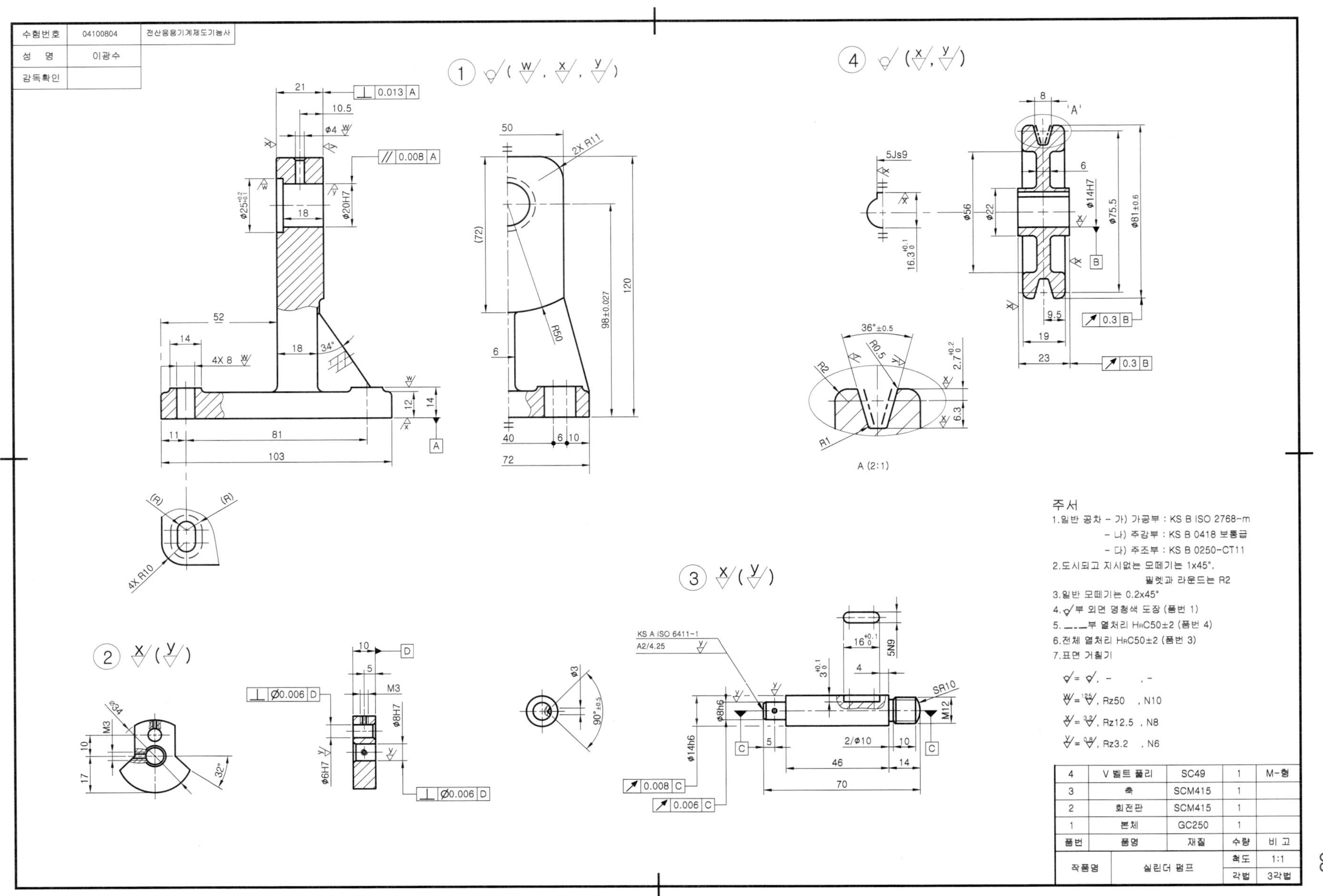
수험번호 04100804 전산응용기계제도기능사
성 명 이광수
감독확인
① (w, x, y)
② x (y)
③ x (y)
④ (x, y)
A (2:1)
KS A ISO 6411-1
A2/4.25
주서
1.일반 공차 – 가) 가공부 : KS B ISO 2768-m
– 나) 주강부 : KS B 0418 보통급
– 다) 주조부 : KS B 0250-CT11
2.도시되고 지시없는 모떼기는 1x45°,
필렛과 라운드는 R2
3.일반 모떼기는 0.2x45°
4.부 외면 명청색 도장 (품번 1)
5.부 열처리 HrC50±2 (품번 4)
6.전체 열처리 HrC50±2 (품번 3)
7.표면 거칠기
w = 12.5, Rz50 , N10
x = 3.2, Rz12.5 , N8
y = 0.8, Rz3.2 , N6
4 V 벨트 풀리 SC49 1 M-형
3 축 SCM415 1
2 회전판 SCM415 1
1 본체 GC250 1
품번 품명 재질 수량 비 고
작품명 실린더 펌프 척도 1:1 각법 3각법

3D 모법답안 제출용 - 실린더 펌프

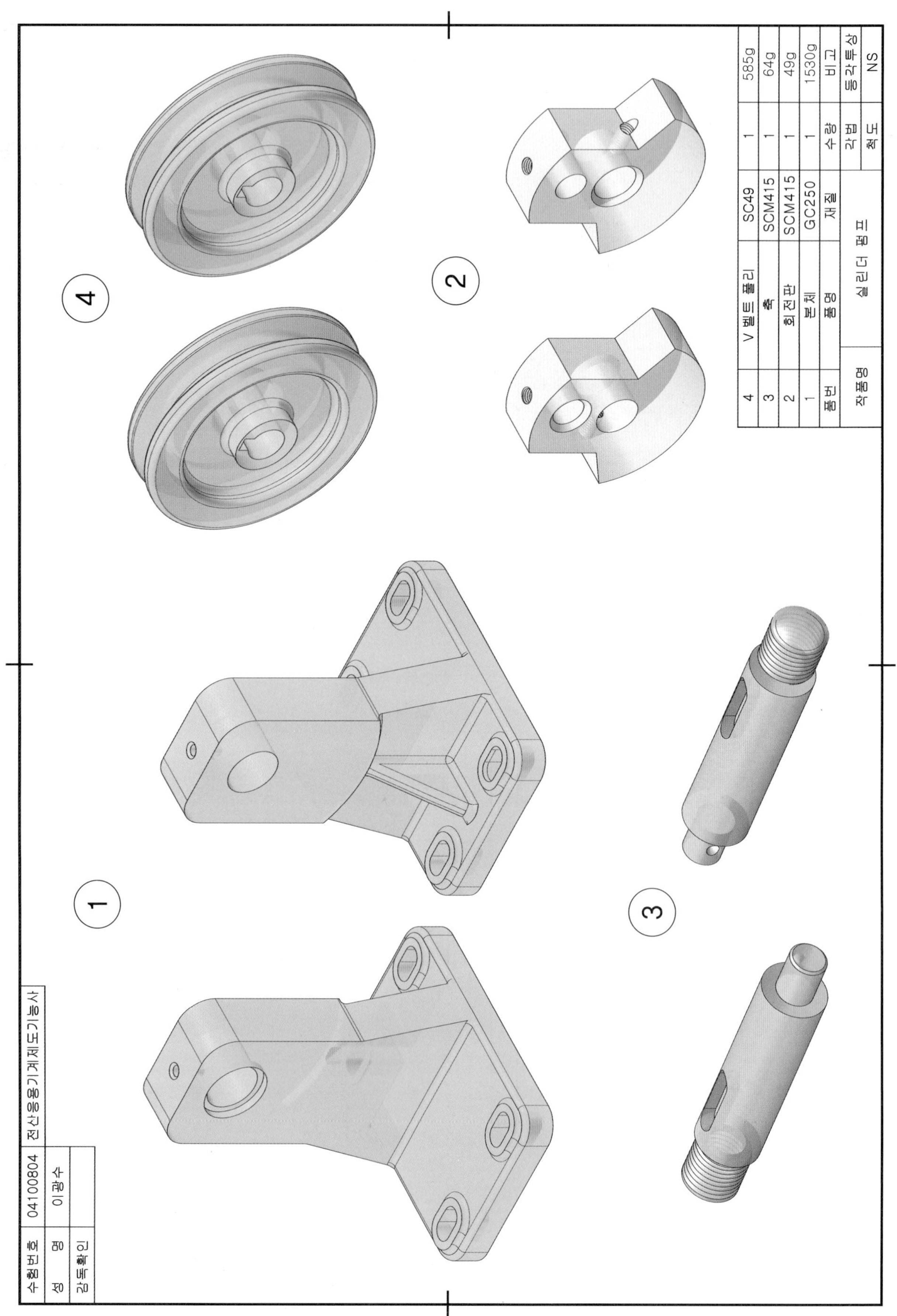

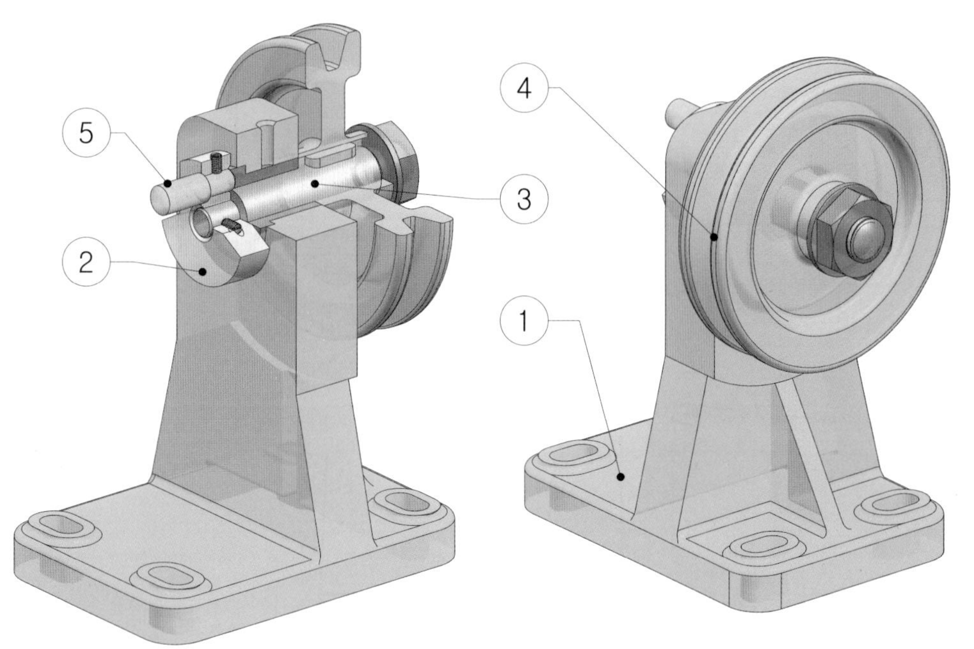

실린더 펌프 조립도

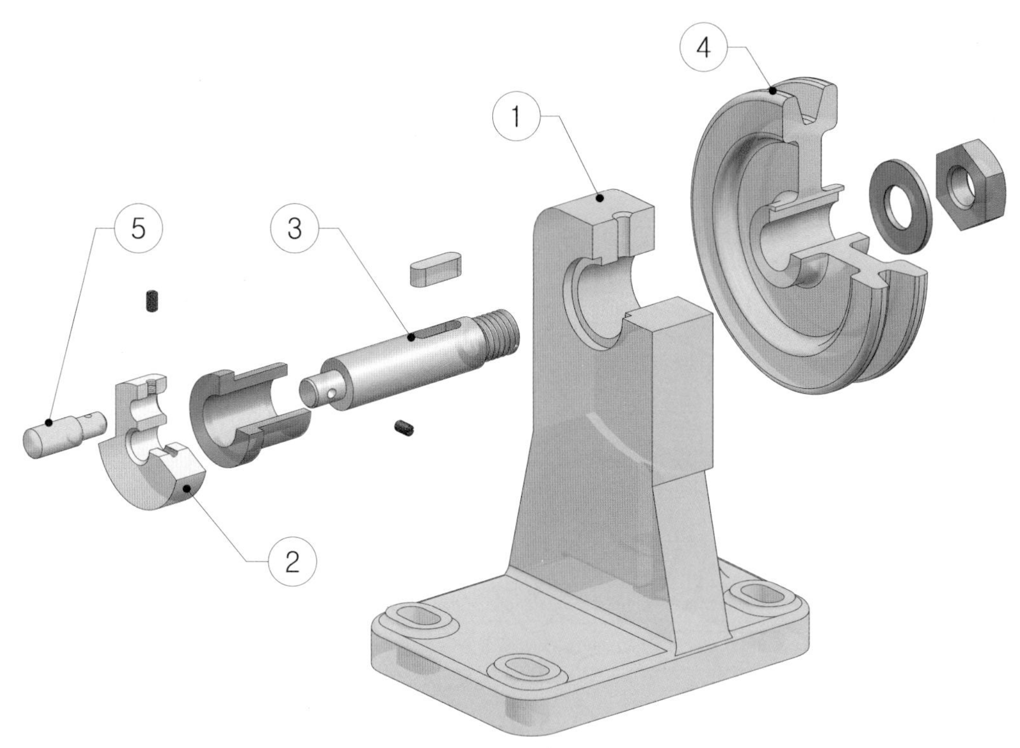

실린더 펌프 구조도

과제4 벨트 타이트너

- 등각 투상도(3D) 부품란 '비고'에 질량을 기입한다.
- 비중을 7.85로 계산하여 소수 첫째 자리에서 반올림한다.

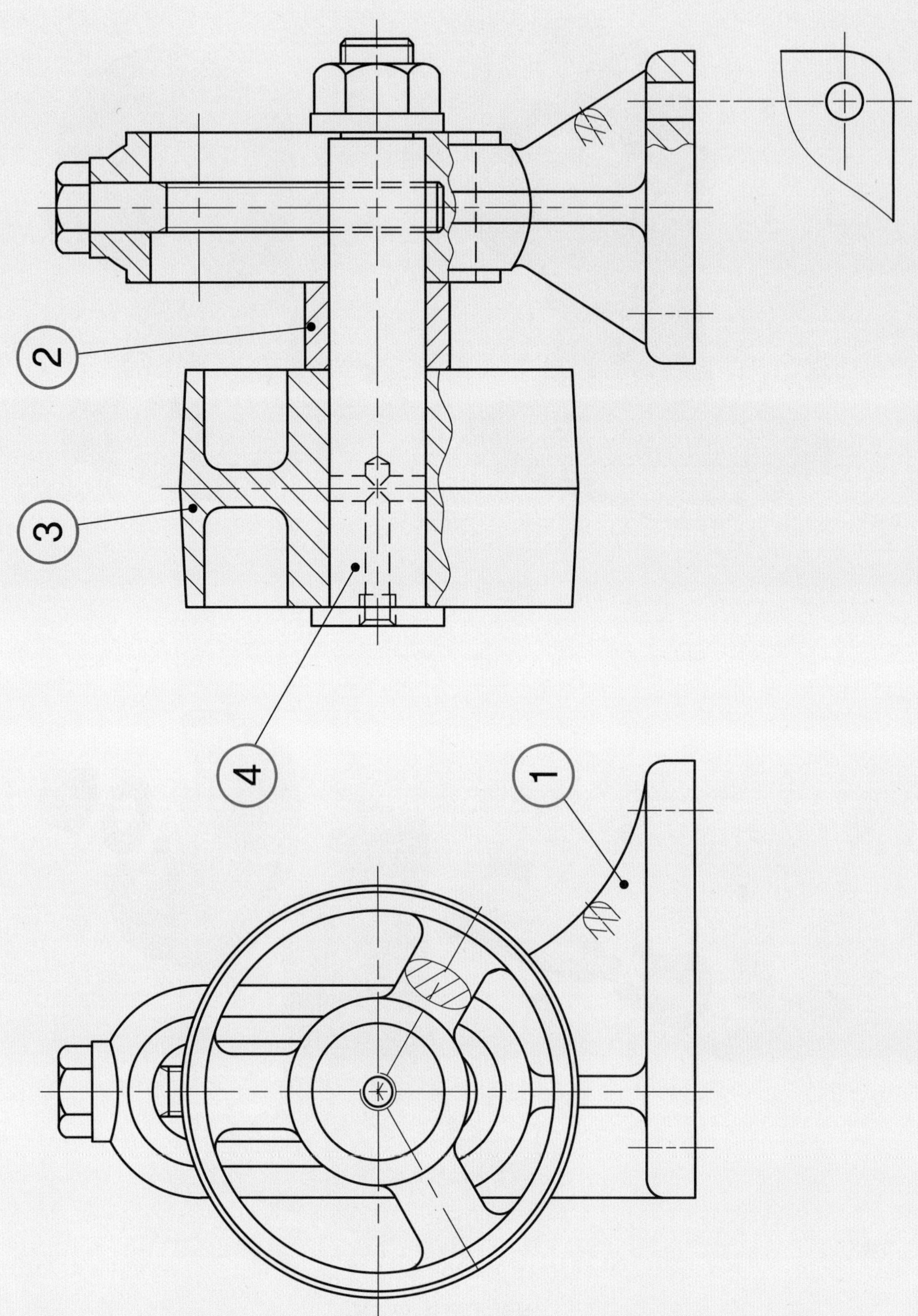

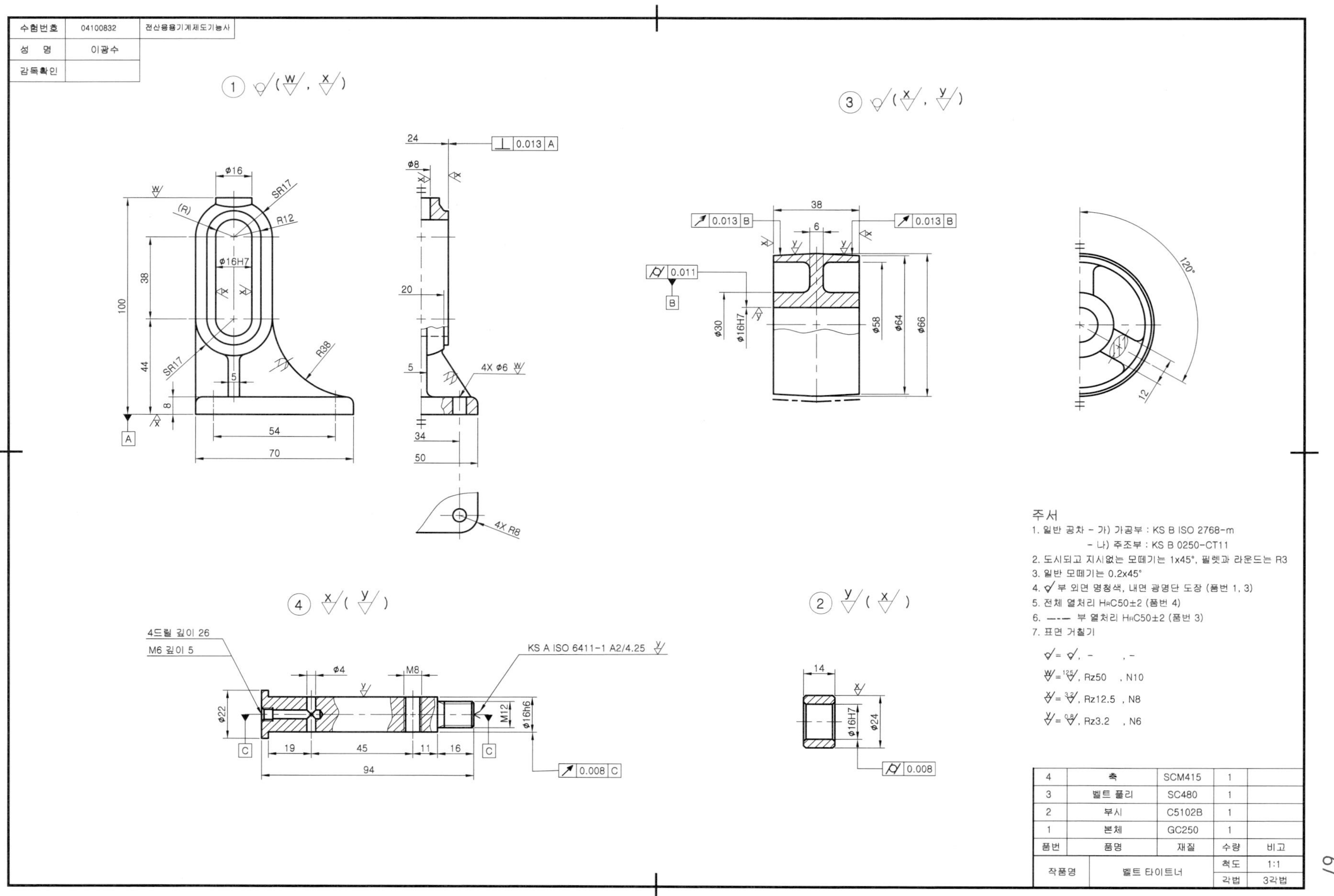
수험번호 04100832 전산응용기계제도기능사
성 명 이광수
감독확인
주서
1. 일반 공차 - 가) 가공부 : KS B ISO 2768-m
- 나) 주조부 : KS B 0250-CT11
2. 도시되고 지시없는 모떼기는 1x45°, 필렛과 라운드는 R3
3. 일반 모떼기는 0.2x45°
4. 부 외면 명청색, 내면 광명단 도장 (품번 1, 3)
5. 전체 열처리 HRC50±2 (품번 4)
6. 부 열처리 HRC50±2 (품번 3)
7. 표면 거칠기
Rz50 , N10
Rz12.5 , N8
Rz3.2 , N6
4 축 SCM415 1
3 벨트 풀리 SC480 1
2 부시 C5102B 1
1 본체 GC250 1
품번 품명 재질 수량 비고
작품명 벨트 타이트너 척도 1:1 각법 3각법
4드릴 깊이 26
M6 깊이 5
KS A ISO 6411-1 A2/4.25
4X φ6
4X R8

3D 모법답안 제출용 – 벨트 타이트너

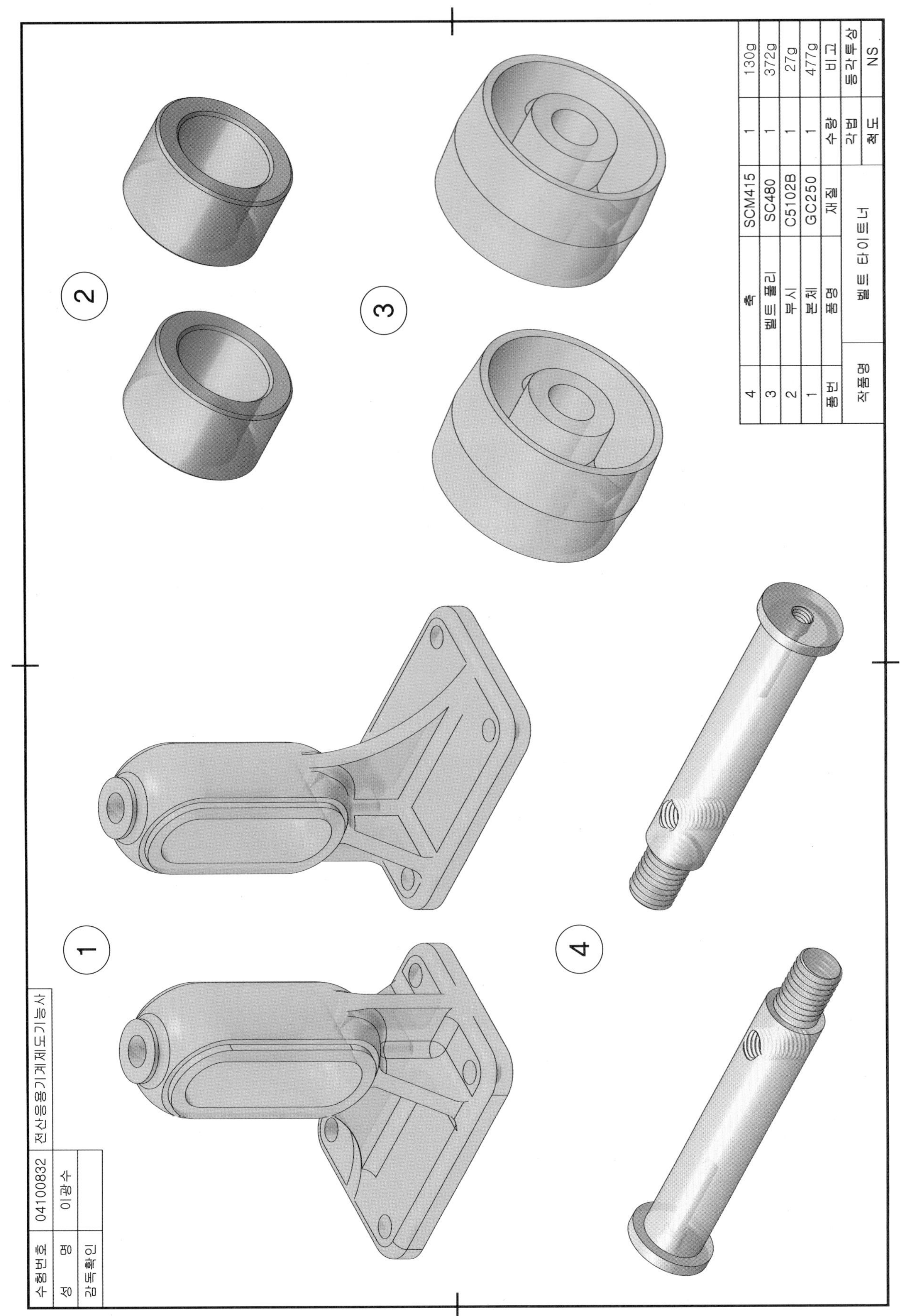

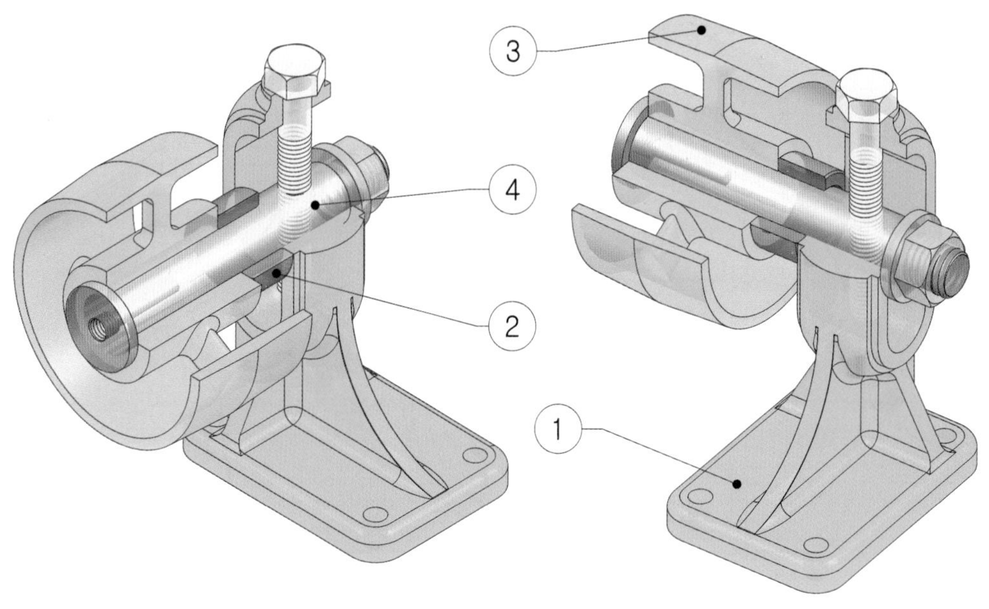

벨트 타이트너 조립도

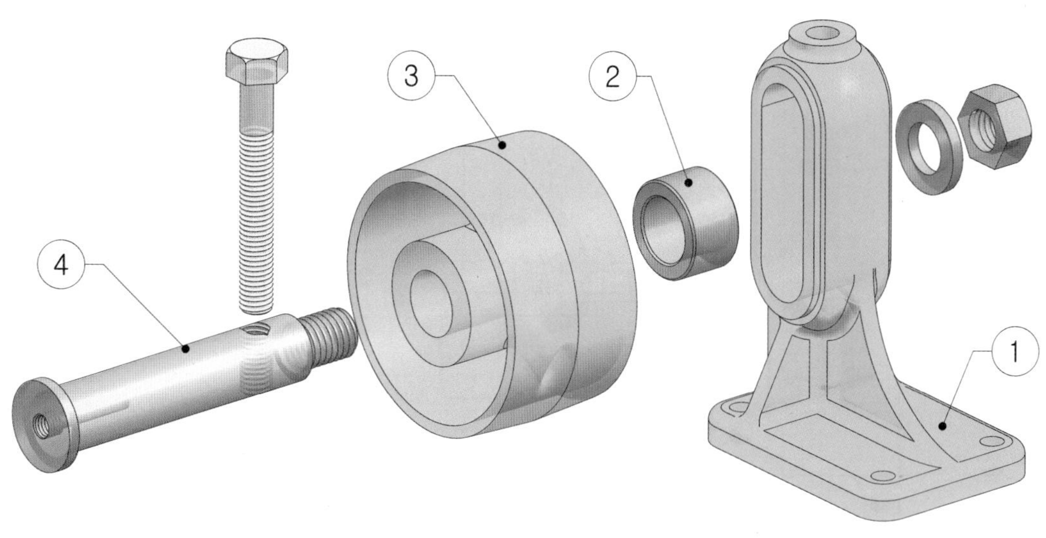

벨트 타이트너 구조도

과제5 밀링 잭

- 등각 투상도(3D) 부품란 '비고'에 질량을 기입한다.
- 비중을 7.85로 계산하여 소수 첫째 자리에서 반올림한다.

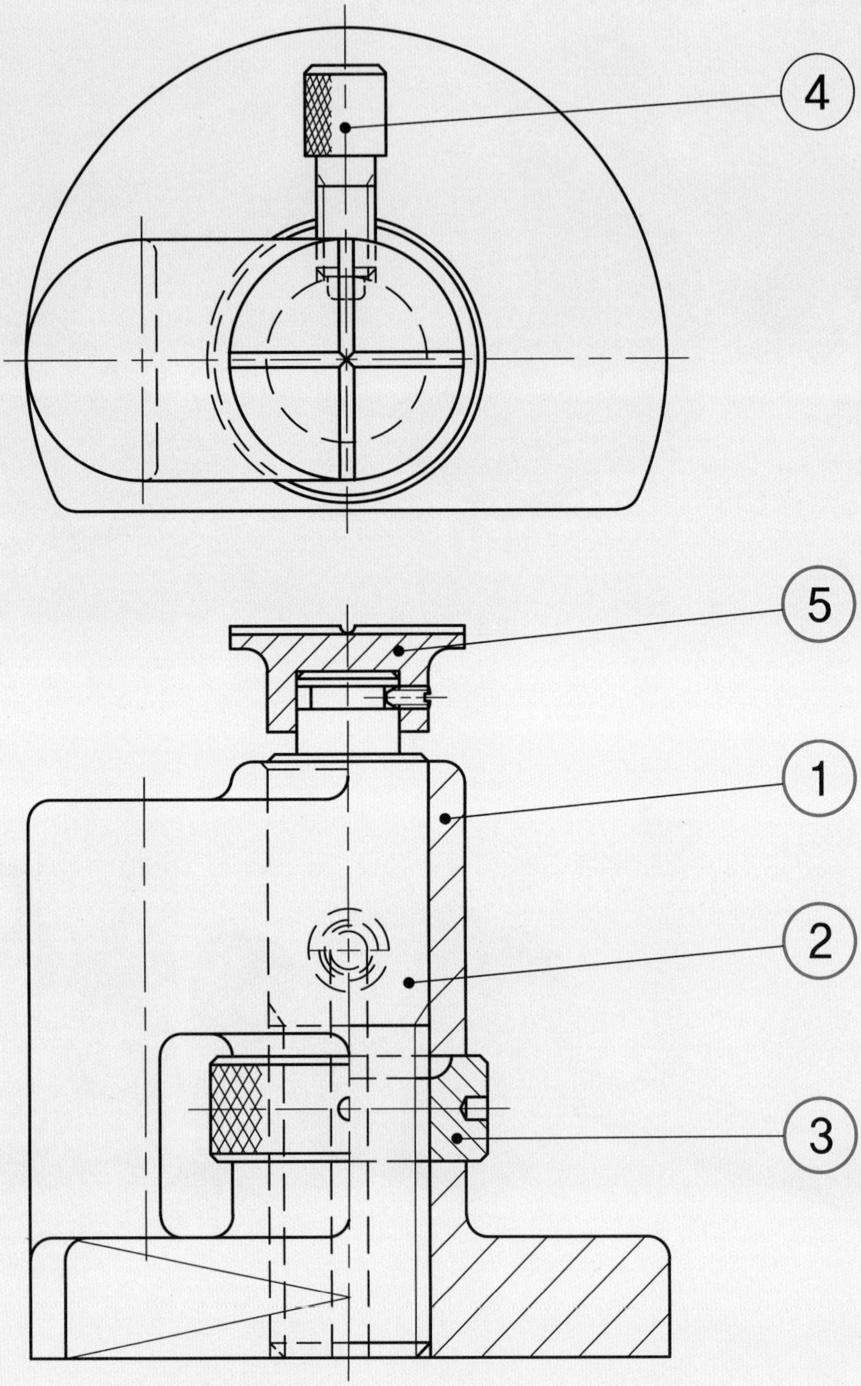

4

5

1

2

3

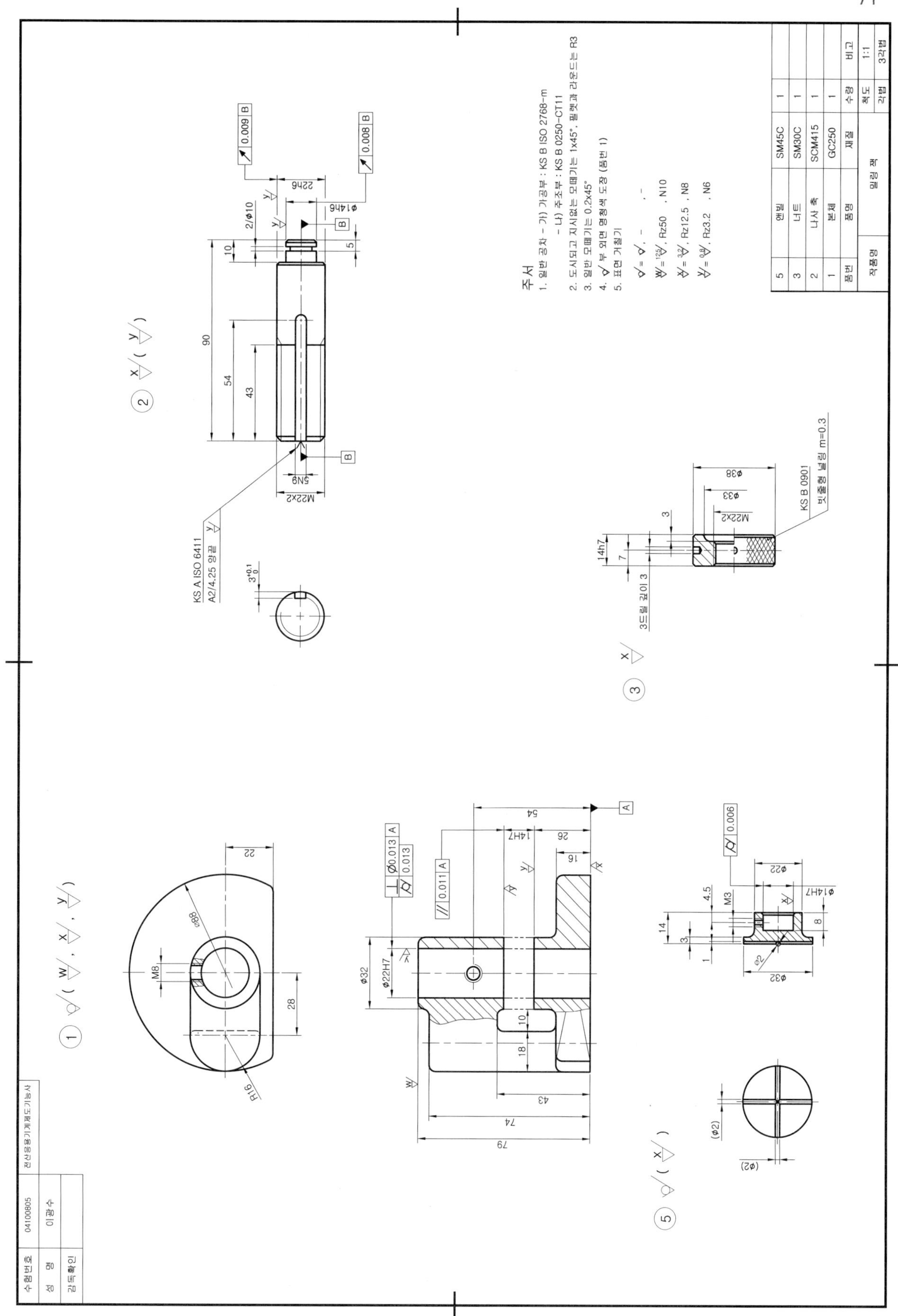
주서
1. 일반 공차 - 가) 가공부 : KS B ISO 2768-m
- 나) 주조부 : KS B 0250-CT11
2. 도시되고 지시없는 모떼기는 1x45°, 필렛과 라운드는 R3
3. 일반 모떼기는 0.2x45°
4. 부 외면 명청색 도장 (품번 1)
5. 표면 거칠기
Rz50 , N10
Rz12.5 , N8
Rz3.2 , N6
5 핸들 SM45C 1
3 너트 SM30C 1
2 나사 축 SCM415 1
1 본체 GC250 1
품번 품명 재질 수량 비고
작품명 밀링 잭 척도 1:1 각법 3각법
KS A ISO 6411 A2/4.25 양끝
KS B 0901 빗줄형 널링 m=0.3
3드릴 깊이 3
수험번호 04100805 전산응용기계제도기능사
성 명 이광수
감독확인

3D 모법답안 제출용 - 밀링 잭

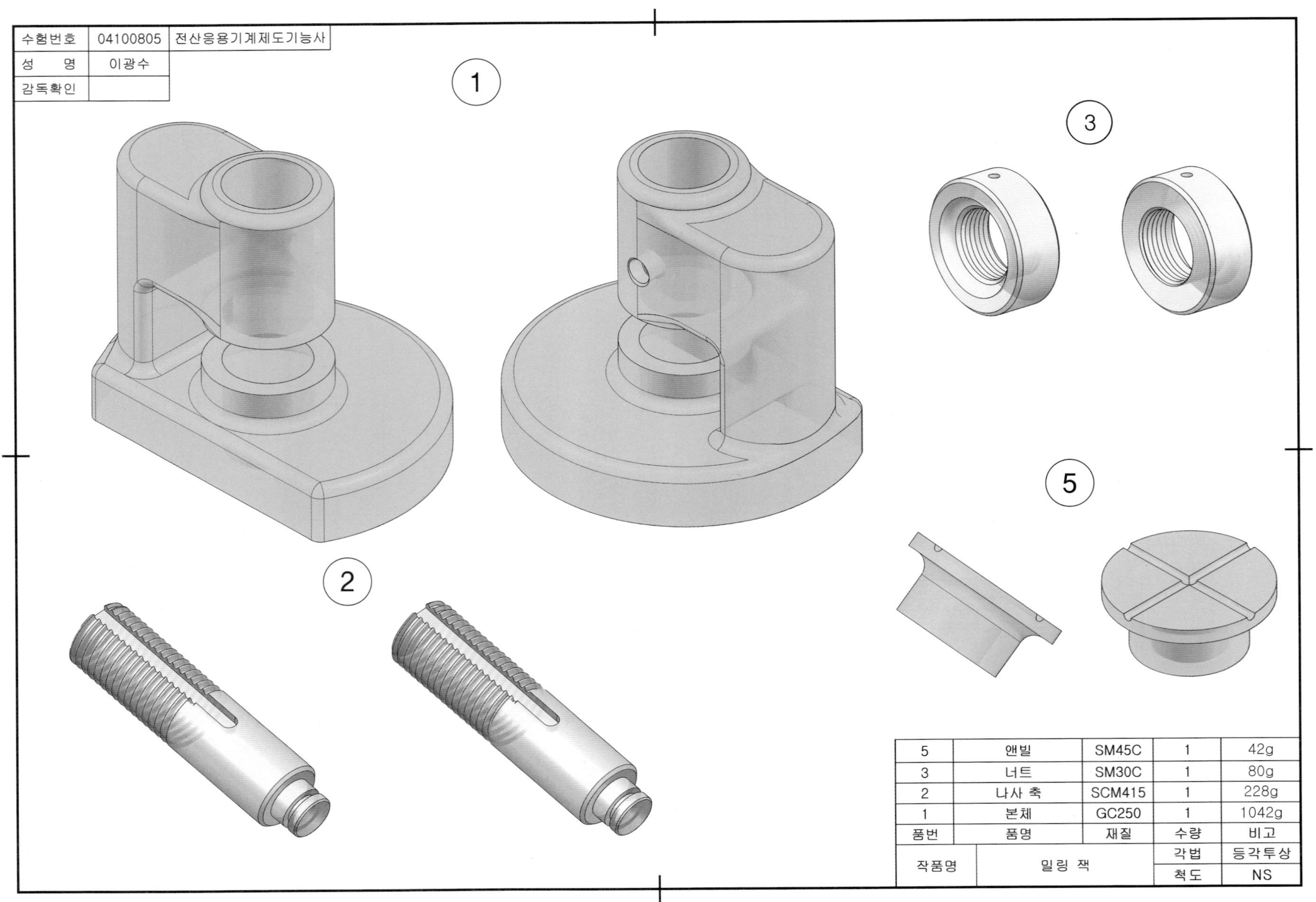

수험번호
04100805
전산응용기계제도기능사
성 명
이광수
감독확인
1
3
5
2
5
앤빌
SM45C
1
42g
3
너트
SM30C
1
80g
2
나사 축
SCM415
1
228g
1
본체
GC250
1
1042g
품번
품명
재질
수량
비고
작품명
밀링 잭
각법
등각투상
척도
NS

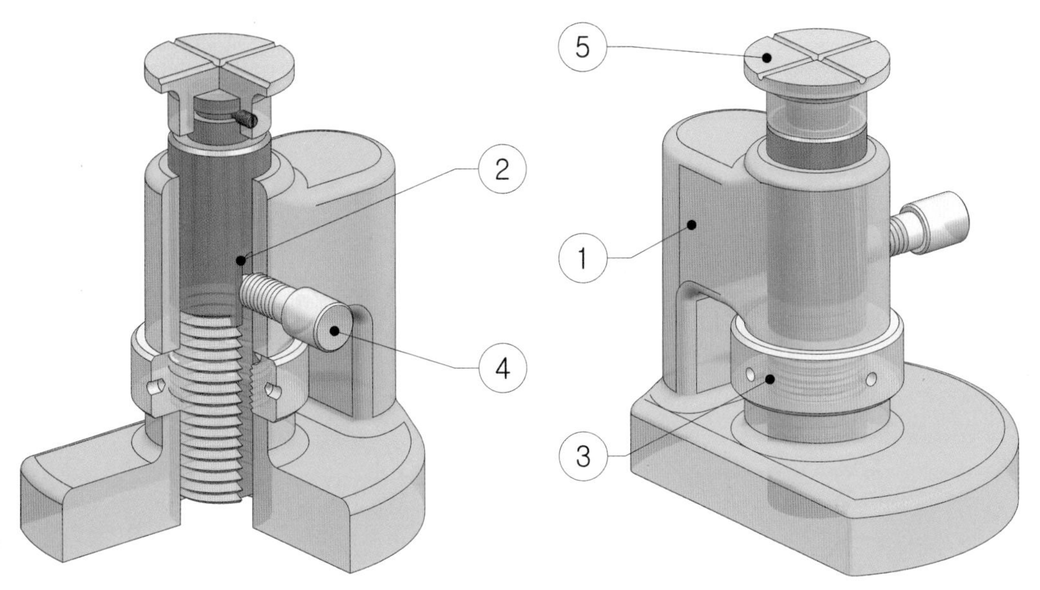

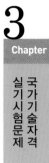

밀링 잭 조립도

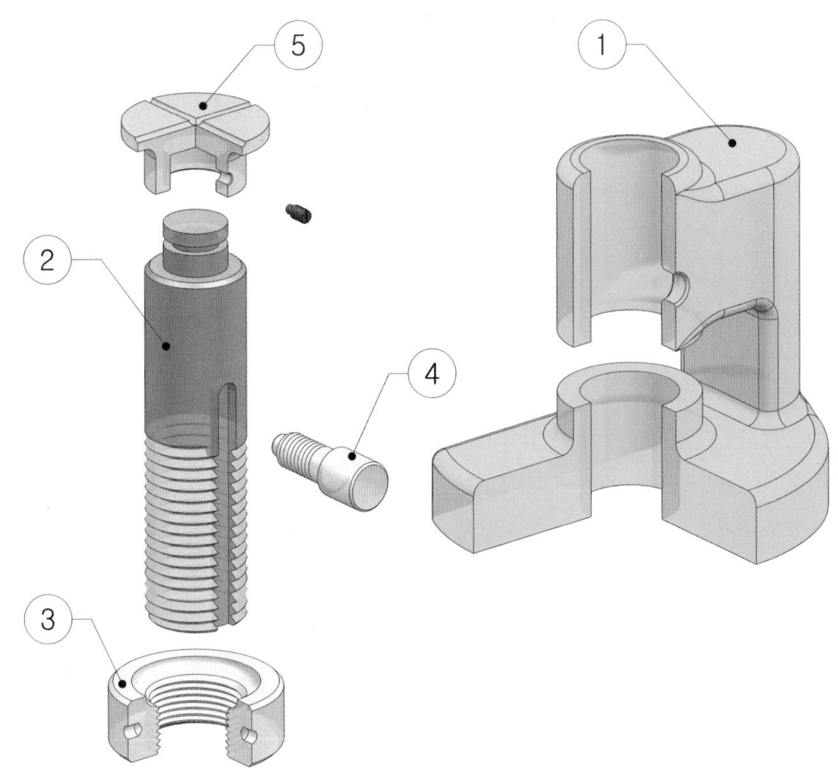

밀링 잭 구조도

과제6 편심 구동 장치

- 등각 투상도(3D) 부품란 '비고'에 질량을 기입한다.
- 비중을 7.85로 계산하여 소수 첫째 자리에서 반올림한다.

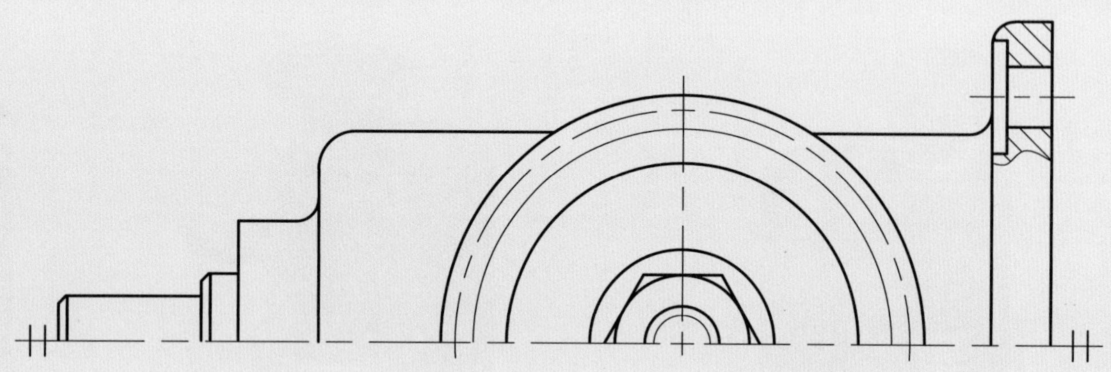

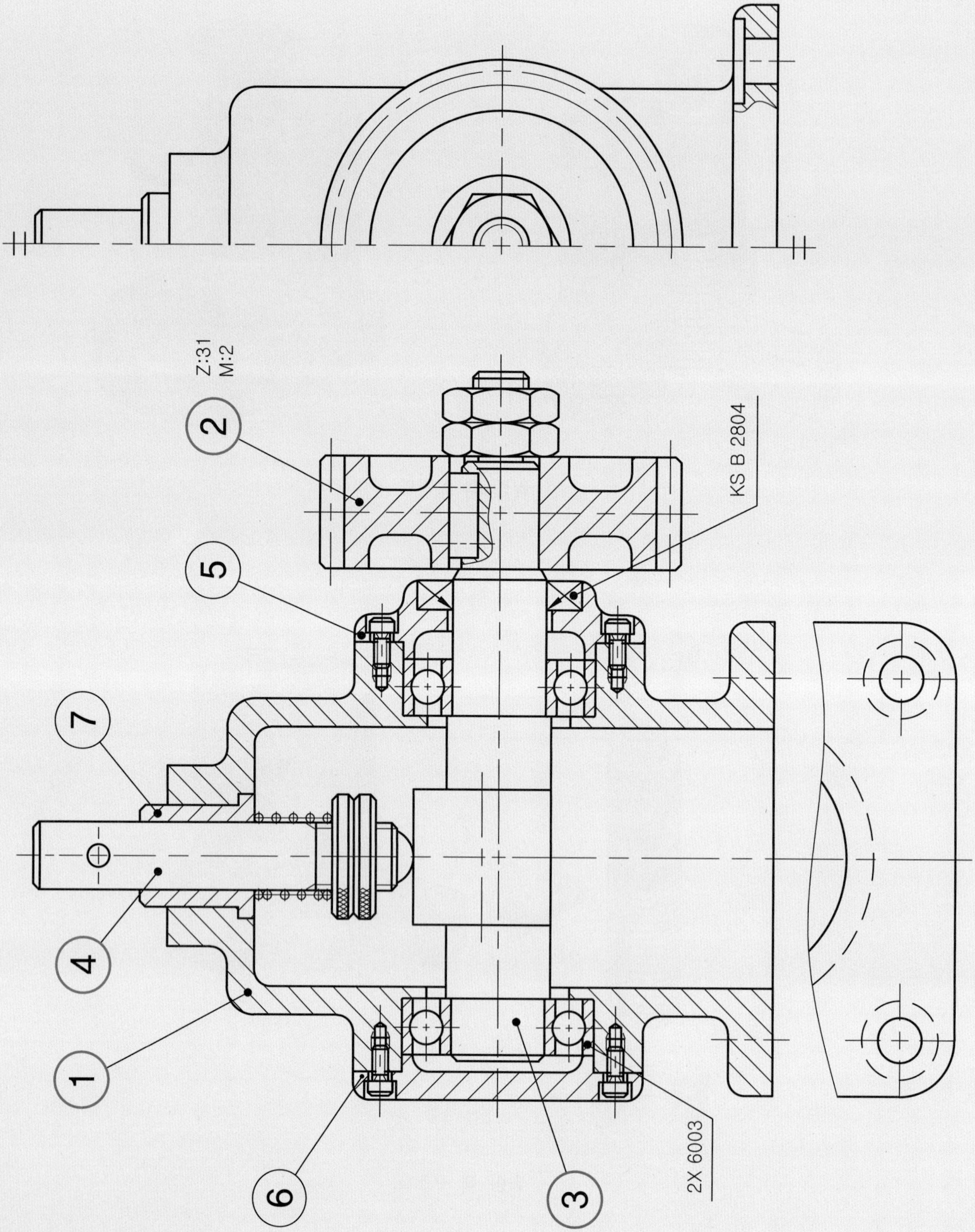

Z:31
M:2

KS B 2804

2X 6003

2 5 7 4 1 6 3

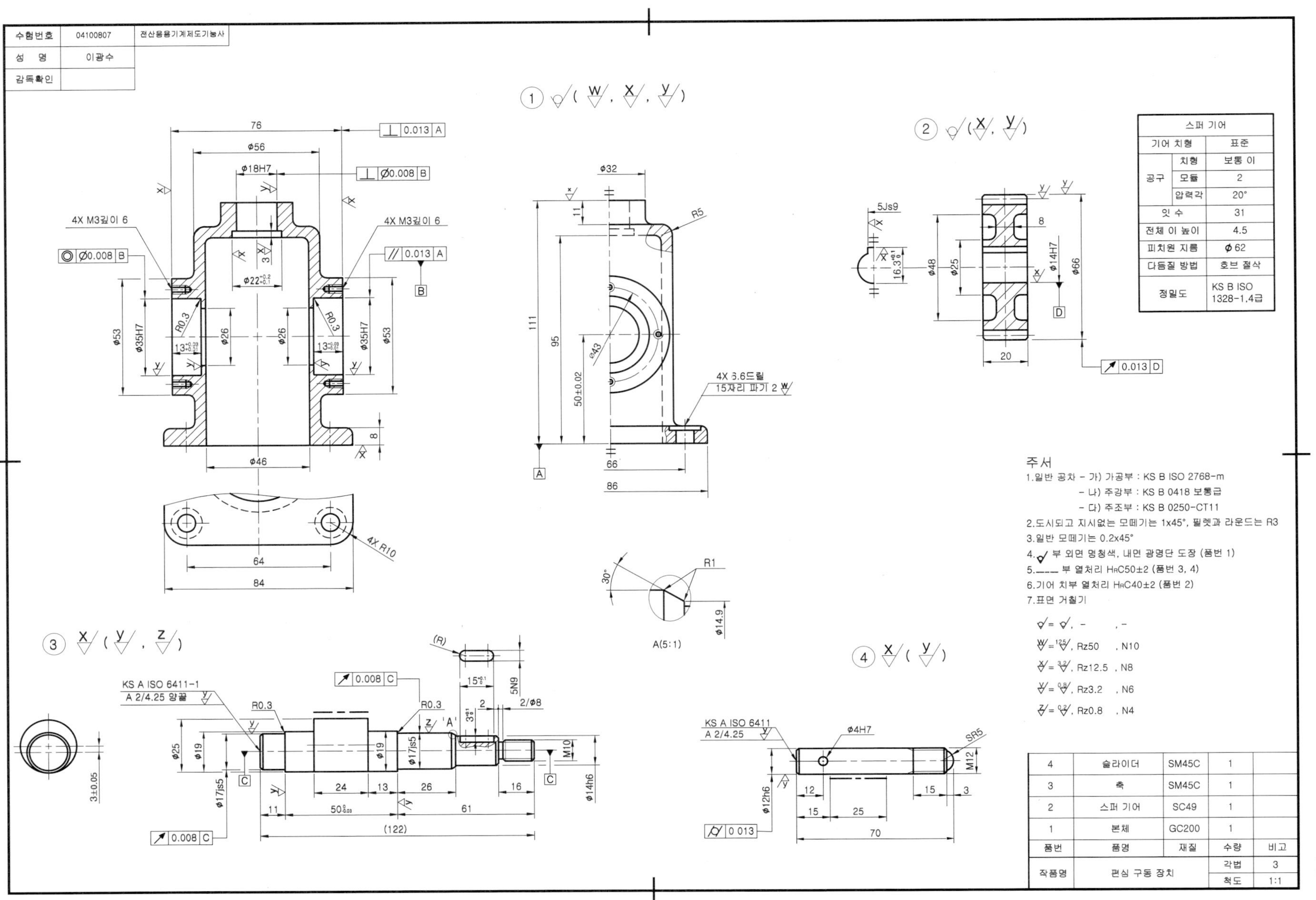
수험번호 04100807
성 명 이광수
감독확인
전산응용기계제도기능사
스퍼 기어
기어 치형 표준
공구 치형 보통 이
모듈 2
압력각 20°
잇 수 31
전체 이 높이 4.5
피치원 지름 ø62
다듬질 방법 호브 절삭
정밀도 KS B ISO 1328-1,4급
주서
1.일반 공차 - 가) 가공부 : KS B ISO 2768-m
- 나) 주강부 : KS B 0418 보통급
- 다) 주조부 : KS B 0250-CT11
2.도시되고 지시없는 모떼기는 1x45°, 필렛과 라운드는 R3
3.일반 모떼기는 0.2x45°
4. 부 외면 명청색, 내면 광명단 도장 (품번 1)
5. 부 열처리 HRC50±2 (품번 3, 4)
6.기어 치부 열처리 HRC40±2 (품번 2)
7.표면 거칠기
Rz50 , N10
Rz12.5 , N8
Rz3.2 , N6
Rz0.8 , N4
4 슬라이더 SM45C 1
3 축 SM45C 1
2 스퍼 기어 SC49 1
1 본체 GC200 1
품번 품명 재질 수량 비고
각법 3
작품명 편심 구동 장치 척도 1:1
A(5:1)

3D 모범답안 제출용 – 편심 구동 장치

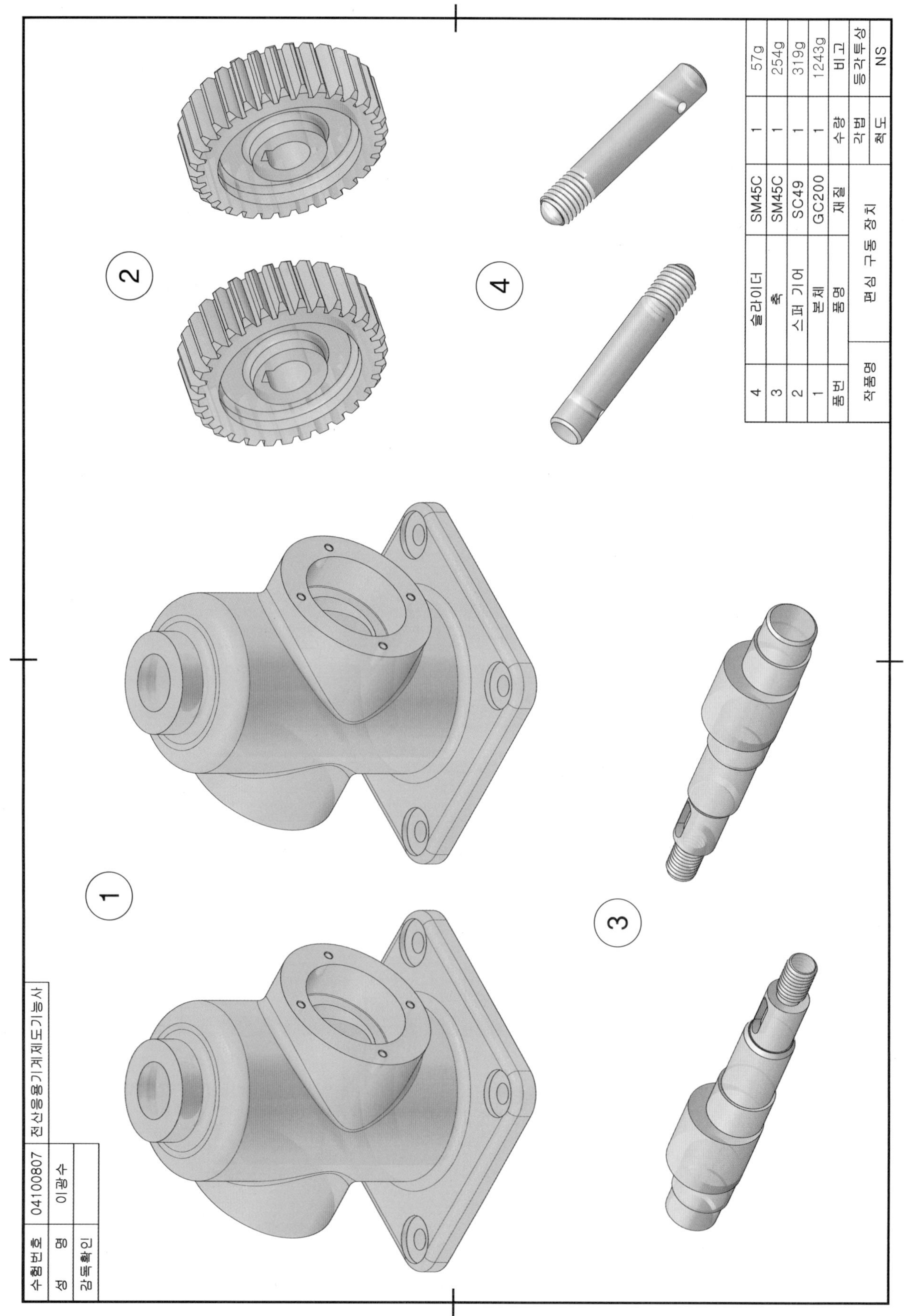

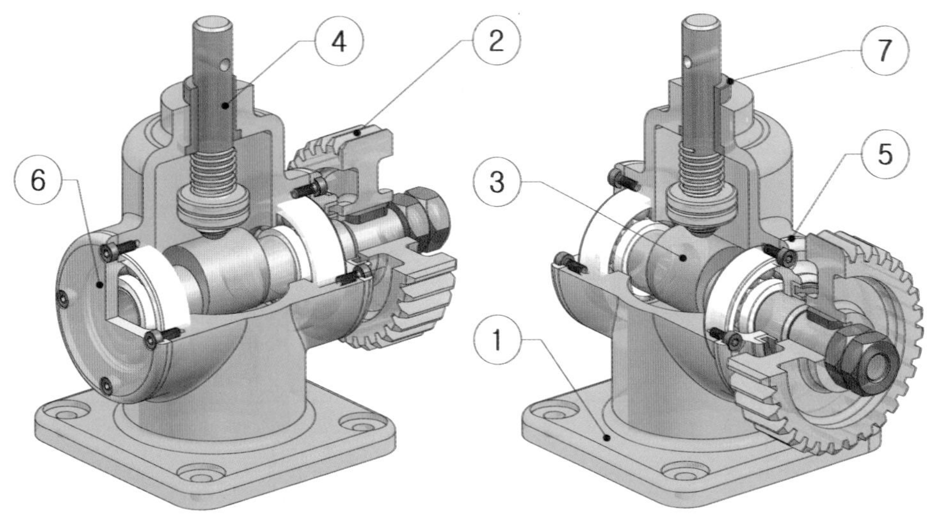

편심 구동 장치 조립도

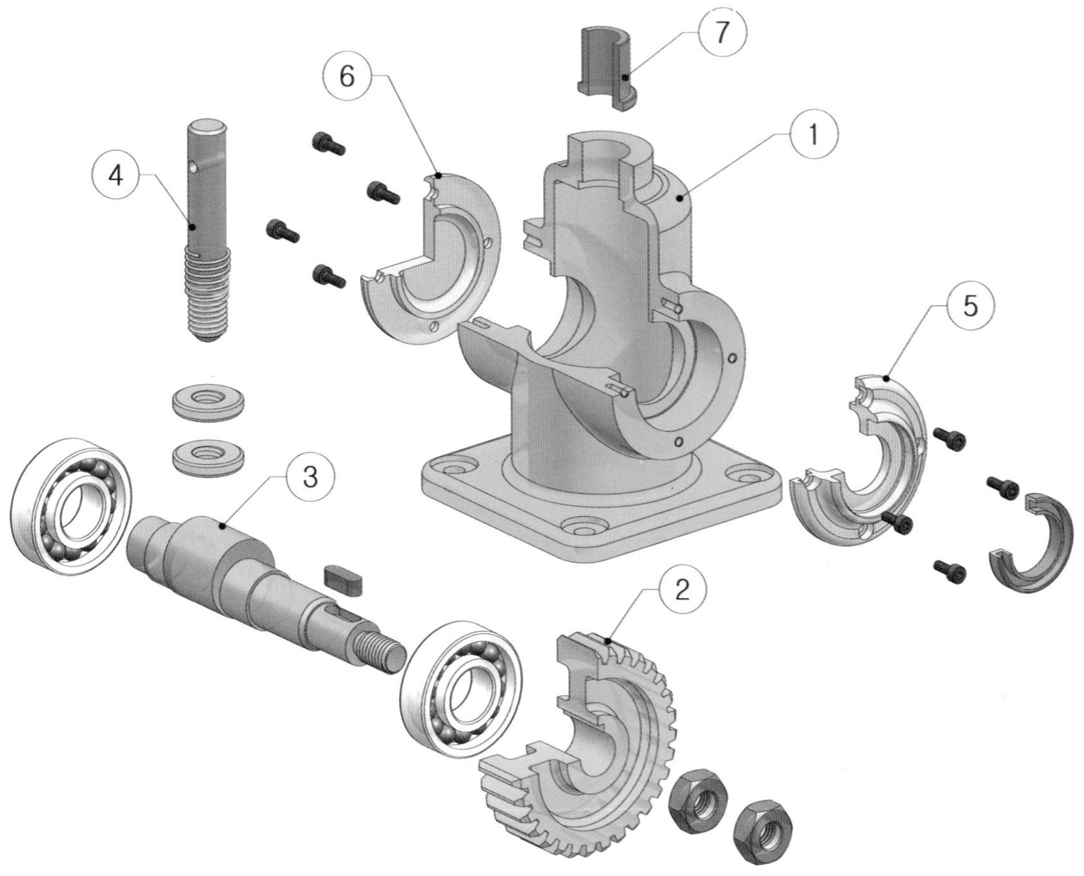

편심 구동 장치 구조도

• 등각 투상도(3D) 부품란 '비고'에 질량을 기입한다.
• 비중을 7.85로 계산하여 소수 첫째 자리에서 반올림한다.

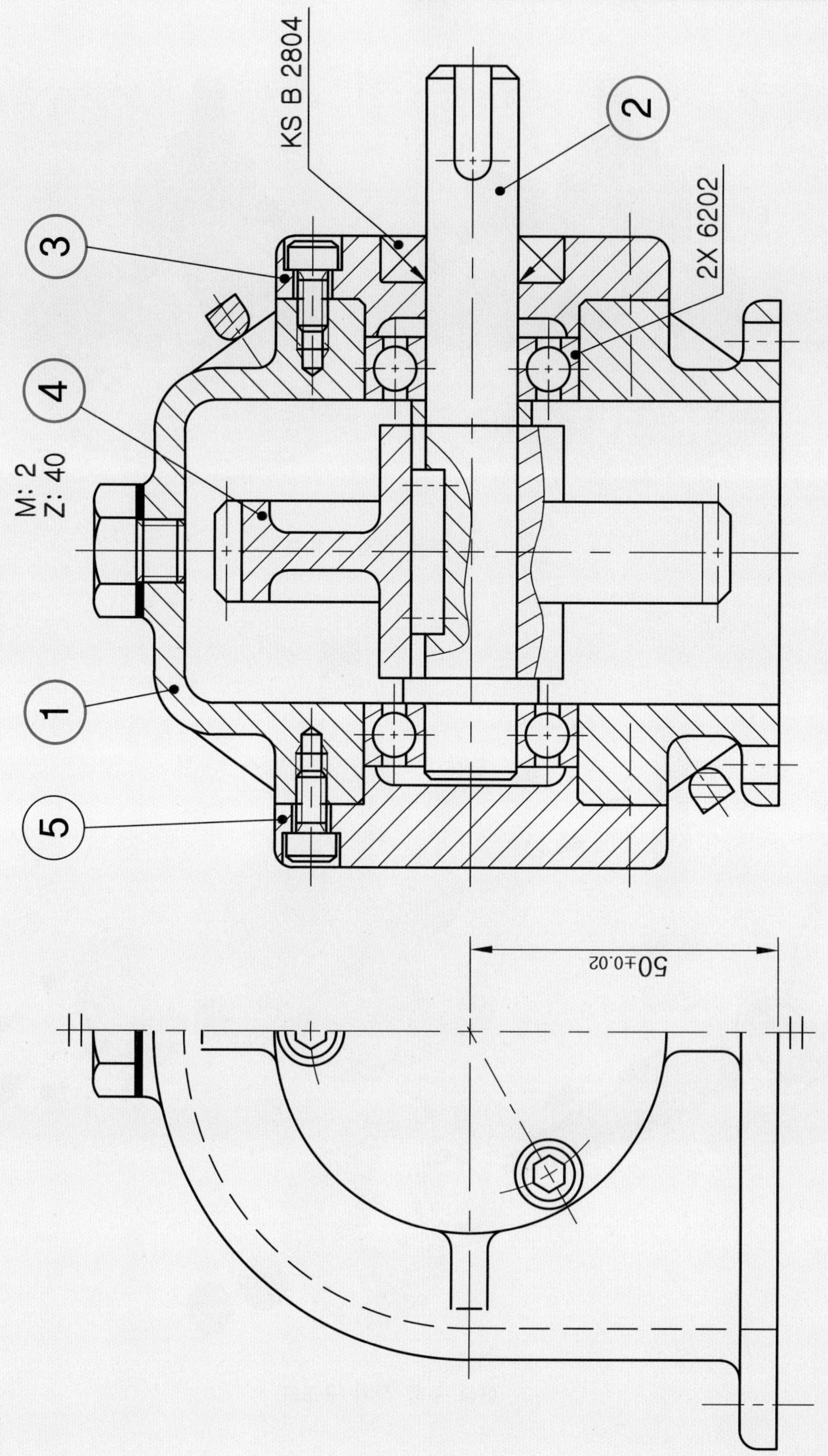

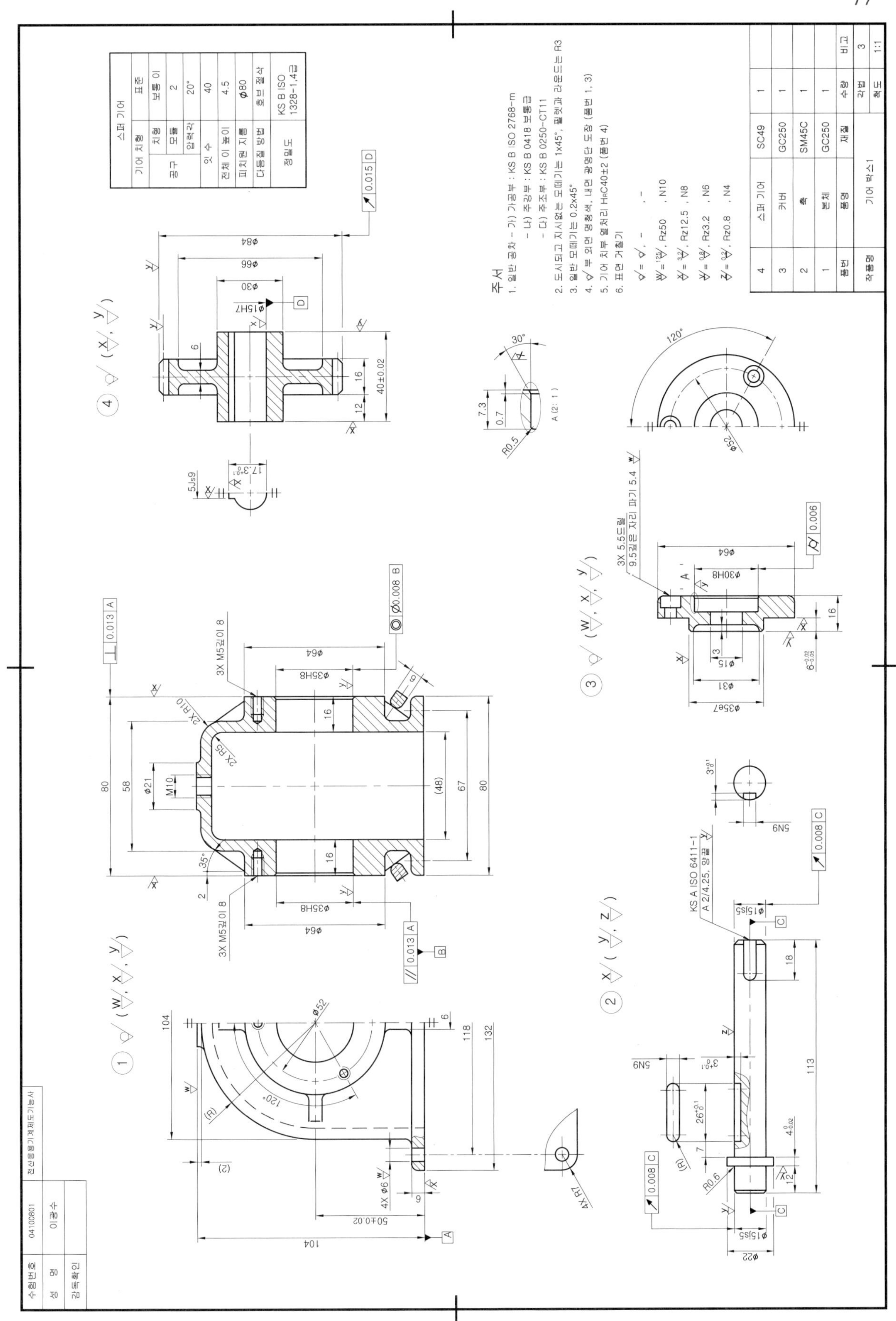

스퍼 기어
기어 치형 | 표준
공구 치형 | 보통 이
모듈 | 2
압력각 | 20°
잇 수 | 40
전체 이 높이 | 4.5
피치원 지름 | Φ80
다듬질 방법 | 호브 절삭
정밀도 | KS B ISO 1328-1,4급
주서
1. 일반 공차 - 가) 가공부 : KS B ISO 2768-m
- 나) 주강부 : KS B 0418 보통급
- 다) 주조부 : KS B 0250-CT11
2. 도시되고 지시없는 모떼기는 1x45°, 필렛과 라운드는 R3
3. 일반 모떼기는 0.2x45°
4. 부 외면 명청색, 내면 광명단 도장 (품번 1, 3)
5. 기어 치부 열처리 HRC40±2 (품번 4)
6. 표면 거칠기
4 | 스퍼 기어 | SC49 | 1
3 | 커버 | GC250 | 1
2 | 축 | SM45C | 1
1 | 본체 | GC250 | 1
품번 | 품명 | 재질 | 수량 | 비고
작품명 | 기어 박스1 | 각법 | 3
척도 | 1:1
수험번호 | 04100801 | 전산응용기계제도기능사
성 명 | 이광수
감독확인

3D 모법답안 제출용 – 기어 박스1

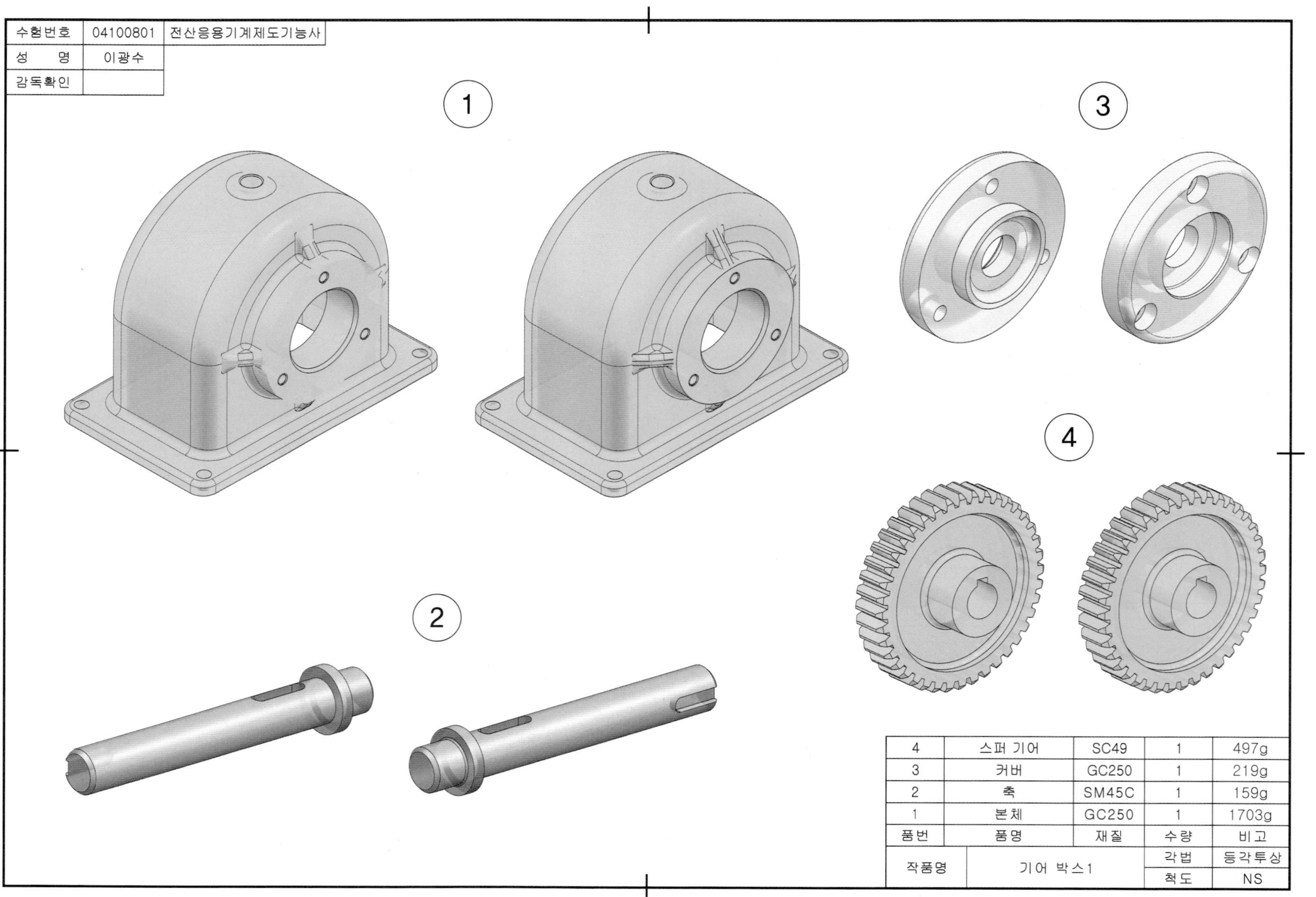

수험번호	04100801	전산응용기계제도기능사
성 명	이광수	
감독확인		

4	스퍼 기어	SC49	1	497g
3	커버	GC250	1	219g
2	축	SM45C	1	159g
1	본체	GC250	1	1703g
품번	품명	재질	수량	비고
작품명	기어 박스1		각법	등각투상
			척도	NS

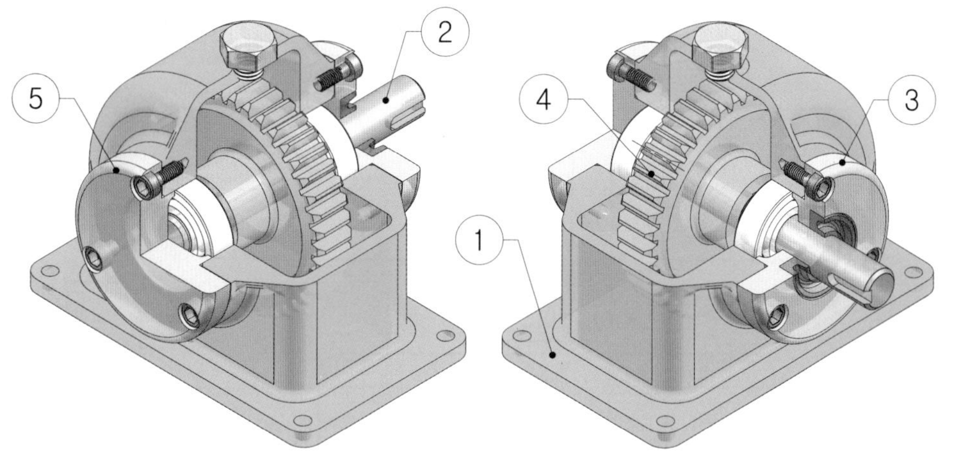

기어 박스1 조립도

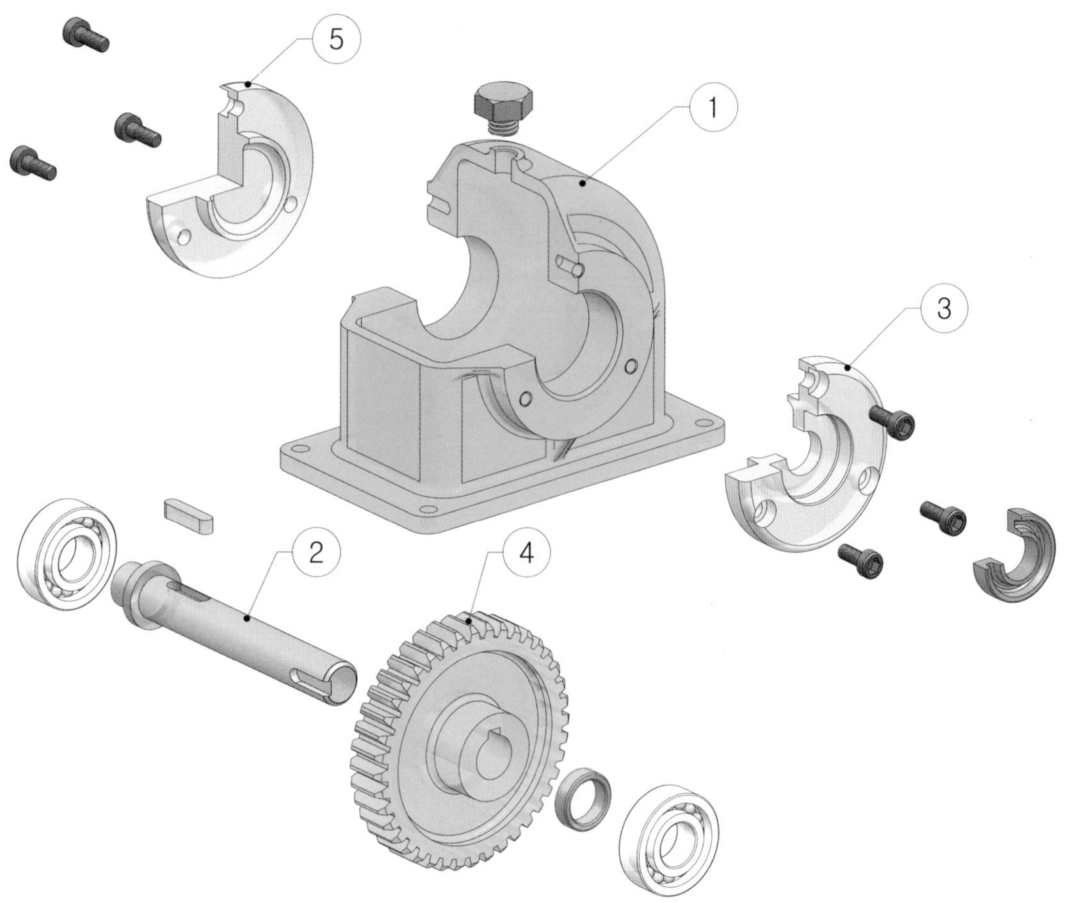

기어 박스1 구조도

- 등각 투상도(3D) 부품란 '비고'에 질량을 기입한다.
- 비중을 7.85로 계산하여 소수 첫째 자리에서 반올림한다.

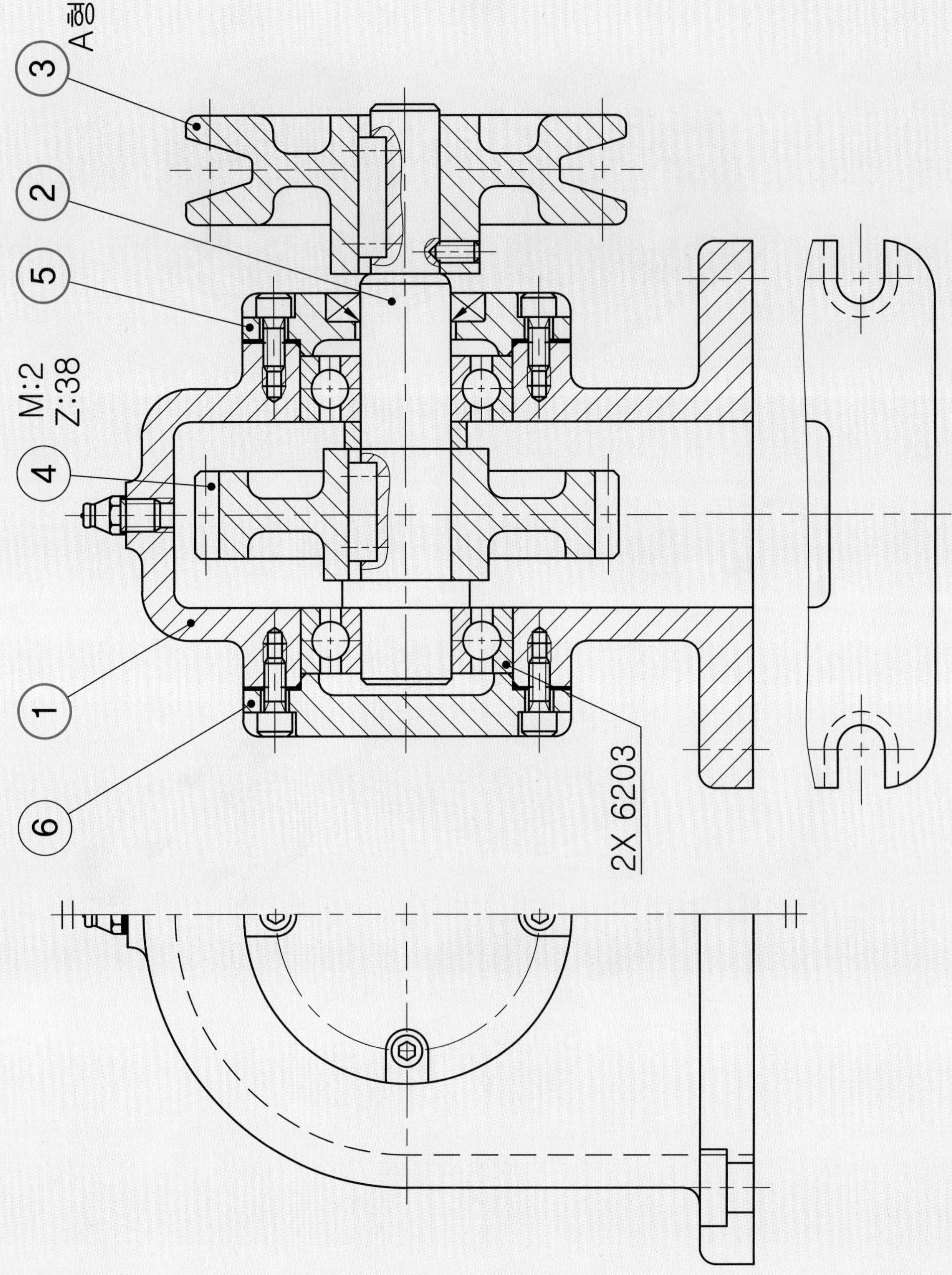

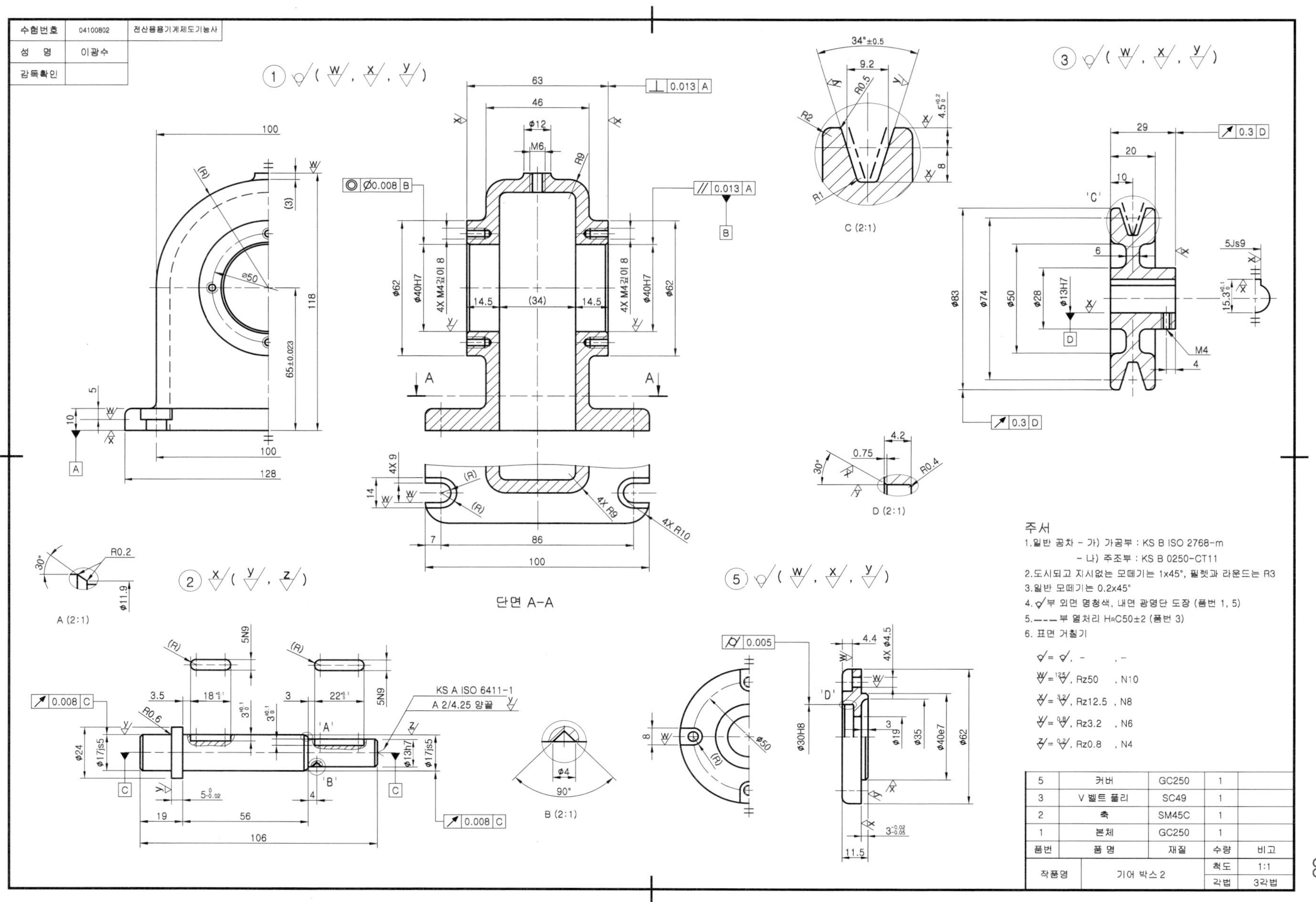
수험번호 04100802 전산응용기계제도기능사
성 명 이광수
감독확인
단면 A-A
C (2:1)
D (2:1)
A (2:1)
B (2:1)
KS A ISO 6411-1
A 2/4.25 양끝
주서
1.일반 공차 - 가) 가공부 : KS B ISO 2768-m
- 나) 주조부 : KS B 0250-CT11
2.도시되고 지시없는 모떼기는 1x45°, 필렛과 라운드는 R3
3.일반 모떼기는 0.2x45°
4.부 외면 명청색, 내면 광명단 도장 (품번 1, 5)
5.부 열처리 HRC50±2 (품번 3)
6. 표면 거칠기
Rz50 , N10
Rz12.5 , N8
Rz3.2 , N6
Rz0.8 , N4
5 커버 GC250 1
3 V 벨트 풀리 SC49 1
2 축 SM45C 1
1 본체 GC250 1
품번 품 명 재질 수량 비고
작품명 기어 박스 2 척도 1:1 각법 3각법

3D 모법답안 제출용 – 기어 박스2

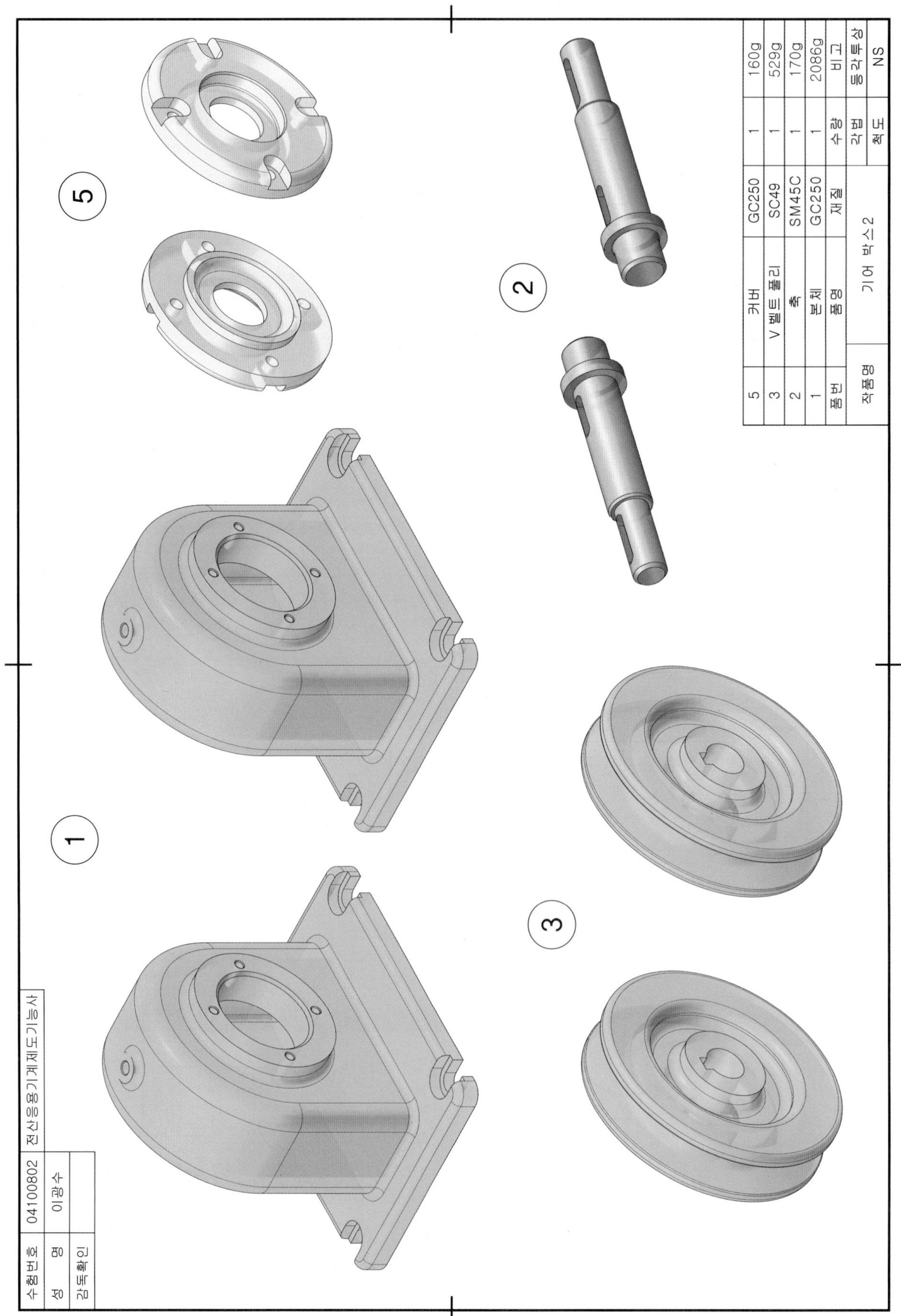

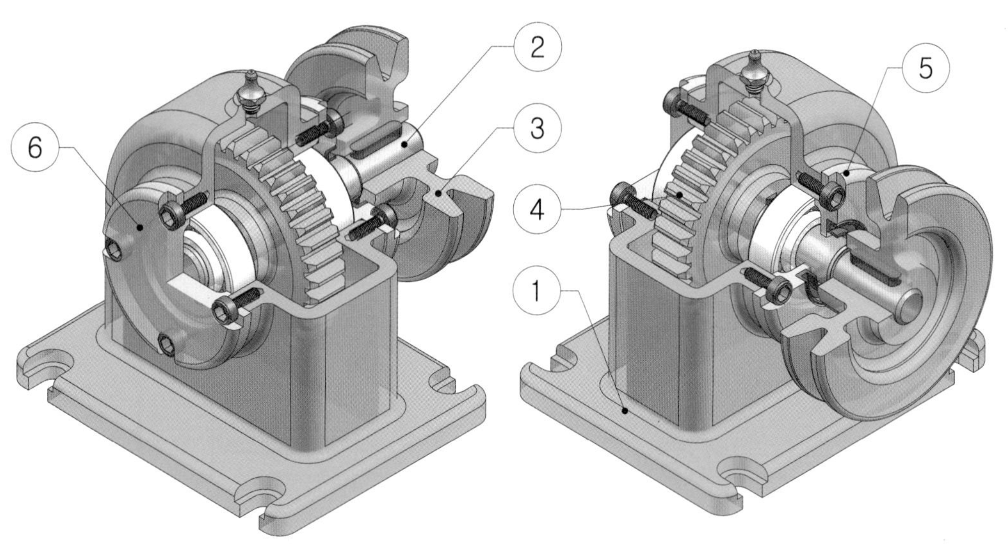

기어 박스2 조립도

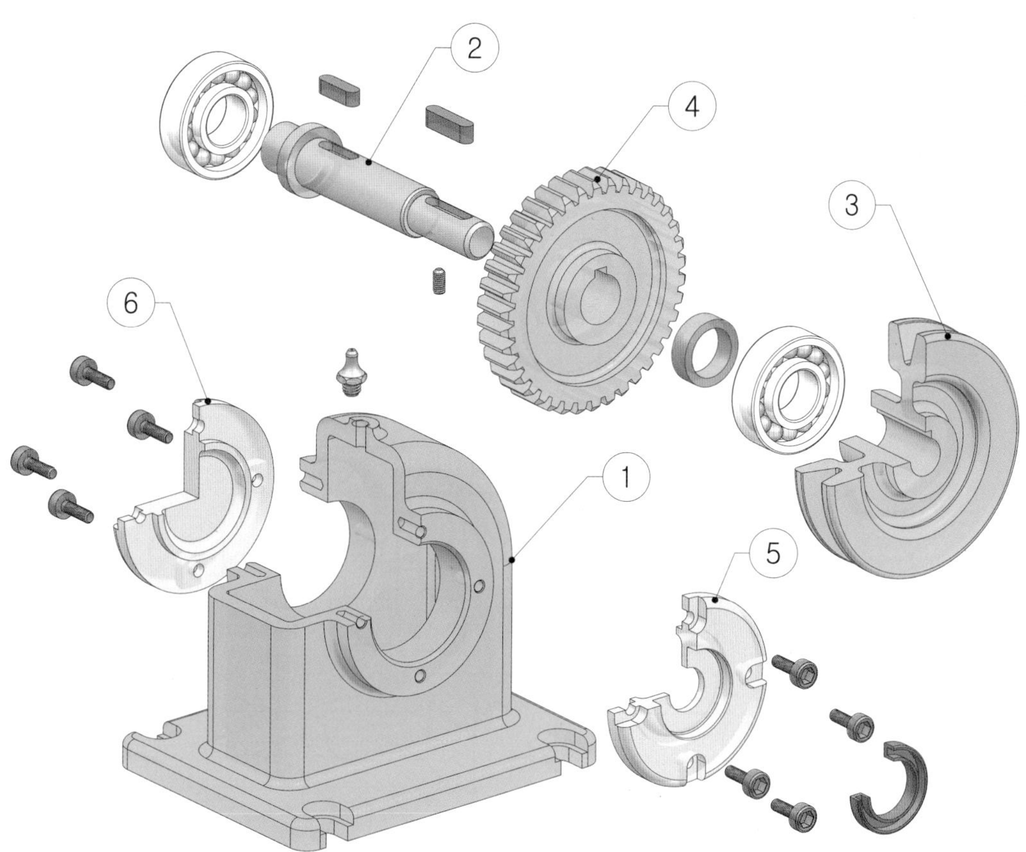

기어 박스2 구조도

과제9 기어 박스3

질량은 등각 투상도(3D) 부품란 '비고'에 재질과 상관없이 비중을 7.85로 계산하여 소수 첫째자리까지 기입한다.

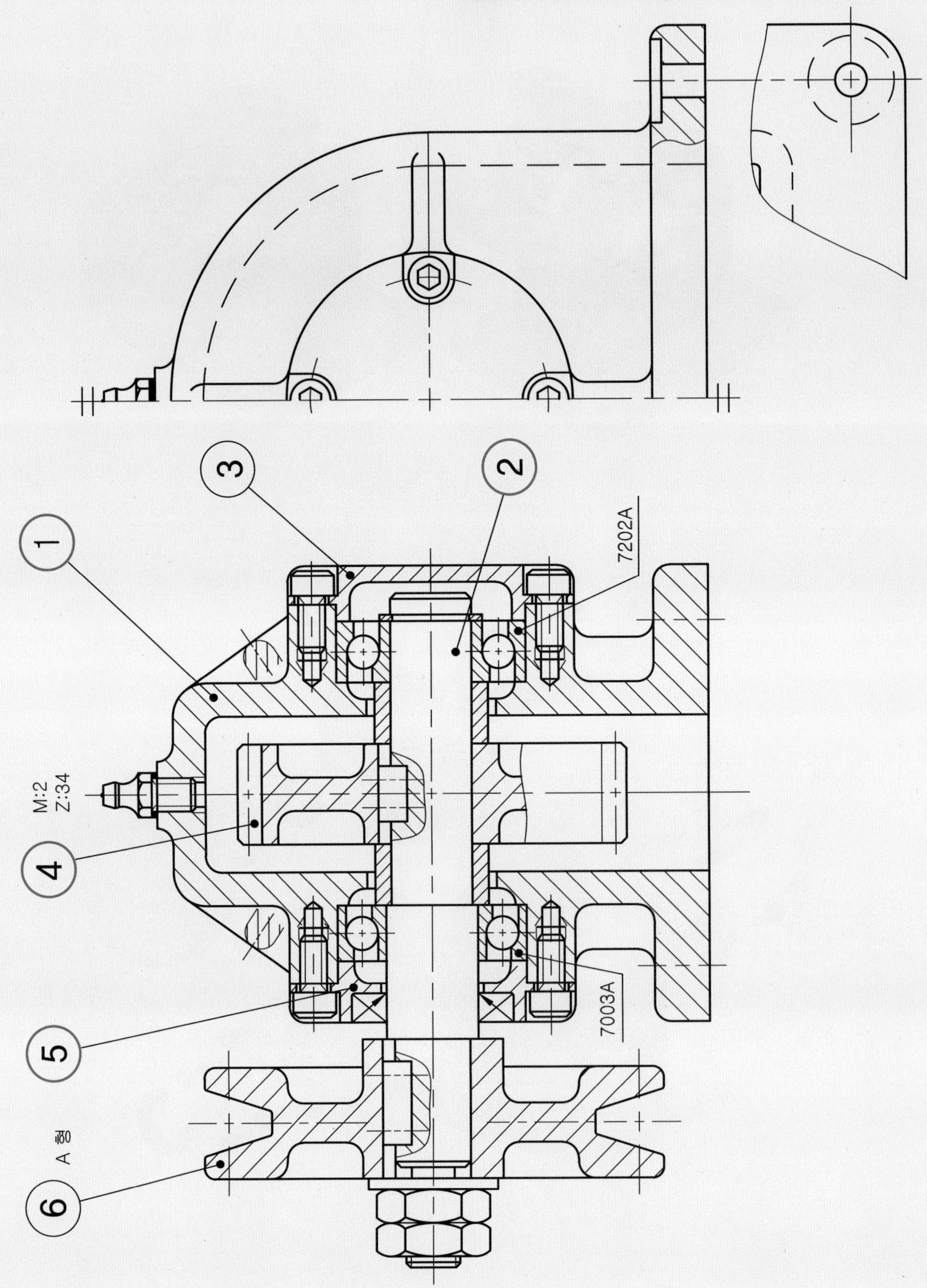

2D 모범답안 제출용 – 기어 박스3

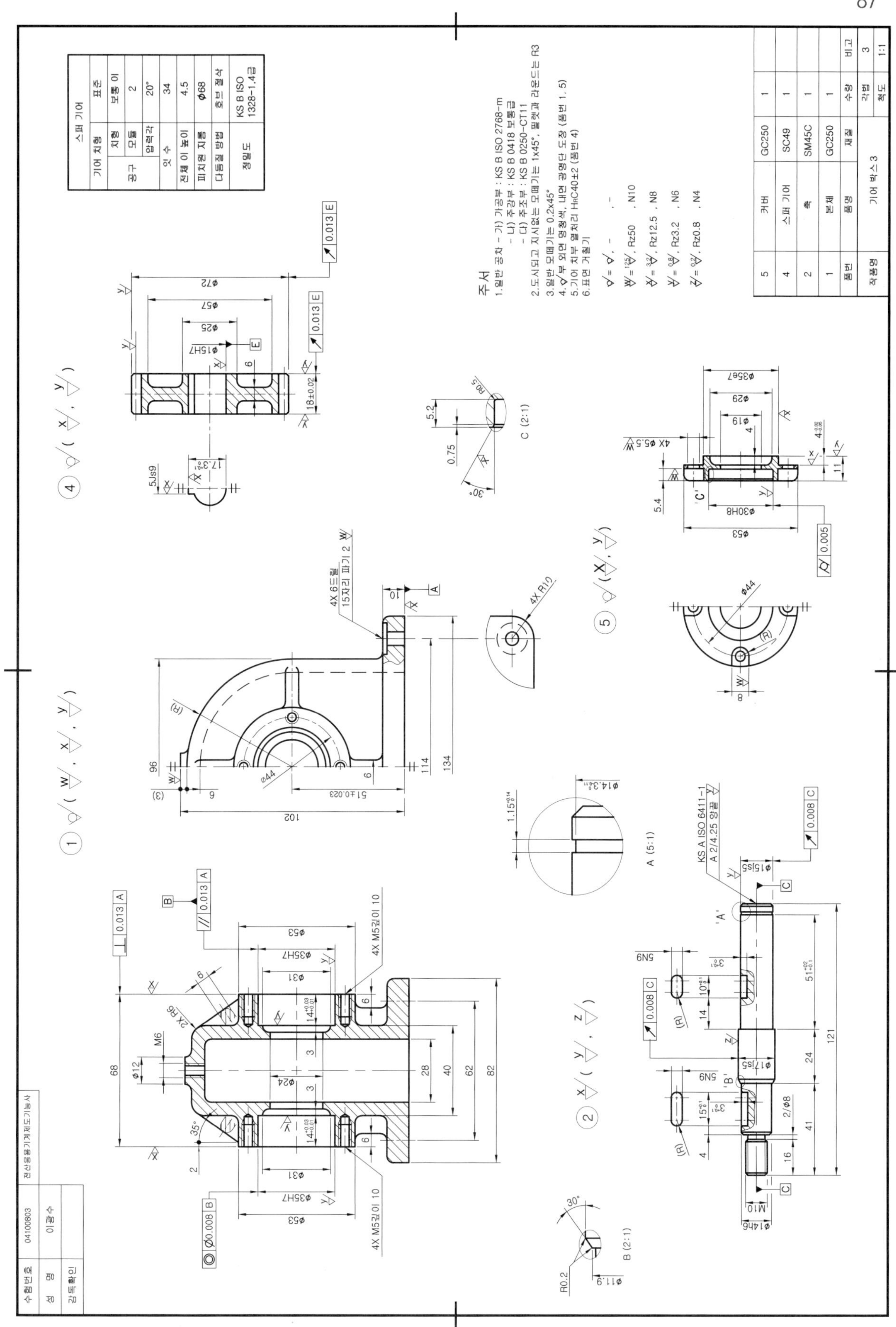

스퍼 기어
기어 치형 표준
공구 치형 보통 이
모듈 2
압력각 20°
잇 수 34
전체 이 높이 4.5
피치원 지름 Φ68
다듬질 방법 호브 절삭
정밀도 KS B ISO 1328-1,4급
주 서
1.일반 공차 - 가) 가공부 : KS B ISO 2768-m
- 나) 주강부 : KS B 0418 보통급
- 다) 주조부 : KS B 0250-CT11
2.도시되고 지시없는 모떼기는 1x45°, 필렛과 라운드는 R3
3.일반 모떼기는 0.2x45°
4. 부 외면 명청색, 내면 광명단 도장 (품번 1, 5)
5.기어 치부 열처리 HrC40±2 (품번 4)
6.표면 거칠기
5 커버 GC250 1
4 스퍼 기어 SC49 1
2 축 SM45C 1
1 본체 GC250 1
품번 품명 재질 수량 비고
작품명 기어 박스 3 각법 3 척도 1:1
수험번호 04100803
성 명 이광수
감독확인
전산응용기계제도기능사

3D 모법답안 제출용 - 기어 박스3

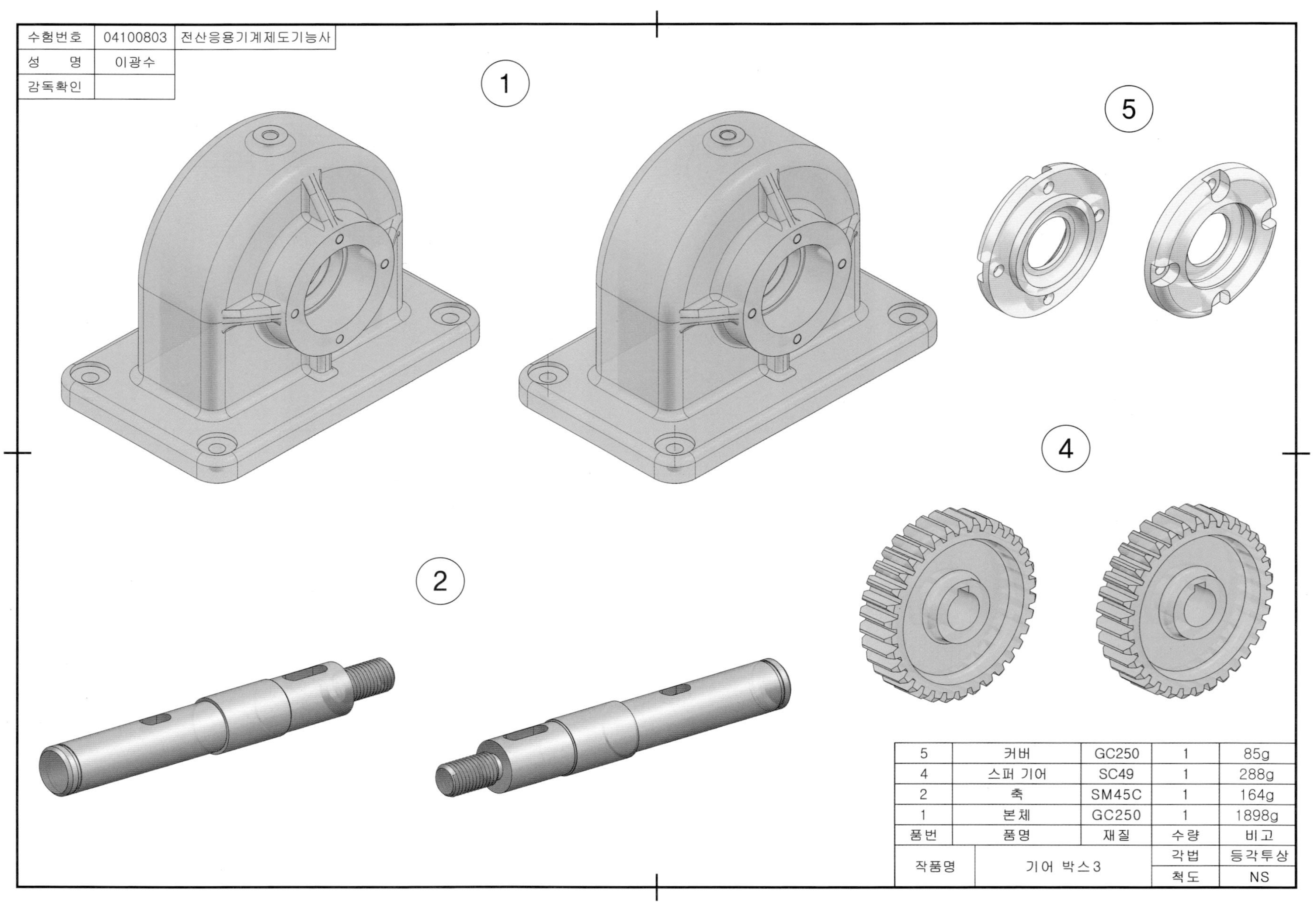

수험번호
04100803
전산응용기계제도기능사
성 명
이광수
감독확인
①
⑤
④
②
5 | 커버 | GC250 | 1 | 85g
4 | 스퍼 기어 | SC49 | 1 | 288g
2 | 축 | SM45C | 1 | 164g
1 | 본체 | GC250 | 1 | 1898g
품번 | 품명 | 재질 | 수량 | 비고
작품명 | 기어 박스3 | 각법 | 등각투상
척도 | NS

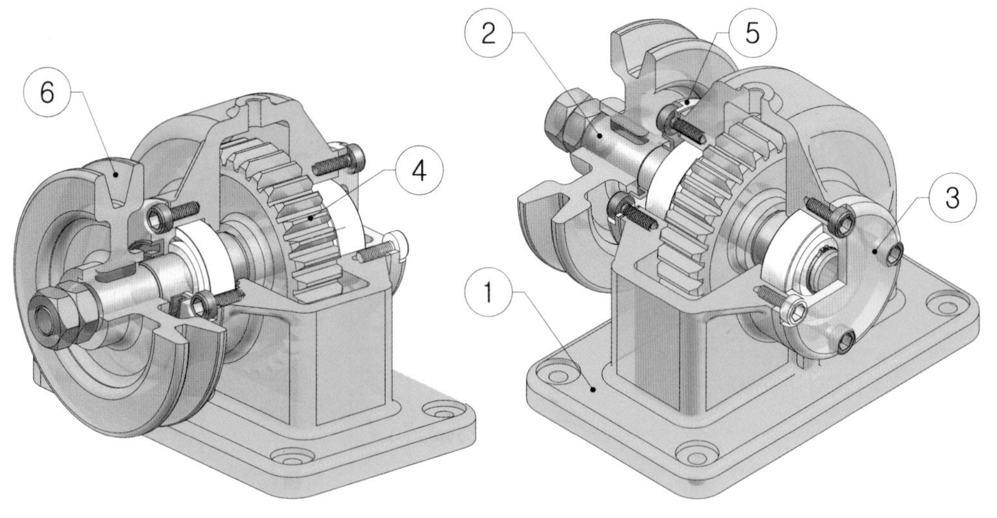

기어 박스3 조립도

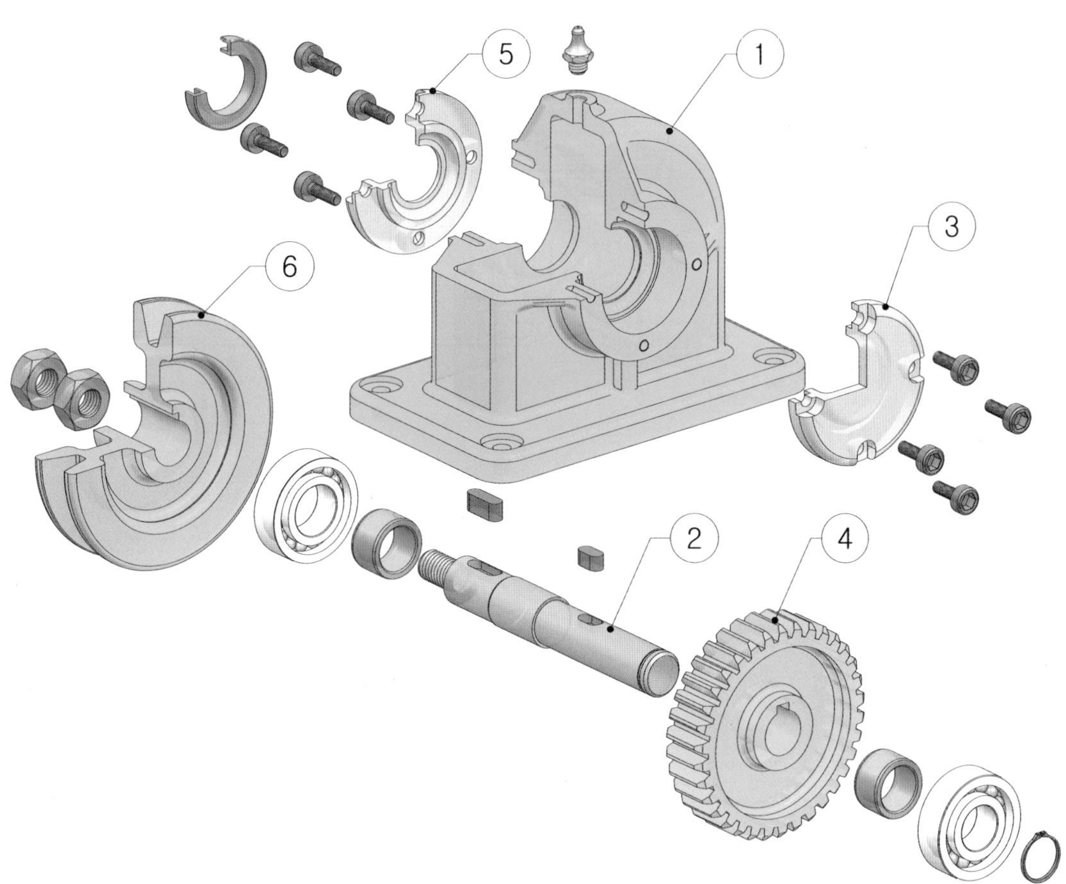

기어 박스3 구조도

과제10 하부 본체와 상부 본체로 조립된 기어 박스

- 등각 투상도(3D) 부품란 '비고'에 질량을 기입한다.
- 비중을 7.85로 계산하여 소수 첫째 자리에서 반올림한다.

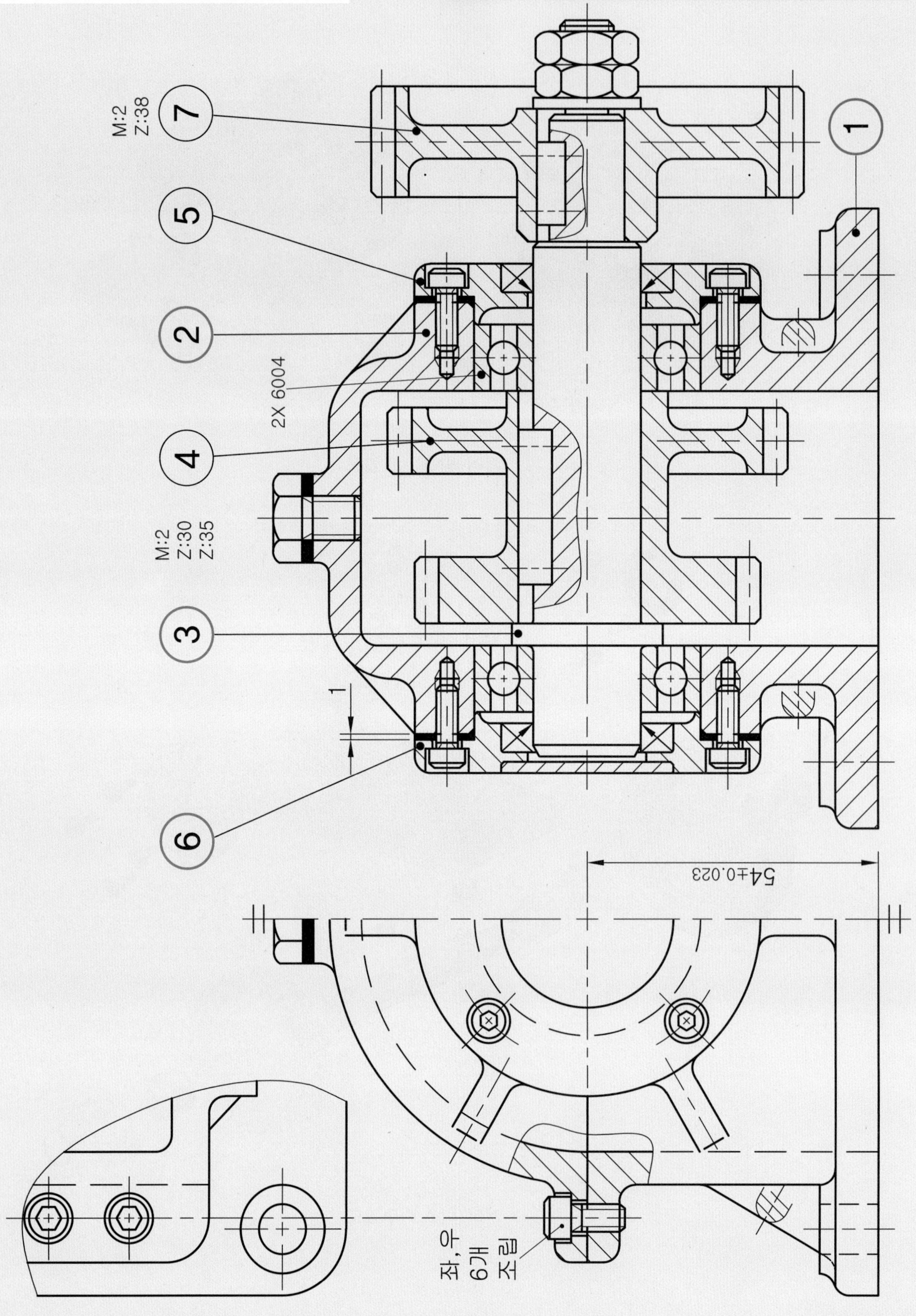

M:2
Z:38

7

5

2

2X 6004

4

M:2
Z:30
Z:35

3

1

6

1

54±0.023

좌,우
6개
조립

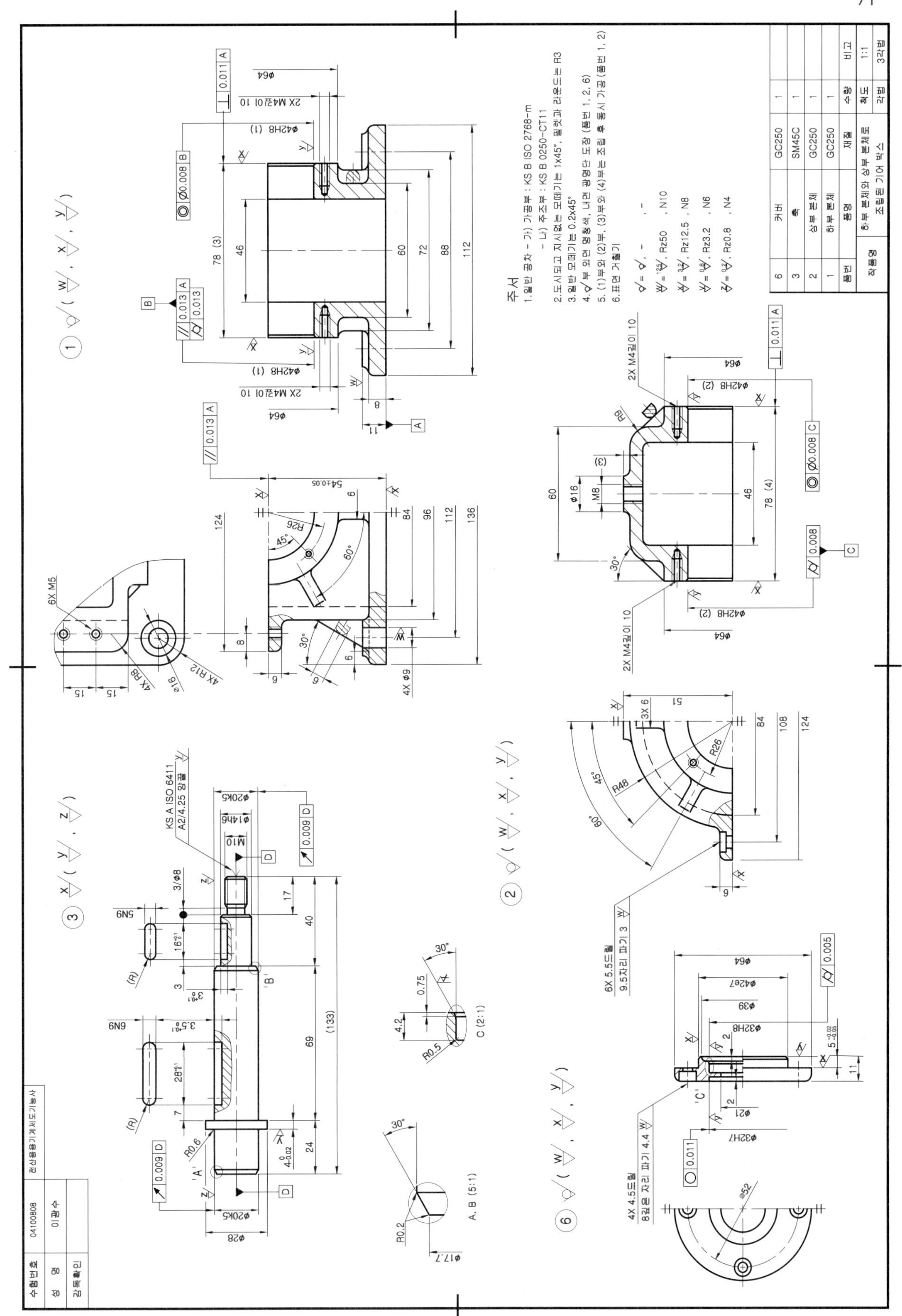

3D 모법답안 제출용 – 하부 본체와 상부 본체로 조립된 기어 박스

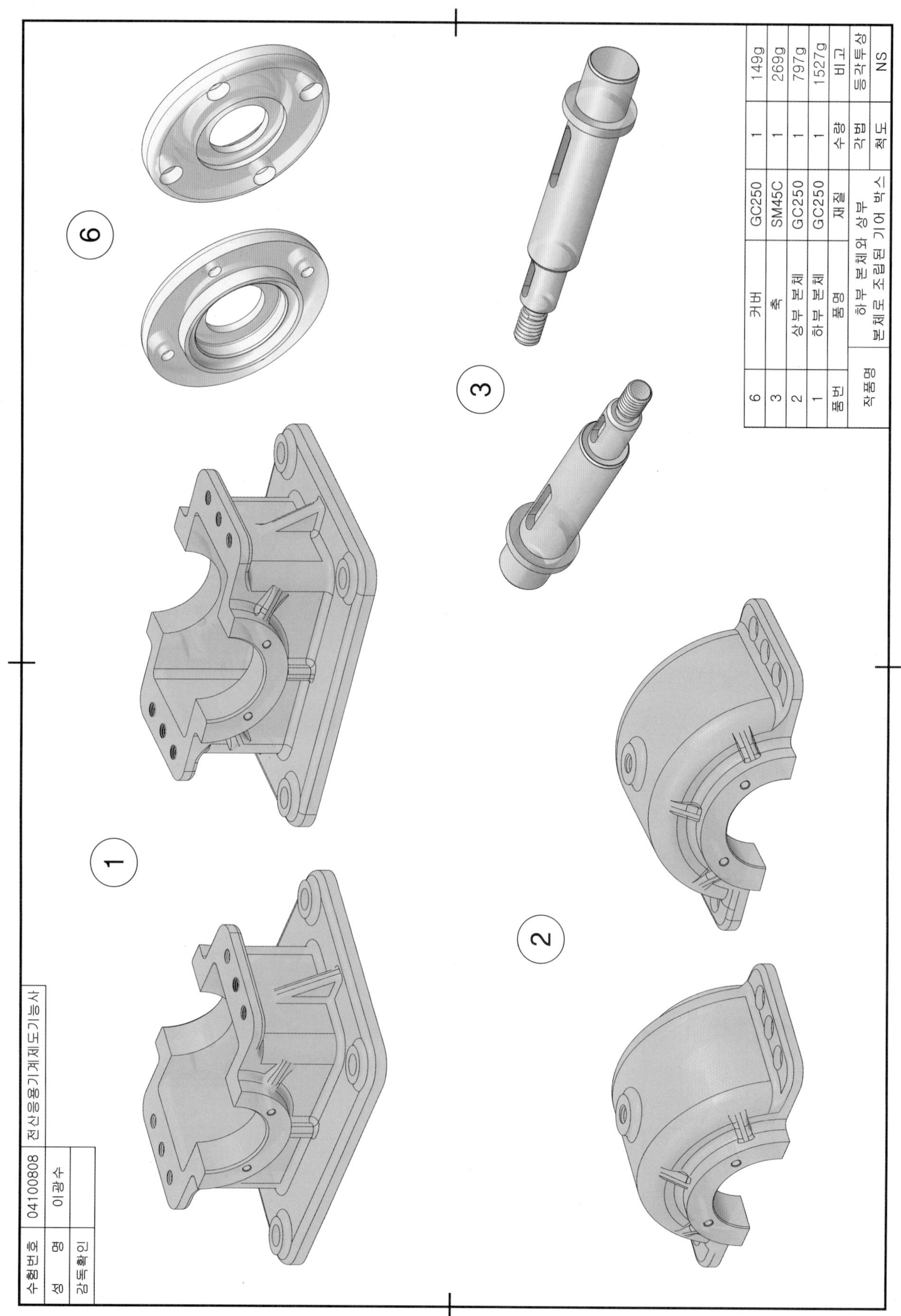

6
3
1
2
6 커버 GC250 1 149g
3 축 SM45C 1 269g
2 상부 본체 GC250 1 797g
1 하부 본체 GC250 1 1527g
품번 품명 재질 수량 비고
작품명 하부 본체와 상부 본체로 조립된 기어 박스
각법 등각투상
척도 NS
수험번호 04100808 전산응용기계제도기능사
성 명 이광수
감독확인

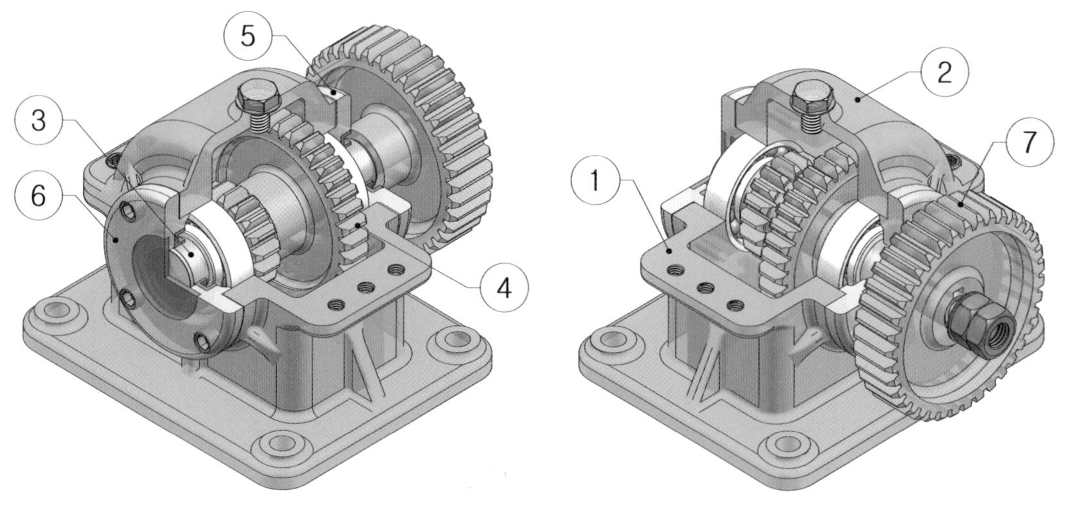

하부 본체와 상부 본체로 조립된 기어 박스 조립도

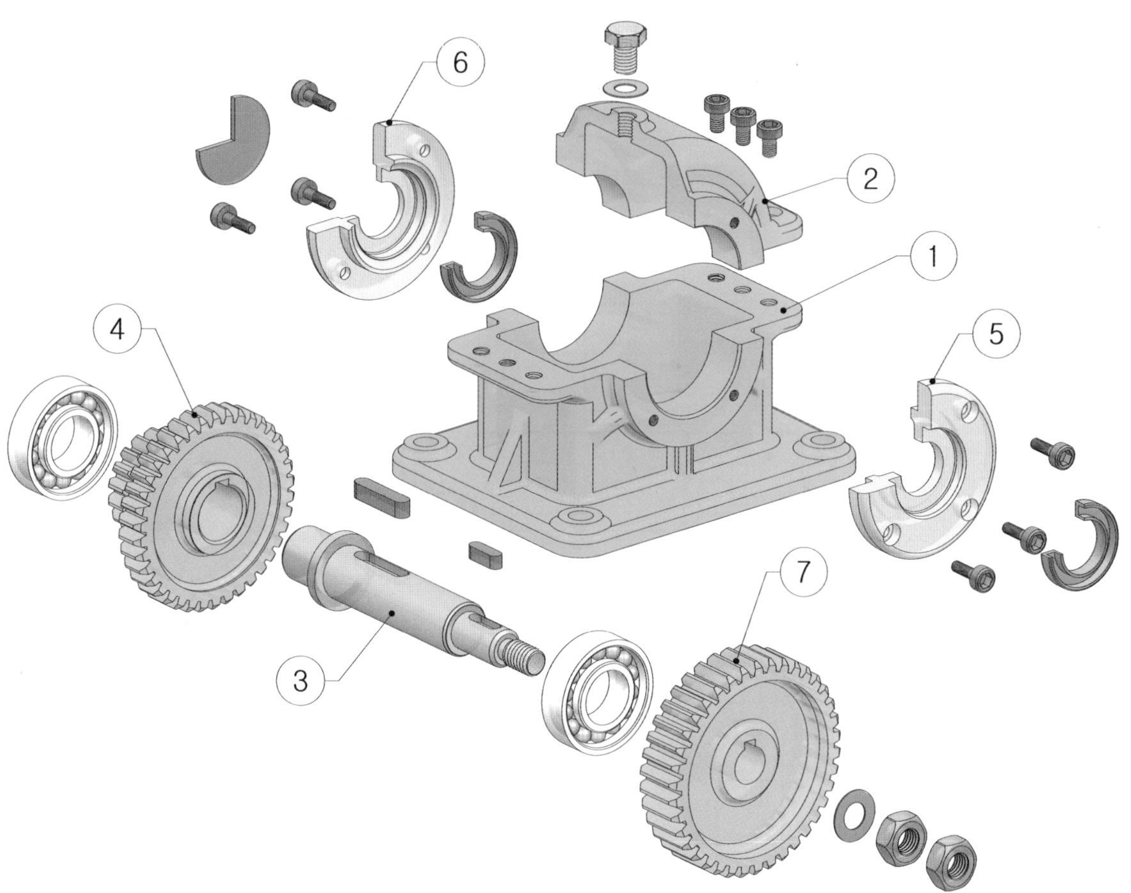

하부 본체와 상부 본체로 조립된 기어 박스 구조도

- 등각 투상도(3D) 부품란 '비고'에 질량을 기입한다.
- 비중을 7.85로 계산하여 소수 첫째 자리에서 반올림한다.

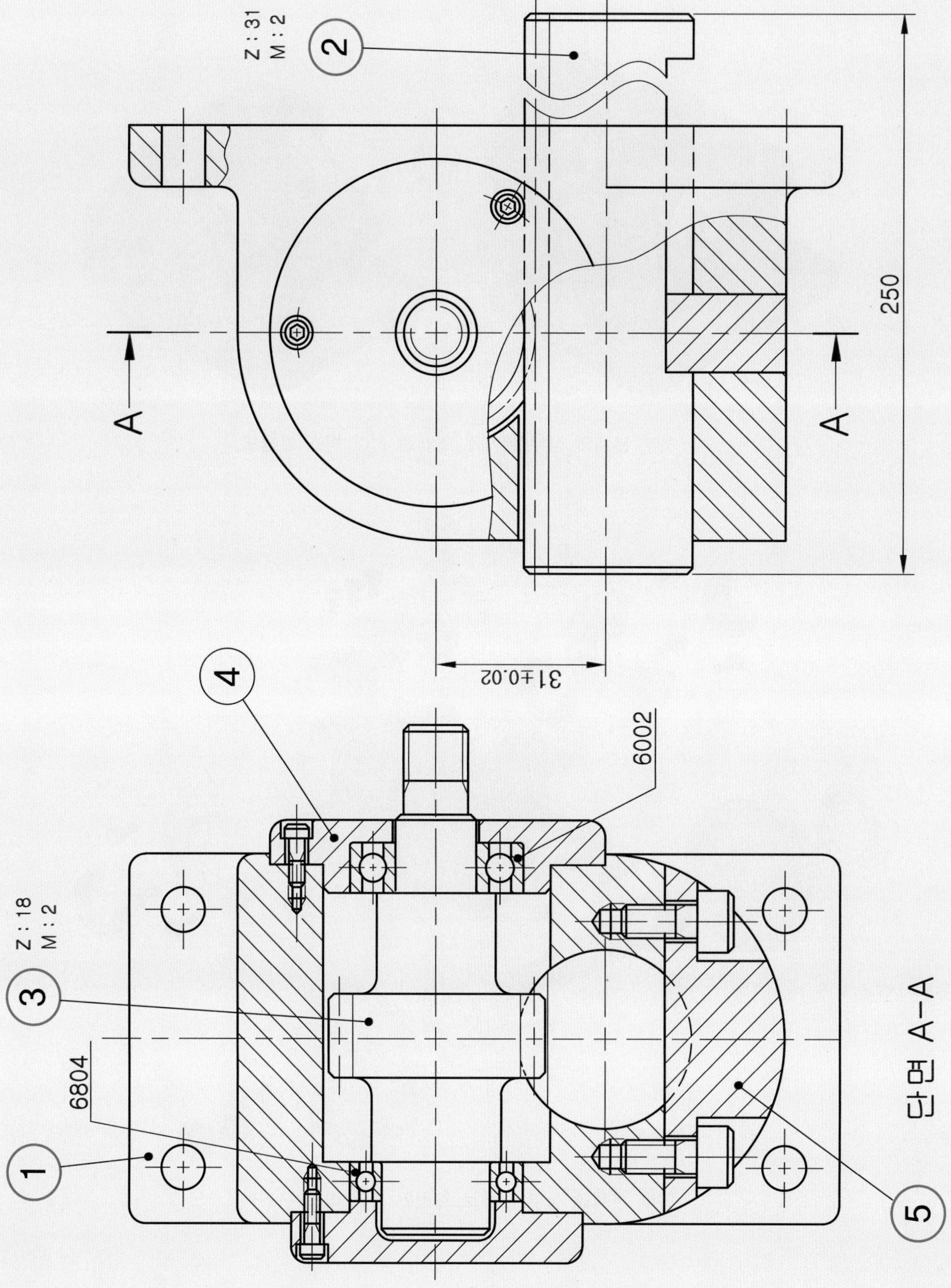

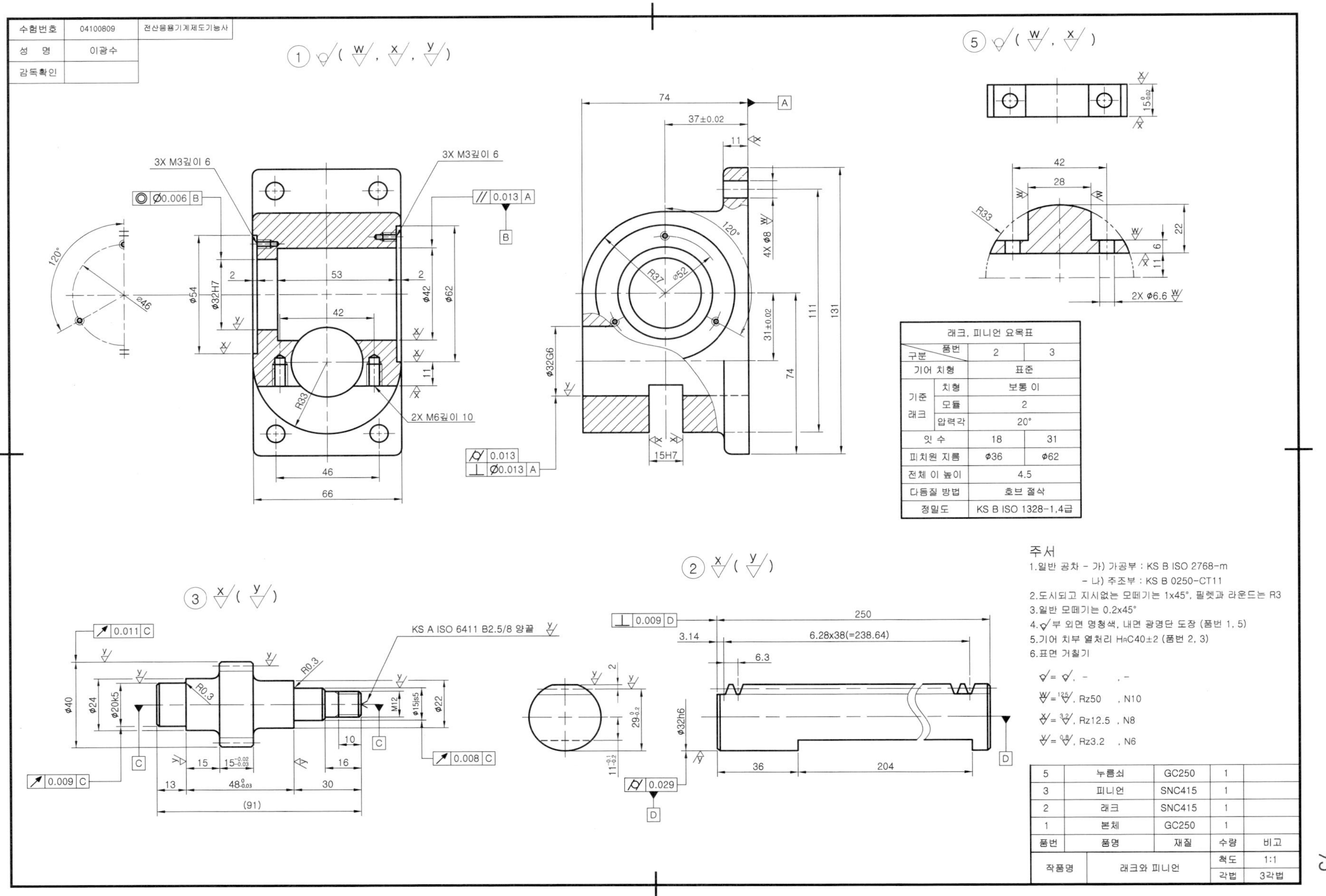

수험번호 04100809 전산응용기계제도기능사
성 명 이광수
감독확인
래크, 피니언 요목표
구분 / 품번 | 2 | 3
기어 치형 | 표준
기준 래크 치형 | 보통 이
기준 래크 모듈 | 2
기준 래크 압력각 | 20°
잇 수 | 18 | 31
피치원 지름 | ϕ36 | ϕ62
전체 이 높이 | 4.5
다듬질 방법 | 호브 절삭
정밀도 | KS B ISO 1328-1,4급
주서
1.일반 공차 - 가) 가공부 : KS B ISO 2768-m
- 나) 주조부 : KS B 0250-CT11
2.도시되고 지시없는 모떼기는 1x45°, 필렛과 라운드는 R3
3.일반 모떼기는 0.2x45°
4.부 외면 명청색, 내면 광명단 도장 (품번 1, 5)
5.기어 치부 열처리 HrC40±2 (품번 2, 3)
6.표면 거칠기
Rz50 , N10
Rz12.5 , N8
Rz3.2 , N6
5 | 누름쇠 | GC250 | 1
3 | 피니언 | SNC415 | 1
2 | 래크 | SNC415 | 1
1 | 본체 | GC250 | 1
품번 | 품명 | 재질 | 수량 | 비고
작품명 | 래크와 피니언 | 척도 1:1 | 각법 3각법

3D 모법답안 제출용 - 래크와 피니언

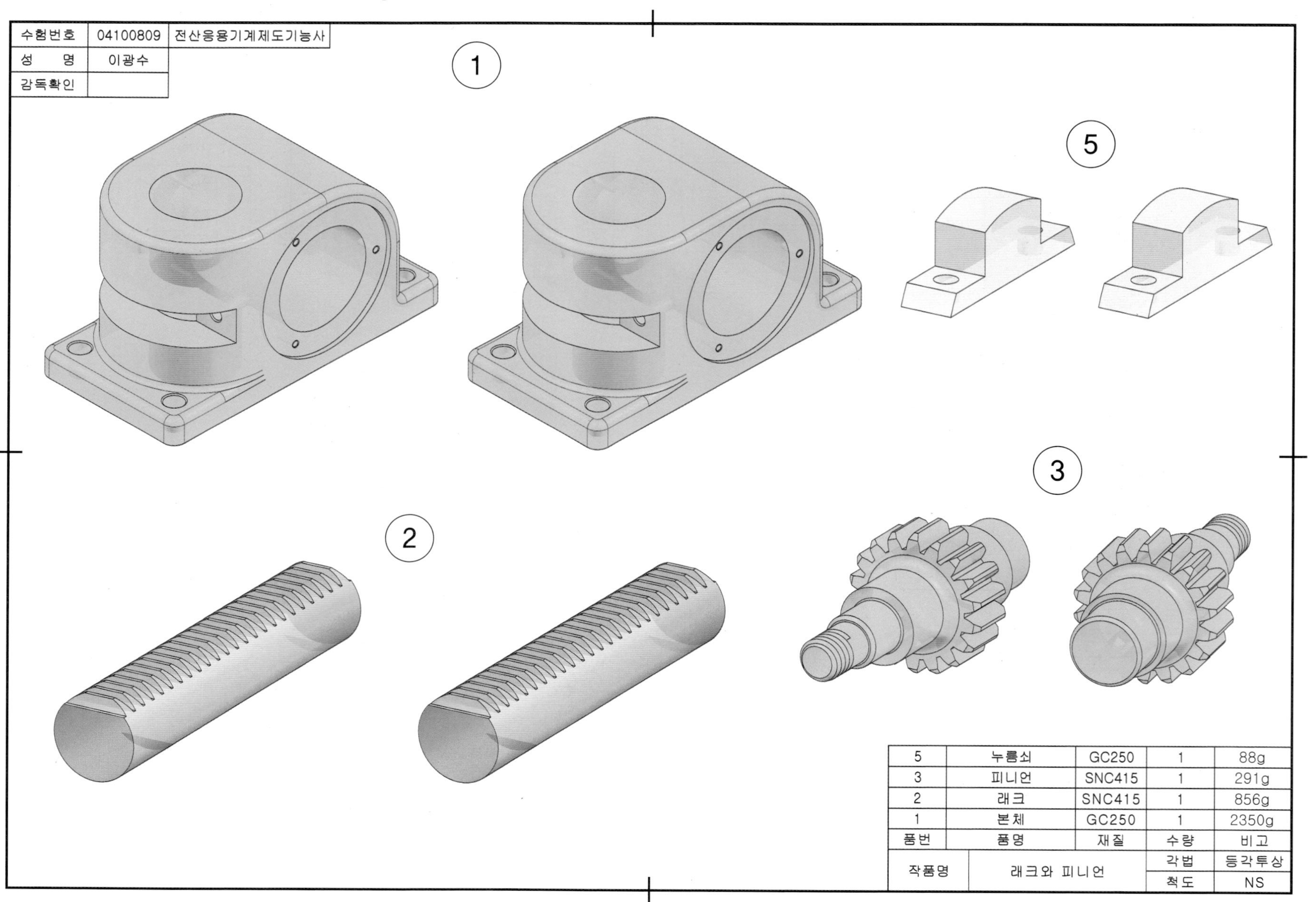

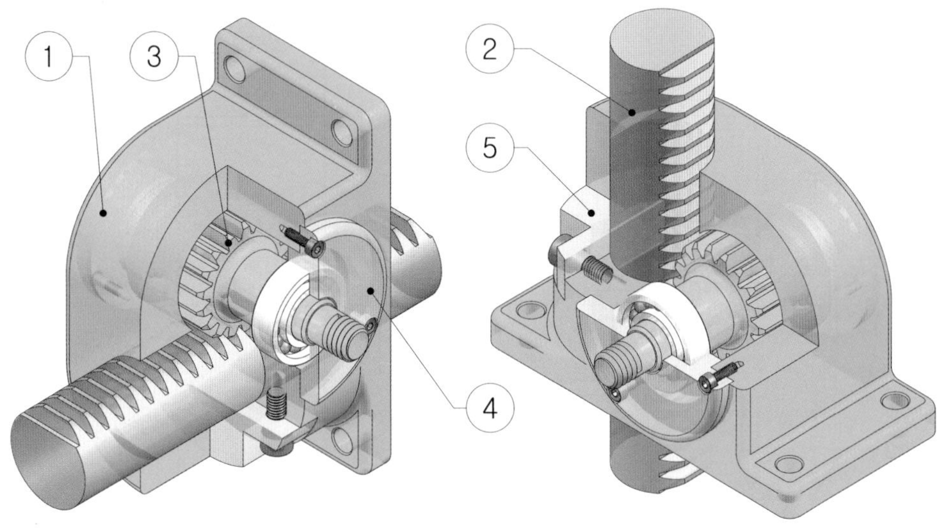

래크와 피니언 조립도

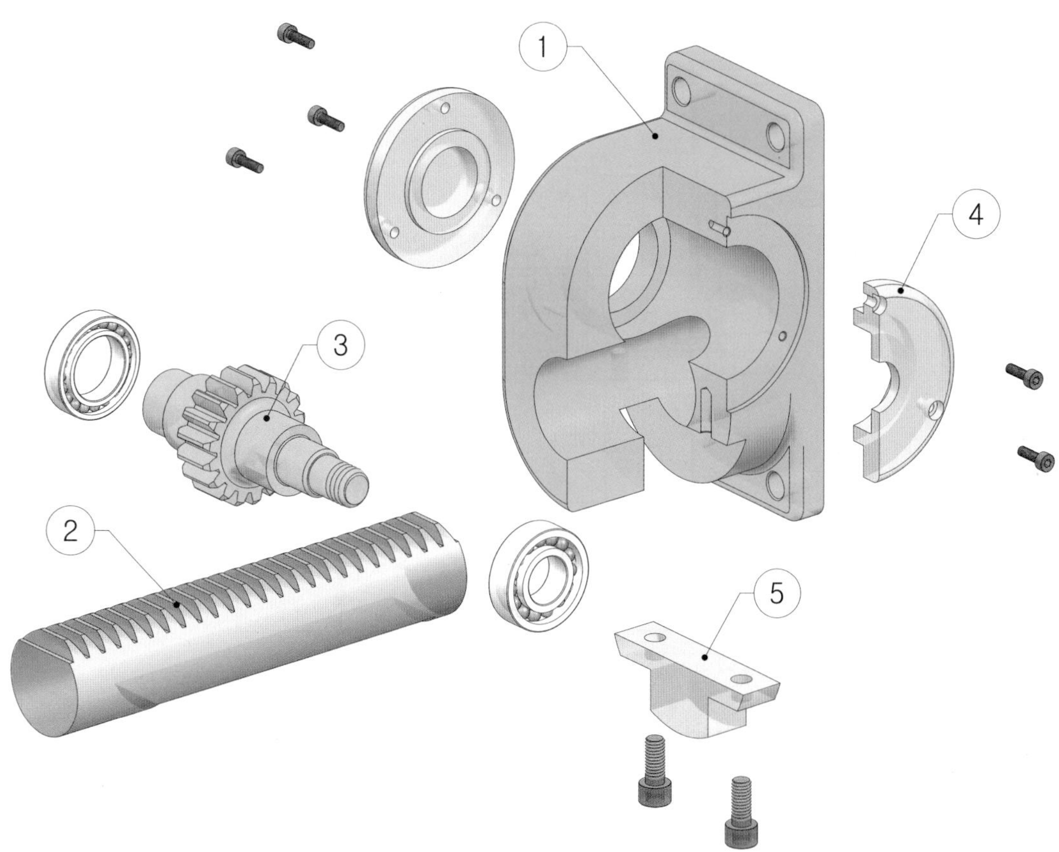

래크와 피니언 구조도

과제12 클러치 동력 전달 장치

- 등각 투상도(3D) 부품란 '비고'에 질량을 기입한다.
- 비중을 7.85로 계산하여 소수 첫째 자리에서 반올림한다.

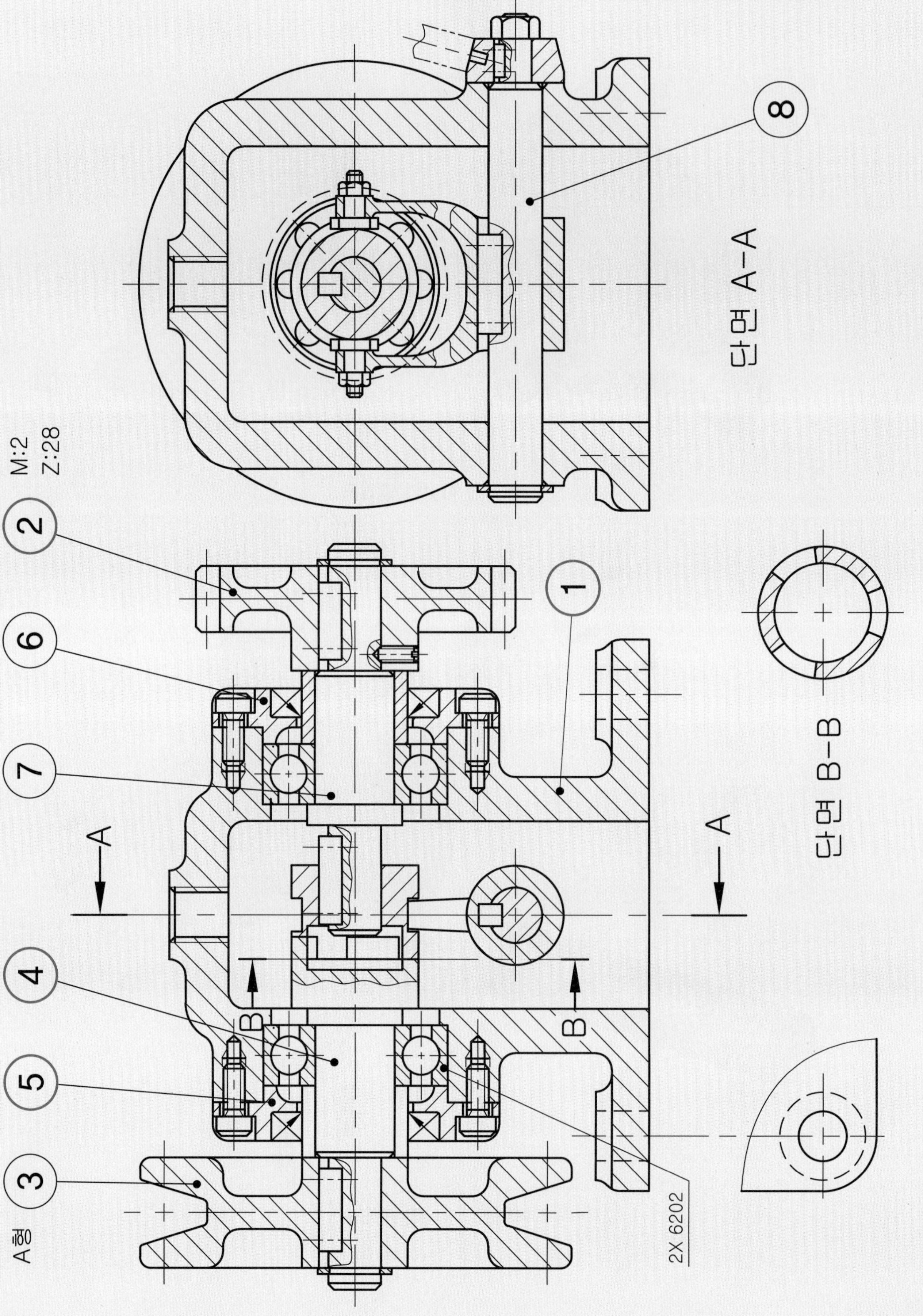

단면 A-A

단면 B-B

M:2
Z:28

2X 6202

A형

1 2 3 4 5 6 7 8

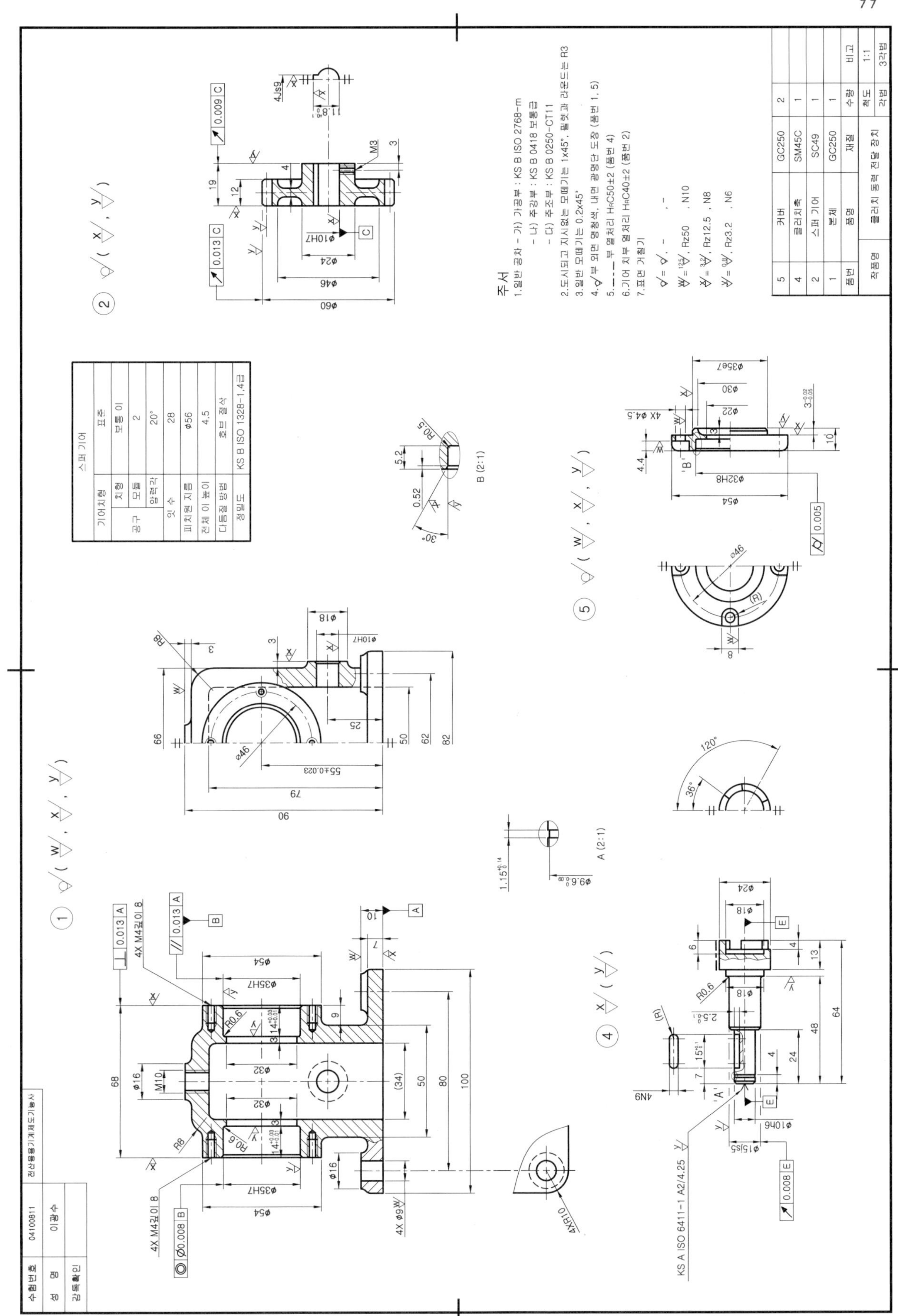
주서
1.일반 공차 - 가) 가공부 : KS B ISO 2768-m
- 나) 주강부 : KS B 0418 보통급
- 다) 주조부 : KS B 0250-CT11
2.도시되고 지시없는 모떼기는 1x45°, 필렛과 라운드는 R3
3.일반 모떼기는 0.2x45°
4. 부 외면 명청색, 내면 광명단 도장 (품번 1, 5)
5. 부 열처리 HRC50±2 (품번 4)
6.기어 치부 열처리 HRC40±2 (품번 2)
7.표면 거칠기
스퍼 기어
기어치형 표준
공구 치형 보통 이
모듈 2
압력각 20°
잇 수 28
피치원 지름 Φ56
전체 이 높이 4.5
다듬질 방법 호브 절삭
정밀도 KS B ISO 1328-1,4급
5 커버 GC250 2
4 클러치축 SM45C 1
2 스퍼 기어 SC49 1
1 본체 GC250 1
품번 품명 재질 수량 비고
작품명 클러치 동력 전달 장치 척도 1:1 각법 3각법
수험번호 04100811
성명 이광수
감독확인
전산응용기계제도기능사

3D 모법답안 제출용 - 클러치 동력 전달 장치

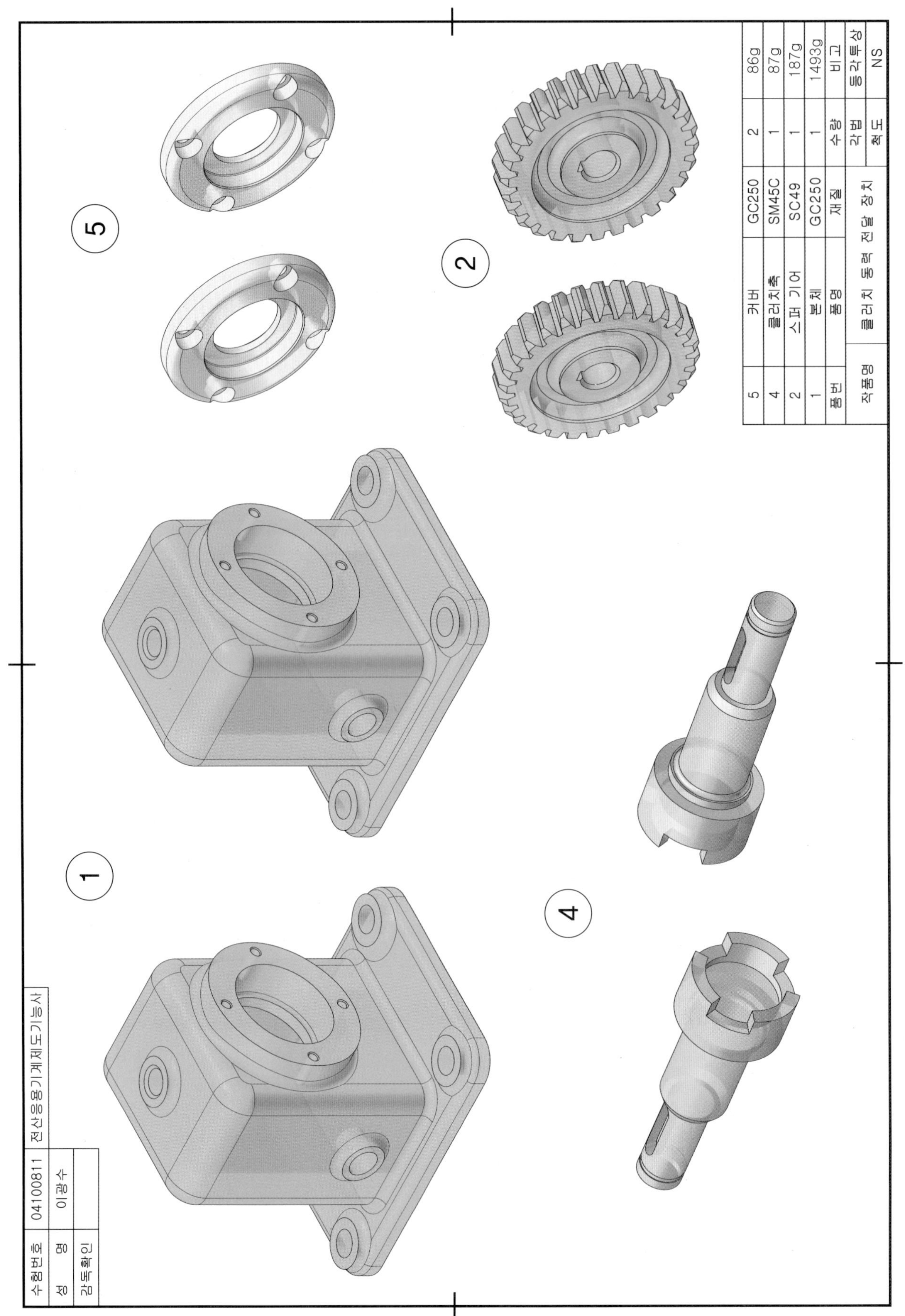

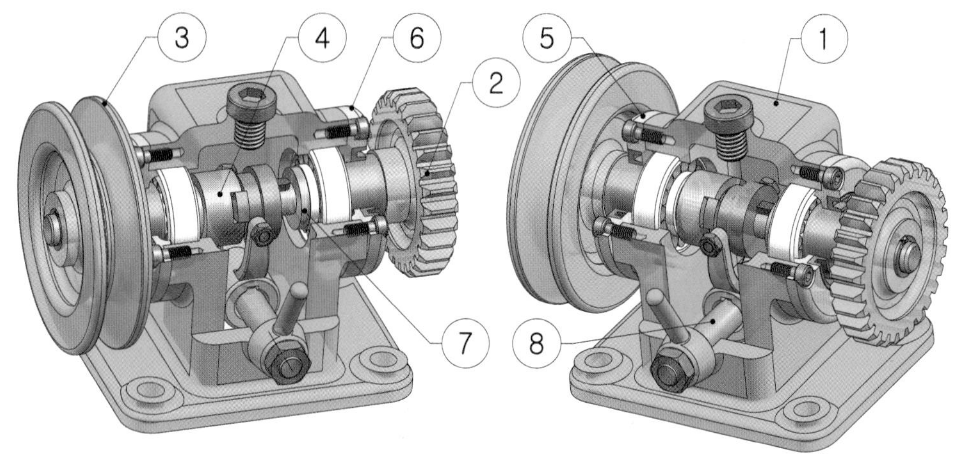

클러치 동력 전달 장치 조립도

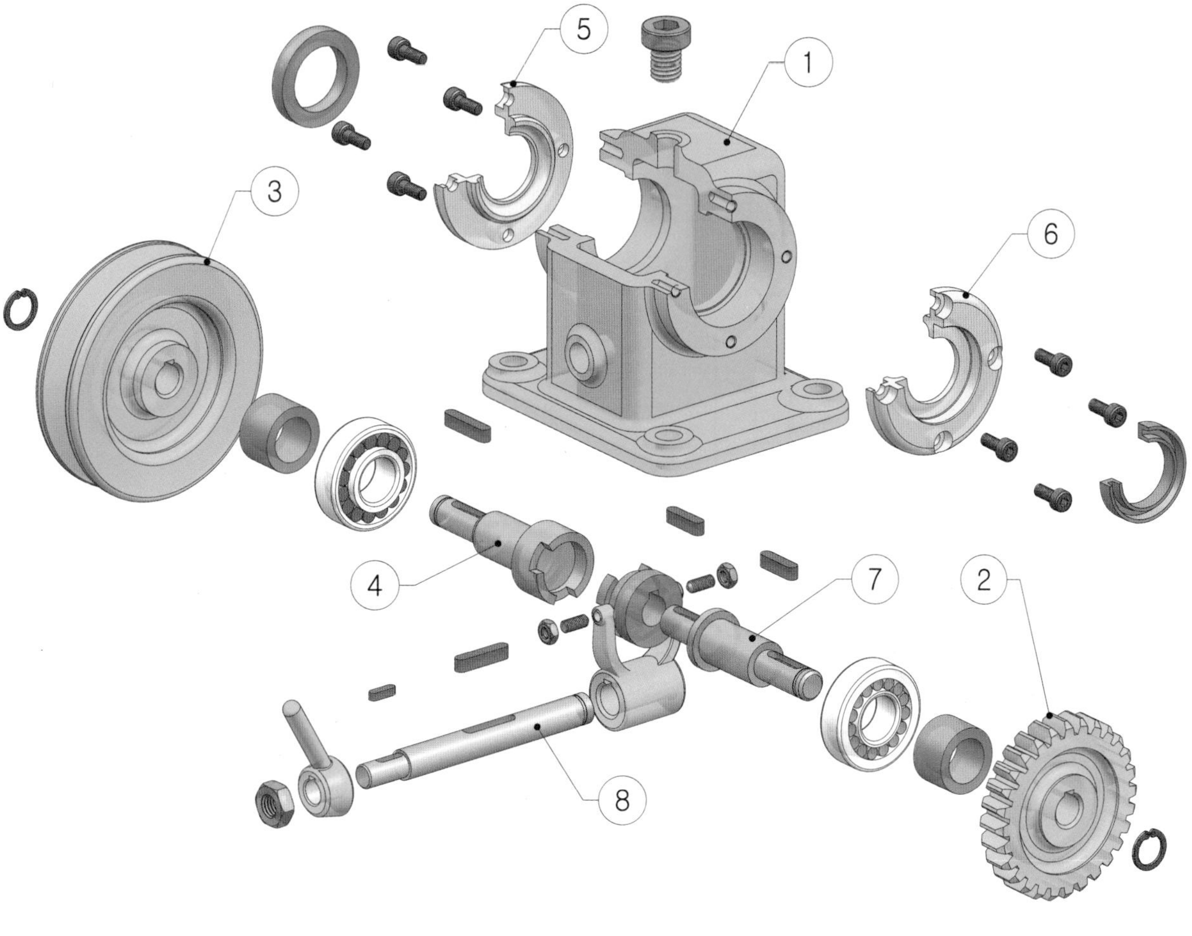

클러치 동력 전달 장치 구조도

과제13 동력 전달 장치1

- 등각 투상도(3D) 부품란 '비고'에 질량을 기입한다.
- 비중을 7.85로 계산하여 소수 첫째 자리에서 반올림한다.

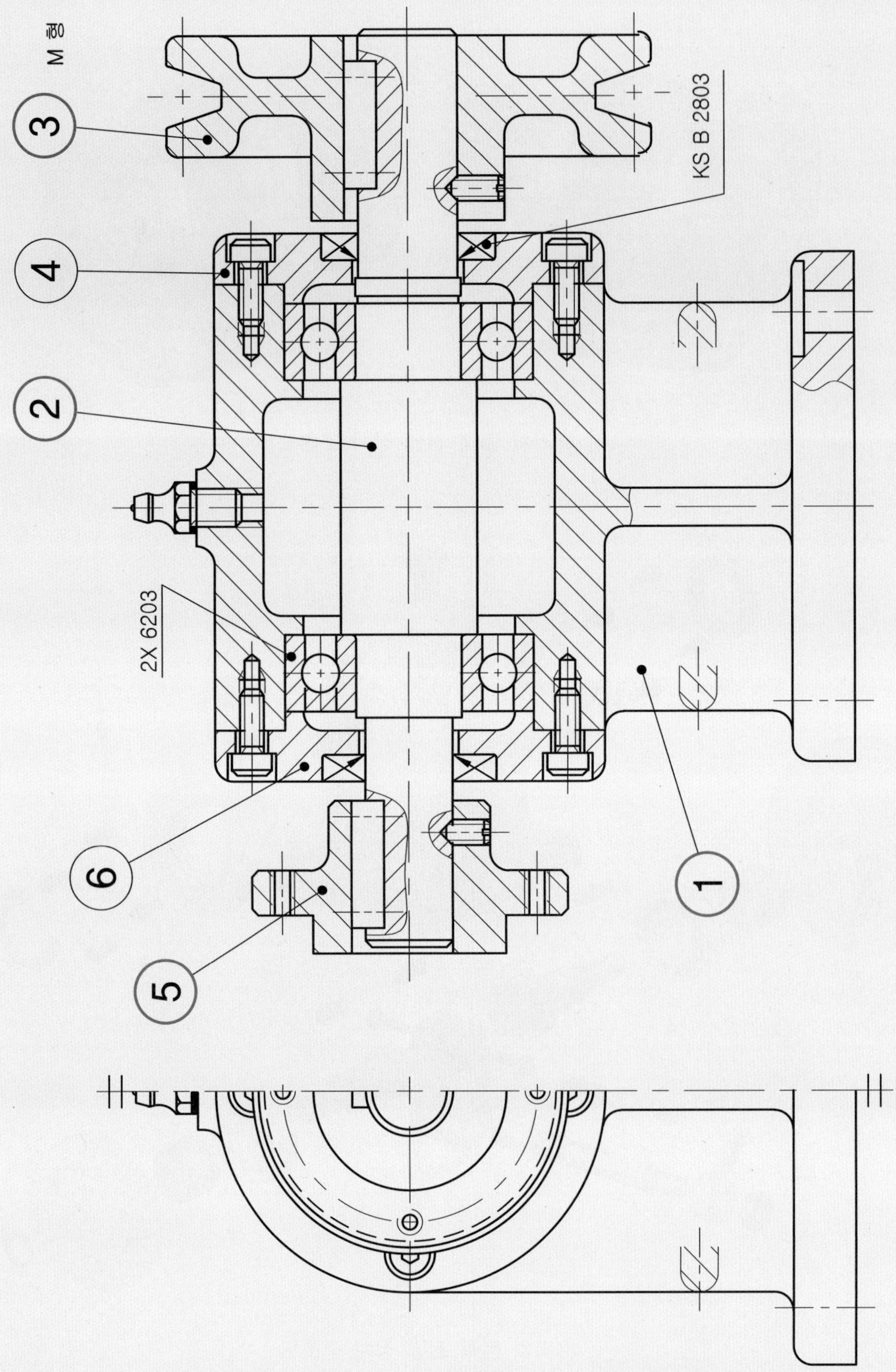

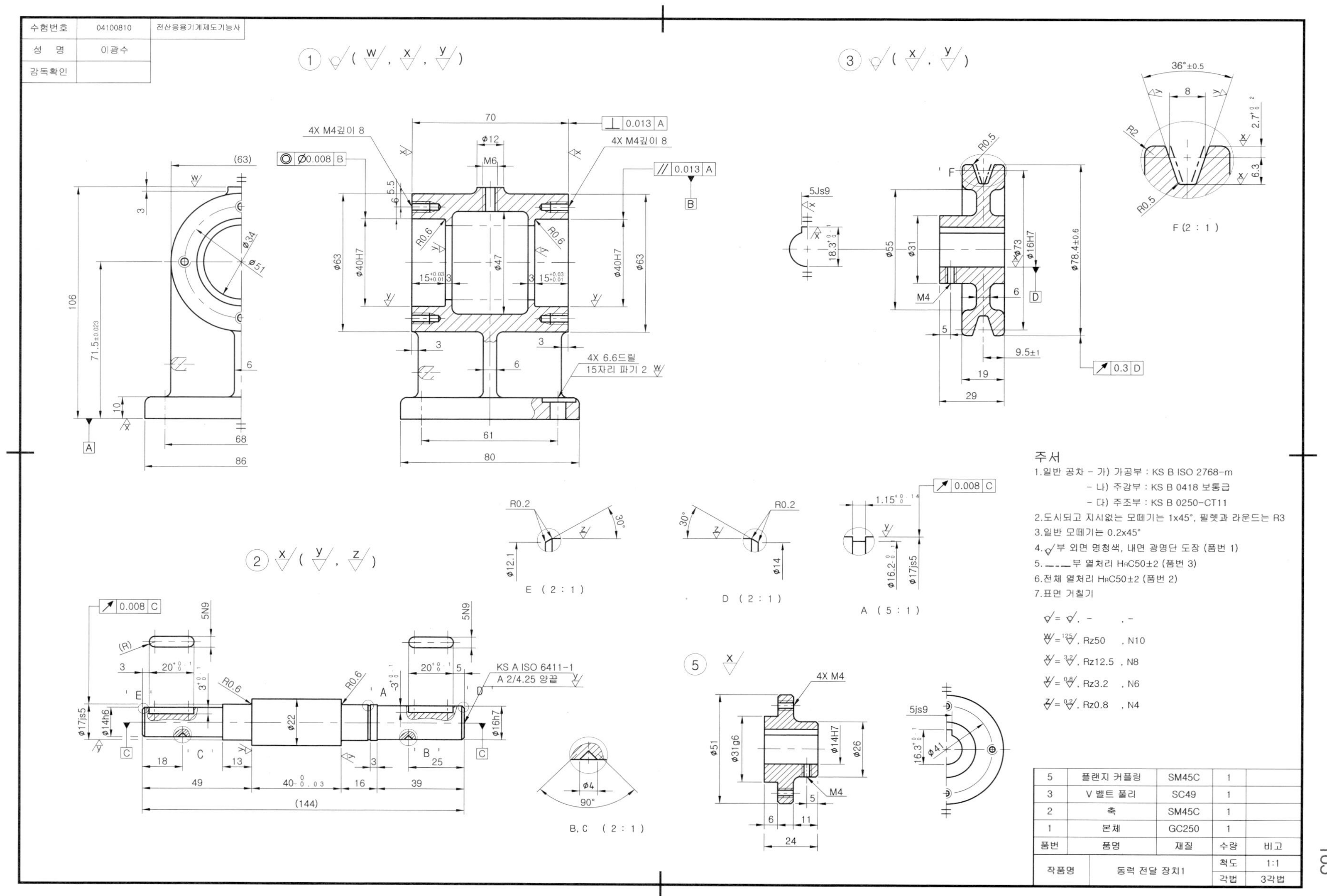
수험번호 04100810 전산응용기계제도기능사
성 명 이광수
감독확인
주서
1.일반 공차 - 가) 가공부 : KS B ISO 2768-m
- 나) 주강부 : KS B 0418 보통급
- 다) 주조부 : KS B 0250-CT11
2.도시되고 지시없는 모떼기는 1x45°, 필렛과 라운드는 R3
3.일반 모떼기는 0.2x45°
4.부 외면 명청색, 내면 광명단 도장 (품번 1)
5.부 열처리 HRC50±2 (품번 3)
6.전체 열처리 HRC50±2 (품번 2)
7.표면 거칠기
Rz50 , N10
Rz12.5 , N8
Rz3.2 , N6
Rz0.8 , N4
5 플랜지 커플링 SM45C 1
3 V 벨트 풀리 SC49 1
2 축 SM45C 1
1 본체 GC250 1
품번 품명 재질 수량 비고
작품명 동력 전달 장치1 척도 1:1 각법 3각법
F (2 : 1)
E (2 : 1)
D (2 : 1)
A (5 : 1)
B, C (2 : 1)
4X M4깊이 8
4X 6.6드릴
15자리 파기 2
KS A ISO 6411-1
A 2/4.25 양끝

3D 모법답안 제출용 – 동력 전달 장치1

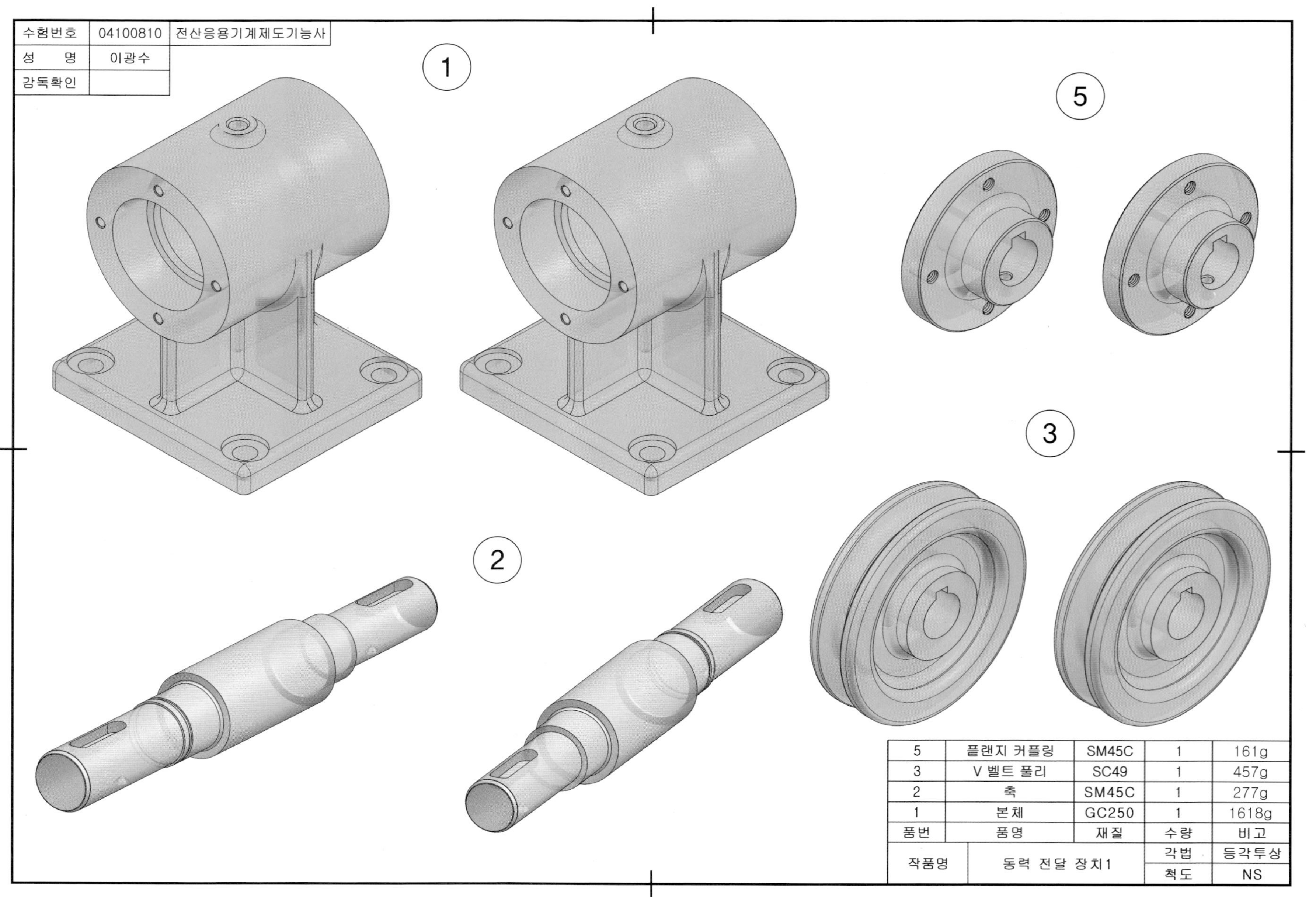

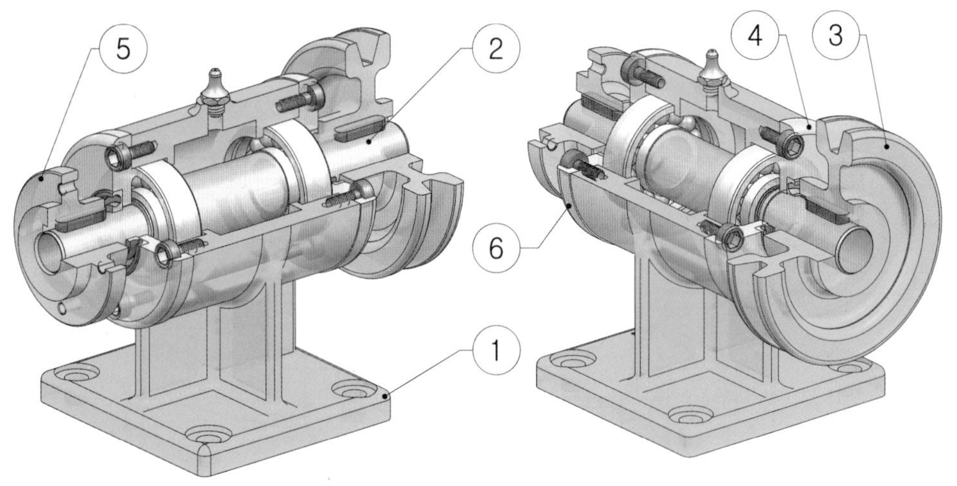

동력 전달 장치1 조립도

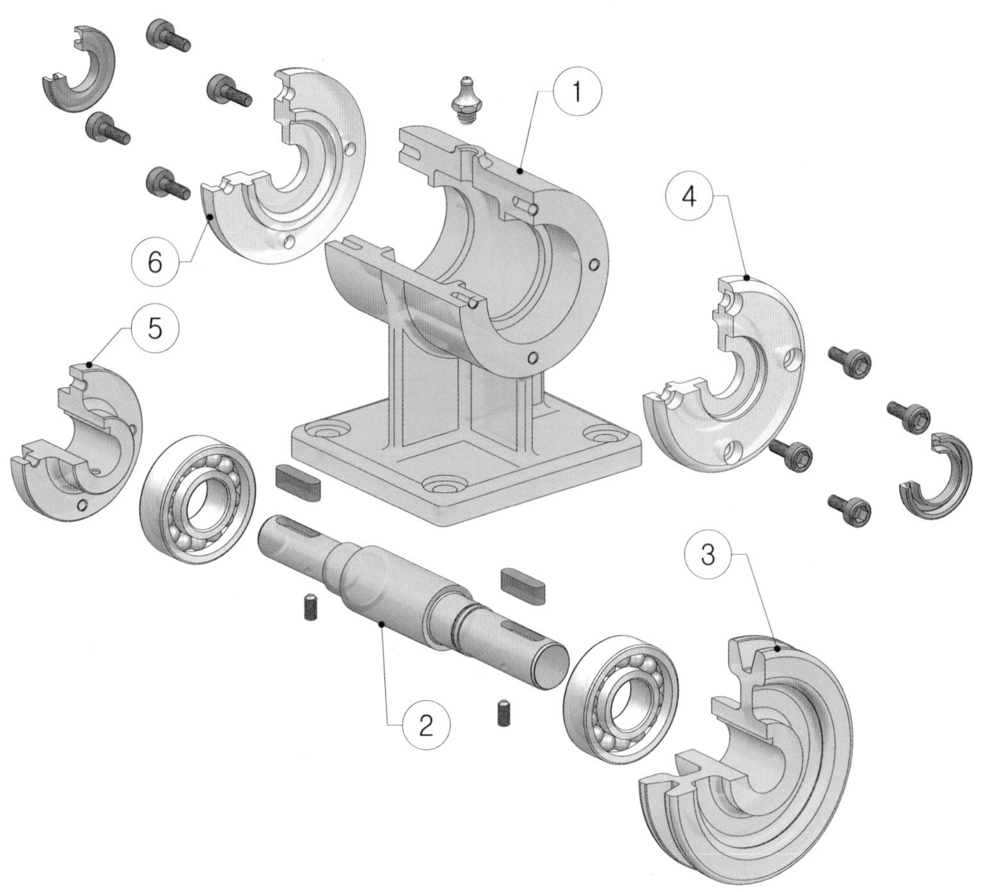

동력 전달 장치1 구조도

과제14 동력 전달 장치2

• 등각 투상도(3D) 부품란 '비고'에 질량을 기입한다.
• 비중을 7.85로 계산하여 소수 첫째 자리에서 반올림한다.

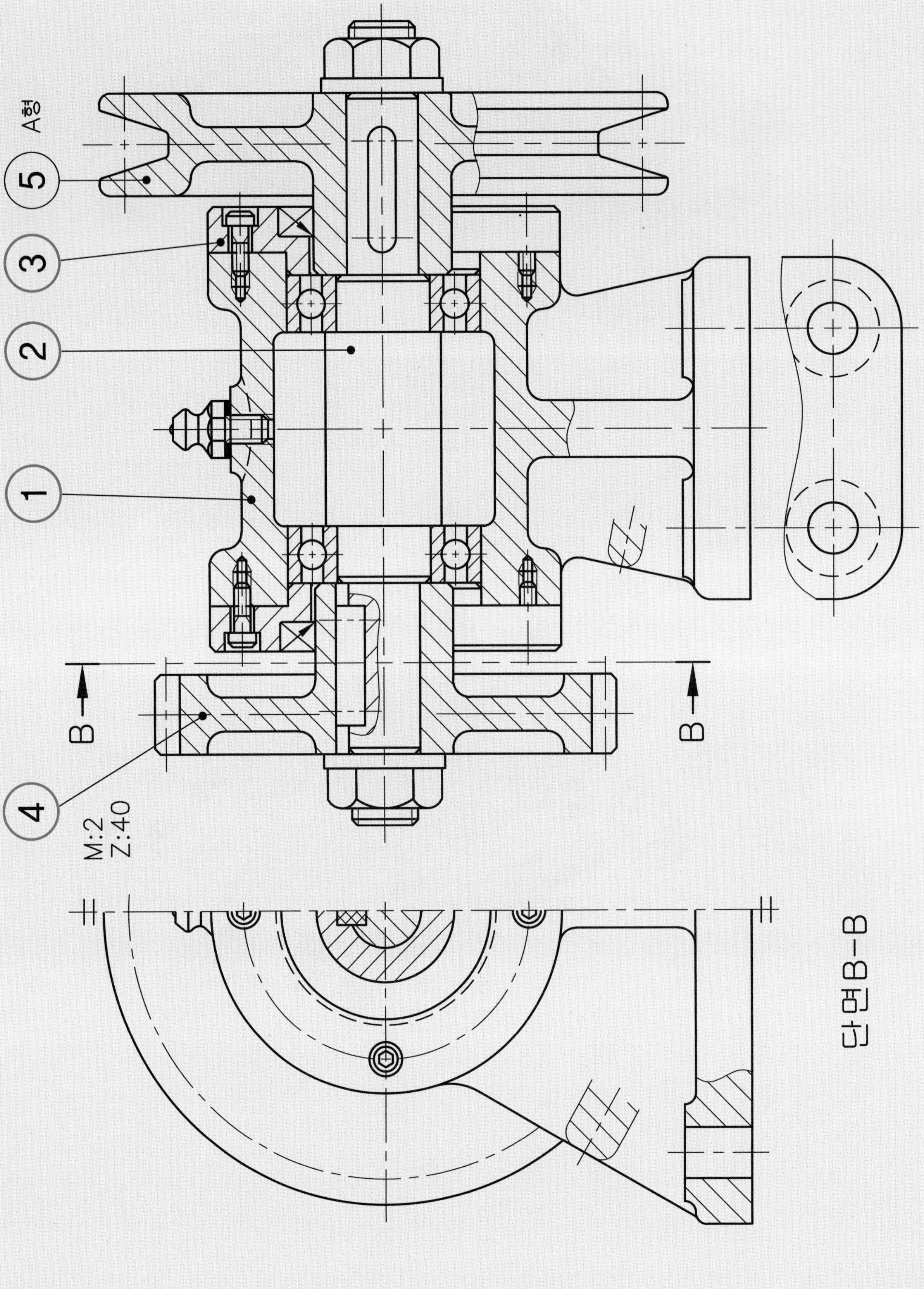

A형

5

3

2

1

4

M:2
Z:40

B

B

단면B-B

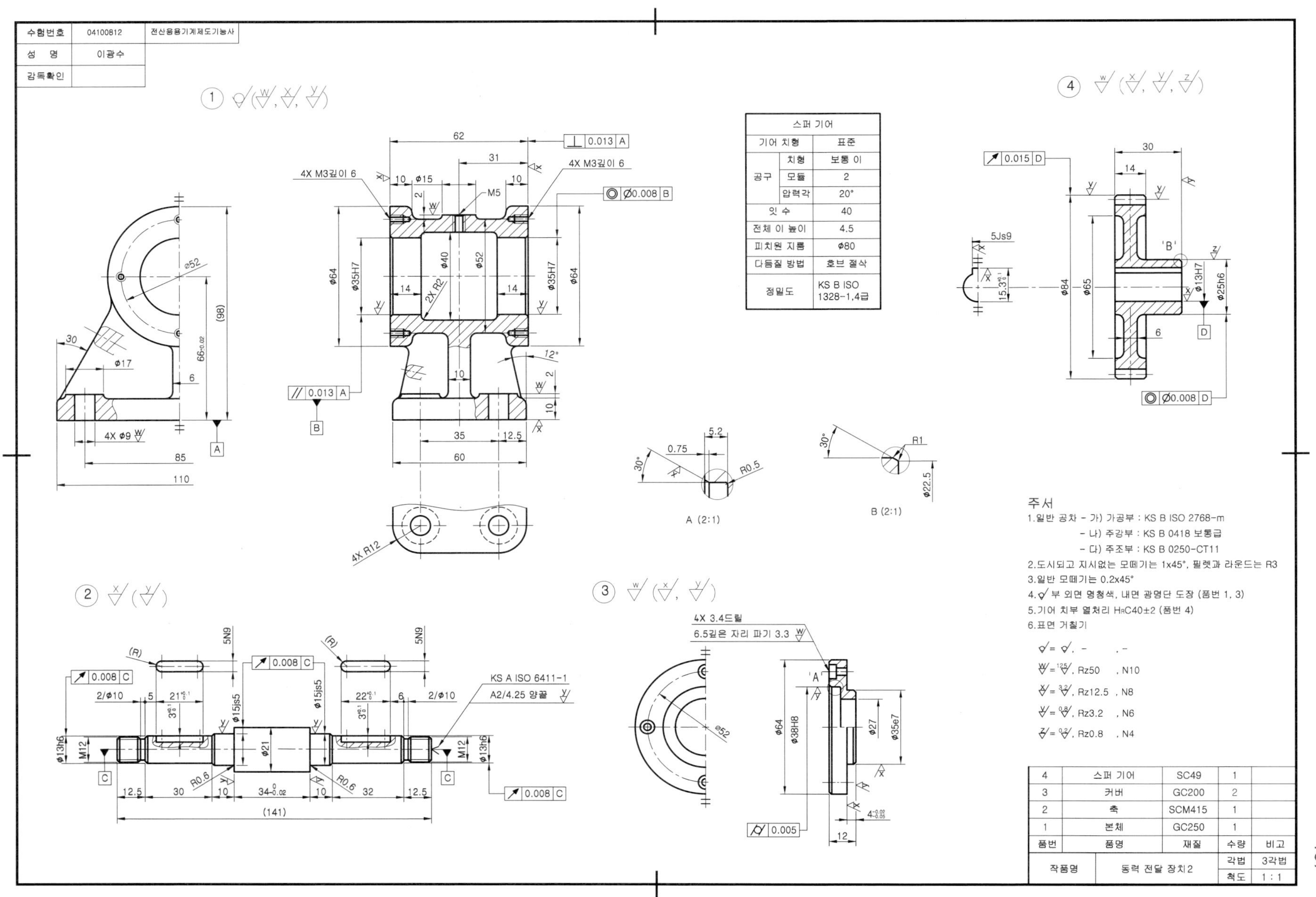
수험번호 04100812
성 명 이광수
감독확인
전산응용기계제도기능사
스퍼 기어
기어 치형 표준
공구 치형 보통 이
모듈 2
압력각 20°
잇 수 40
전체 이 높이 4.5
피치원 지름 φ80
다듬질 방법 호브 절삭
정밀도 KS B ISO 1328-1,4급
A (2:1)
B (2:1)
4X 3.4드릴
6.5깊은 자리 파기 3.3
KS A ISO 6411-1
A2/4.25 양끝
주서
1.일반 공차 - 가) 가공부 : KS B ISO 2768-m
- 나) 주강부 : KS B 0418 보통급
- 다) 주조부 : KS B 0250-CT11
2.도시되고 지시없는 모떼기는 1x45°, 필렛과 라운드는 R3
3.일반 모떼기는 0.2x45°
4.부 외면 명청색, 내면 광명단 도장 (품번 1, 3)
5.기어 치부 열처리 HRC40±2 (품번 4)
6.표면 거칠기
Rz50 , N10
Rz12.5 , N8
Rz3.2 , N6
Rz0.8 , N4
4 스퍼 기어 SC49 1
3 커버 GC200 2
2 축 SCM415 1
1 본체 GC250 1
품번 품명 재질 수량 비고
작품명 동력 전달 장치2 각법 3각법 척도 1:1

3D 모범답안 제출용 - 동력 전달 장치2

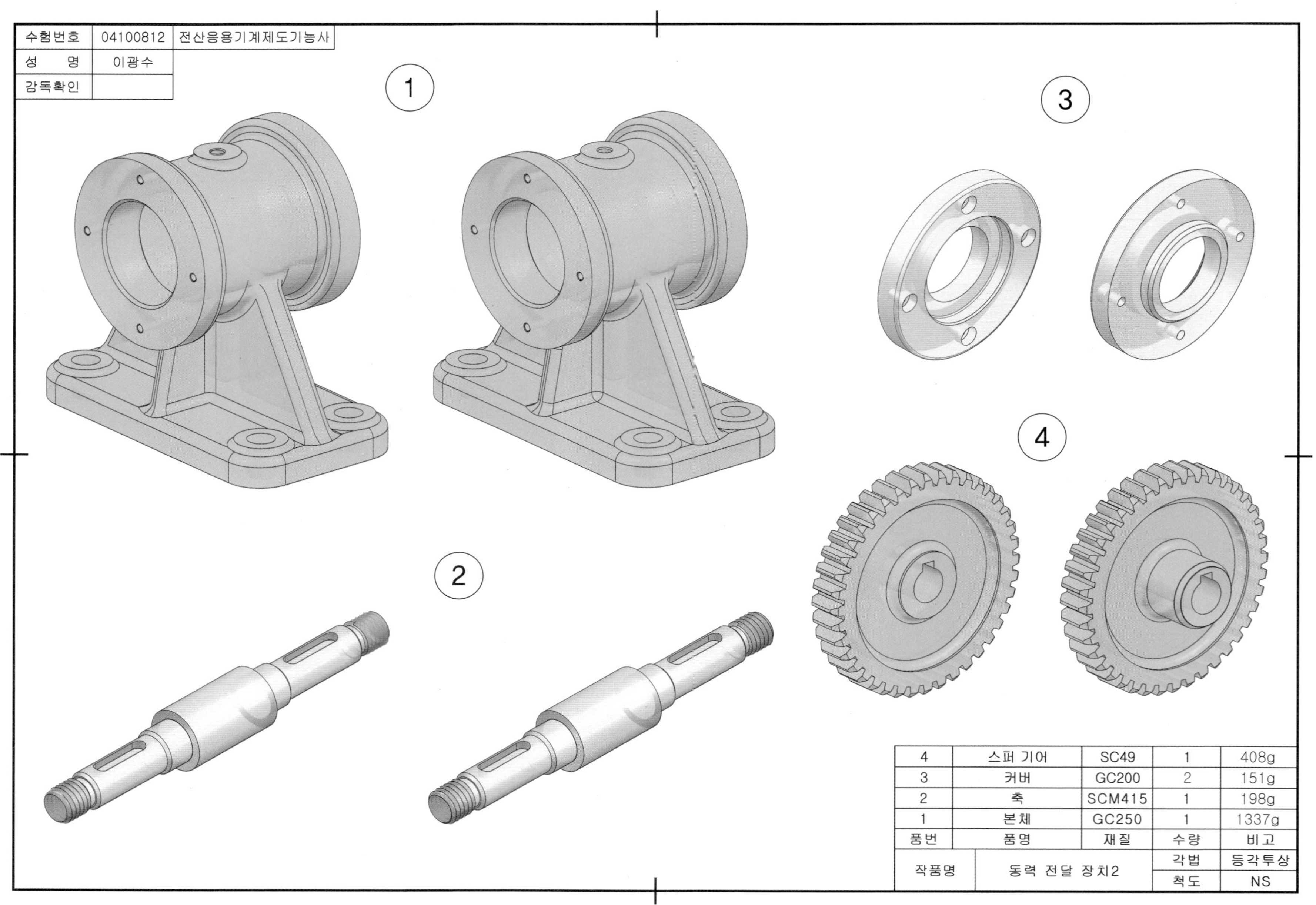

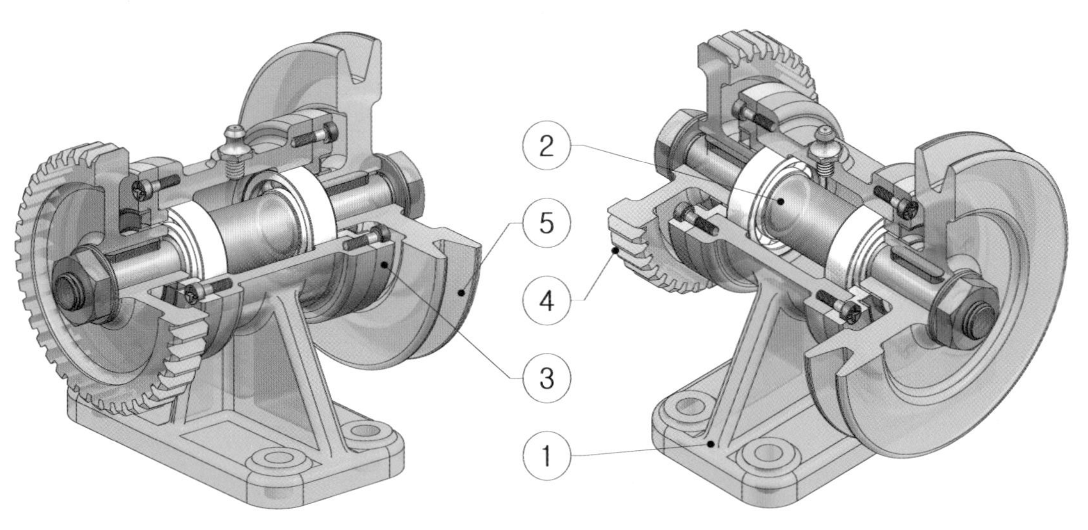

동력 전달 장치2 조립도

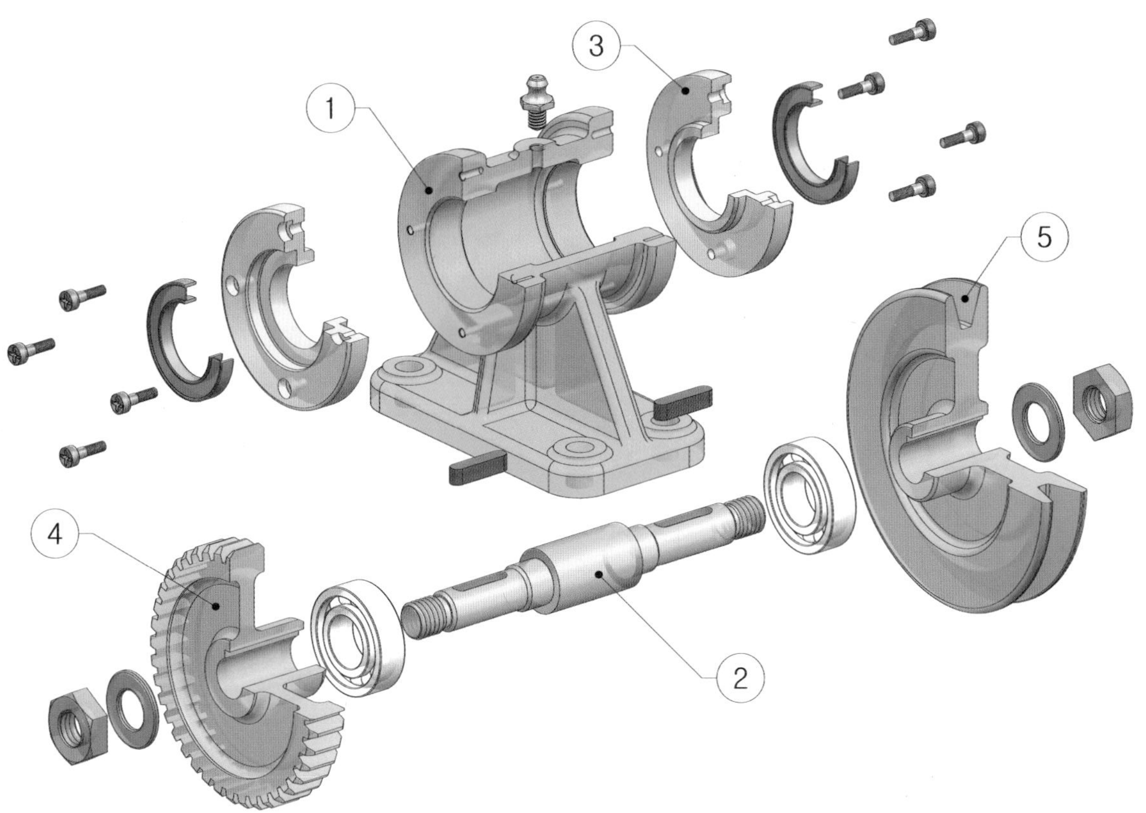

동력 전달 장치2 구조도

과제15 동력 전달 장치3

- 등각 투상도(3D) 부품란 '비고'에 질량을 기입한다.
- 비중을 7.85로 계산하여 소수 첫째 자리에서 반올림한다.

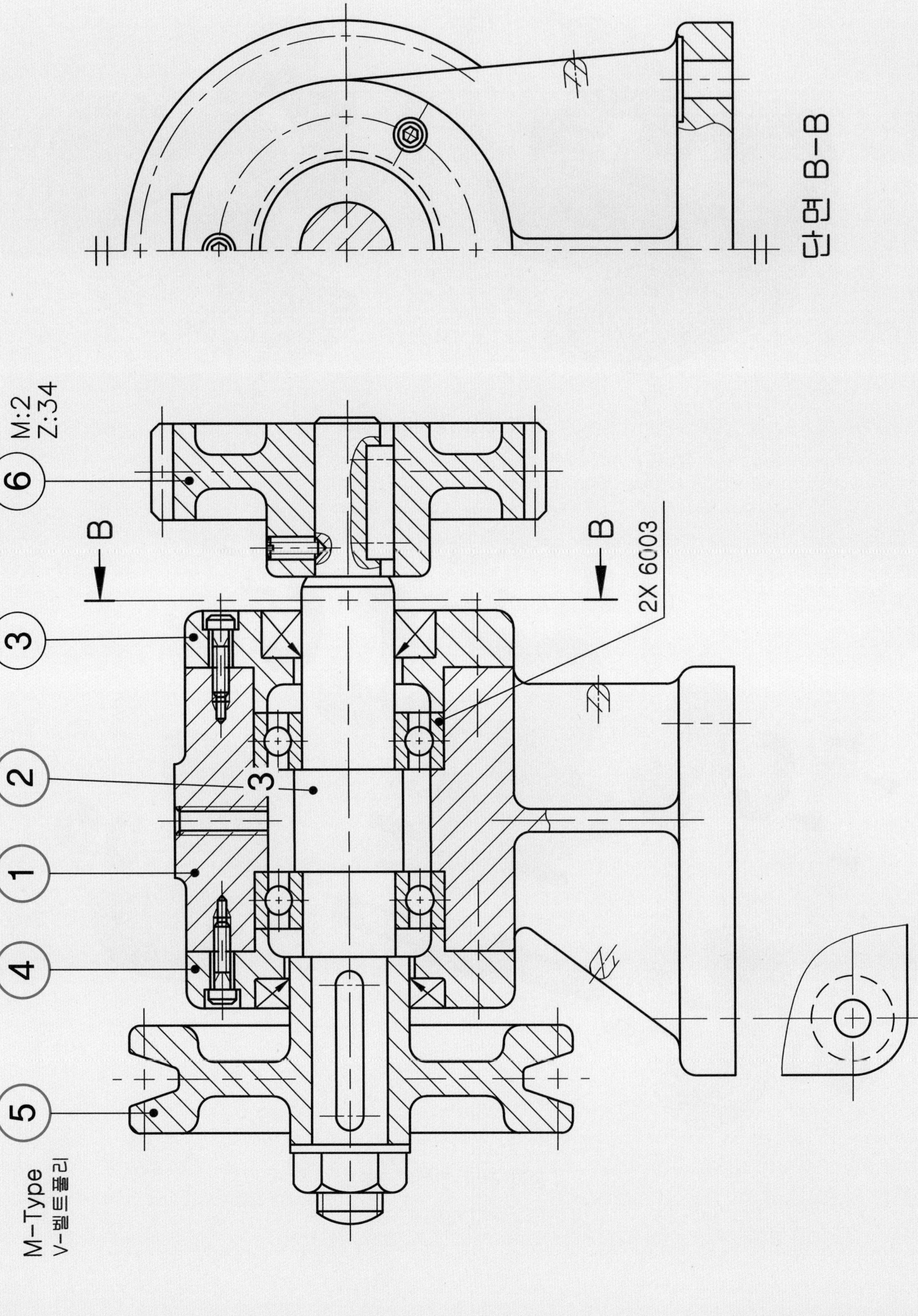

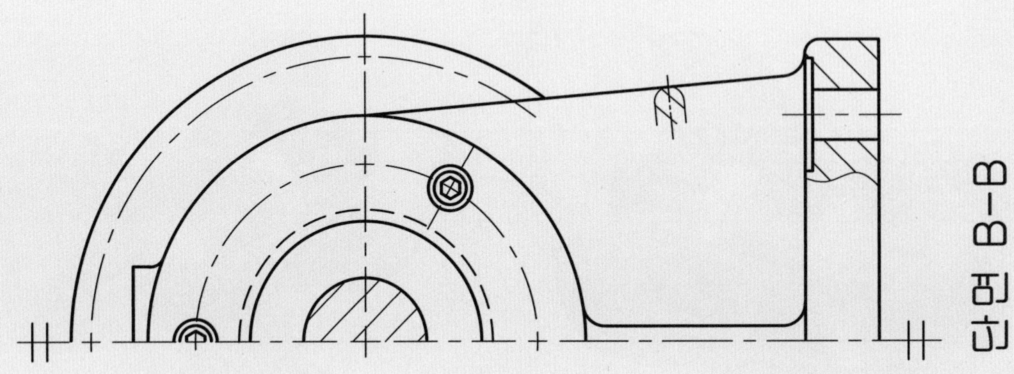

6 M:2 Z:34

B

B

2X 6003

3

2

3

1

4

5

M-Type V-벨트풀리

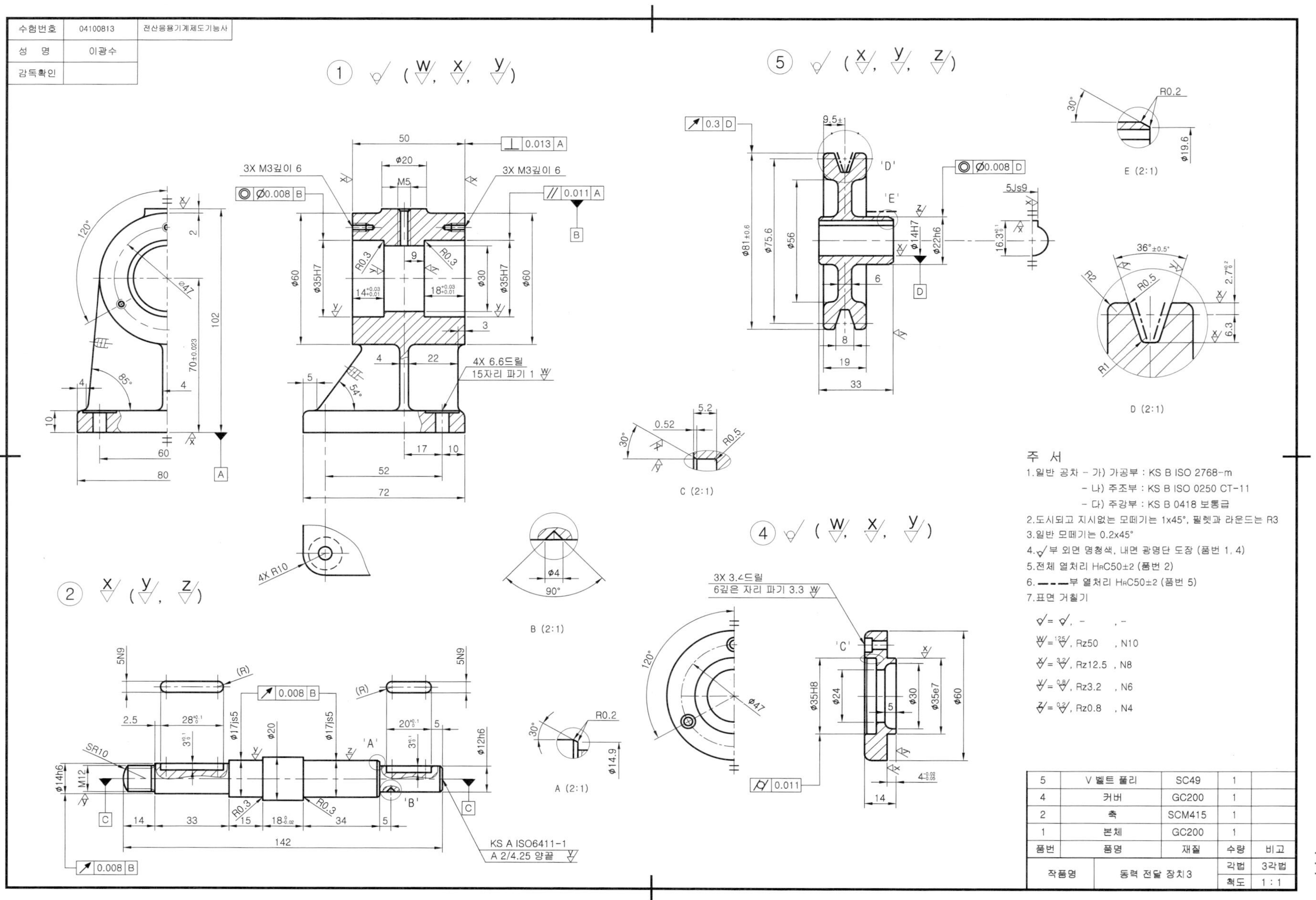
수험번호 04100813 전산응용기계제도기능사
성 명 이광수
감독확인
주 서
1.일반 공차 - 가) 가공부 : KS B ISO 2768-m
- 나) 주조부 : KS B ISO 0250 CT-11
- 다) 주강부 : KS B 0418 보통급
2.도시되고 지시없는 모떼기는 1x45°, 필렛과 라운드는 R3
3.일반 모떼기는 0.2x45°
4.부 외면 명청색, 내면 광명단 도장 (품번 1, 4)
5.전체 열처리 HRC50±2 (품번 2)
6.부 열처리 HRC50±2 (품번 5)
7.표면 거칠기
Rz50 , N10
Rz12.5 , N8
Rz3.2 , N6
Rz0.8 , N4
5 V 벨트 풀리 SC49 1
4 커버 GC200 1
2 축 SCM415 1
1 본체 GC200 1
품번 품명 재질 수량 비고
작품명 동력 전달 장치3 각법 3각법 척도 1:1

3D 모법답안 제출용 - 동력 전달 장치3

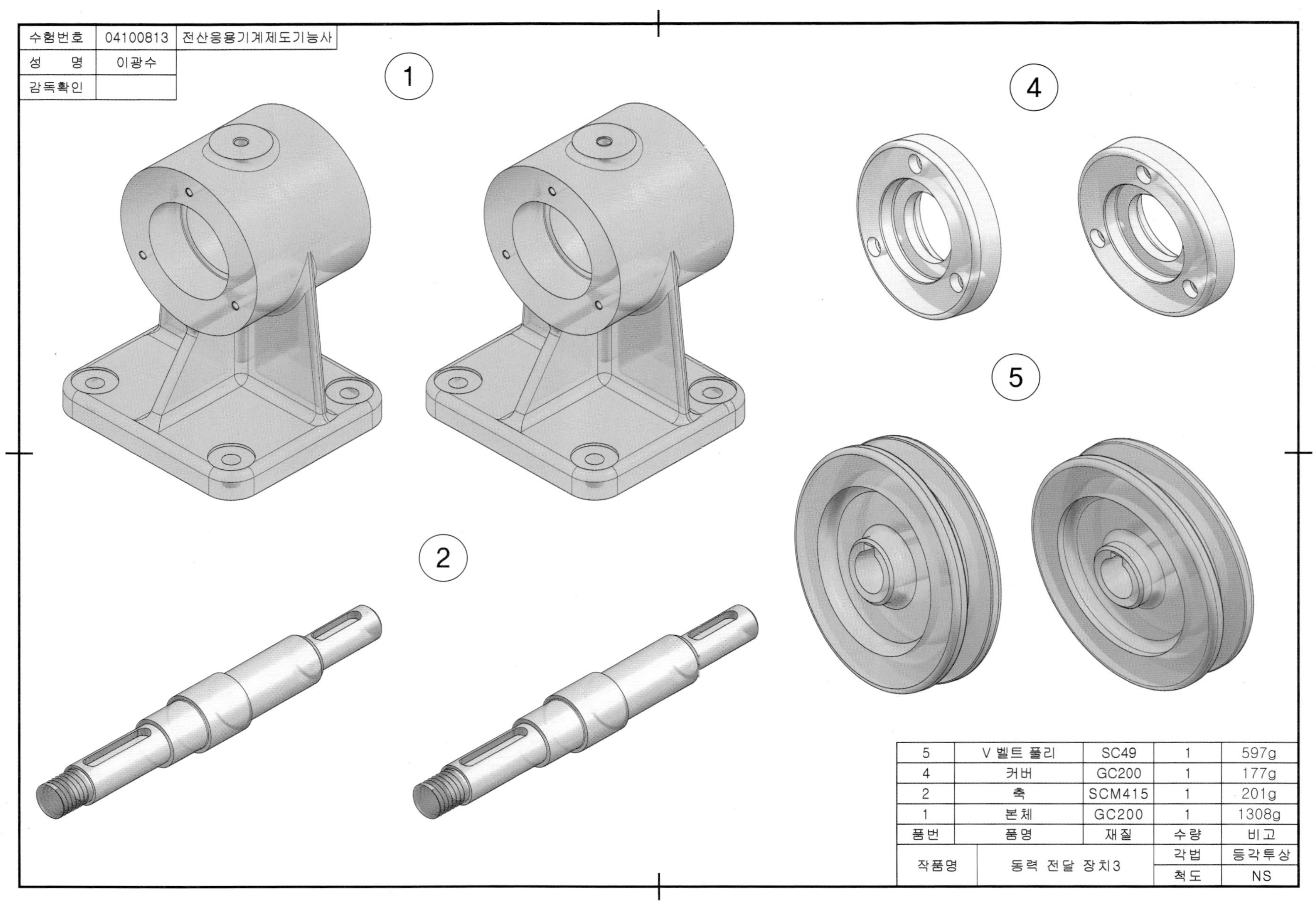

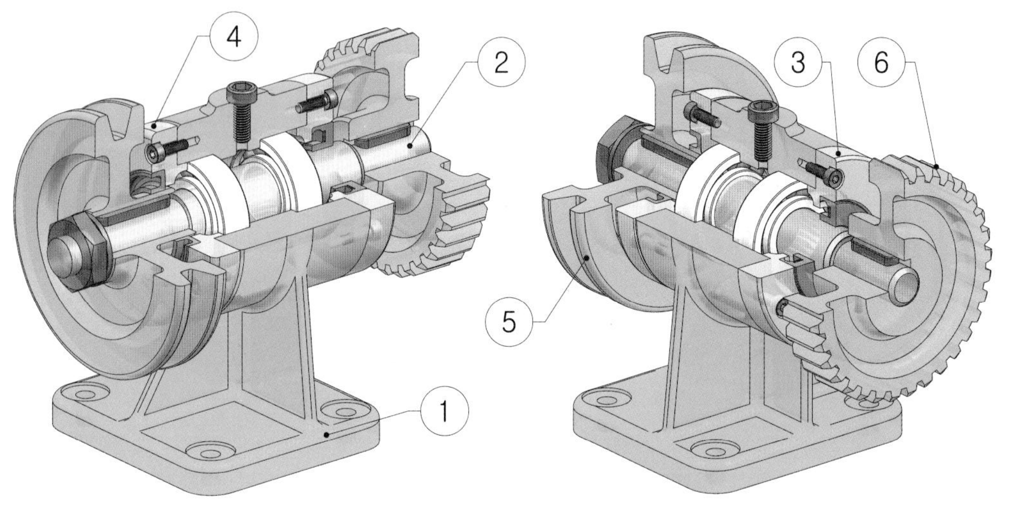

동력 전달 장치3 조립도

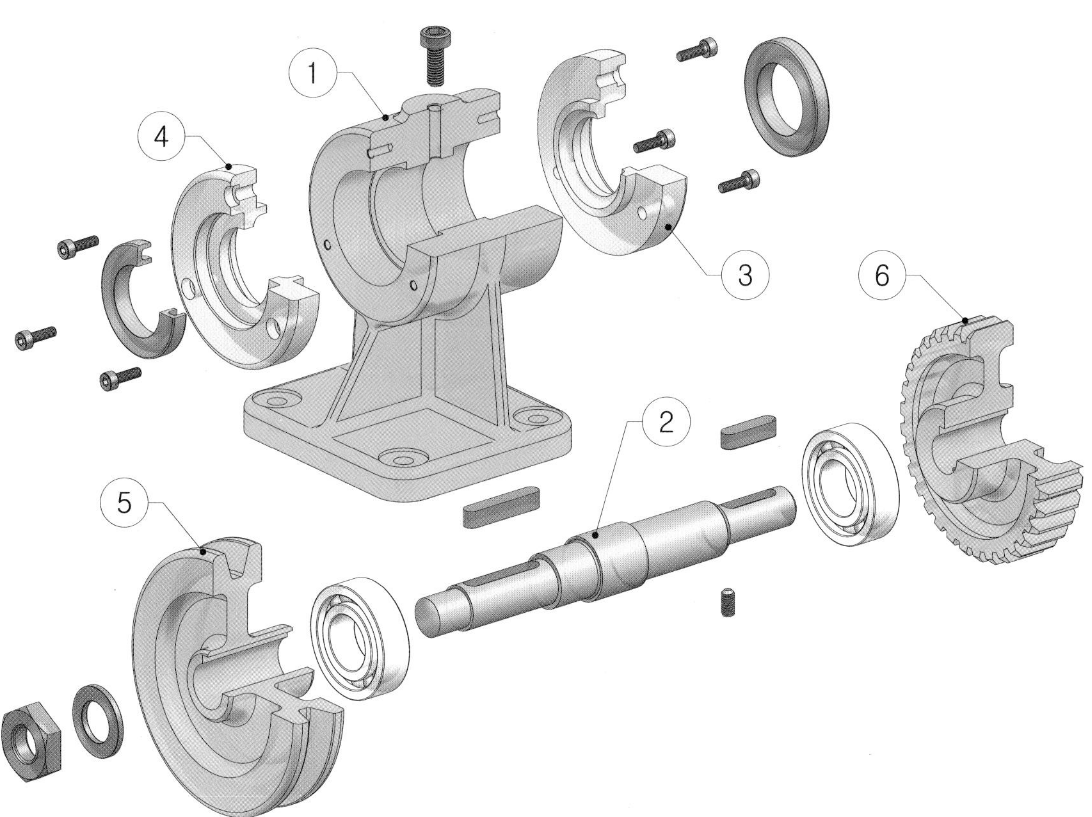

동력 전달 장치3 구조도

과제16 동력 전달 장치4

- 등각 투상도(3D) 부품란 '비고'에 질량을 기입한다.
- 비중을 7.85로 계산하여 소수 첫째 자리에서 반올림한다.

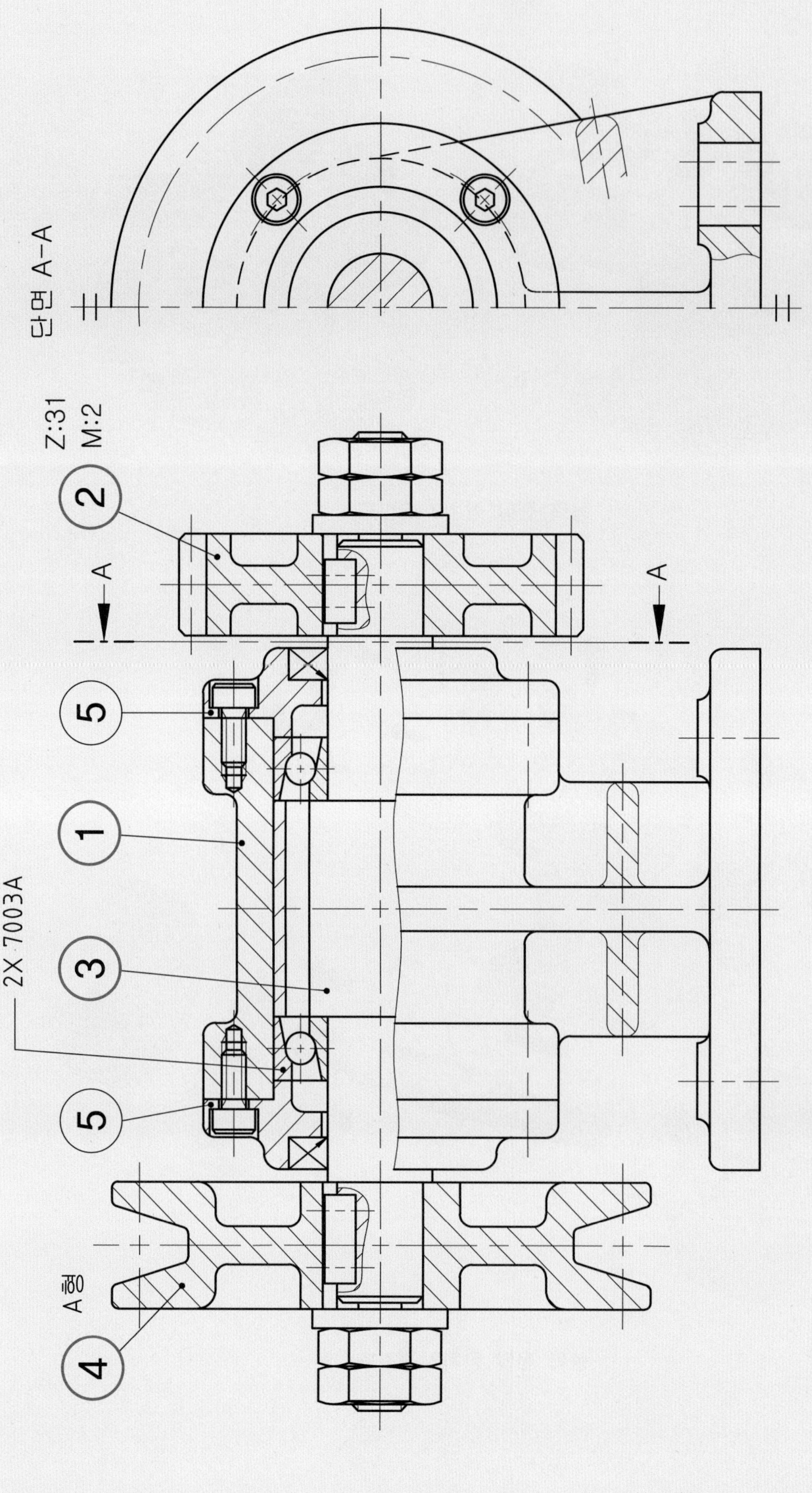

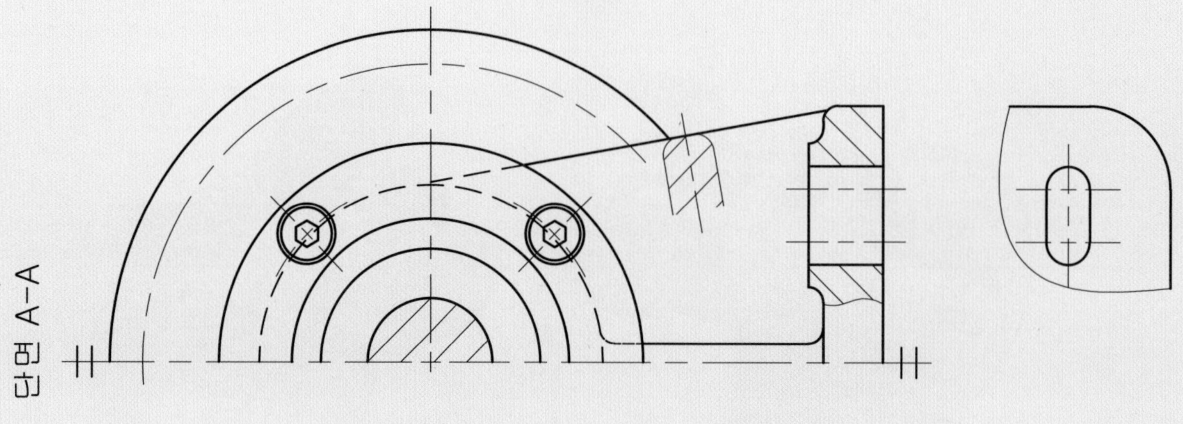

Z:31
M:2
2
A
A
5
1
2X 7003A
3
5
A형
4

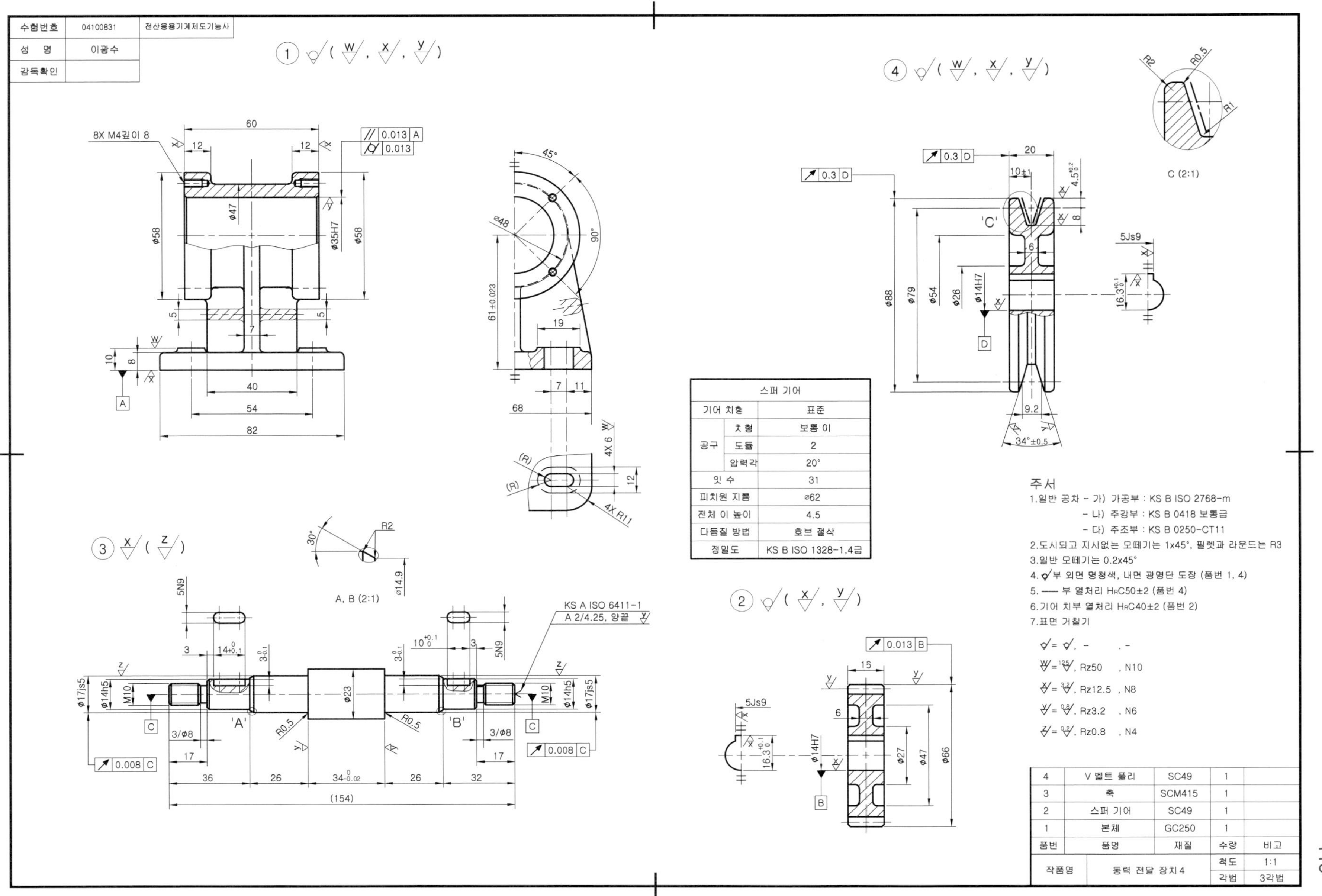
수험번호 04100831
전산응용기계제도기능사
성 명 이광수
감독확인
8X M4깊이 8
A, B (2:1)
C (2:1)
KS A ISO 6411-1 A 2/4.25, 양끝
스퍼 기어
기어 치형 표준
공구 치형 보통 이
모듈 2
압력각 20°
잇 수 31
피치원 지름 ⌀62
전체 이 높이 4.5
다듬질 방법 호브 절삭
정밀도 KS B ISO 1328-1,4급
주서
1.일반 공차 - 가) 가공부 : KS B ISO 2768-m
- 나) 주강부 : KS B 0418 보통급
- 다) 주조부 : KS B 0250-CT11
2.도시되고 지시없는 모떼기는 1x45°, 필렛과 라운드는 R3
3.일반 모떼기는 0.2x45°
4.부 외면 명청색, 내면 광명단 도장 (품번 1, 4)
5. 부 열처리 HRC50±2 (품번 4)
6.기어 치부 열처리 HRC40±2 (품번 2)
7.표면 거칠기
Rz50 , N10
Rz12.5 , N8
Rz3.2 , N6
Rz0.8 , N4
4 V벨트 풀리 SC49 1
3 축 SCM415 1
2 스퍼 기어 SC49 1
1 본체 GC250 1
품번 품명 재질 수량 비고
작품명 동력 전달 장치4
척도 1:1
각법 3각법

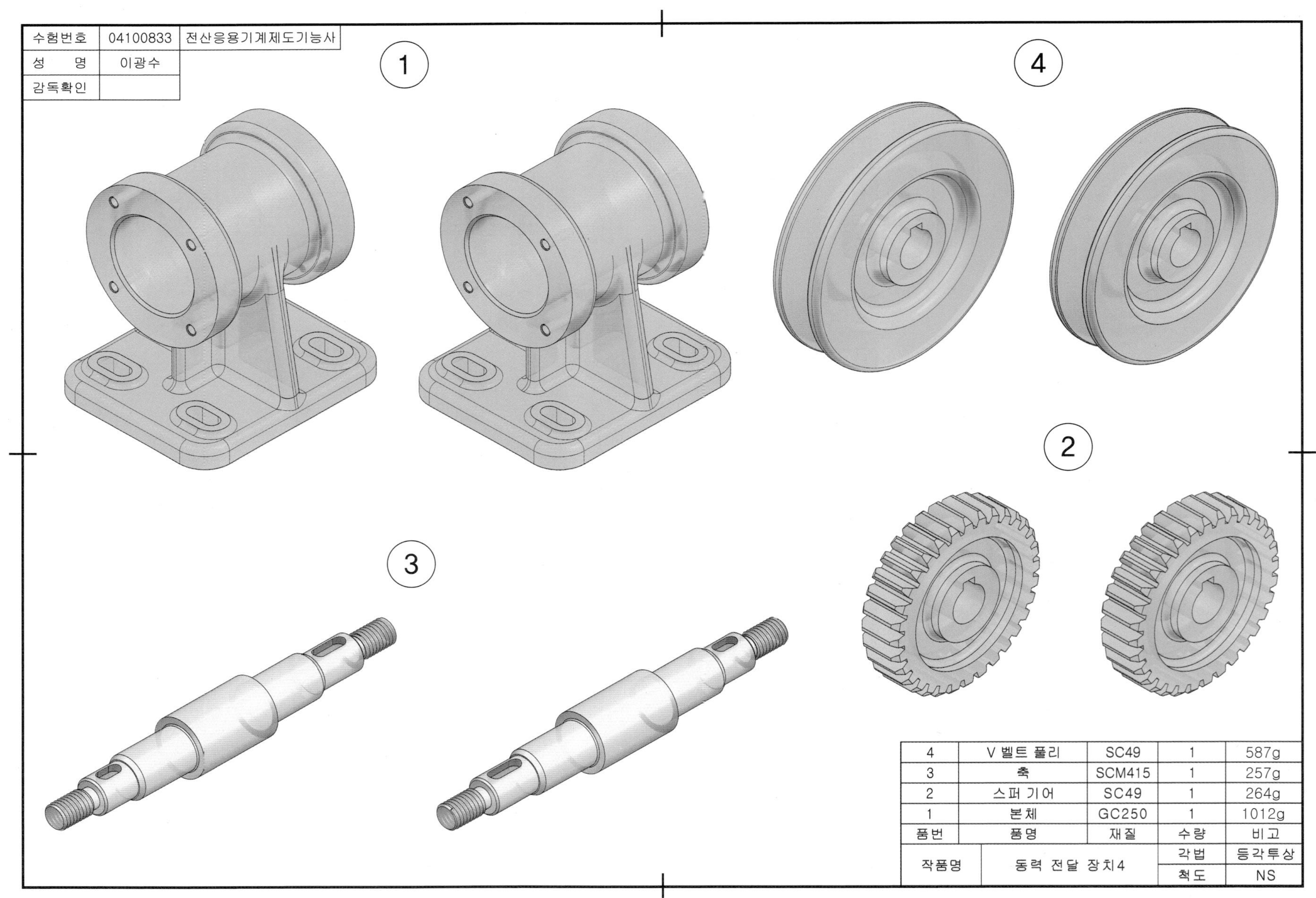
수험번호 04100833 전산응용기계제도기능사
성 명 이광수
감독확인
1
4
2
3
4 V 벨트 풀리 SC49 1 587g
3 축 SCM415 1 257g
2 스퍼 기어 SC49 1 264g
1 본체 GC250 1 1012g
품번 품명 재질 수량 비고
작품명 동력 전달 장치4
각법 등각투상
척도 NS

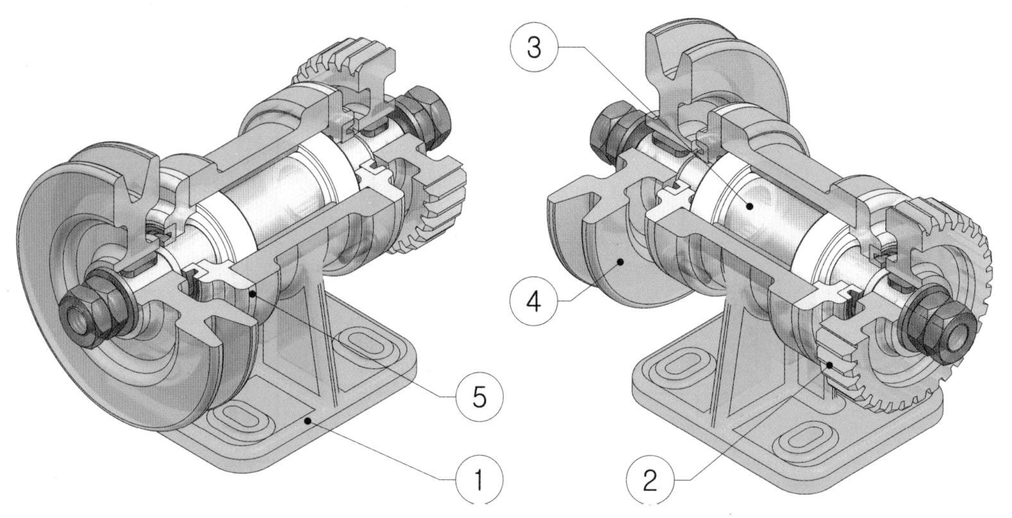

동력 전달 장치4 조립도

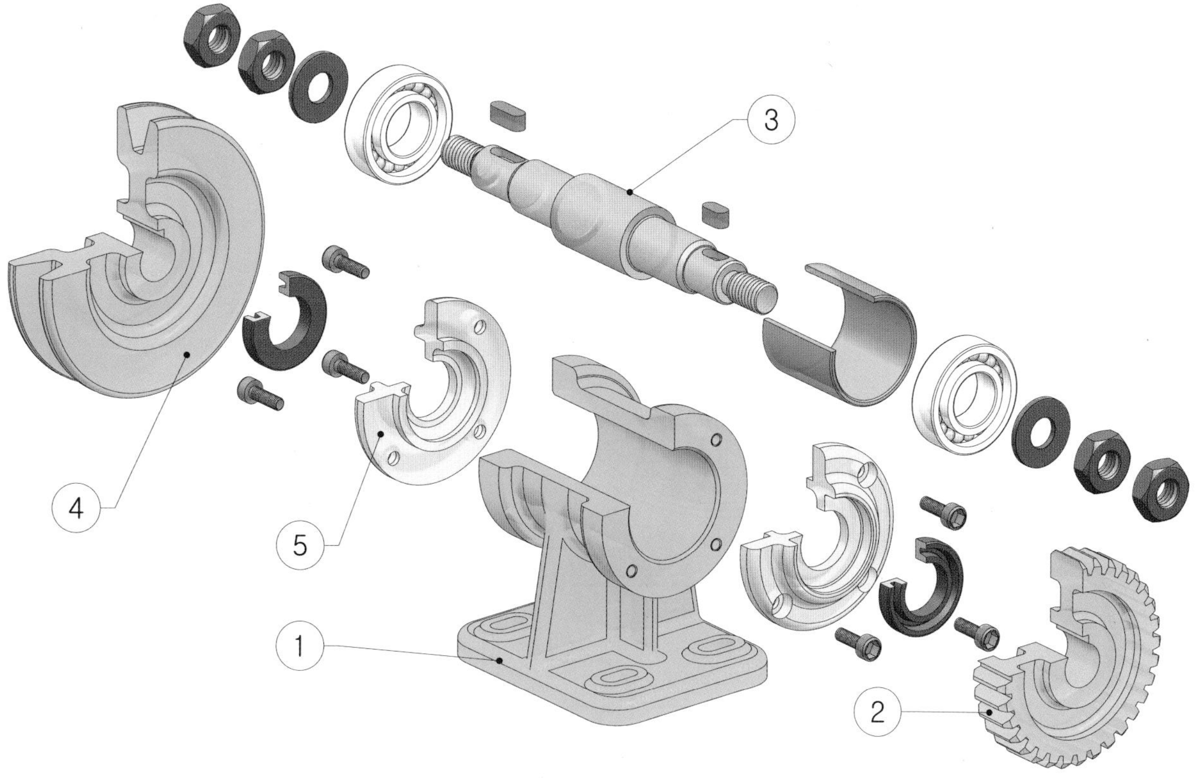

동력 전달 장치4 구조도

과제17 편심 슬라이더 구동 장치

- 등각 투상도(3D) 부품란 '비고'에 질량을 기입한다.
- 비중을 7.85로 계산하여 소수 첫째 자리에서 반올림한다.

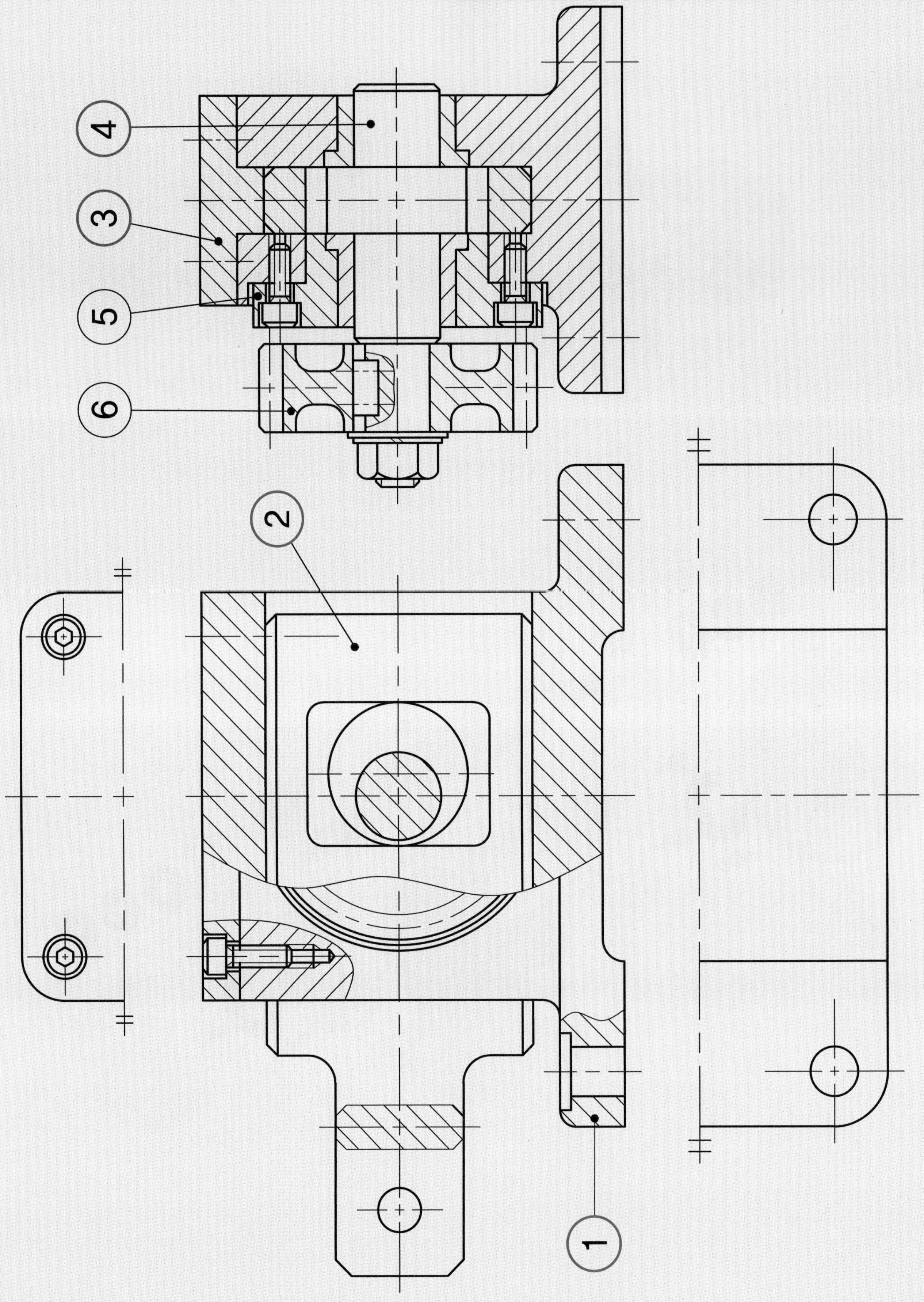

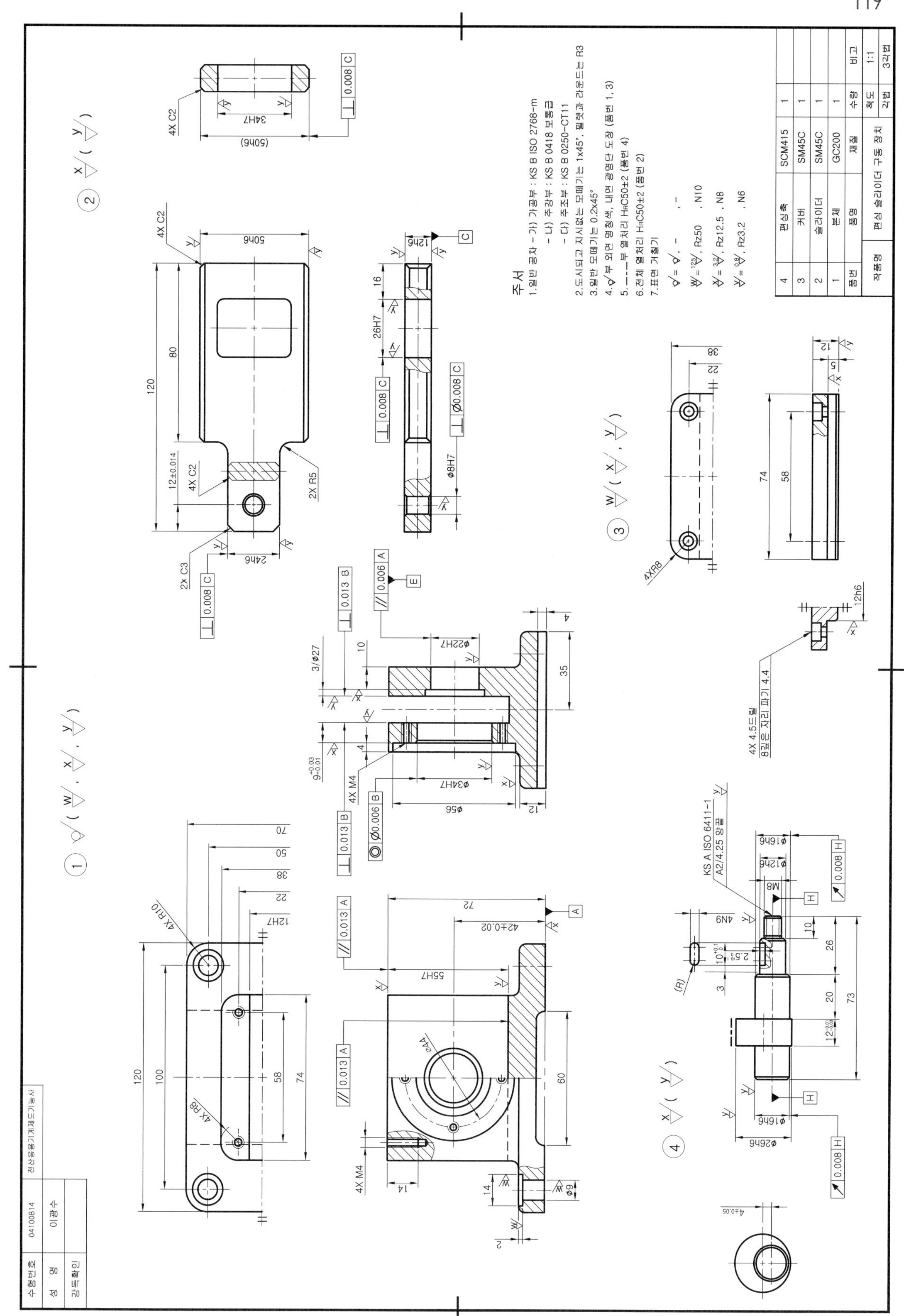
주서
1.일반 공차 - 가) 가공부 : KS B ISO 2768-m
- 나) 주강부 : KS B 0418 보통급
- 다) 주조부 : KS B 0250-CT11
2.도시되고 지시없는 모떼기는 1x45°, 필렛과 라운드는 R3
3.일반 모떼기는 0.2x45°
5.---부 열처리 HRC50±2 (품번 4)
6.전체 열처리 HRC50±2 (품번 2)
7.표면 거칠기
4 편심축 SCM415 1
3 커버 SM45C 1
2 슬라이더 SM45C 1
1 본체 GC200 1
품번 품명 재질 수량 비고
작품명 편심 슬라이더 구동 장치
척도 1:1
각법 3각법
수험번호 04100814
성 명 이광수
감독확인
전산응용기계제도기능사

3D 모법답안 제출용 – 편심 슬라이더 구동 장치

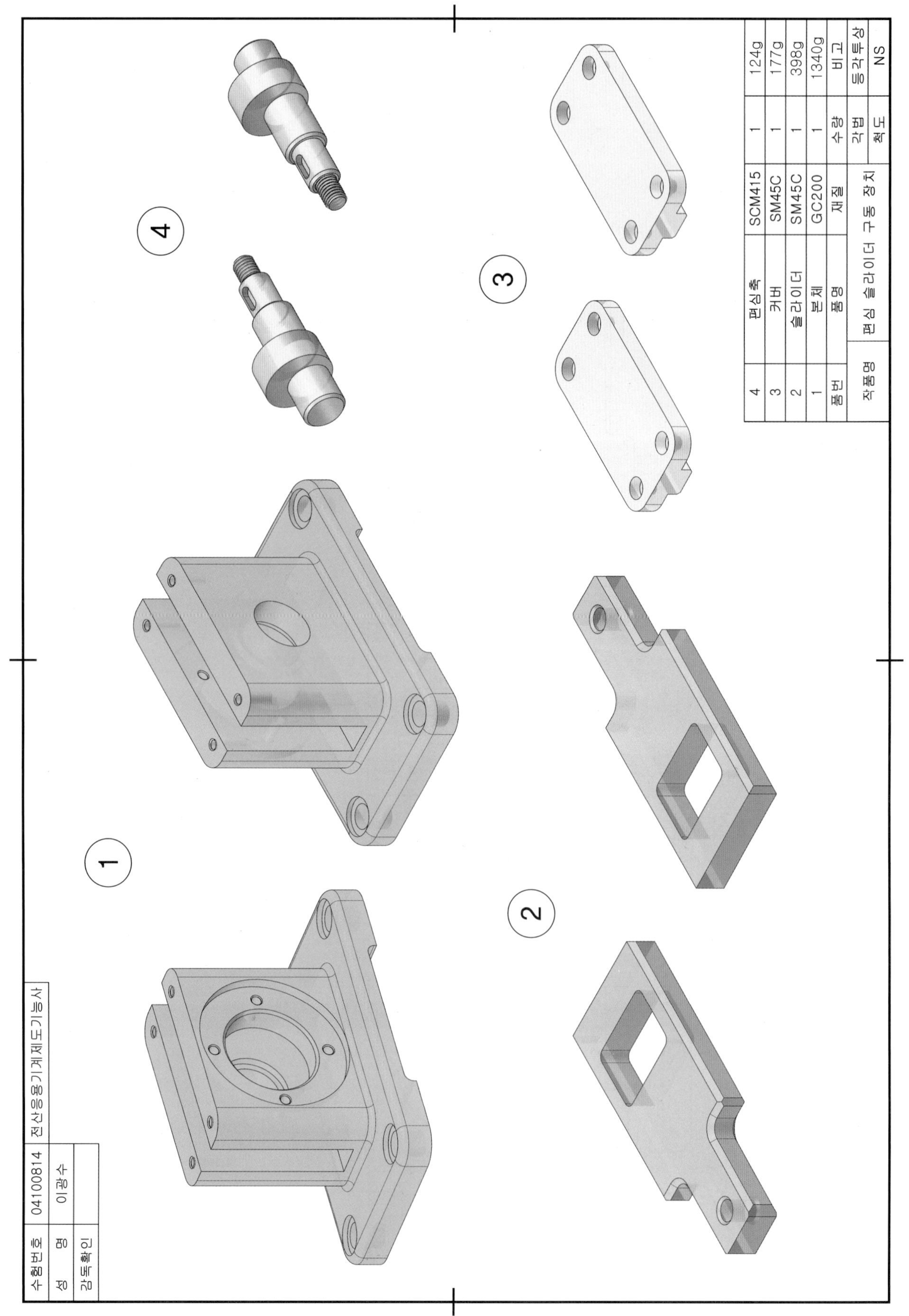

수험번호 04100814 전산응용기계제도기능사
성 명 이광수
감독확인
1
2
3
4
4 편심축 SCM415 1 124g
3 커버 SM45C 1 177g
2 슬라이더 SM45C 1 398g
1 본체 GC200 1 1340g
품번 품명 재질 수량 비고
작품명 편심 슬라이더 구동 장치
각법 등각투상
척도 NS

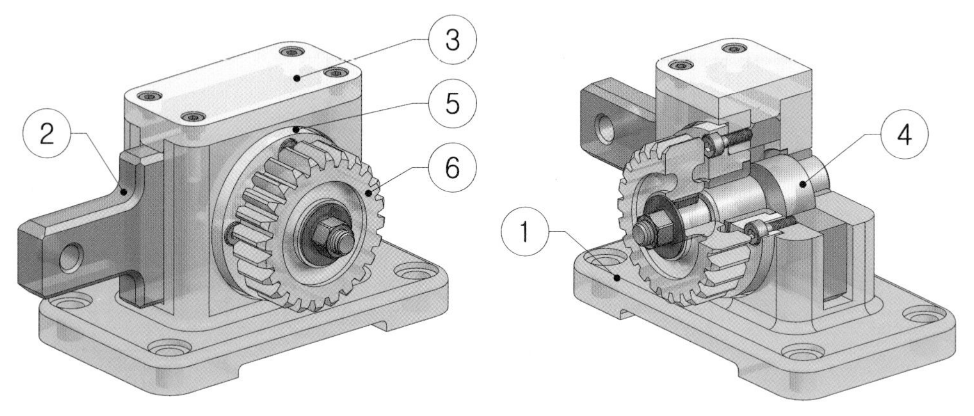

편심 슬라이더 구동 장치 조립도

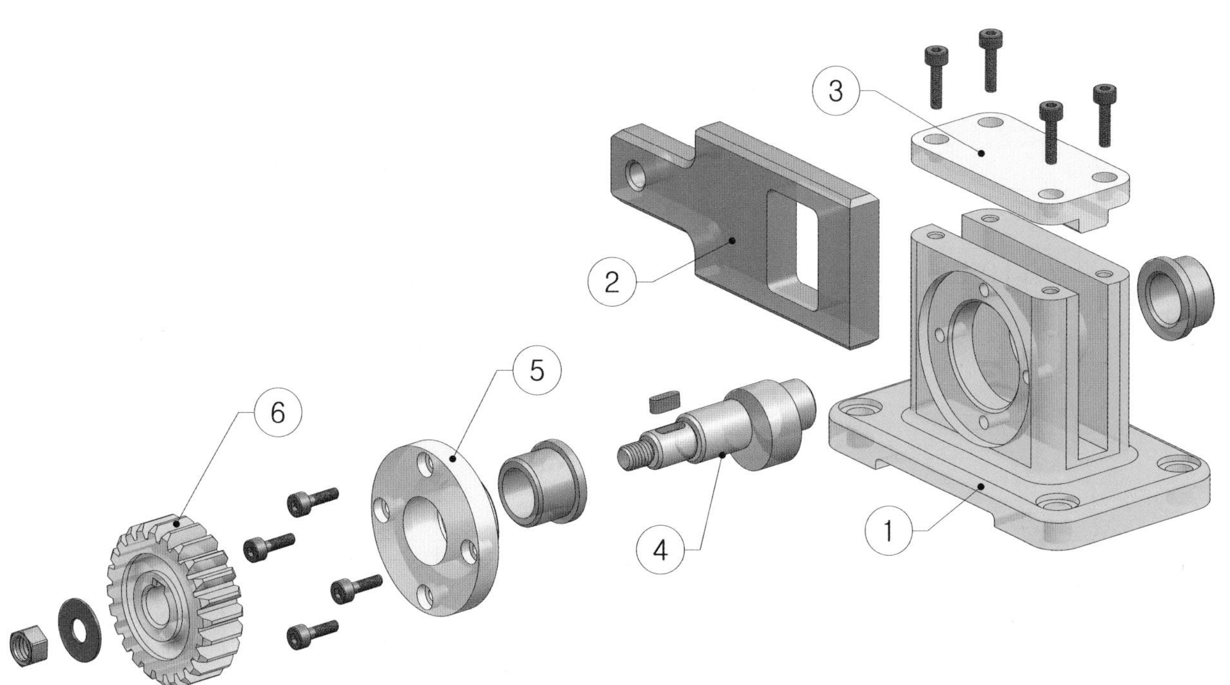

편심 슬라이더 구동 장치 구조도

과제18 2날 클로우 클러치

- 등각 투상도(3D) 부품란 '비고'에 질량을 기입한다.
- 비중을 7.85로 계산하여 소수 첫째 자리에서 반올림한다.

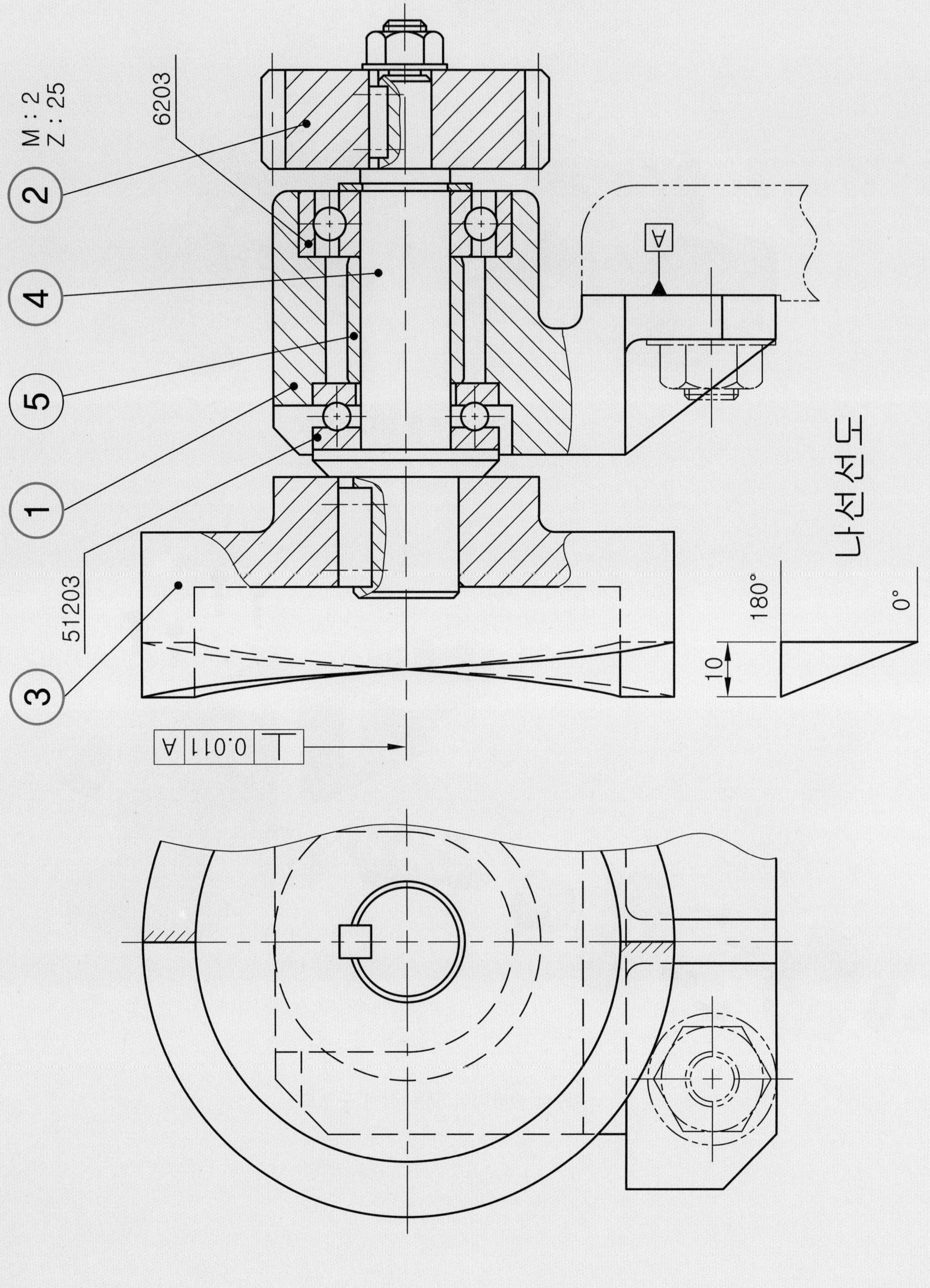

M : 2
Z : 25

6203

51203

1 2 3 4 5

A

0.011 A

180°

0°

10

나선선도

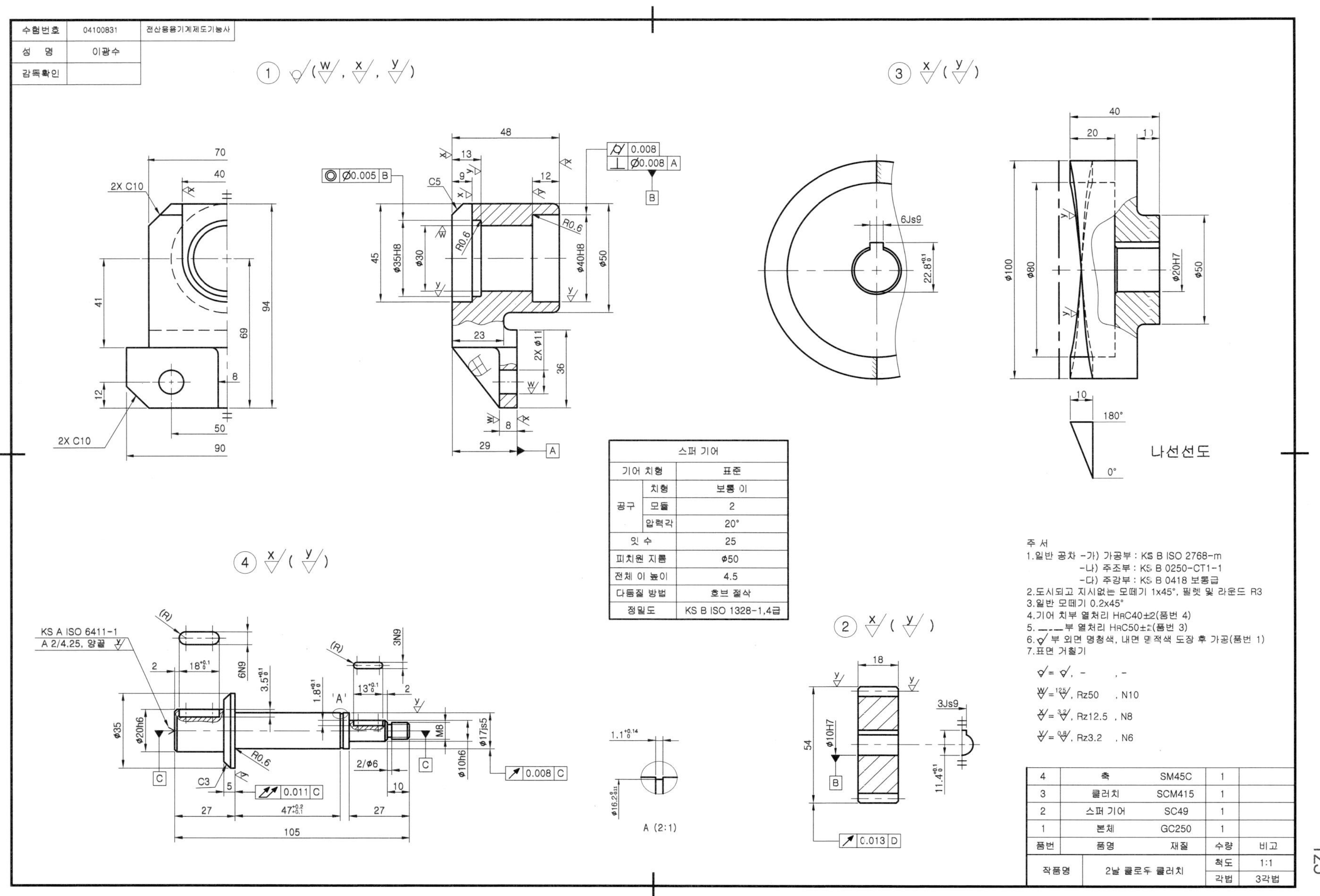

수험번호 04100831 전산응용기계제도기능사
성 명 이광수
감독확인
1
2X C10
45
ϕ35H8
ϕ30
R0.6
C5
ϕ40H8
ϕ50
2X ϕ11
0.008
ϕ0.008 A
ϕ0.005 B
2
54
ϕ10H7
3Js9
C.013 D
3
6Js9
22.8
ϕ100
ϕ80
ϕ20H7
180°
0°
나선선도
4
KS A ISO 6411-1
A 2/4.25, 양끝
105
ϕ35
ϕ20h6
ϕ10h6
ϕ17js5
M8
3N9
6N9
2/ϕ6
C3
0.011 C
0.008 C
A (2:1)
스퍼 기어
기어 치형 표준
공구 치형 보통 이
모듈 2
압력각 20°
잇 수 25
피치원 지름 ϕ50
전체 이 높이 4.5
다듬질 방법 호브 절삭
정밀도 KS B ISO 1328-1,4급
주 서
1.일반 공차 -가) 가공부 : KS B ISO 2768-m
-나) 주조부 : KS B 0250-CT1-1
-다) 주강부 : KS B 0418 보통급
2.도시되고 지시없는 모떼기 1x45°, 필렛 및 라운드 R3
3.일반 모떼기 0.2x45°
4.기어 치부 열처리 HRC40±2(품번 4)
5. ---- 부 열처리 HRC50±2(품번 3)
6. 부 외면 명청색, 내면 명적색 도장 후 가공(품번 1)
7.표면 거칠기
Rz50 , N10
Rz12.5 , N8
Rz3.2 , N6
4 축 SM45C 1
3 클러치 SCM415 1
2 스퍼 기어 SC49 1
1 본체 GC250 1
품번 품명 재질 수량 비고
작품명 2날 클로우 클러치 척도 1:1 각법 3각법

3D 모법답안 제출용 – 2날 클로우 클러치

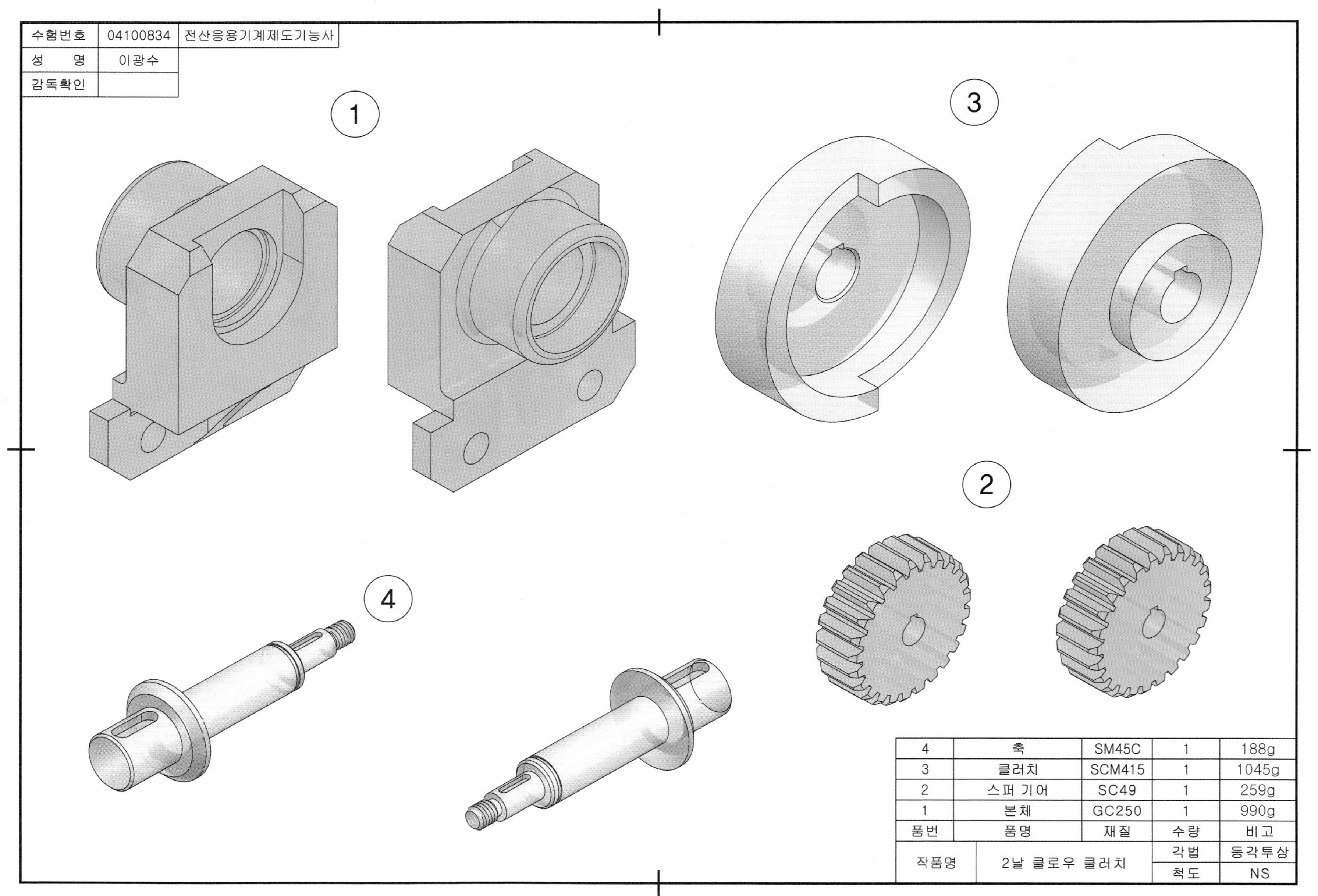

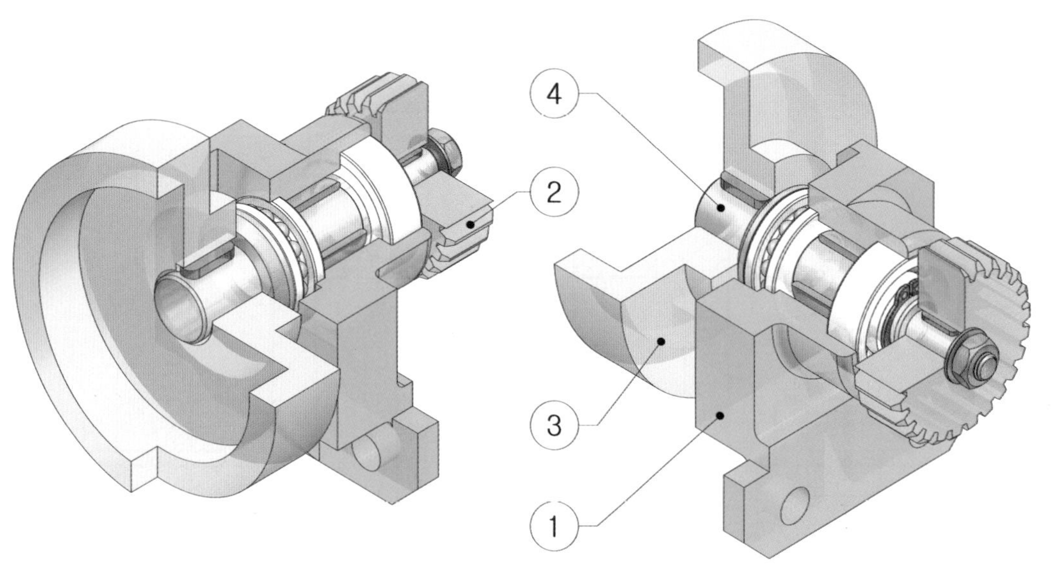

2날 클로우 클러치 조립도

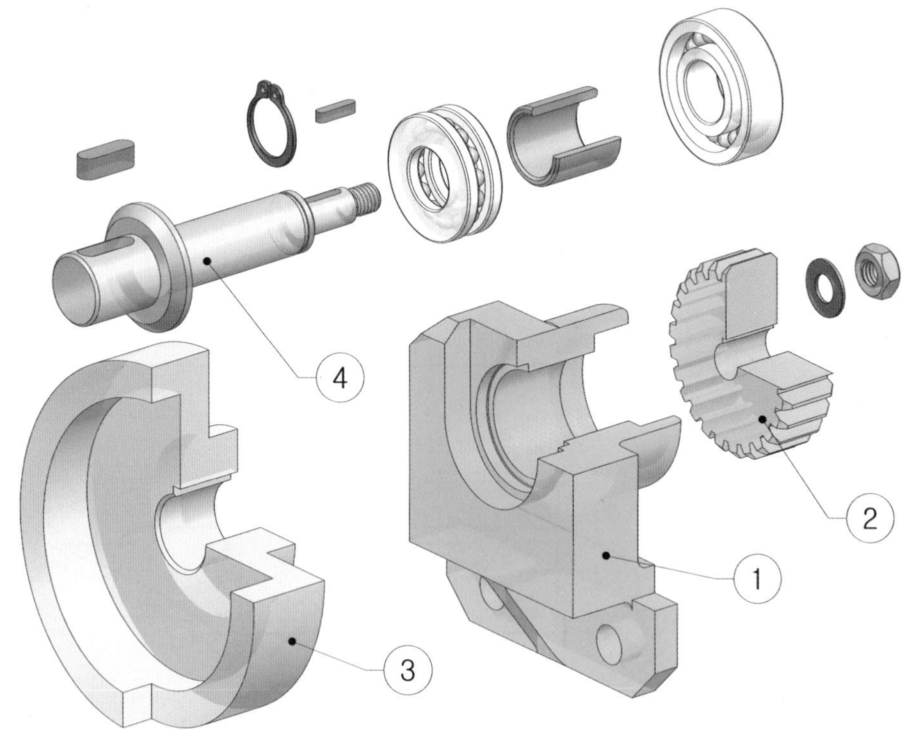

2날 클로우 클러치 구조도

과제19 피벗 베어링 하우징

- 등각 투상도(3D) 부품란 '비고'에 질량을 기입한다.
- 비중을 7.85로 계산하여 소수 첫째 자리에서 반올림한다.

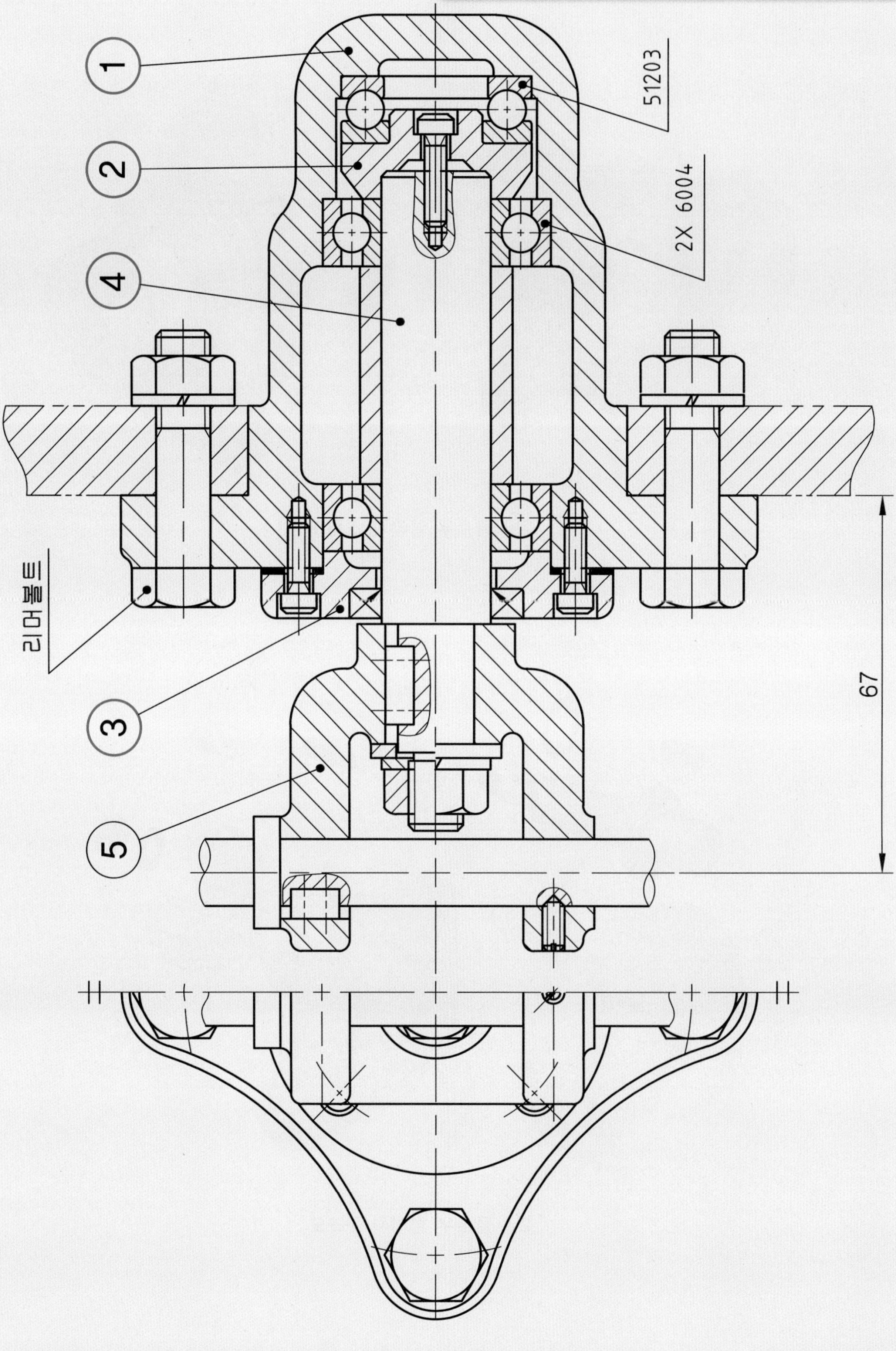

1
2
4
3
5
51203
2X 6004
리머볼트
67

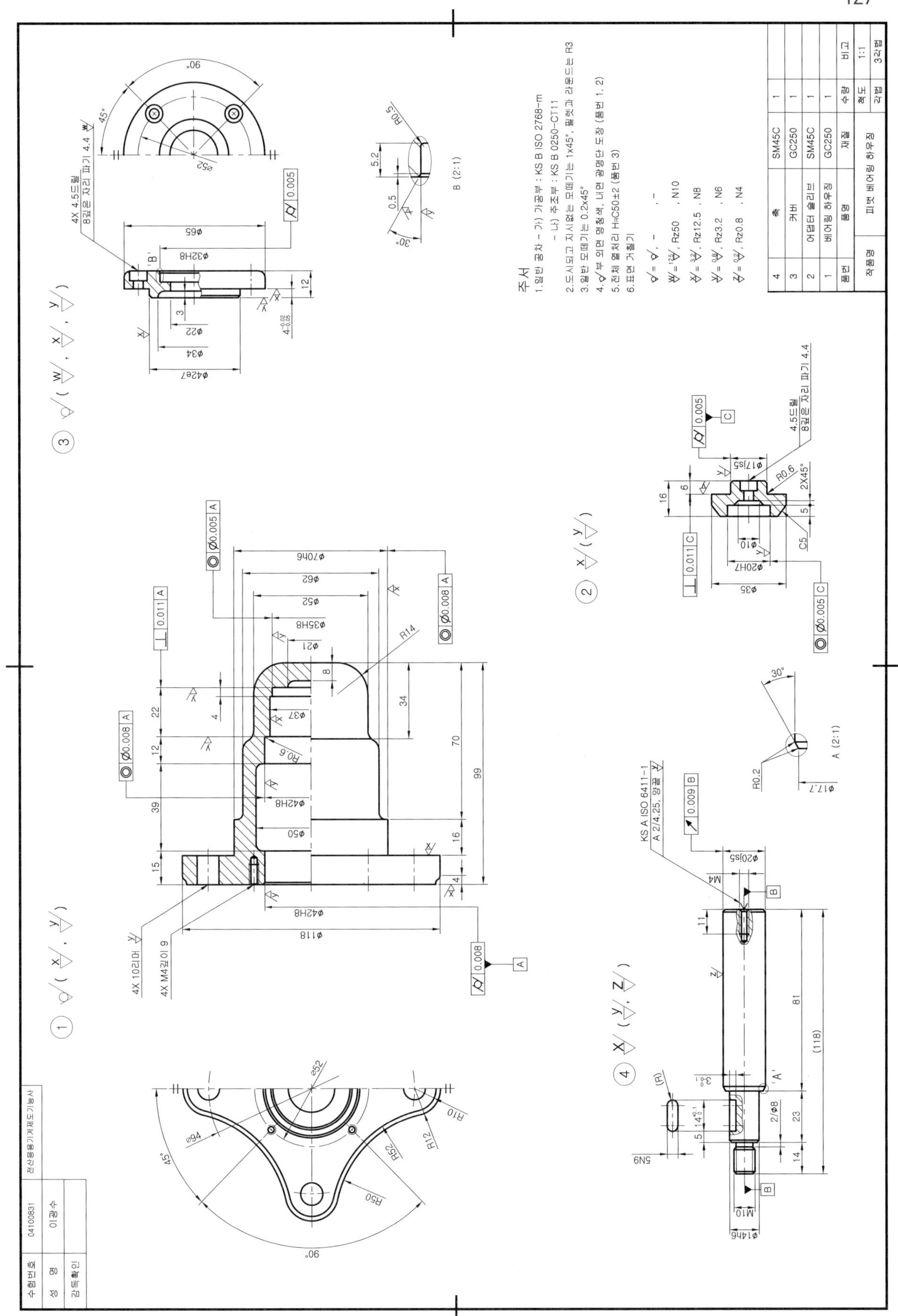
주서
1.일반 공차 - 가) 가공부 : KS B ISO 2768-m
- 나) 주조부 : KS B 0250-CT11
2.도시되고 지시없는 모떼기는 1x45°, 필렛과 라운드는 R3
3.일반 모떼기는 0.2x45°
4.부 외면 명청색, 내면 광명단 도장 (품번 1, 2)
5.전체 열처리 HRC50±2 (품번 3)
6.표면 거칠기
4 축 SM45C 1
3 커버 GC250 1
2 어댑터 슬리브 SM45C 1
1 베어링 하우징 GC250 1
품번 품명 재질 수량 비고
작품명 피벗 베어링 하우징 척도 1:1 각법 3각법
수험번호 04100831
성 명 이광수
감독확인
전산응용기계제도기능사

3D 모법답안 제출용 – 피벗 베어링 하우징

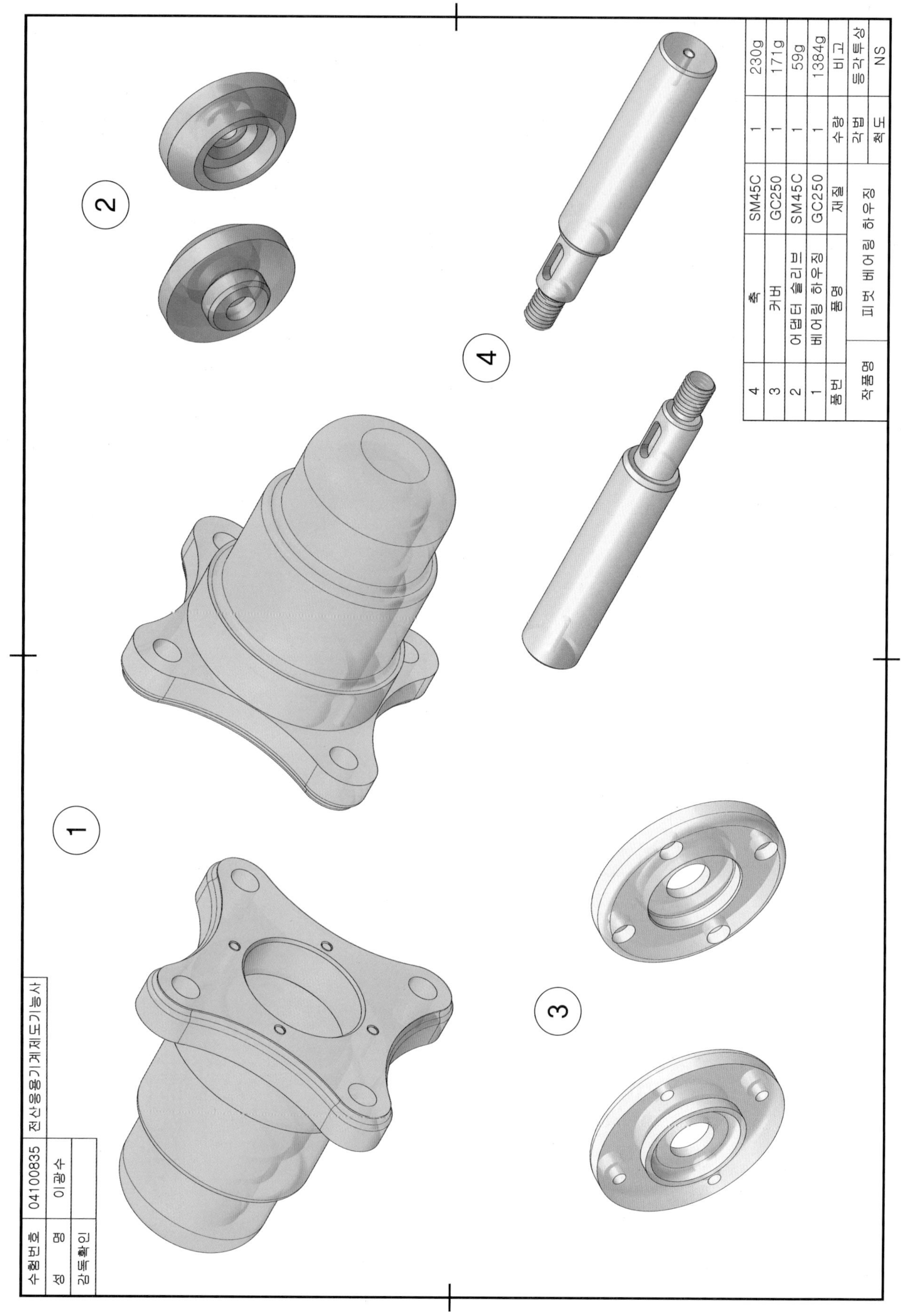

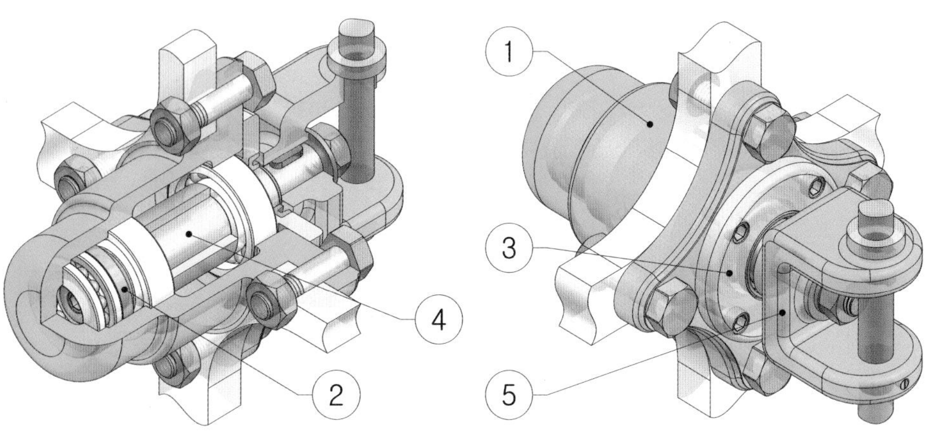

피벗 베어링 하우징 조립도

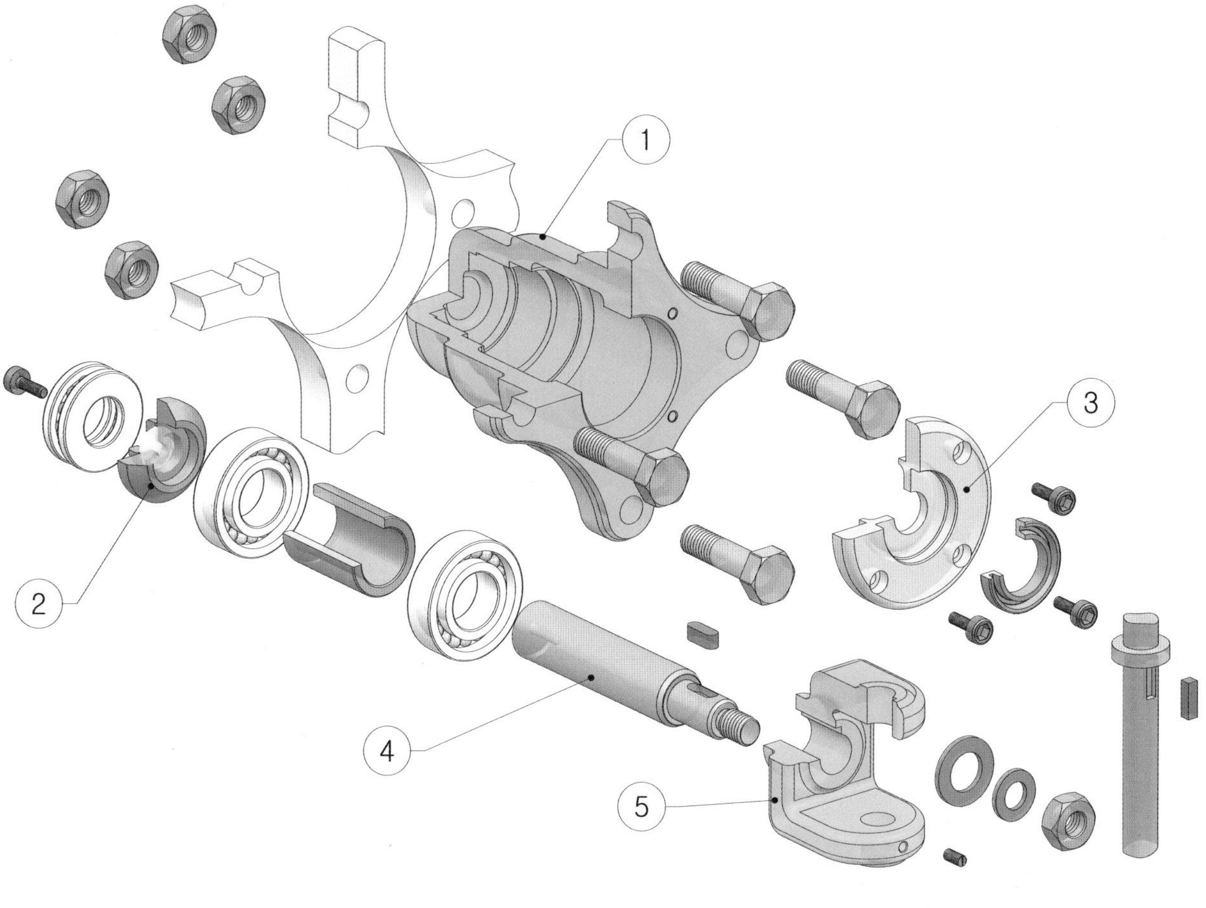

피벗 베어링 하우징 구조도

• 등각 투상도(3D) 부품란 '비고'에 질량을 기입한다.
• 비중을 7.85로 계산하여 소수 첫째 자리에서 반올림한다.

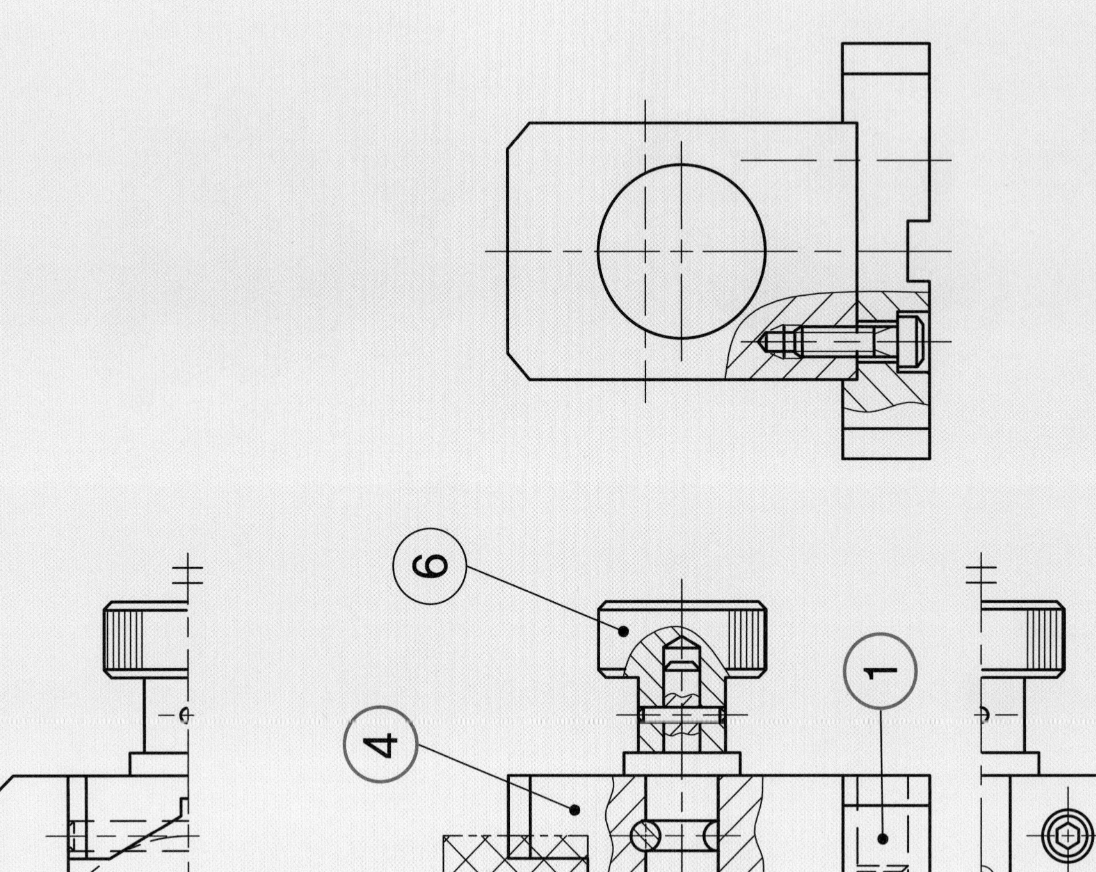

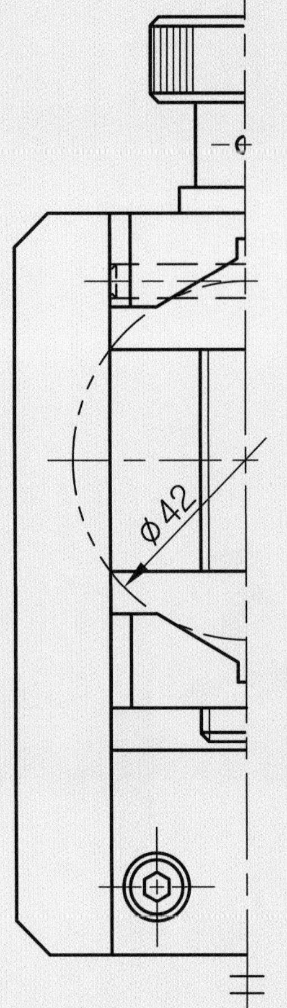

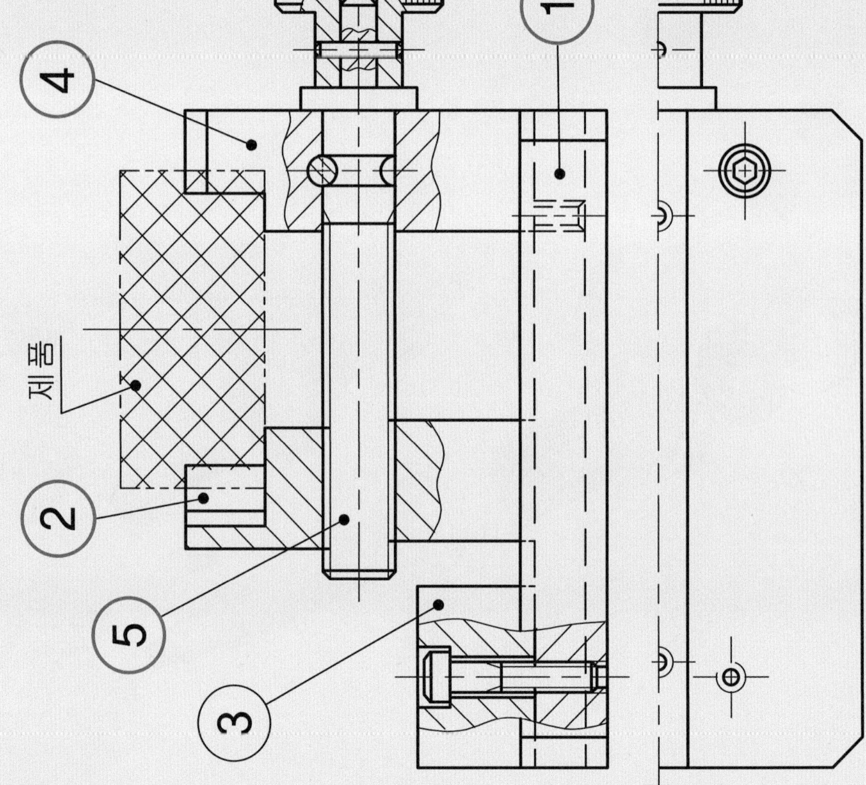

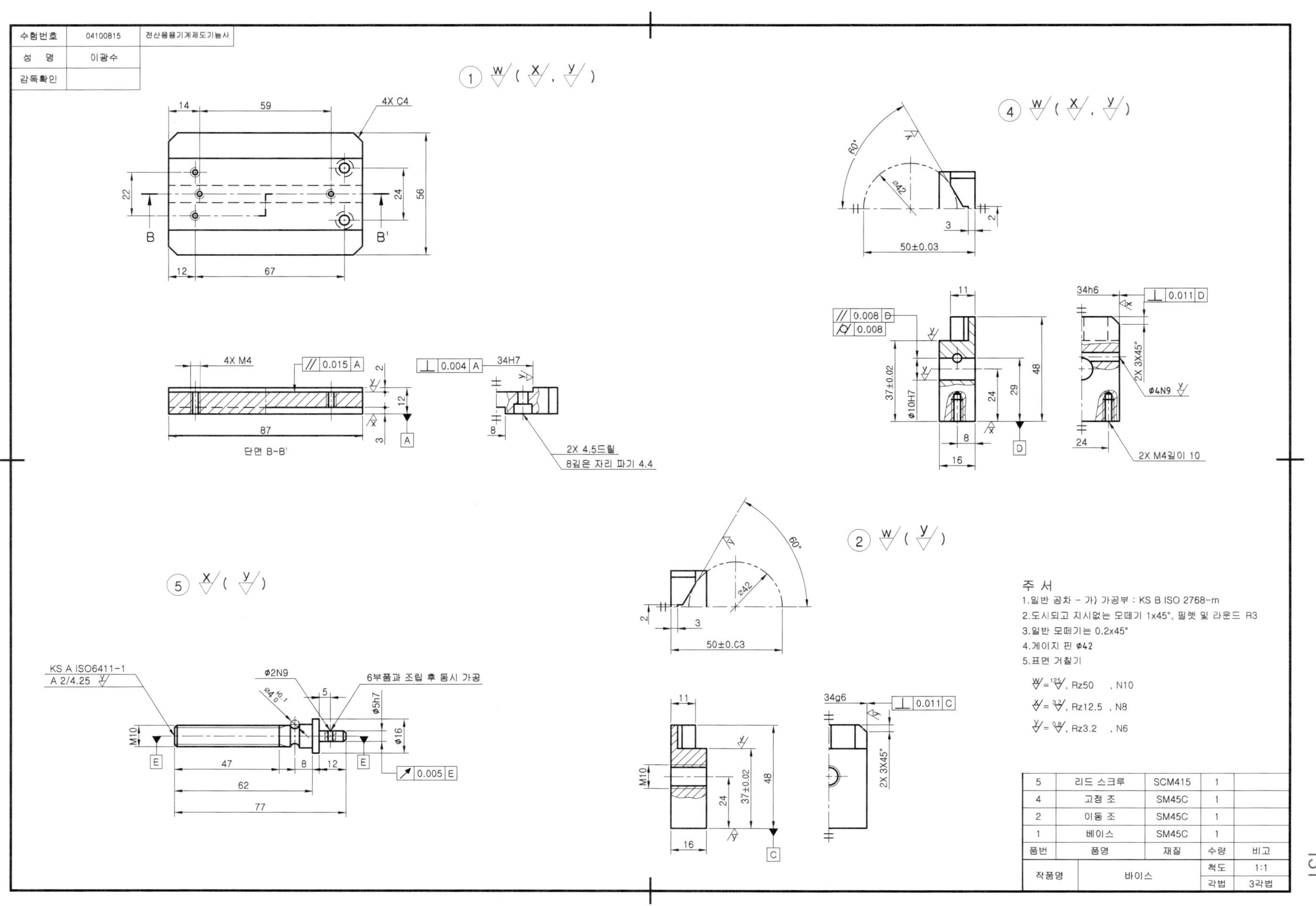
수험번호 04100815 전산응용기계제도기능사
성 명 이광수
감독확인
단면 B-B'
2X 4.5드릴
8깊은 자리 파기 4.4
2X M4깊이 10
KS A ISO6411-1
A 2/4.25
6부품과 조립 후 동시 가공
주 서
1.일반 공차 - 가) 가공부 : KS B ISO 2768-m
2.도시되고 지시없는 모떼기 1x45°, 필렛 및 라운드 R3
3.일반 모떼기는 0.2x45°
4.게이지 핀 φ42
5.표면 거칠기
Rz50 , N10
Rz12.5 , N8
Rz3.2 , N6
5 리드 스크루 SCM415 1
4 고정 조 SM45C 1
2 이동 조 SM45C 1
1 베이스 SM45C 1
품번 품명 재질 수량 비고
작품명 바이스 척도 1:1 각법 3각법

3D 모법답안 제출용 – 바이스

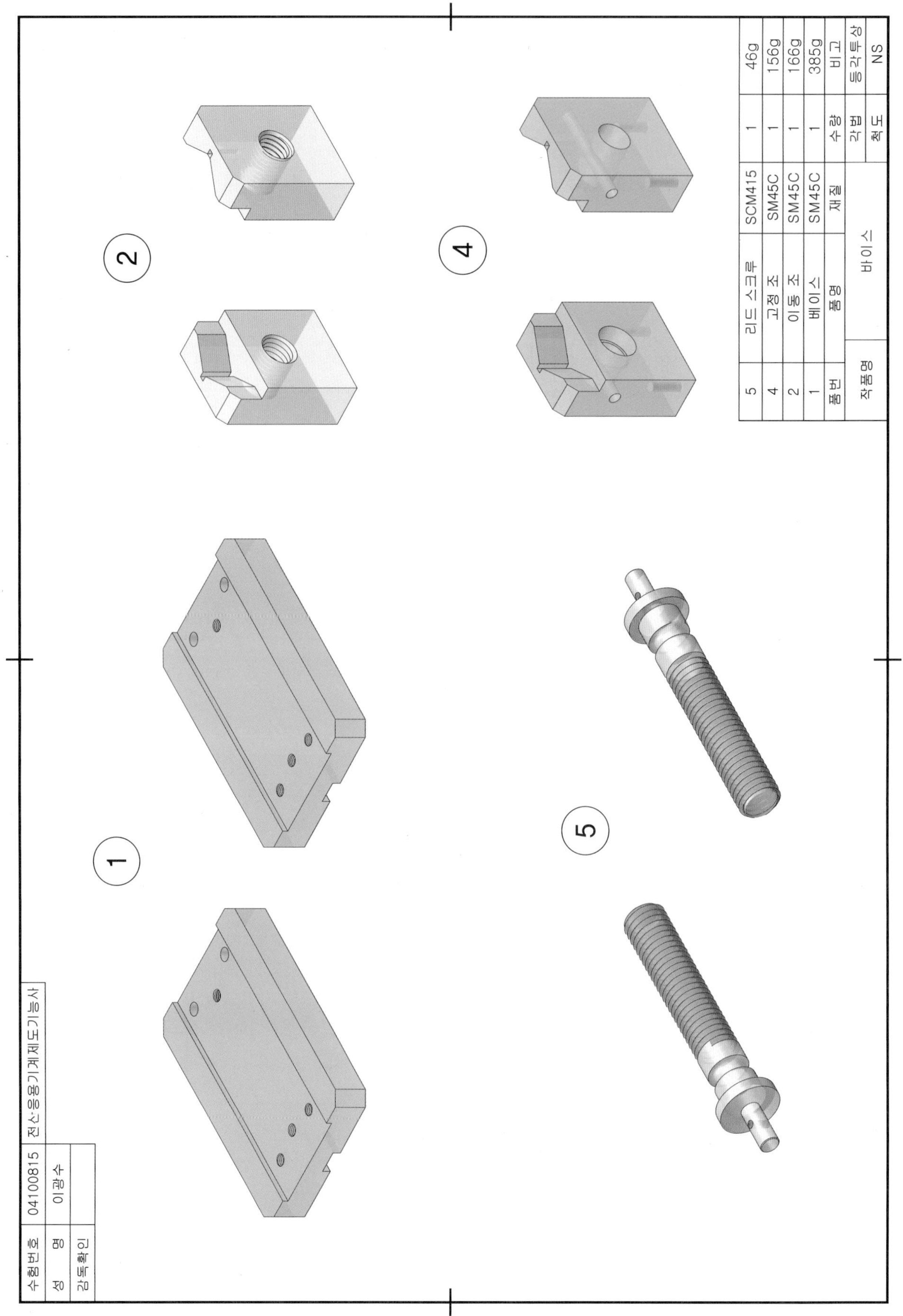

수험번호 04100815 전산응용기계제도기능사
성 명 이광수
감독확인
1
2
4
5
5 리드 스크루 SCM415 1 46g
4 고정 조 SM45C 1 156g
2 이동 조 SM45C 1 166g
1 베이스 SM45C 1 385g
품번 품명 재질 수량 비고
작품명 바이스 각법 등각투상
척도 NS

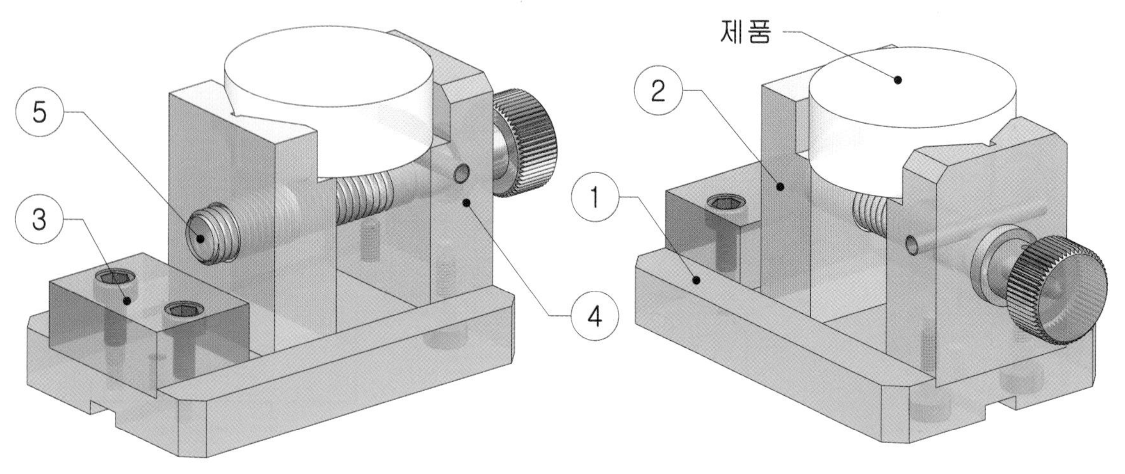

바이스 조립도

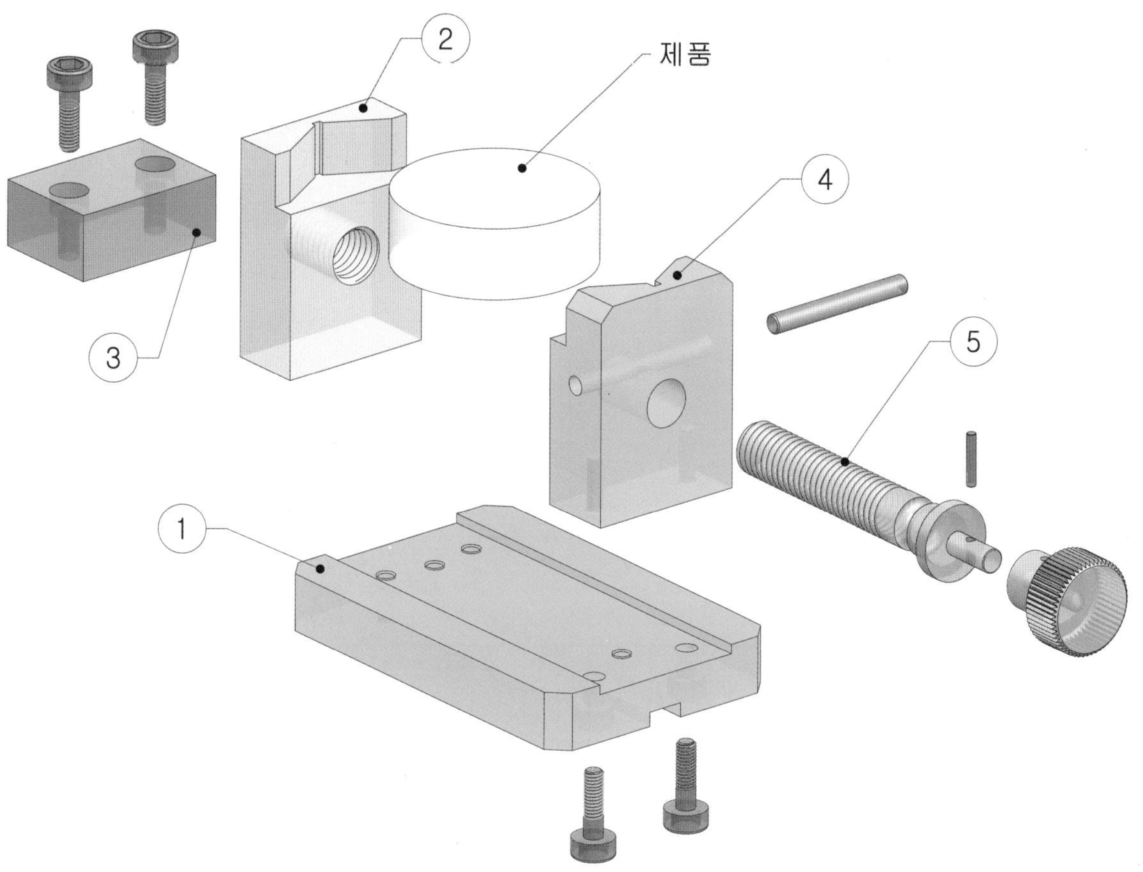

바이스 구조도

과제21 탁상 바이스

- 등각 투상도(3D) 부품란 '비고'에 질량을 기입한다.
- 비중을 7.85로 계산하여 소수 첫째 자리에서 반올림한다.

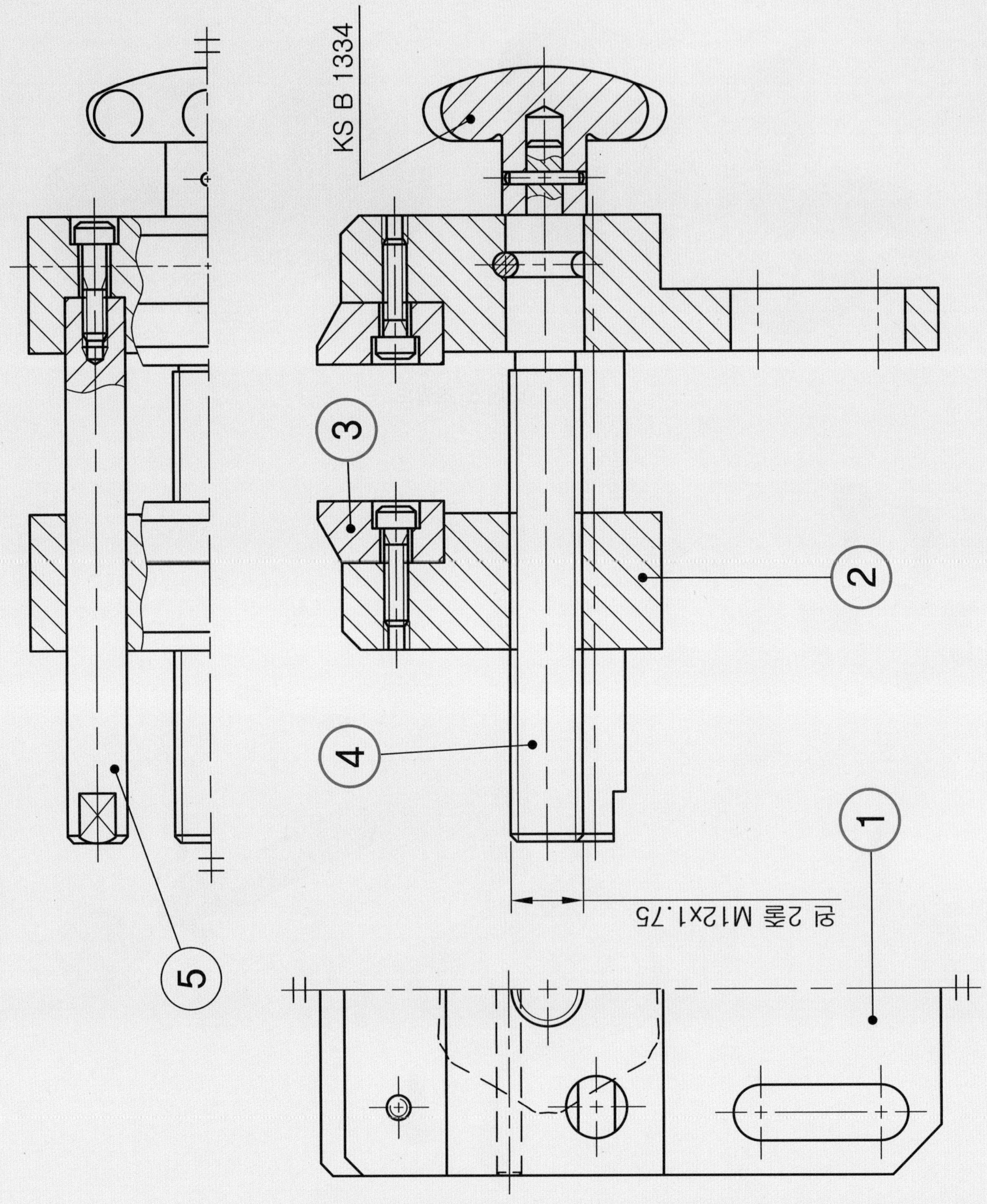

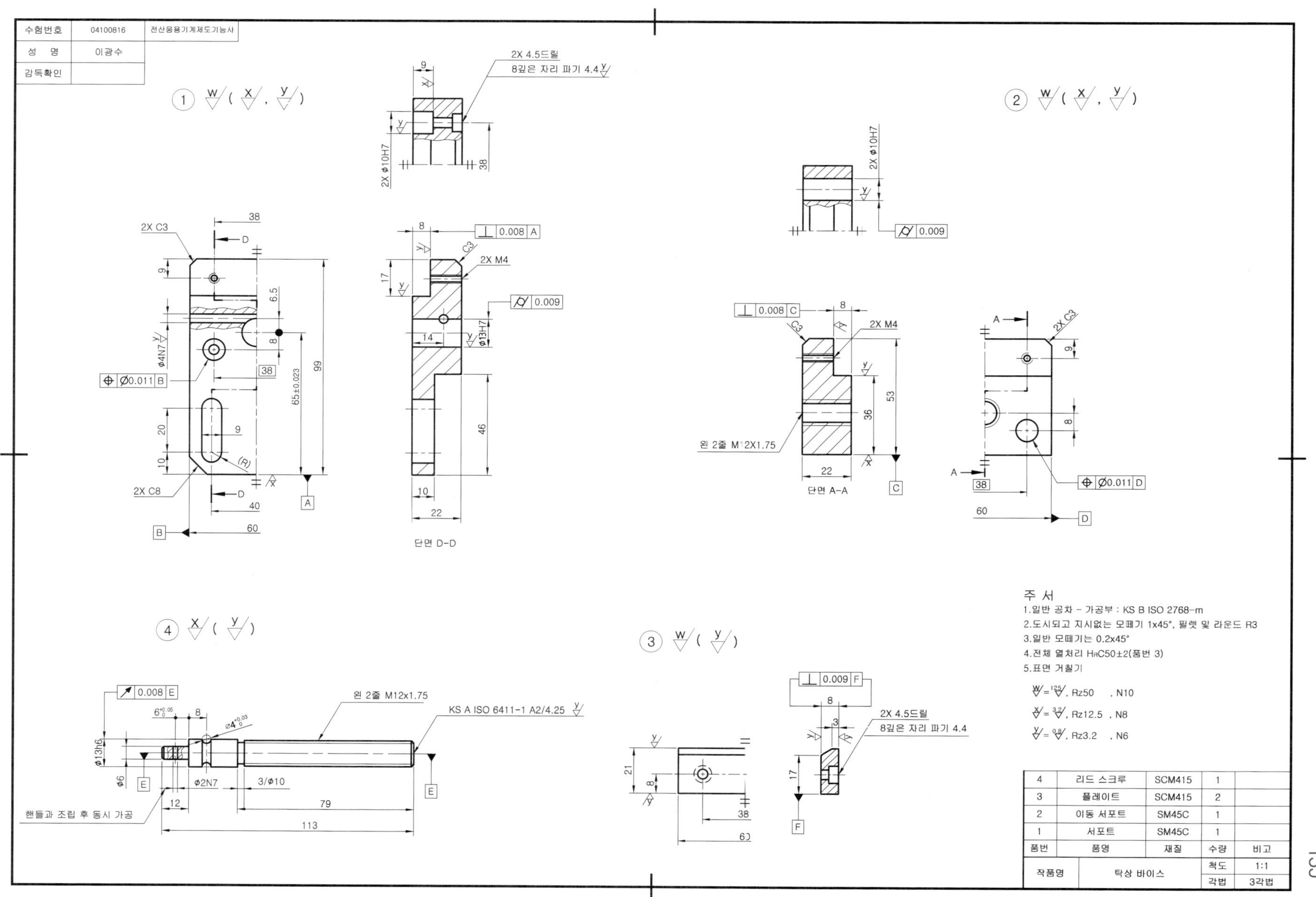
수험번호 04100816 전산응용기계제도기능사
성 명 이광수
감독확인
단면 D-D
단면 A-A
주 서
1.일반 공차 - 가공부 : KS B ISO 2768-m
2.도시되고 지시없는 모떼기 1x45°, 필렛 및 라운드 R3
3.일반 모떼기는 0.2x45°
4.전체 열처리 HRC50±2(품번 3)
5.표면 거칠기
Rz50 , N10
Rz12.5 , N8
Rz3.2 , N6
2X 4.5드릴
8깊은 자리 파기 4.4
왼 2줄 M12x1.75
KS A ISO 6411-1 A2/4.25
핸들과 조립 후 동시 가공
4 리드 스크루 SCM415 1
3 플레이트 SCM415 2
2 이동 서포트 SM45C 1
1 서포트 SM45C 1
품번 품명 재질 수량 비고
작품명 탁상 바이스 척도 1:1 각법 3각법

3D 모법답안 제출용 – 탁상 바이스

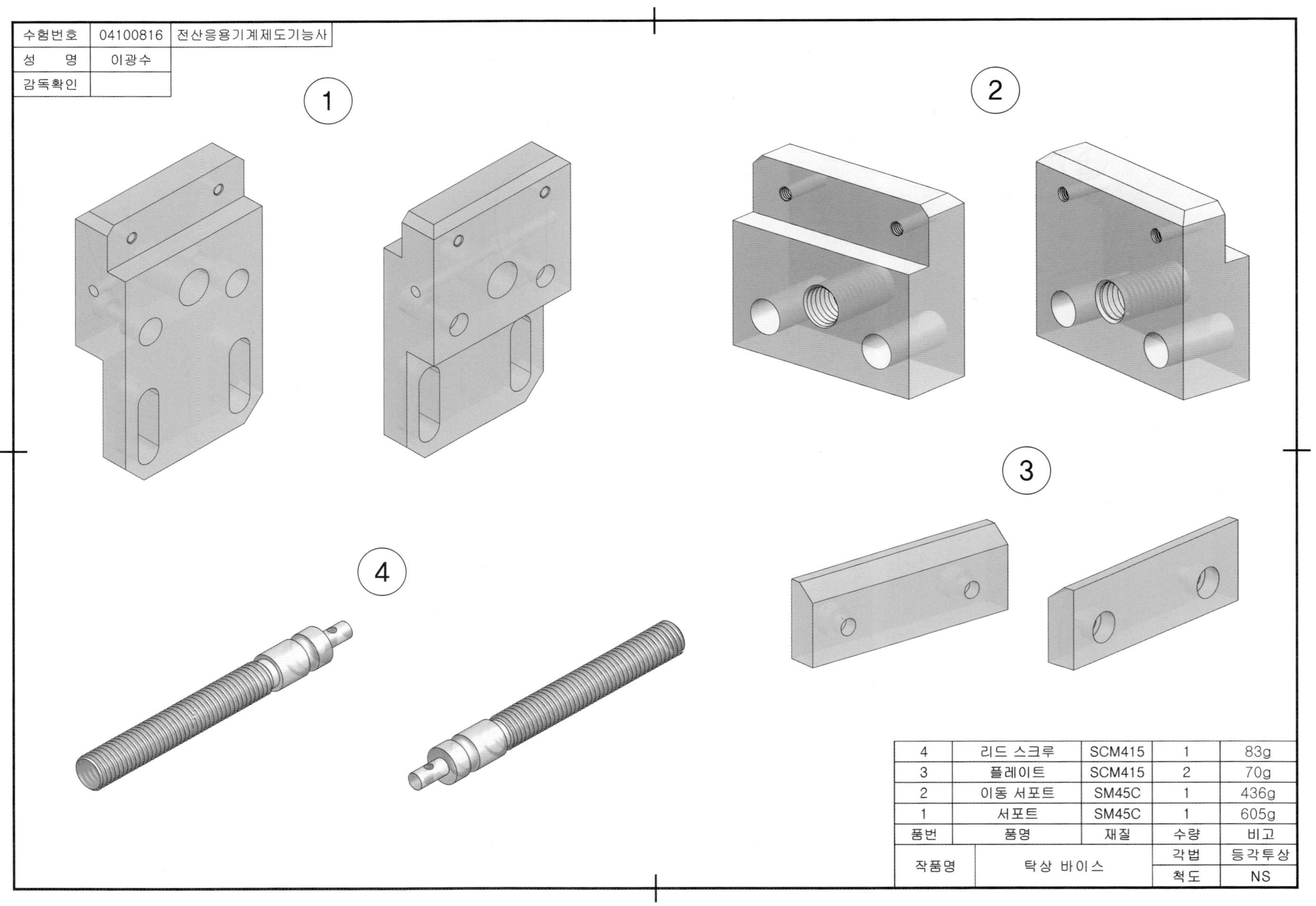

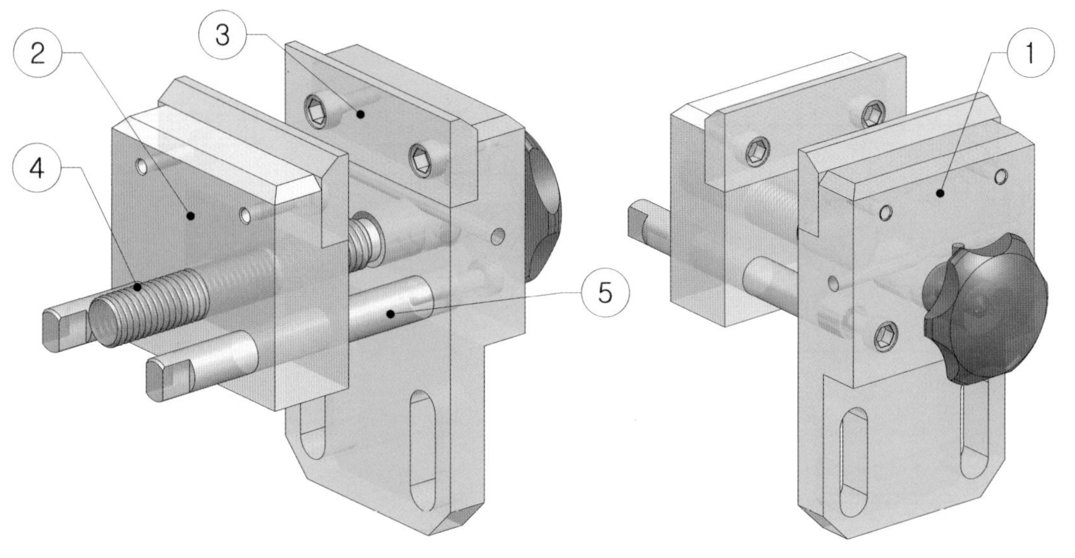

탁상 바이스 조립도

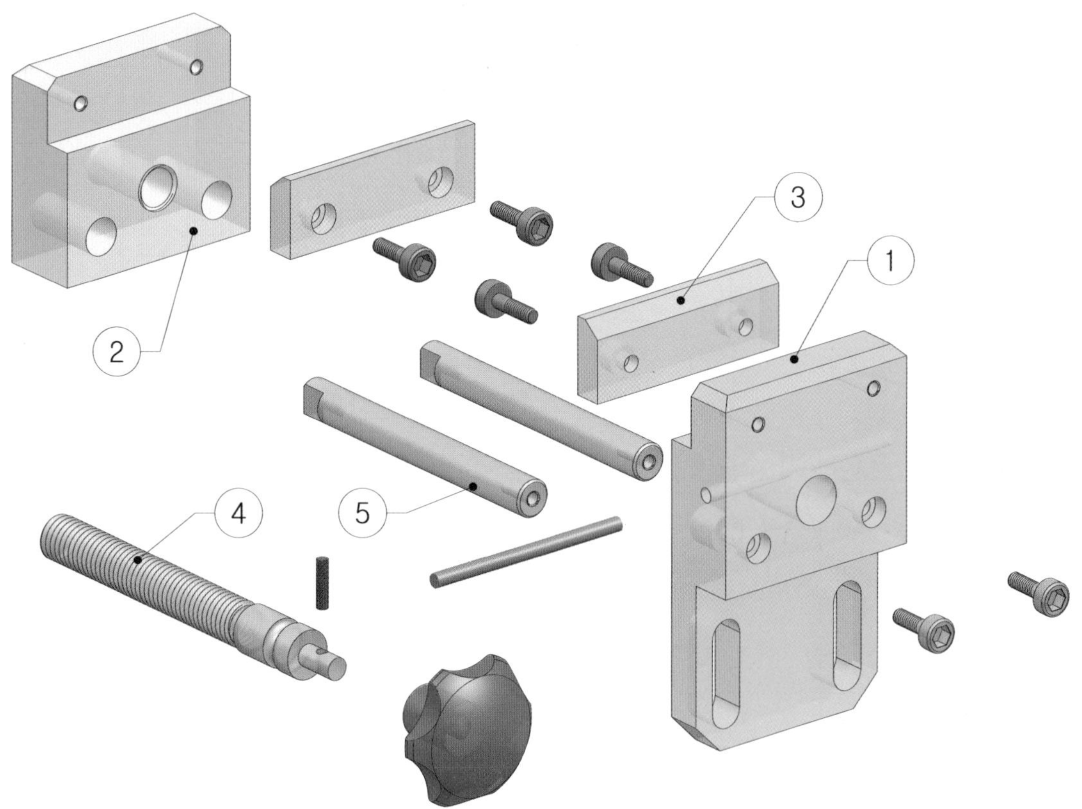

탁상 바이스 구조도

과제22 클램프

- 등각 투상도(3D) 부품란 '비고'에 질량을 기입한다.
- 비중을 7.85로 계산하여 소수 첫째 자리에서 반올림한다.

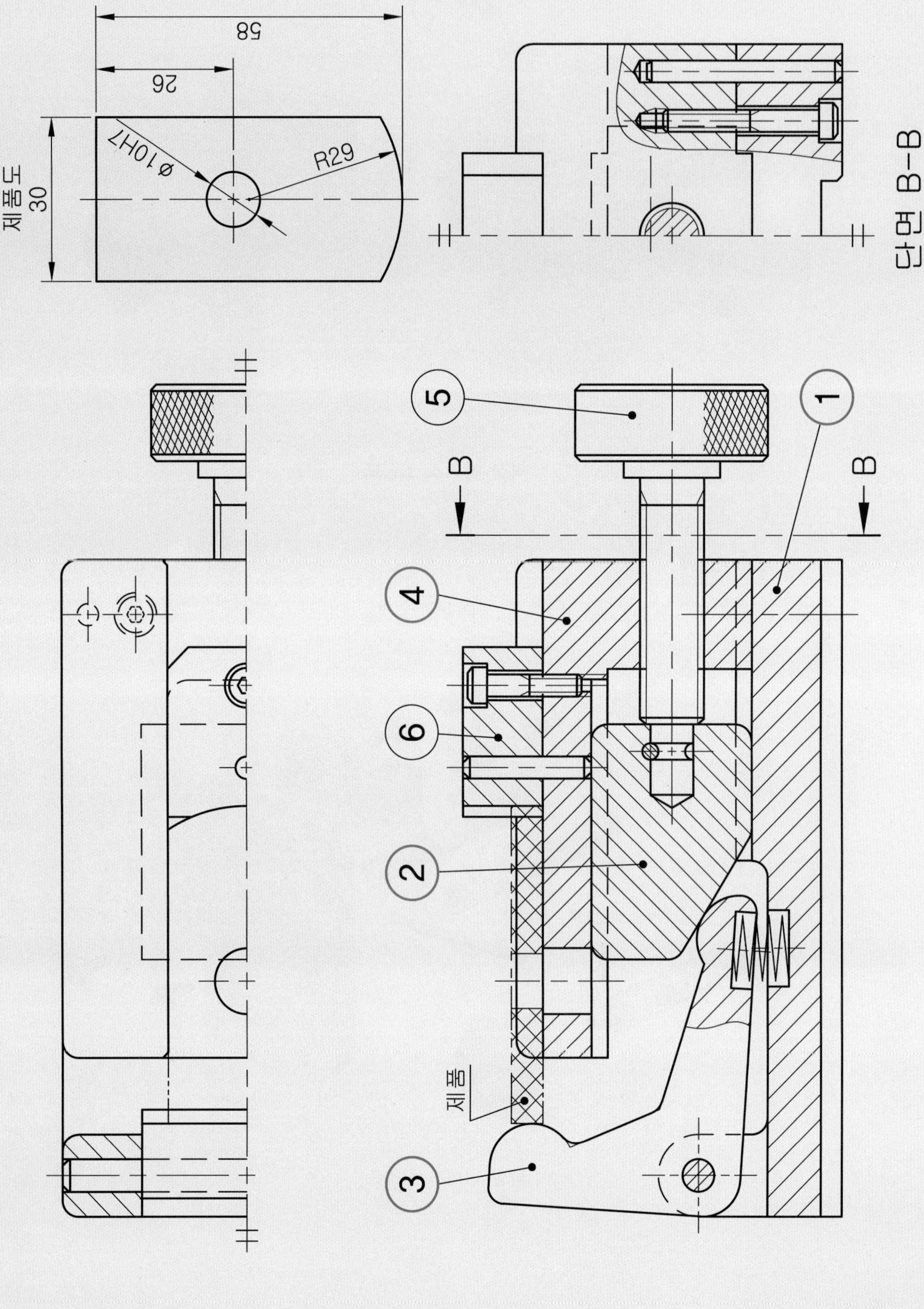

2D 모법답안 제출용 - 클램프

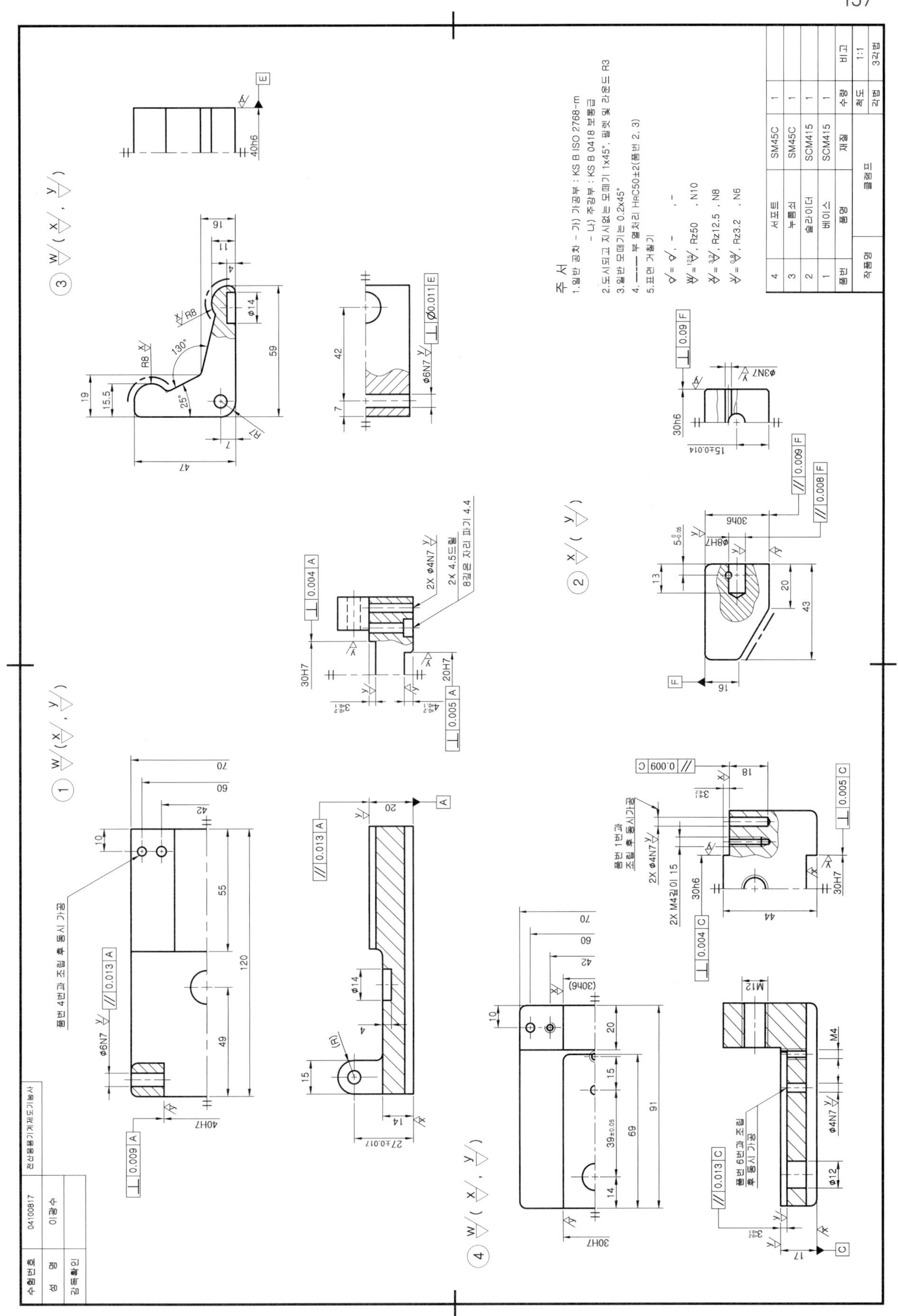

3D 모법답안 제출용 - 클램프

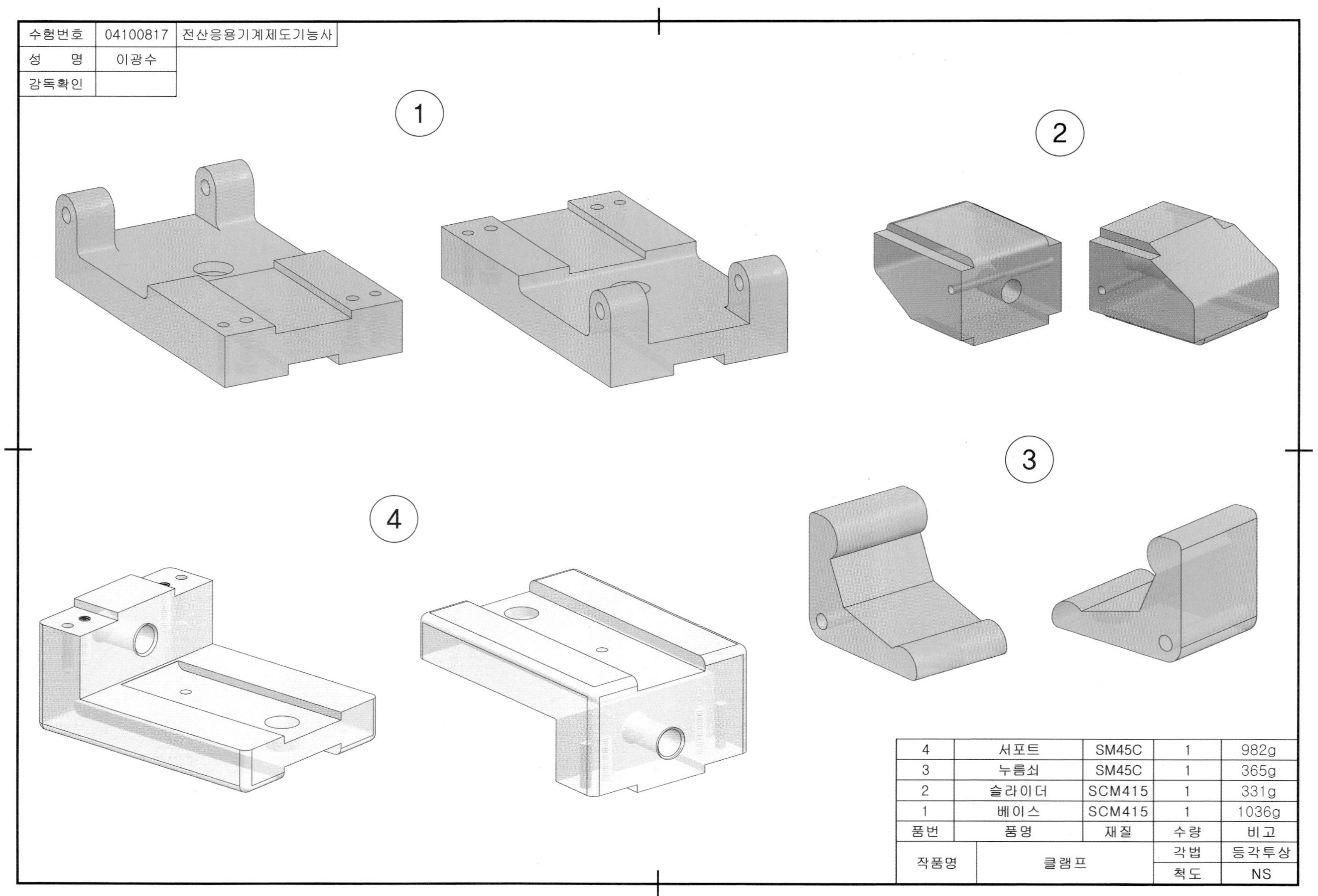

수험번호
04100817
전산응용기계제도기능사
성 명
이광수
감독확인
1
2
3
4
4 서포트 SM45C 1 982g
3 누름쇠 SM45C 1 365g
2 슬라이더 SCM415 1 331g
1 베이스 SCM415 1 1036g
품번 품명 재질 수량 비고
작품명
클램프
각법
등각투상
척도
NS

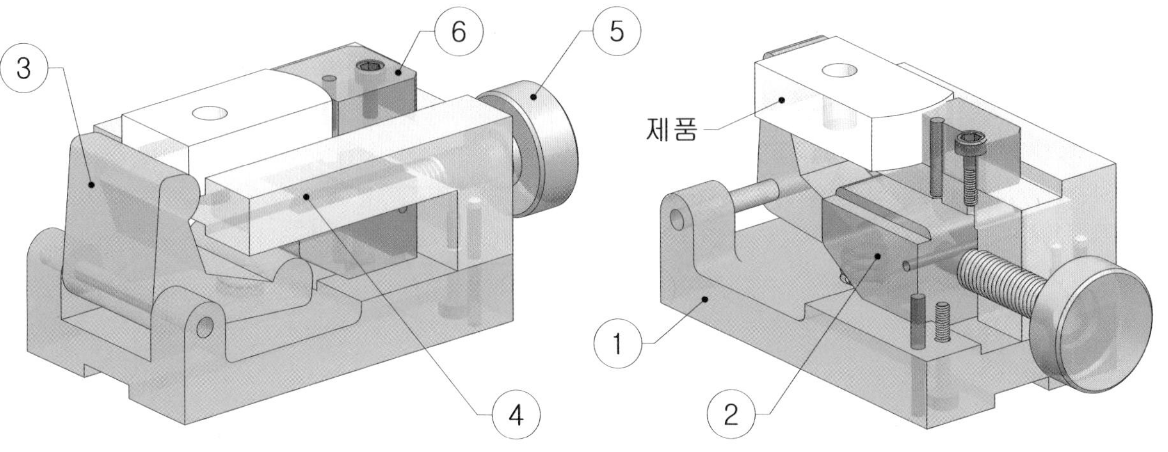

클램프 조립도

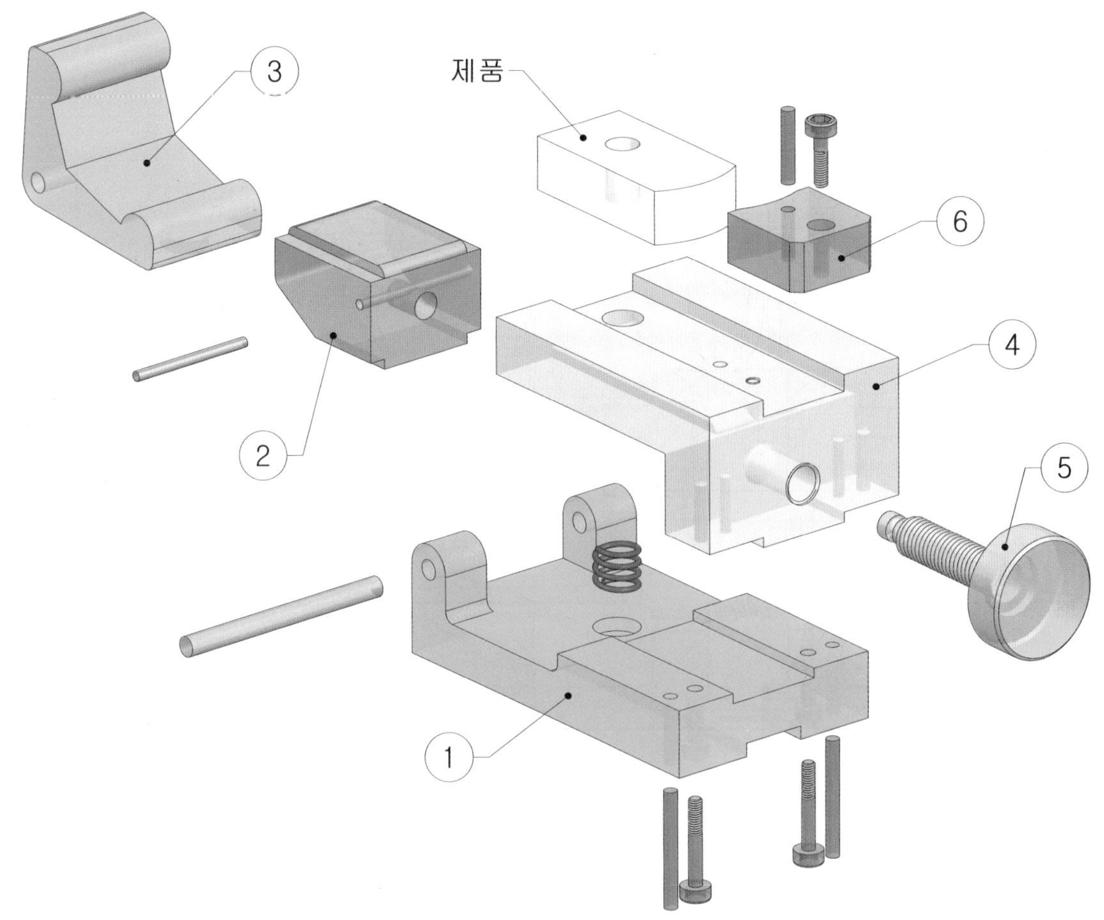

클램프 구조도

과제23 증감속 장치

- 등각 투상도(3D) 부품란 '비고'에 질량을 기입한다.
- 비중을 7.85로 계산하여 소수 첫째 자리에서 반올림한다.

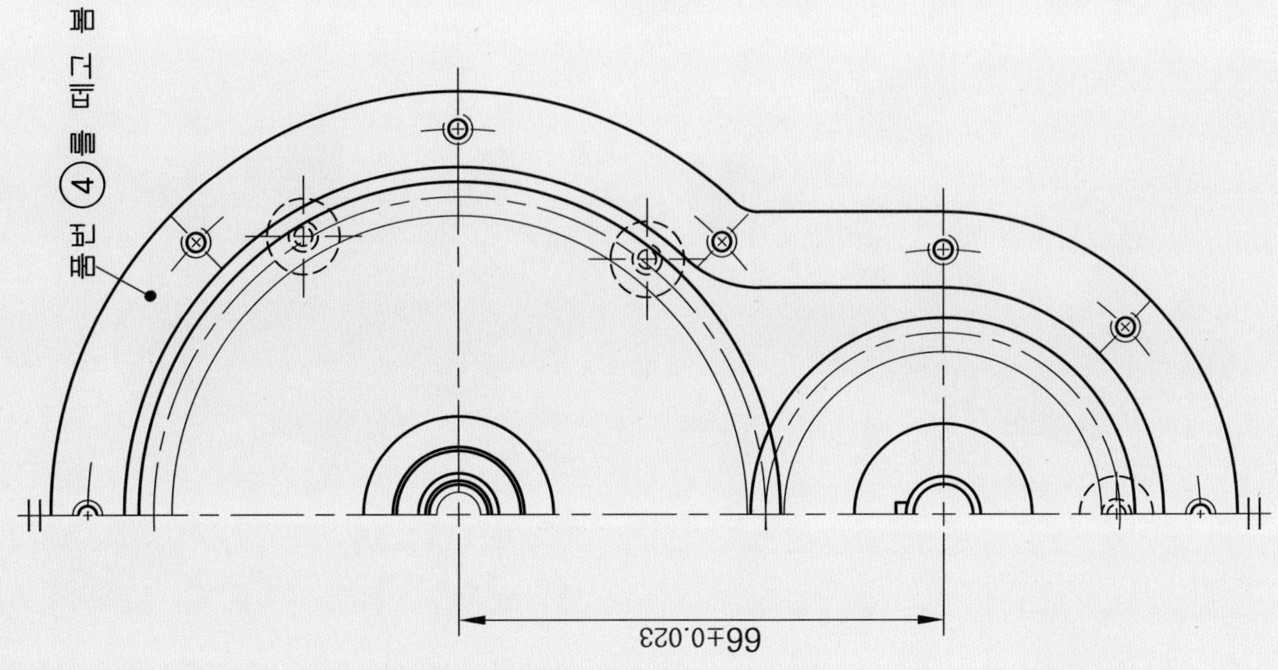

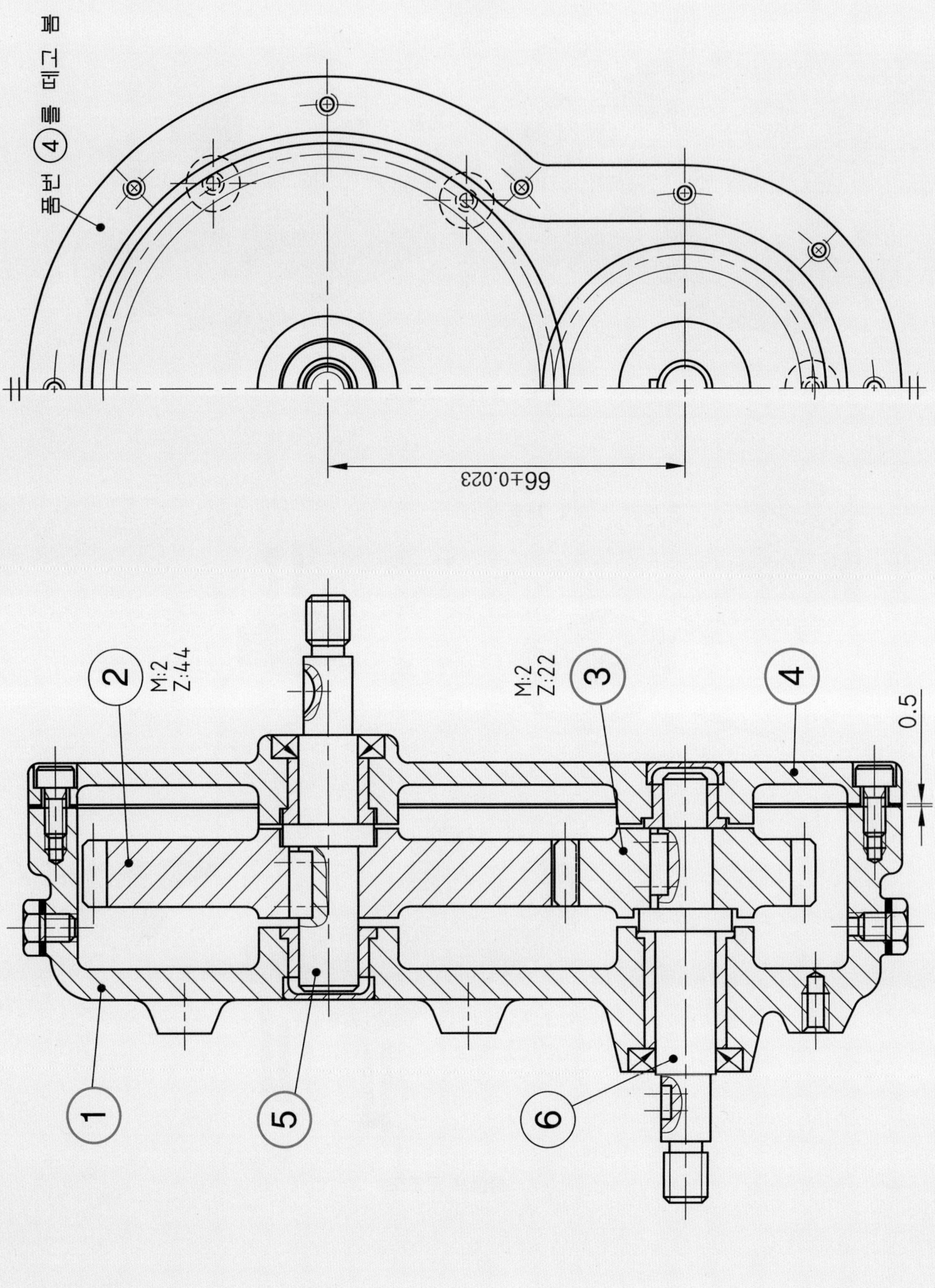

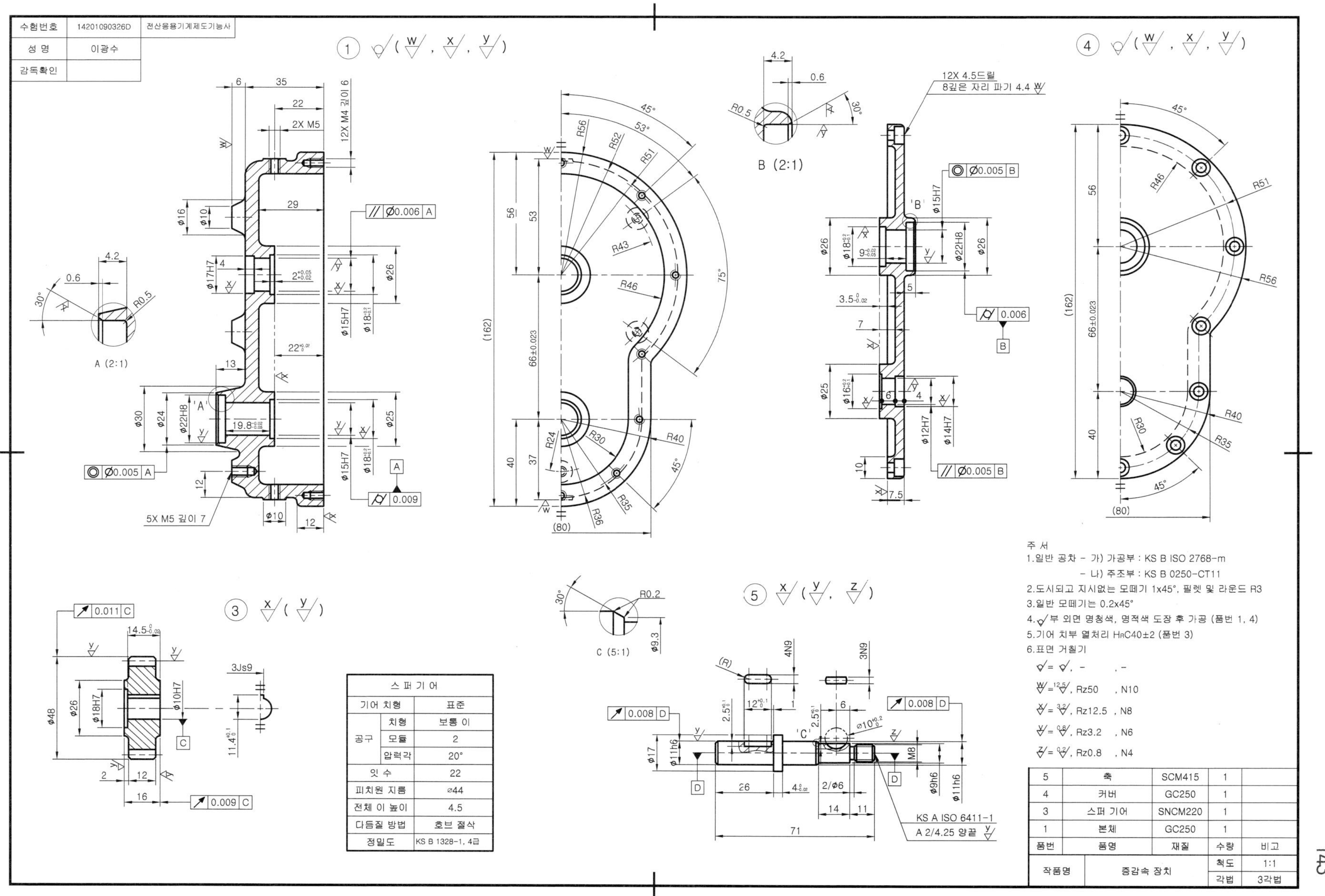
수험번호 14201090326D 전산응용기계제도기능사
성 명 이광수
감독확인
A (2:1)
B (2:1)
C (5:1)
12X M4 깊이 6
5X M5 깊이 7
12X 4.5드릴
8깊은 자리 파기 4.4
KS A ISO 6411-1
A 2/4.25 양끝
스퍼 기어
기어 치형 표준
공구 치형 보통 이
모듈 2
압력각 20°
잇 수 22
피치원 지름 ⌀44
전체 이 높이 4.5
다듬질 방법 호브 절삭
정밀도 KS B 1328-1, 4급
주 서
1.일반 공차 - 가) 가공부 : KS B ISO 2768-m
- 나) 주조부 : KS B 0250-CT11
2.도시되고 지시없는 모떼기 1x45°, 필렛 및 라운드 R3
3.일반 모떼기는 0.2x45°
4.부 외면 명청색, 명적색 도장 후 가공 (품번 1, 4)
5.기어 치부 열처리 HRC40±2 (품번 3)
6.표면 거칠기
Rz50 , N10
Rz12.5 , N8
Rz3.2 , N6
Rz0.8 , N4
5 축 SCM415 1
4 커버 GC250 1
3 스퍼 기어 SNCM220 1
1 본체 GC250 1
품번 품명 재질 수량 비고
작품명 증감속 장치
척도 1:1
각법 3각법

3D 모법답안 제출용 - 증감속 장치

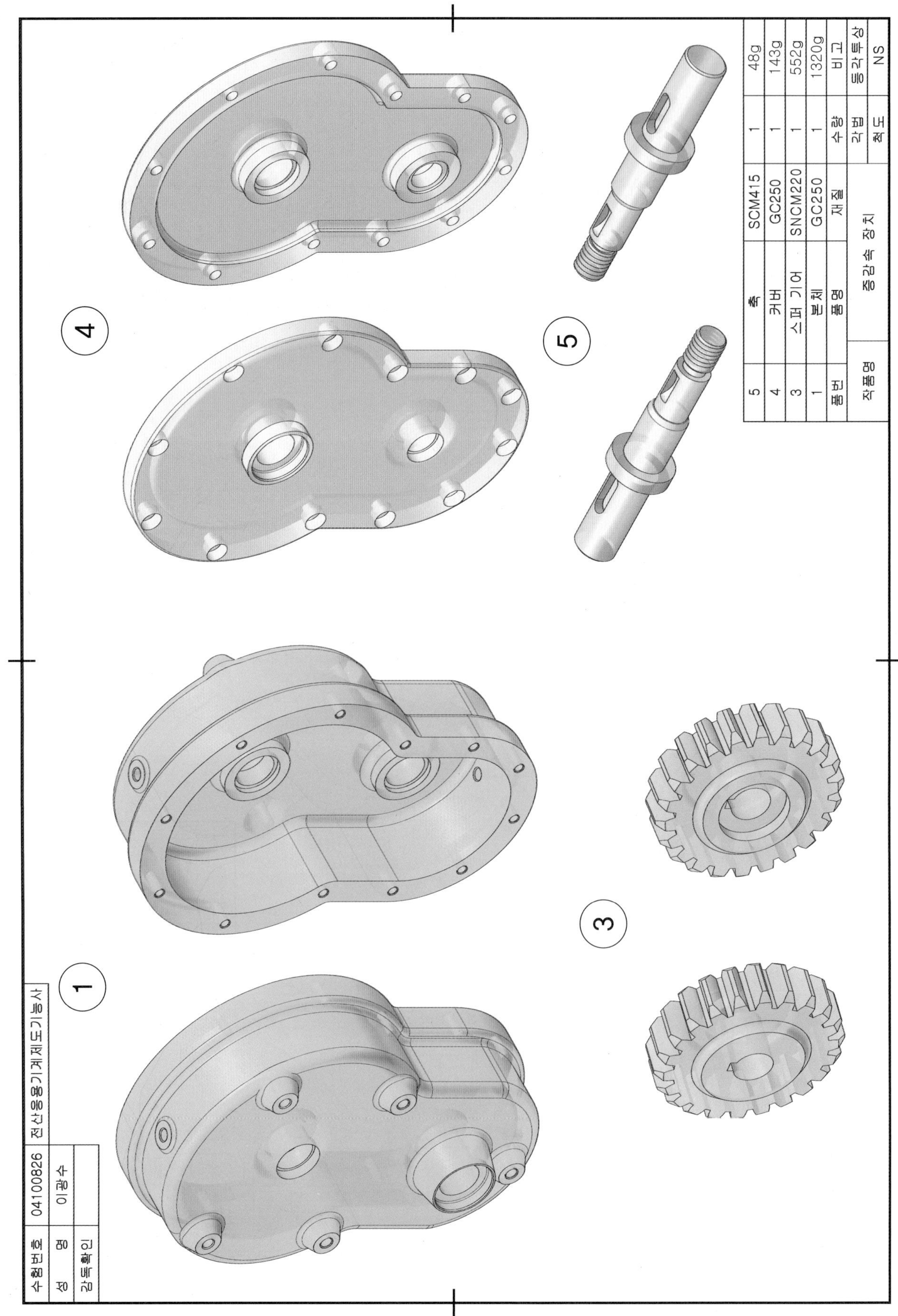

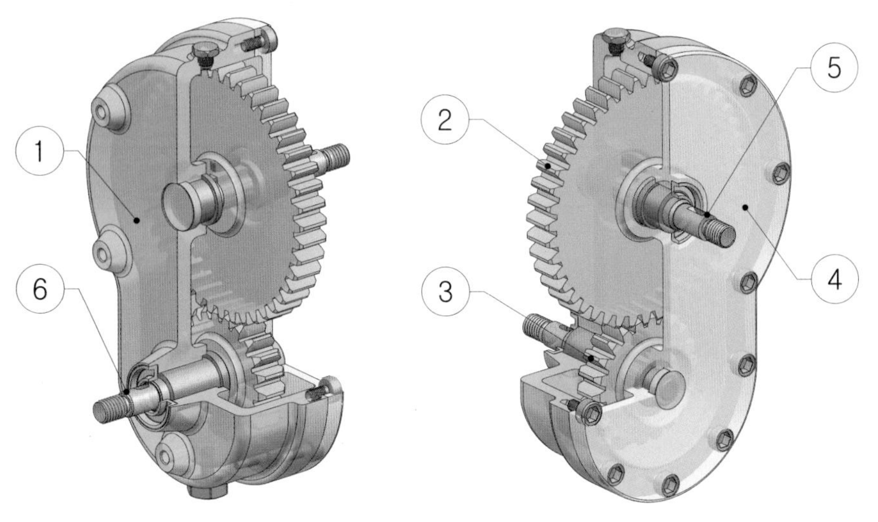

증감속 장치 조립도

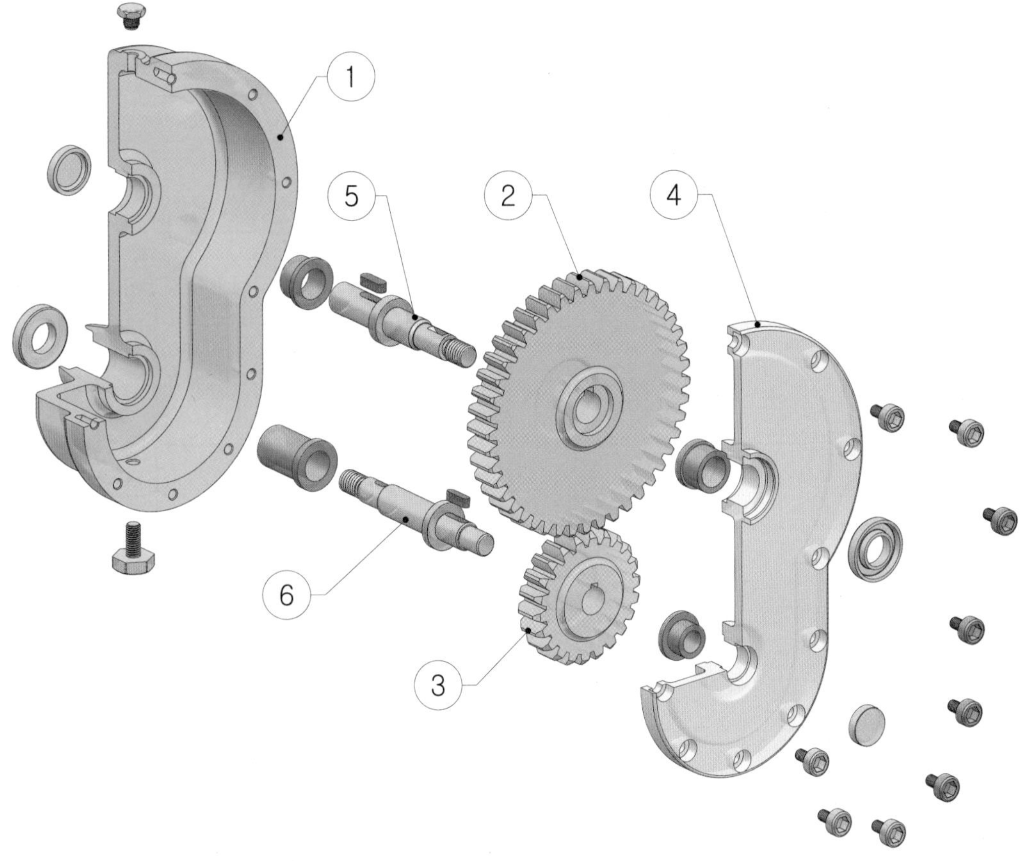

증감속 장치 구조도

과제24 더블 밀링 클램프

- 등각 투상도(3D) 부품란 '비고'에 질량을 기입한다.
- 비중을 7.85로 계산하여 소수 첫째 자리에서 반올림한다.

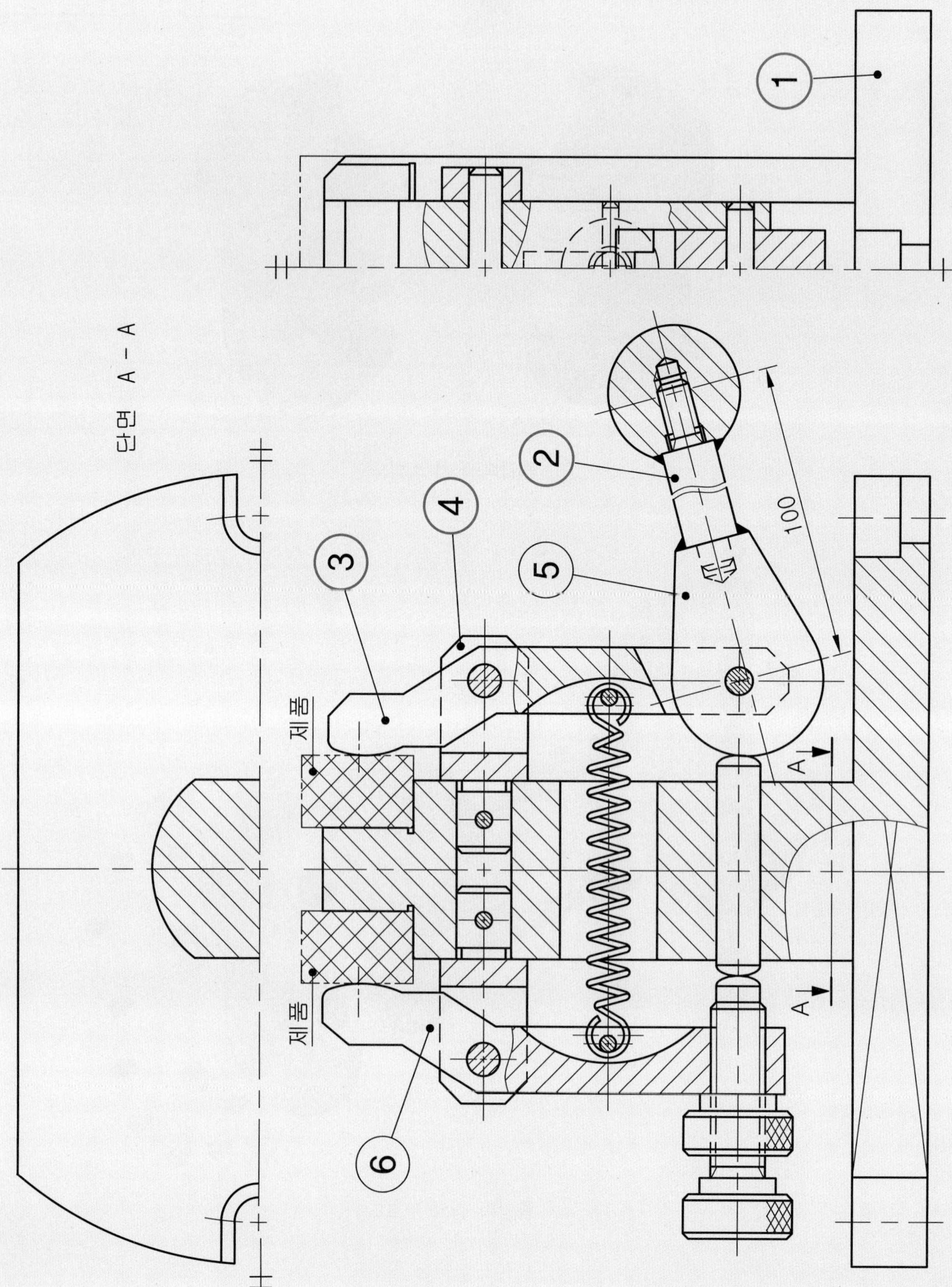

2D 모법답안 제출용 - 더블 밀링 클램프

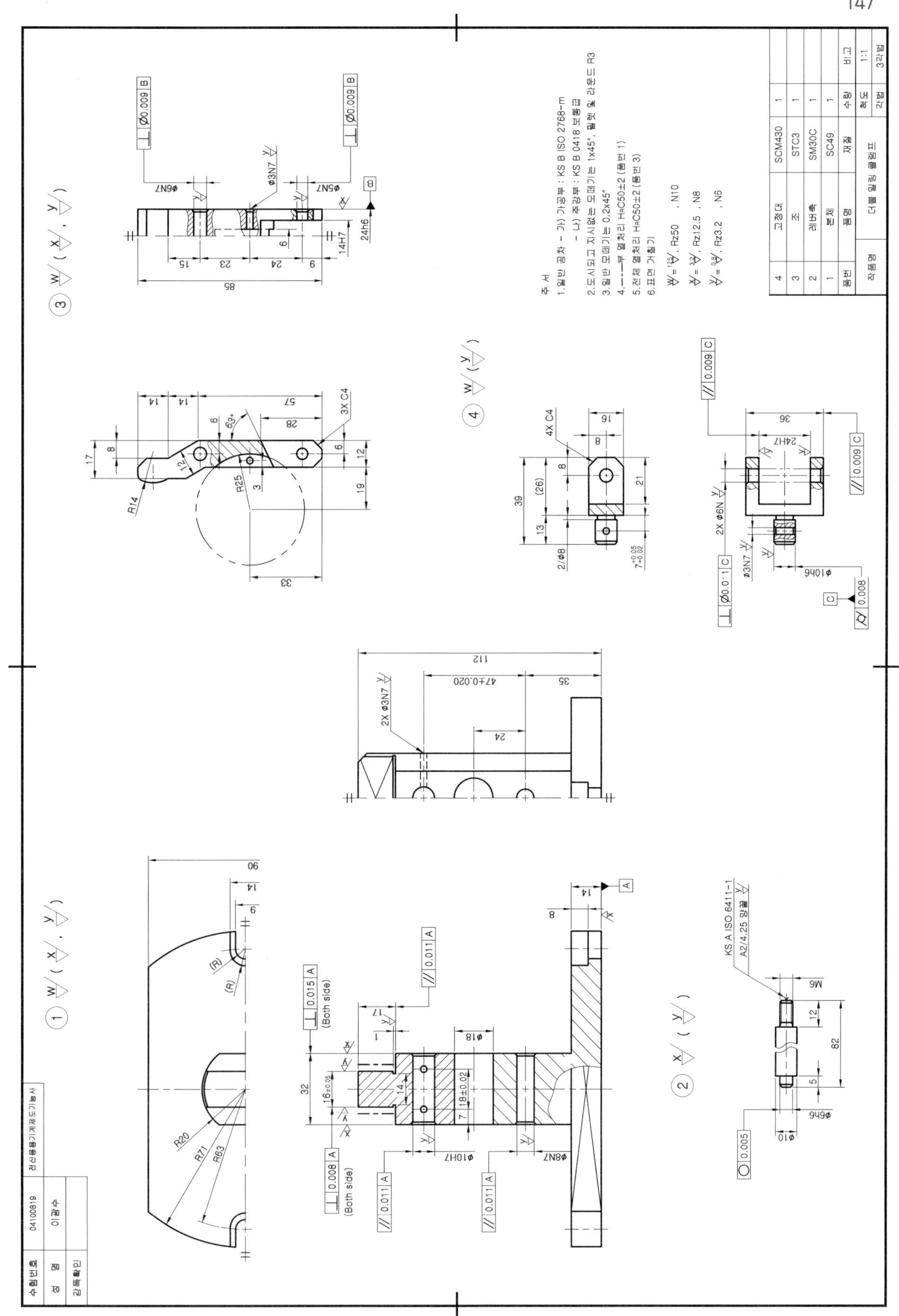

주 서
1.일반 공차 - 가) 가공부 : KS B ISO 2768-m
- 나) 주강부 : KS B 0418 보통급
2.도시되고 지시없는 모떼기는 1x45°, 필렛 및 라운드 R3
3.일반 모떼기는 0.2x45°
4.부 열처리 HRC50±2 (품번 1)
5.전체 열처리 HRC50±2 (품번 3)
6.표면 거칠기
w = Rz50 , N10
x = Rz12.5 , N8
y = Rz3.2 , N6
4 고정대 SCM430 1
3 조 STC3 1
2 레버축 SM30C 1
1 본체 SC49 1
품번 품명 재질 수량 비고
작품명 더블 밀링 클램프 척도 1:1 각법 3각법
수험번호 04100819
성 명
감독확인
전산응용기계제도기능사

3D 모법답안 제출용 – 더블 밀링 클램프

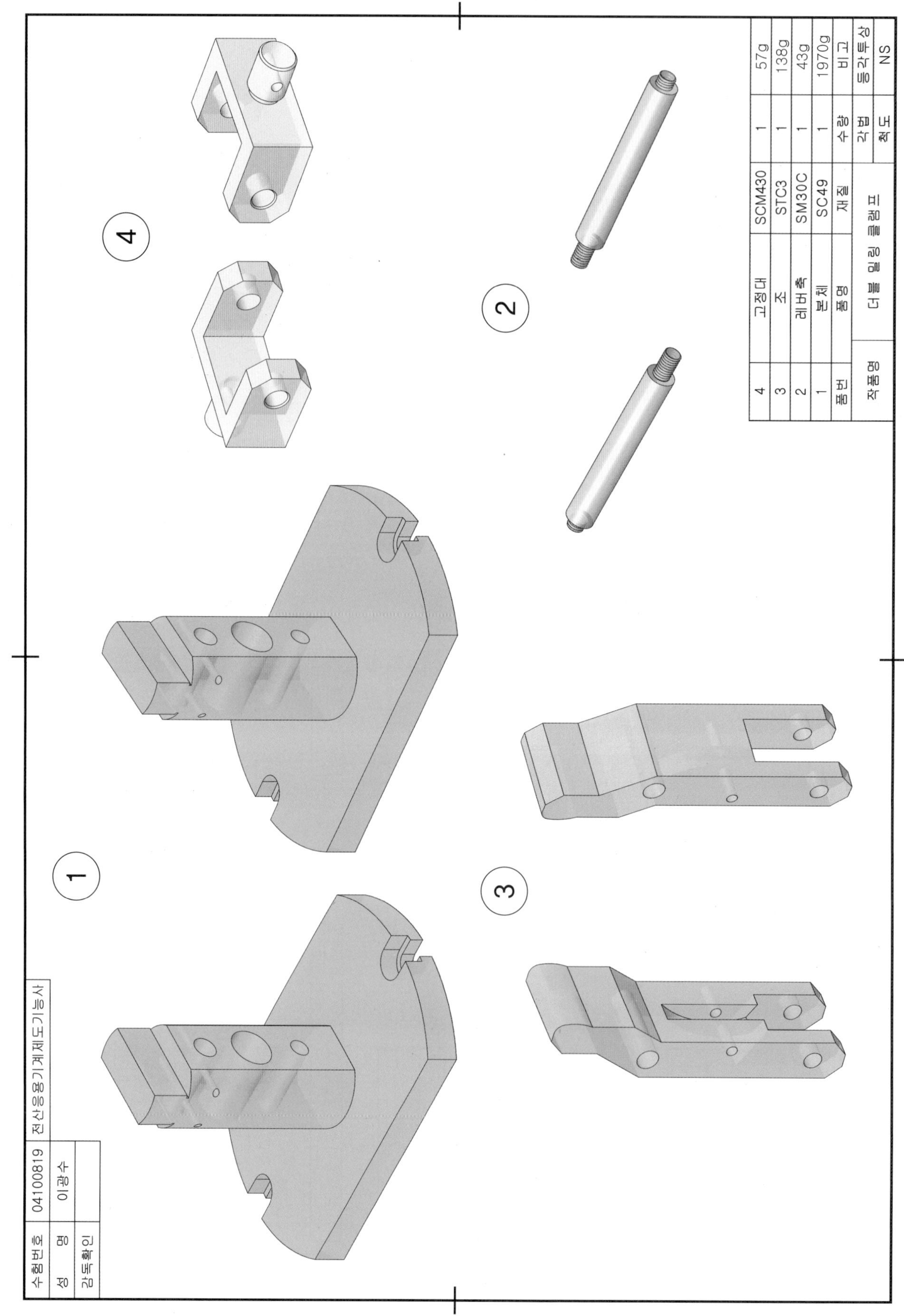

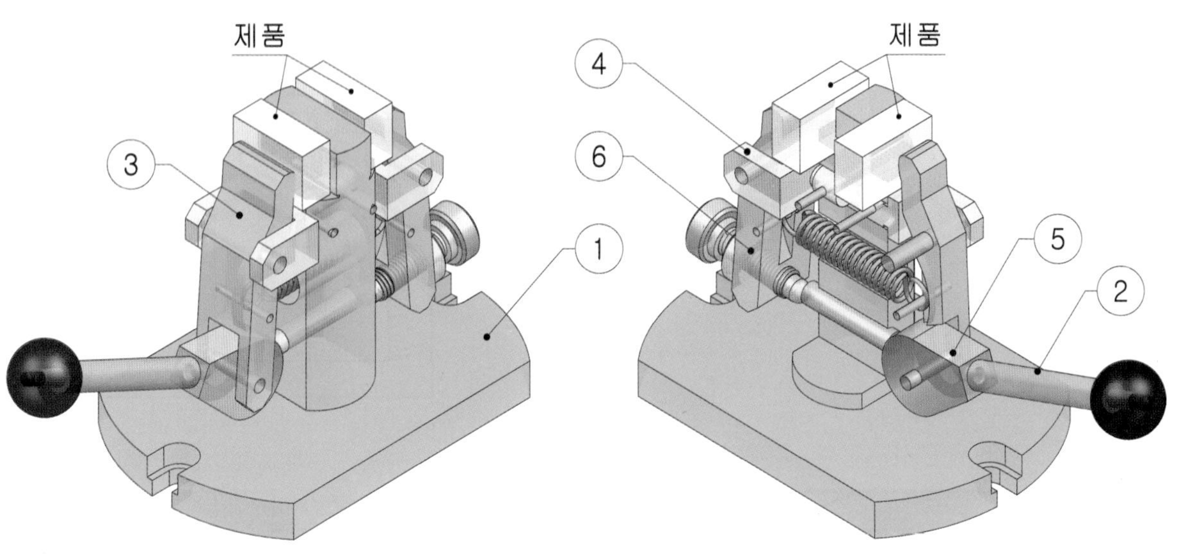

더블 밀링 클램프 조립도

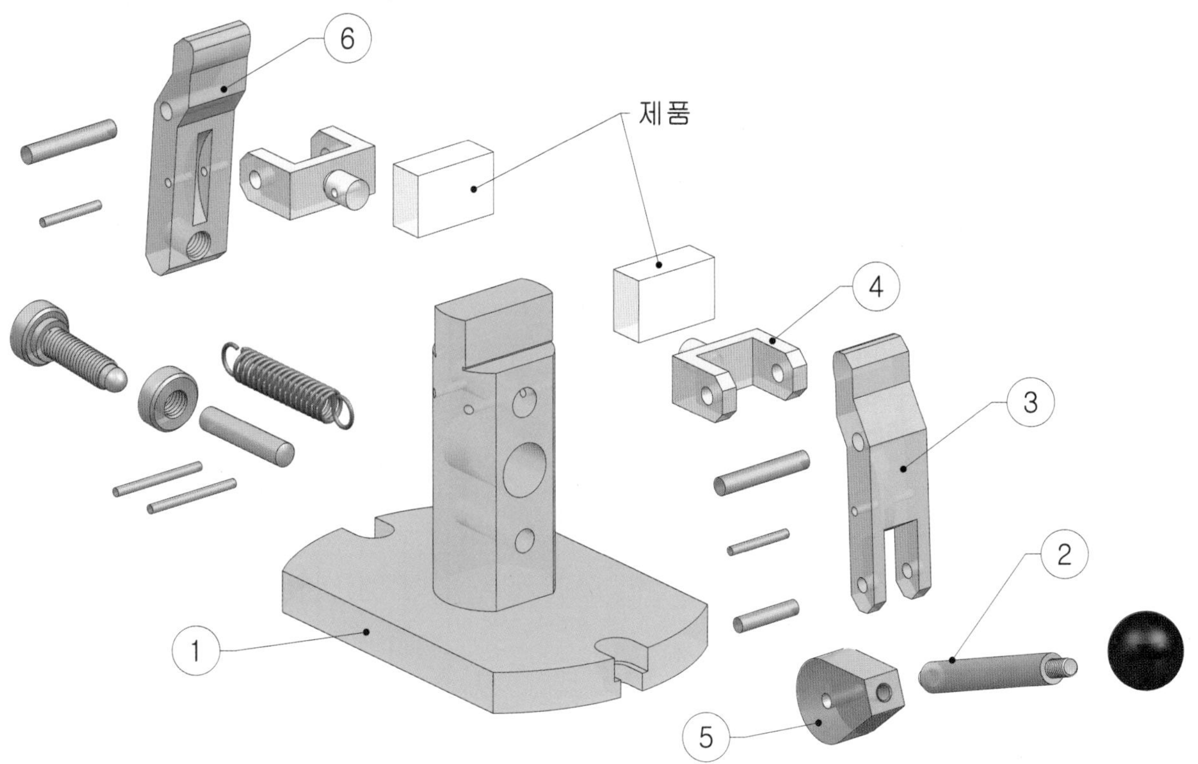

더블 밀링 클램프 구조도

과제25 위치 고정 지그

• 등각 투상도(3D) 부품란 '비고'에 질량을 기입한다.
• 비중을 7.85로 계산하여 소수 첫째 자리에서 반올림한다.

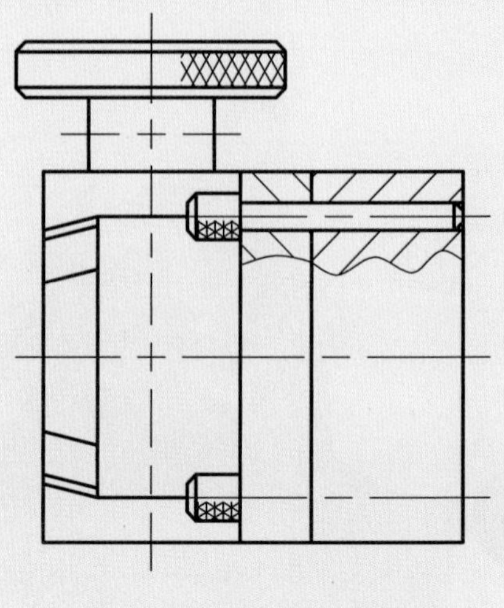

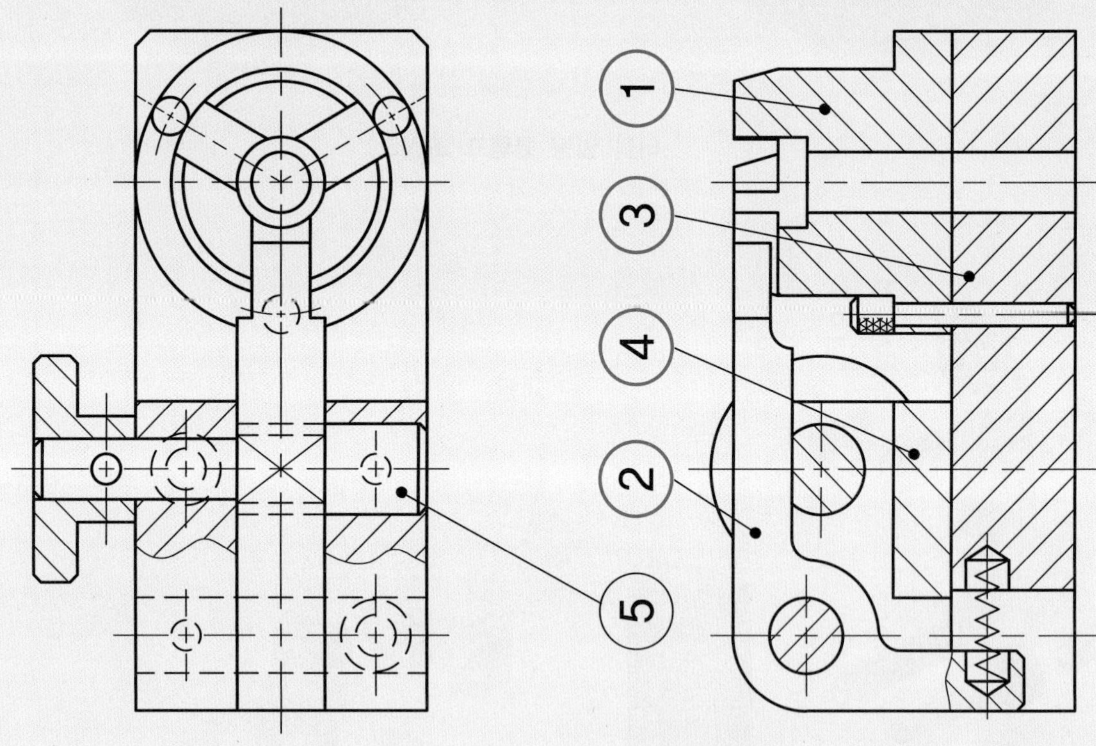

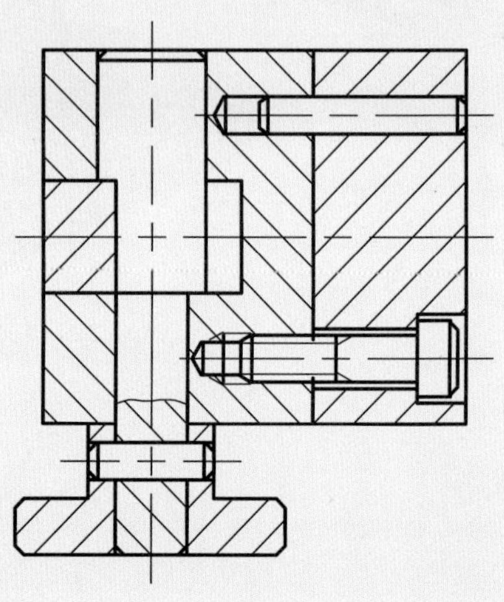

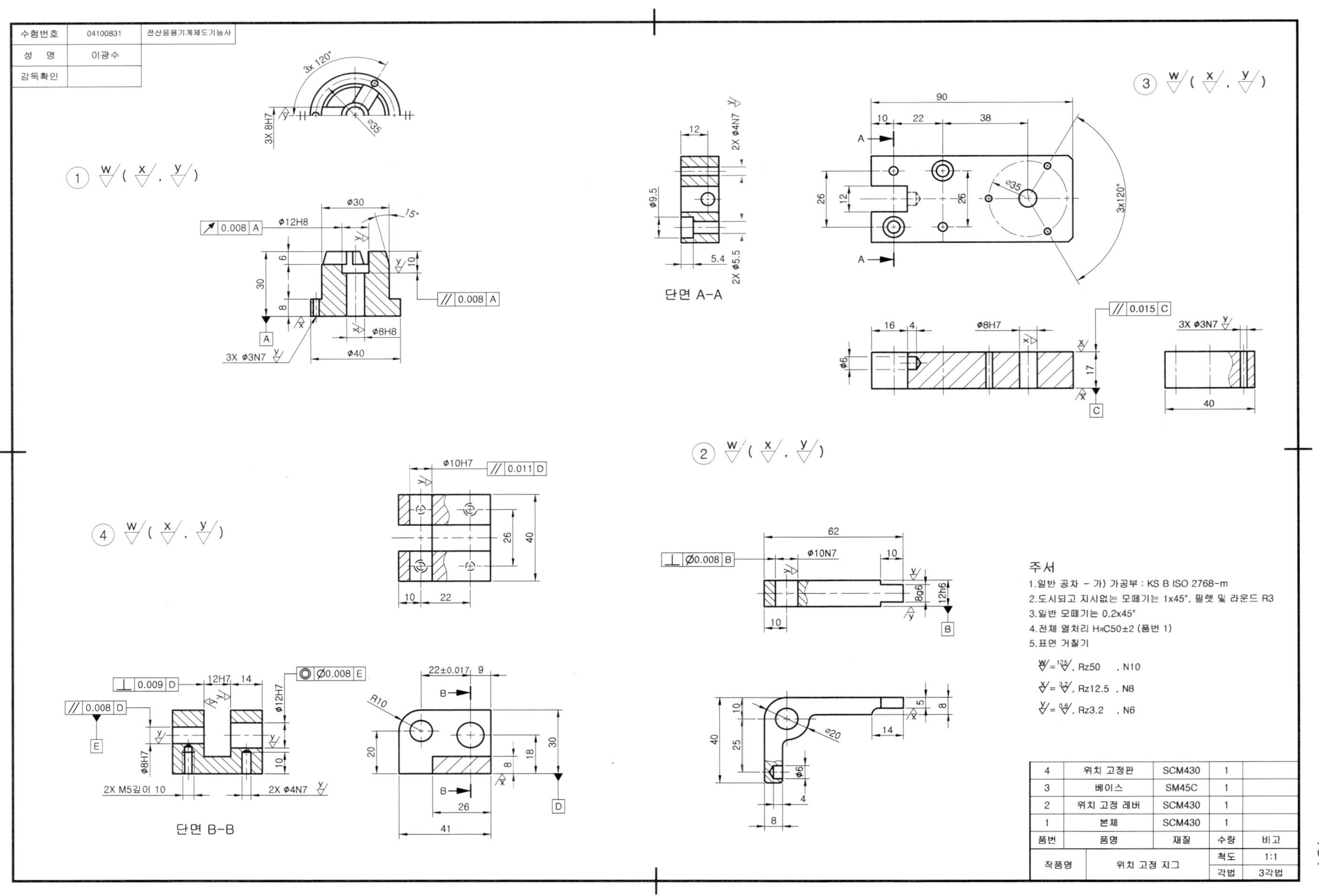
수험번호 04100831
전산응용기계제도기능사
성 명 이광수
감독확인
단면 A-A
단면 B-B
주서
1.일반 공차 - 가) 가공부 : KS B ISO 2768-m
2.도시되고 지시없는 모떼기는 1x45°, 필렛 및 라운드 R3
3.일반 모떼기는 0.2x45°
4.전체 열처리 HRC50±2 (품번 1)
5.표면 거칠기
W = 12.5/ , Rz50 , N10
X = 3.2/ , Rz12.5 , N8
Y = 0.8/ , Rz3.2 , N6
4 위치 고정판 SCM430 1
3 베이스 SM45C 1
2 위치 고정 레버 SCM430 1
1 본체 SCM430 1
품번 품명 재질 수량 비고
작품명 위치 고정 지그 척도 1:1 각법 3각법

3D 모법답안 제출용 – 위치 고정 지그

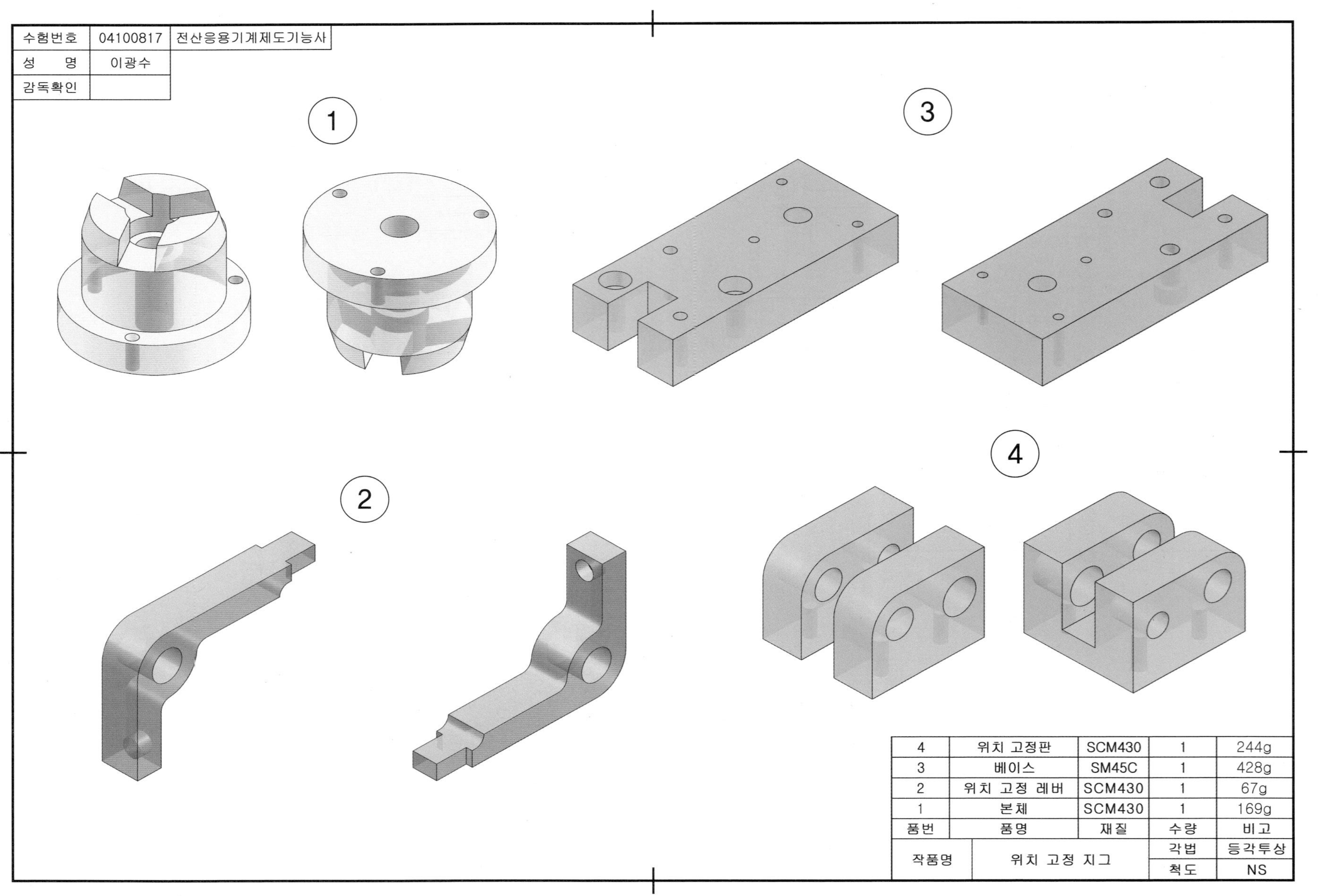

수험번호	04100817	전산응용기계제도기능사
성 명	이광수	
감독확인		

4	위치 고정판	SCM430	1	244g
3	베이스	SM45C	1	428g
2	위치 고정 레버	SCM430	1	67g
1	본체	SCM430	1	169g
품번	품명	재질	수량	비고
작품명	위치 고정 지그		각법	등각투상
			척도	NS

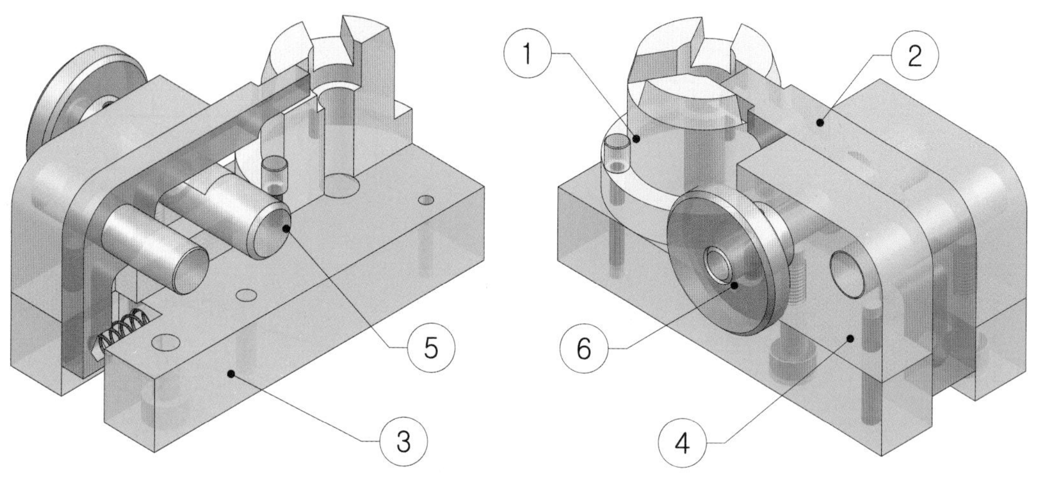

위치 고정 지그 조립도

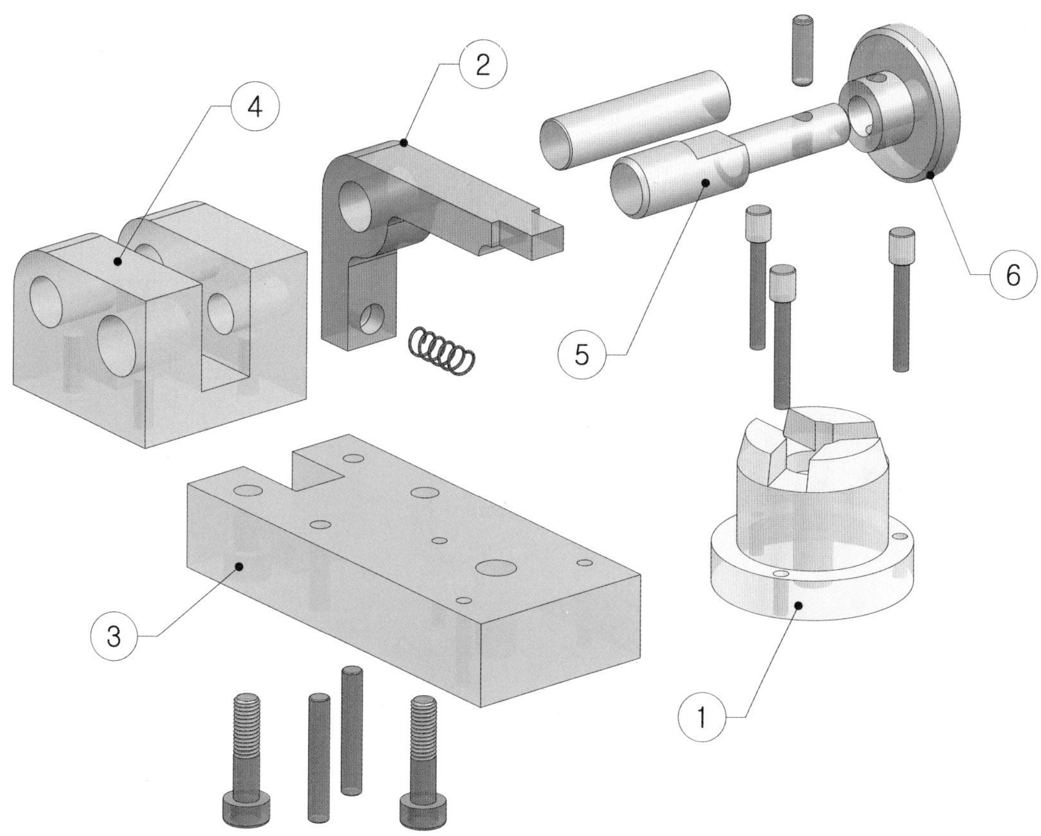

위치 고정 지그 구조도

과제26 유압 클램프

- 등각 투상도(3D) 부품란 '비고'에 질량을 기입한다.
- 비중을 7.85로 계산하여 소수 첫째 자리에서 반올림한다.

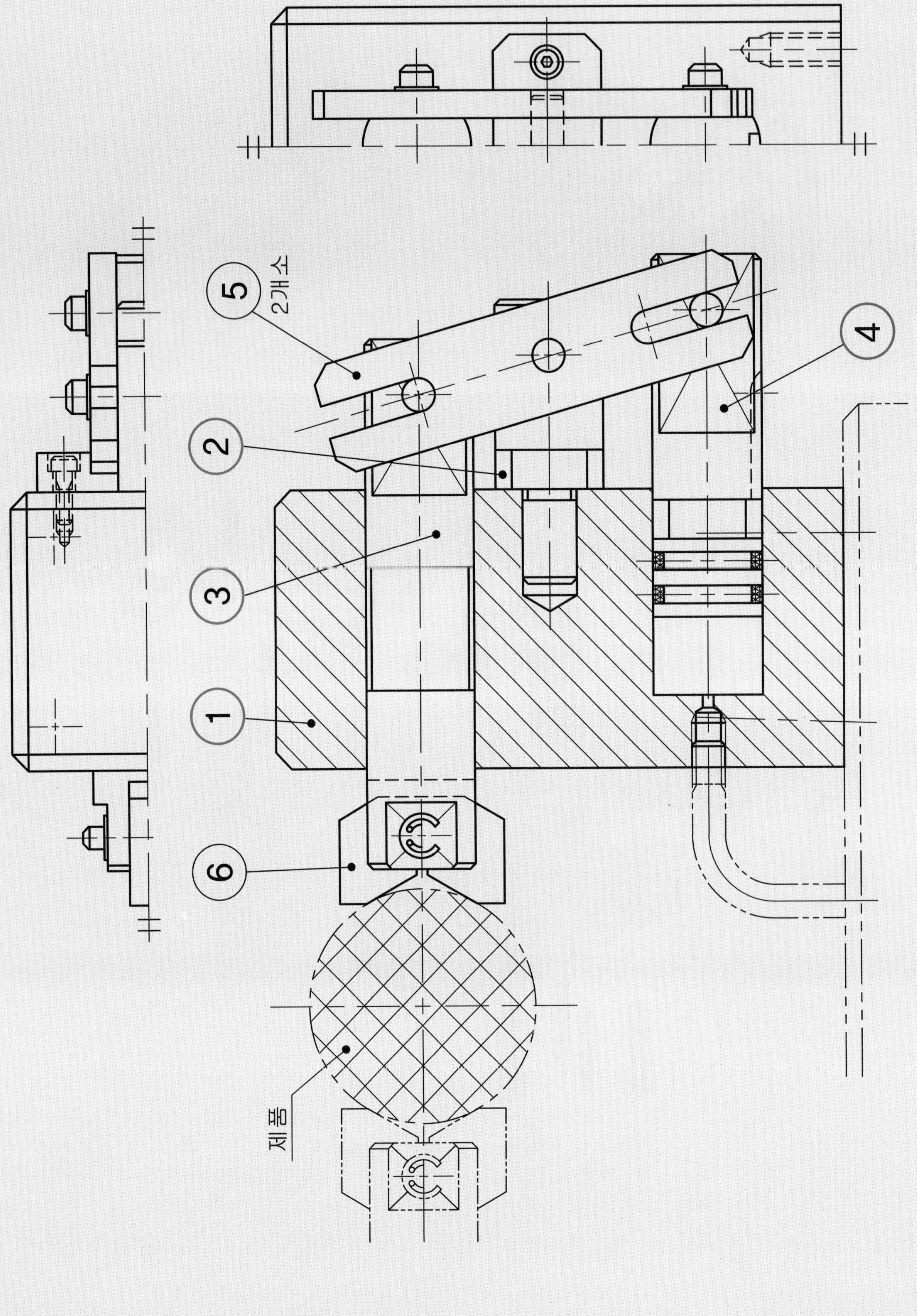

2D 모범답안 제출용 – 유압 클램프

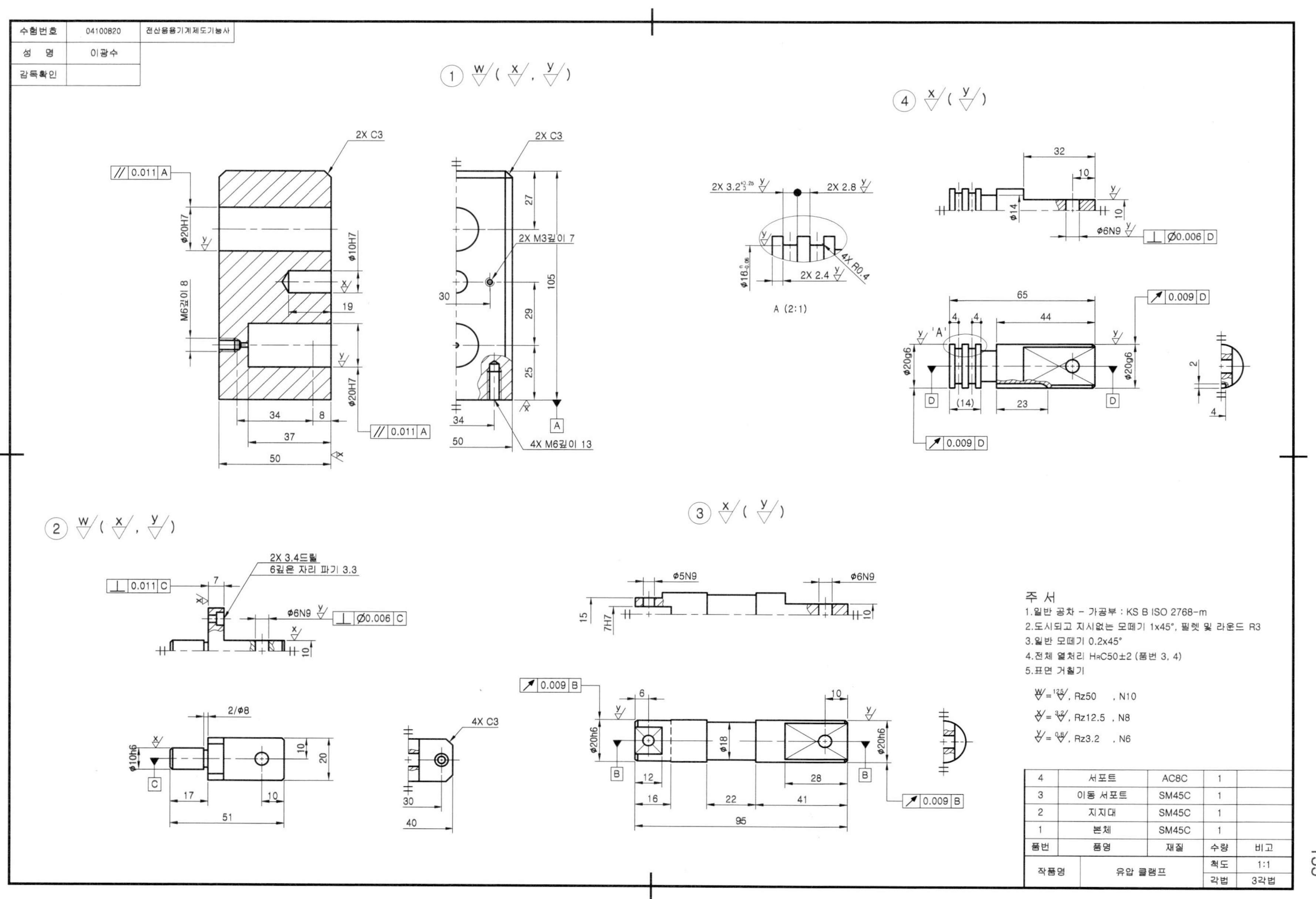

3D 모법답안 제출용 – 유압 클램프

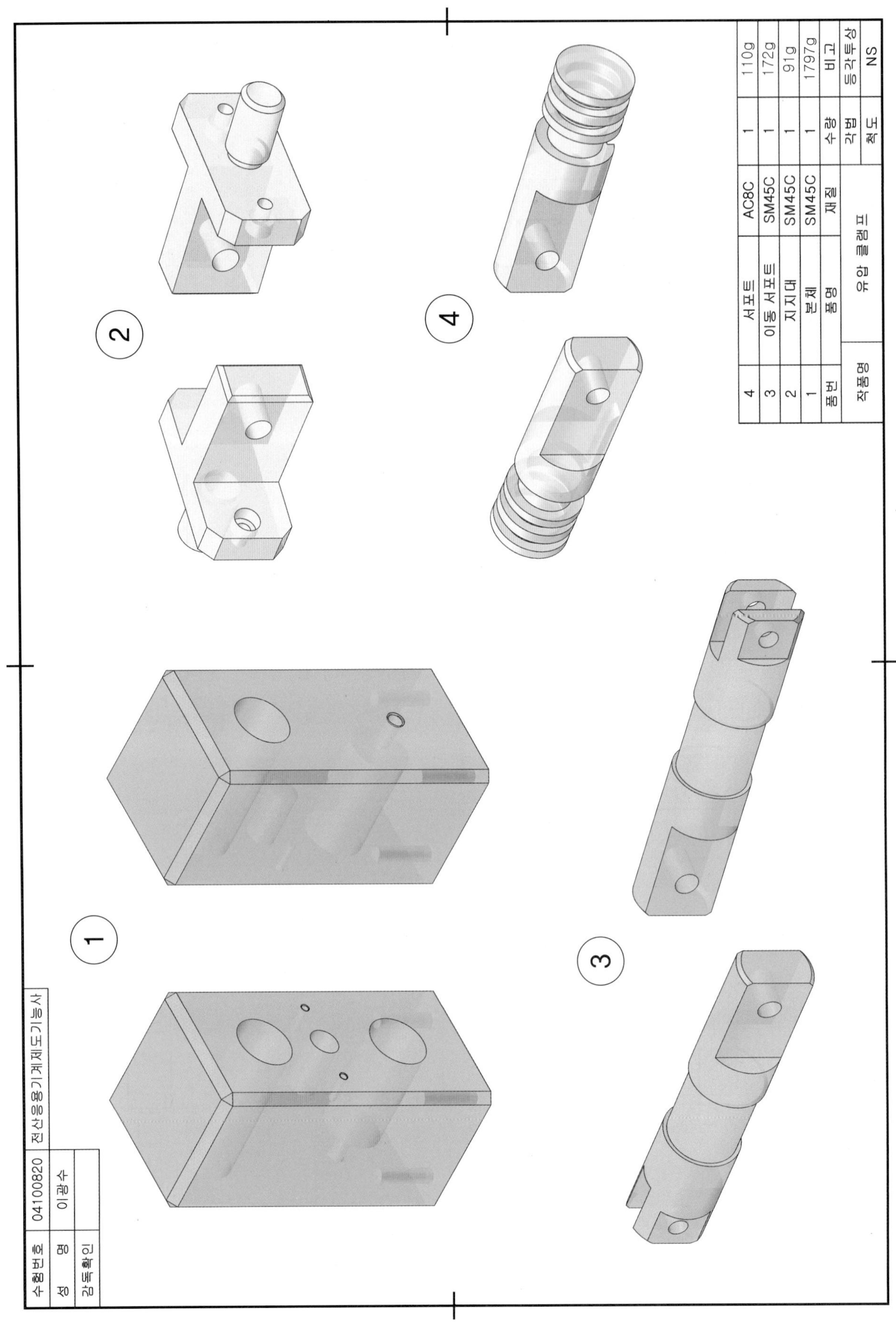

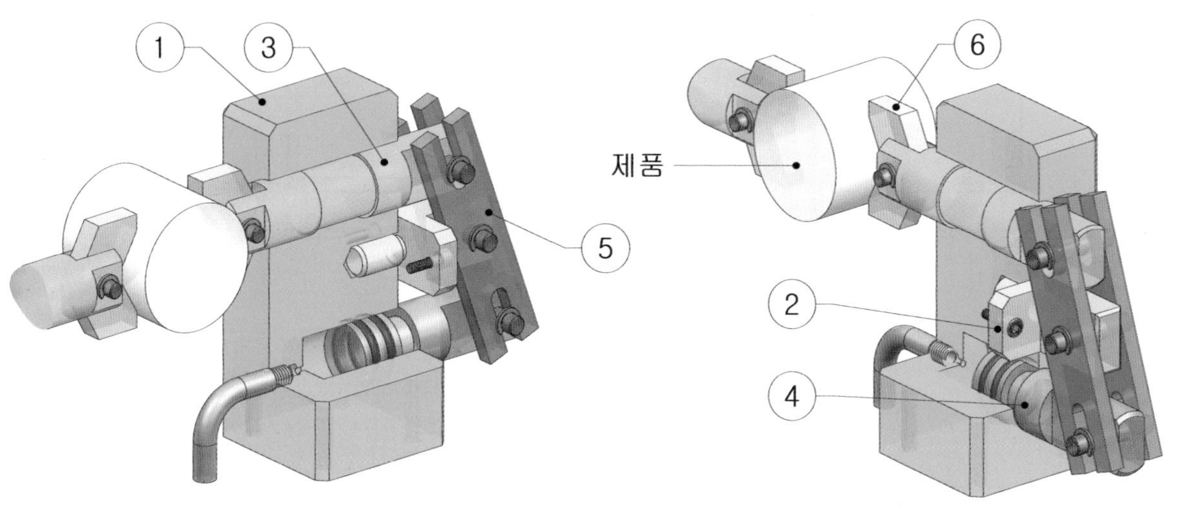

유압 클램프 조립도

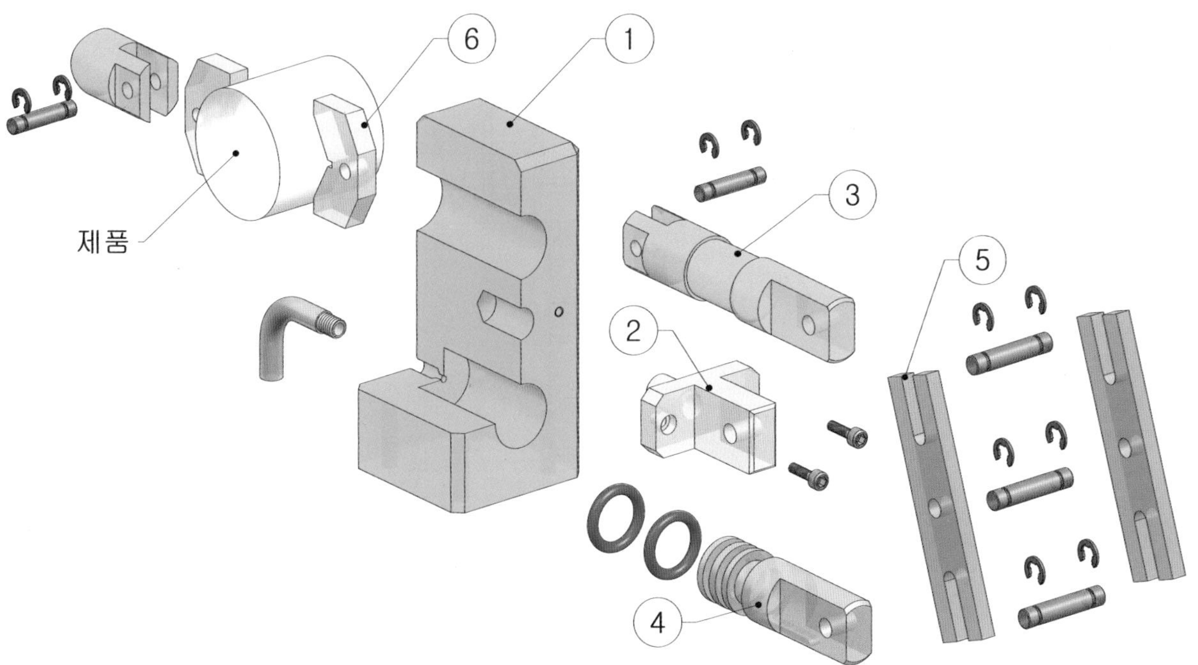

유압 클램프 구조도

과제27 2지형 레버 에어척

- 등각 투상도(3D) 부품란 '비고'에 질량을 기입한다.
- 비중을 7.85로 계산하여 소수 첫째 자리에서 반올림한다.

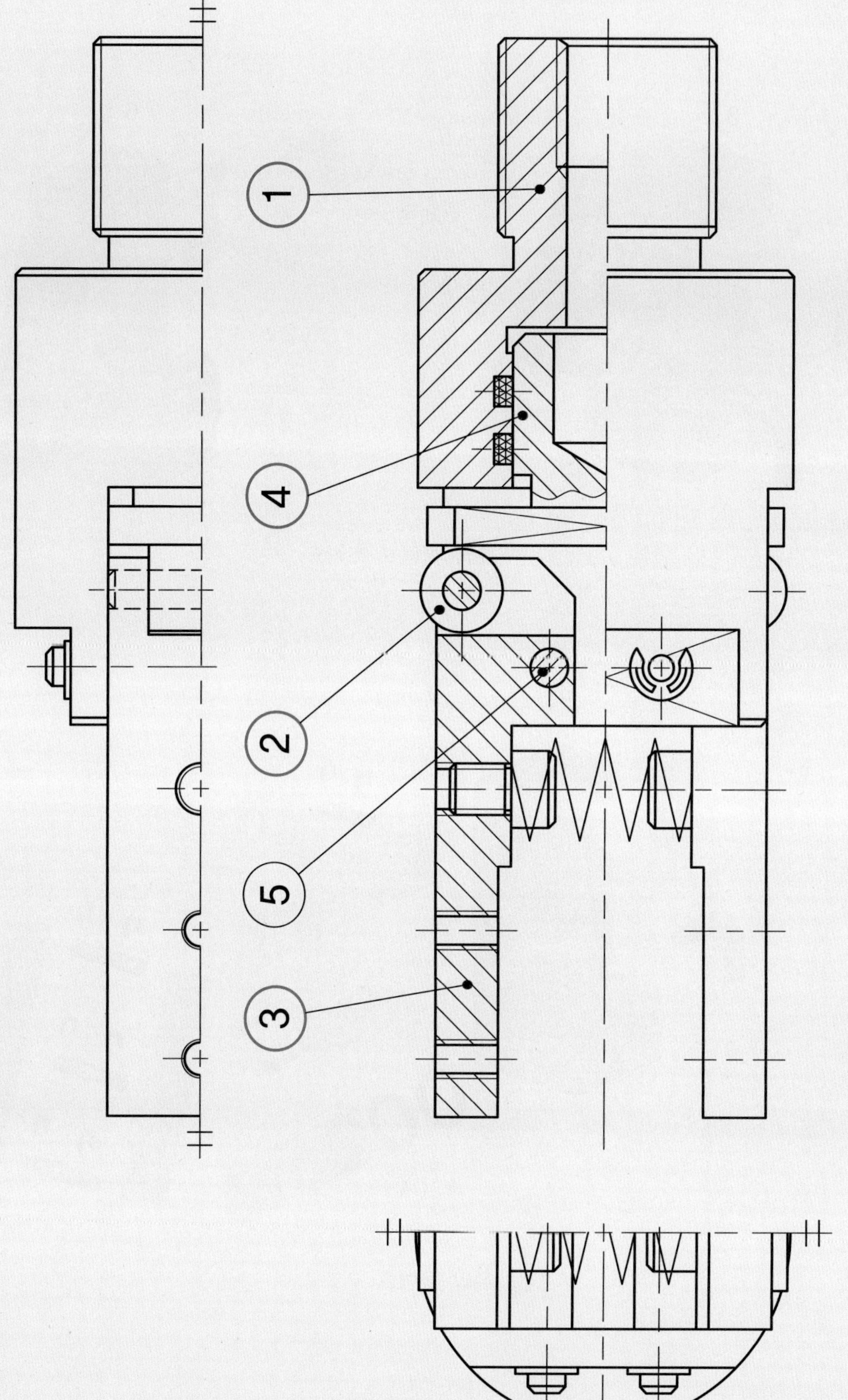

2D 모범답안 제출용 – 2지형 레버 에어척

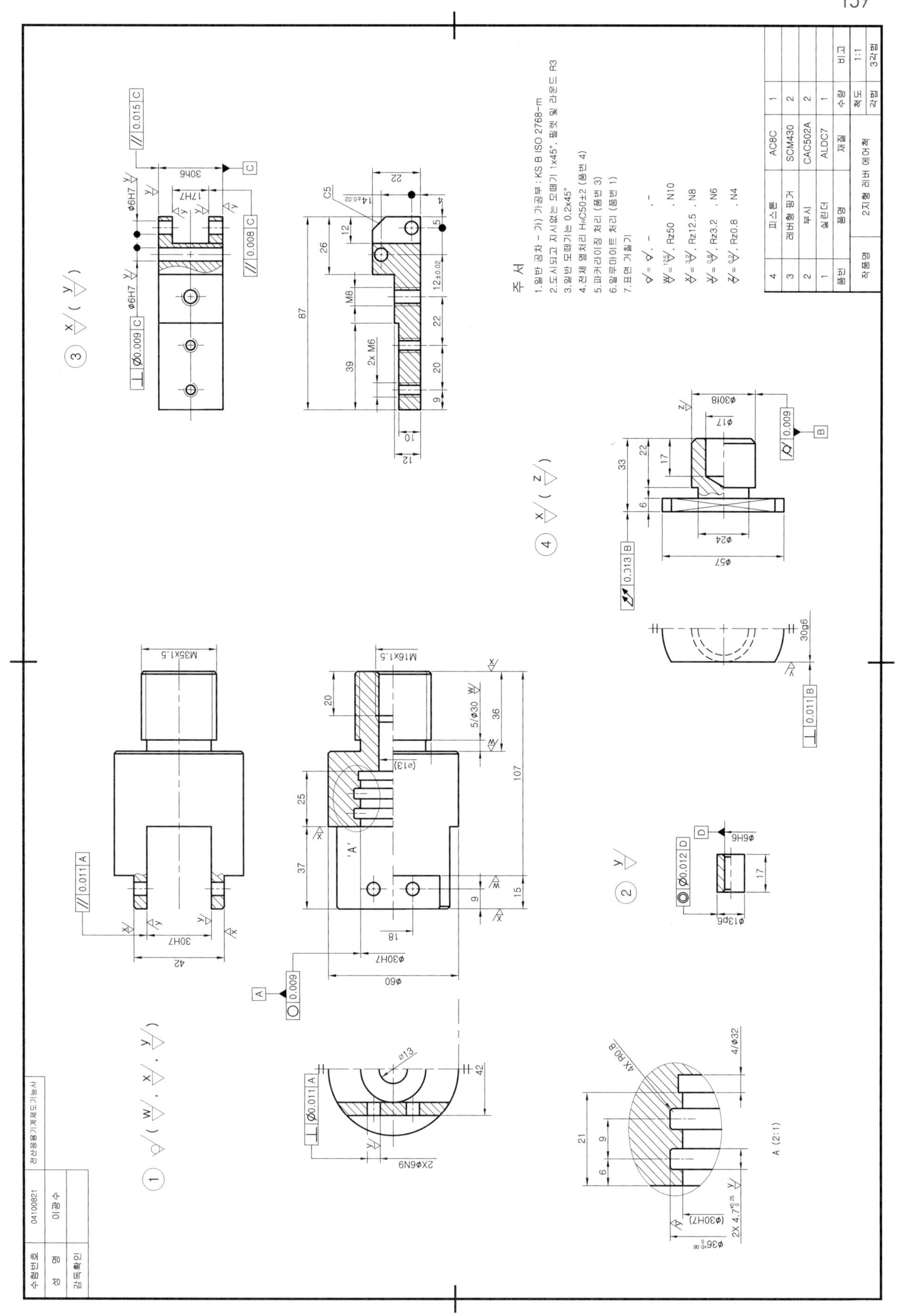

주 서
1.일반 공차 - 가) 가공부 : KS B ISO 2768-m
2.도시되고 지시없는 모떼기 1x45°, 필렛 및 라운드 R3
3.일반 모떼기는 0.2x45°
4.전체 열처리 HRC50±2 (품번 4)
5.파커라이징 처리 (품번 3)
6.알루마이트 처리 (품번 1)
7.표면 거칠기
4 피스톤 AC8C 1
3 레버형 핑거 SCM430 2
2 부시 CAC502A 2
1 실린더 ALDC7 1
품번 품명 재질 수량 비고
작품명 2지형 레버 에어척
척도 1:1
각법 3각법
수험번호 04100821
성 명 이광수
감독확인
전산응용기계제도기능사

3D 모법답안 제출용 - 2지형 레버 에어척

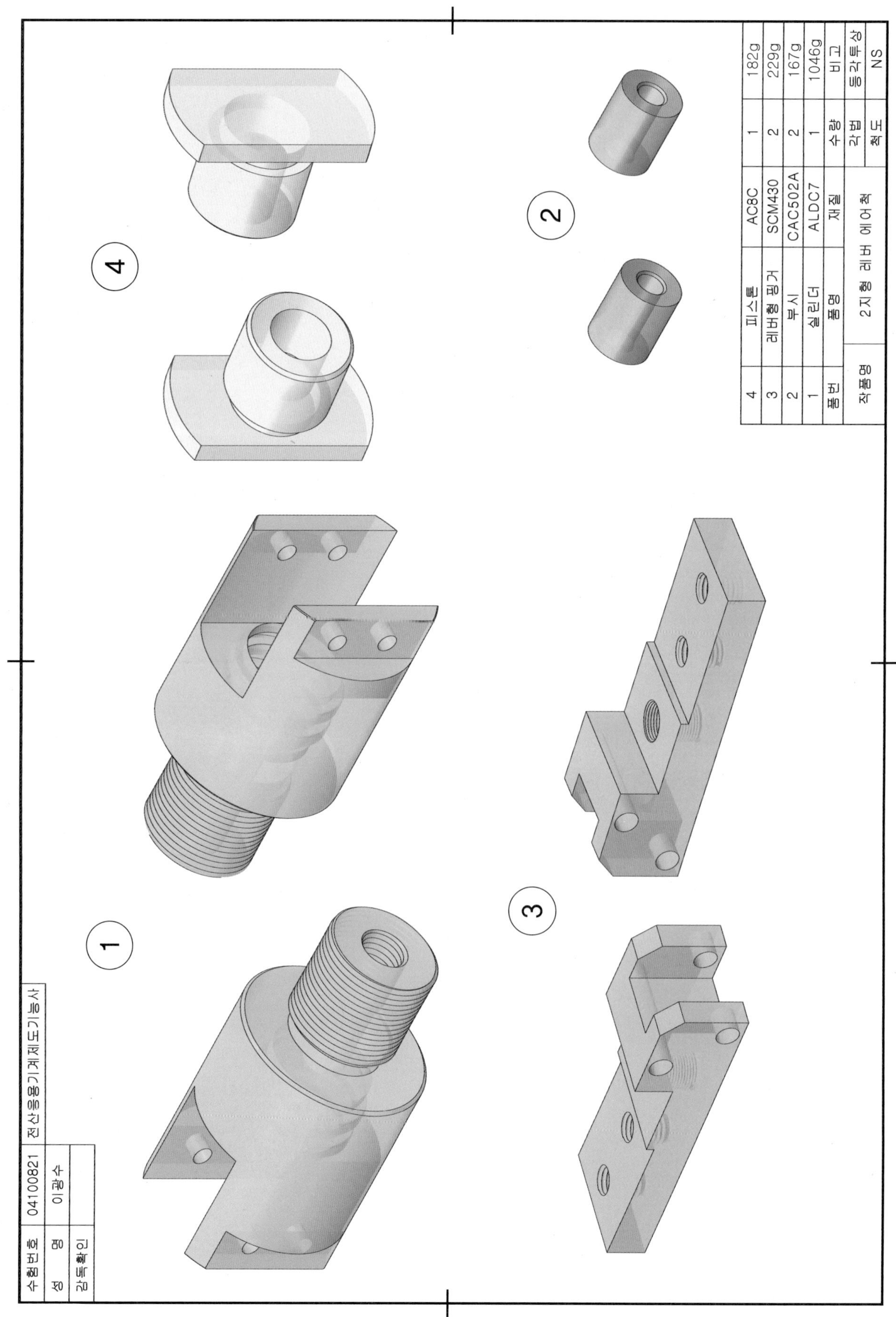

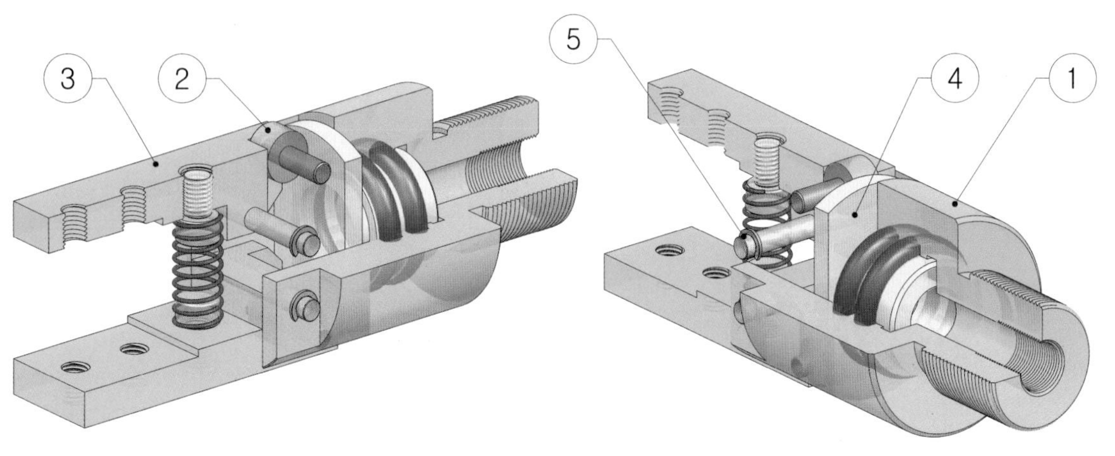

2지형 레버 에어척 조립도

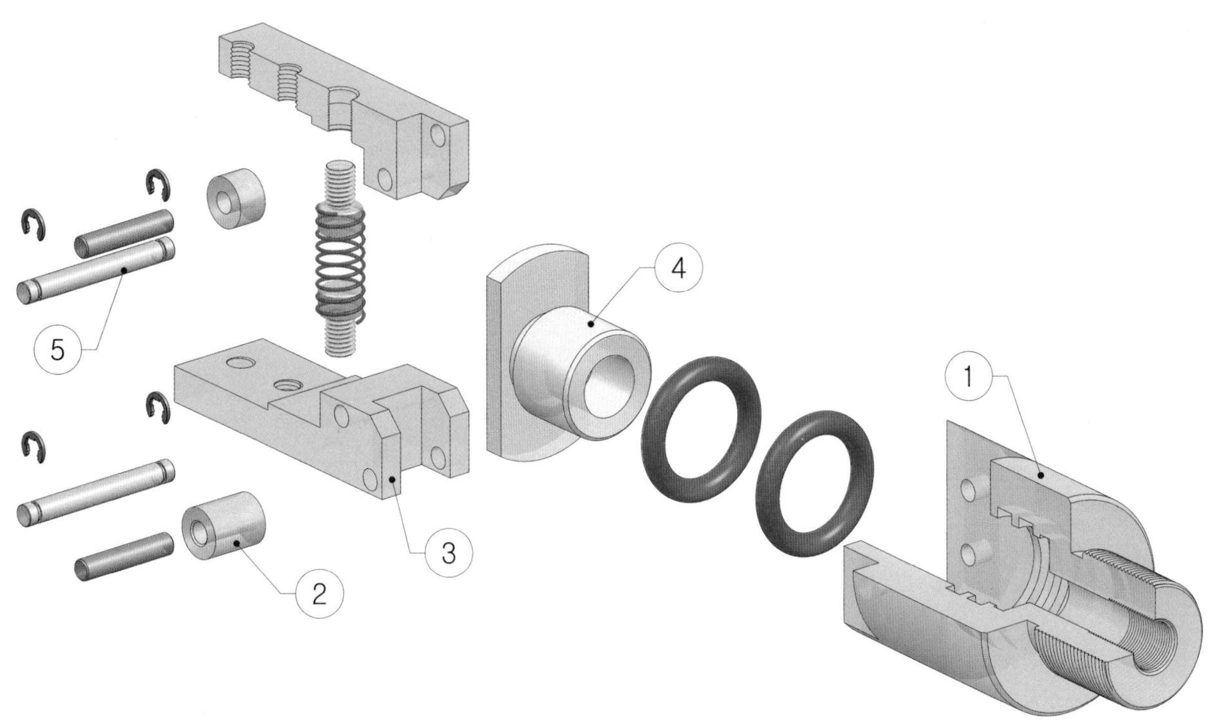

2지형 레버 에어척 구조도

과제28 에어 실린더

- 등각 투상도(3D) 부품란 '비고'에 질량을 기입한다.
- 비중을 7.85로 계산하여 소수 첫째 자리에서 반올림한다.

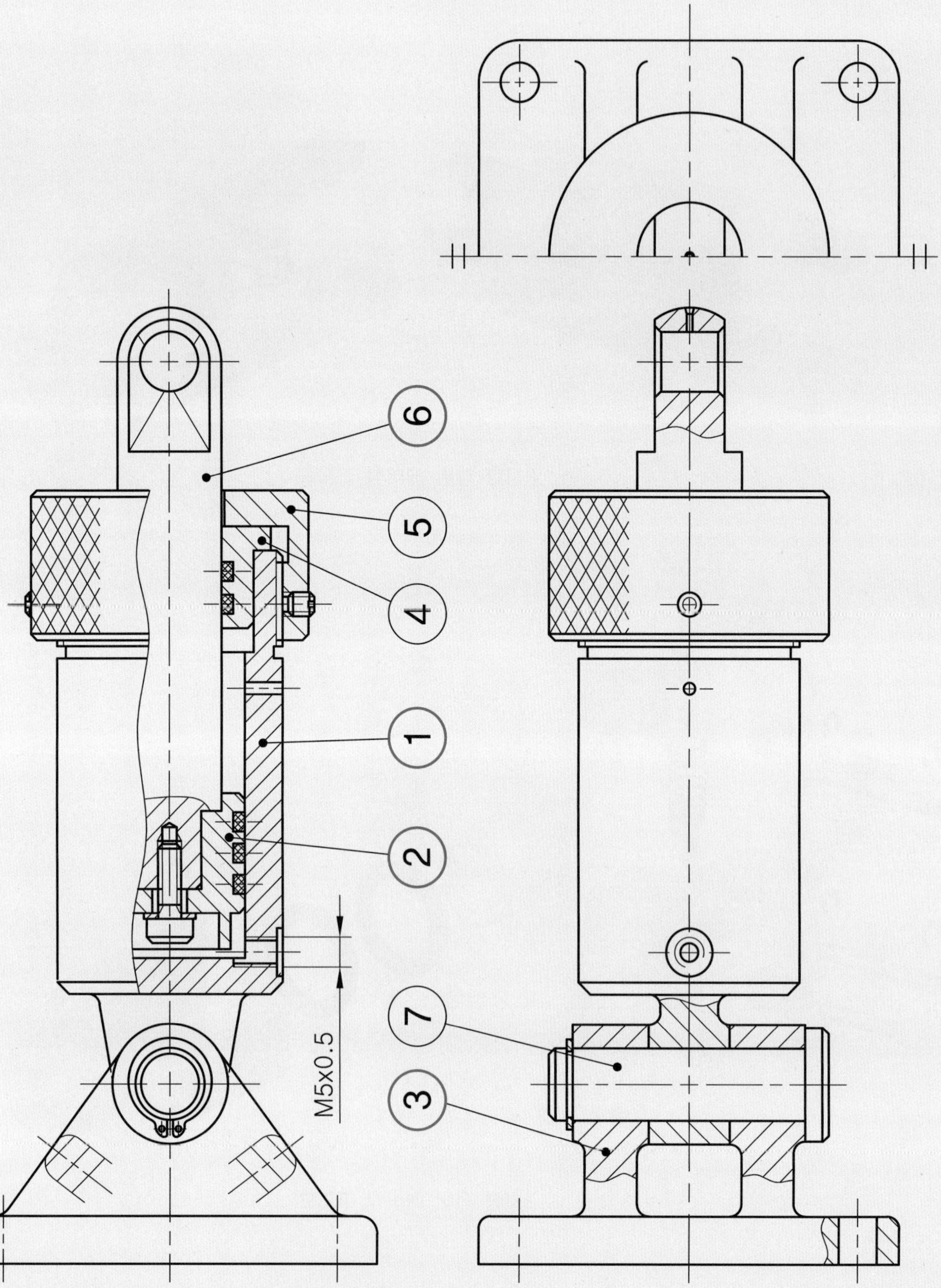

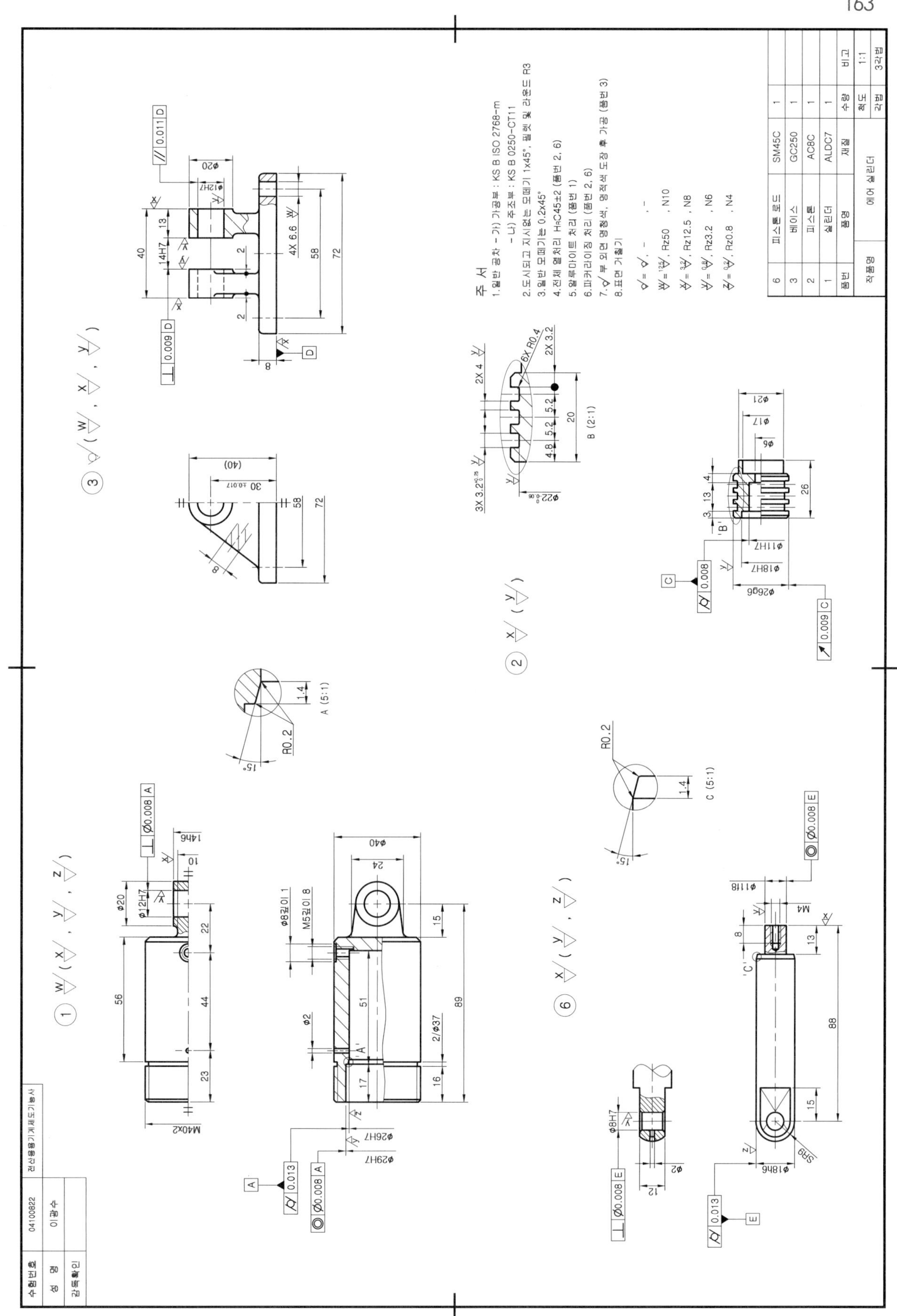
주 서
1.일반 공차 - 가) 가공부 : KS B ISO 2768-m
- 나) 주조부 : KS B 0250-CT11
2.도시되고 지시없는 모떼기 1x45°, 필렛 및 라운드 R3
3.일반 모떼기는 0.2x45°
4.전체 열처리 HRC45±2 (품번 2, 6)
5.알루마이트 처리 (품번 1)
6.파커라이징 처리 (품번 2, 6)
7. 부 외면 명청색, 명적색 도장 후 가공 (품번 3)
8.표면 거칠기
6 피스톤 로드 SM45C 1
3 베이스 GC250 1
2 피스톤 AC8C 1
1 실린더 ALDC7 1
품번 품명 재질 수량 비고
작품명 에어 실린더 척도 1:1 각법 3각법
수험번호 04100822
성 명 이광수
감독확인
전산응용기계제도기능사

3D 모범답안 제출용 - 에어 실린더

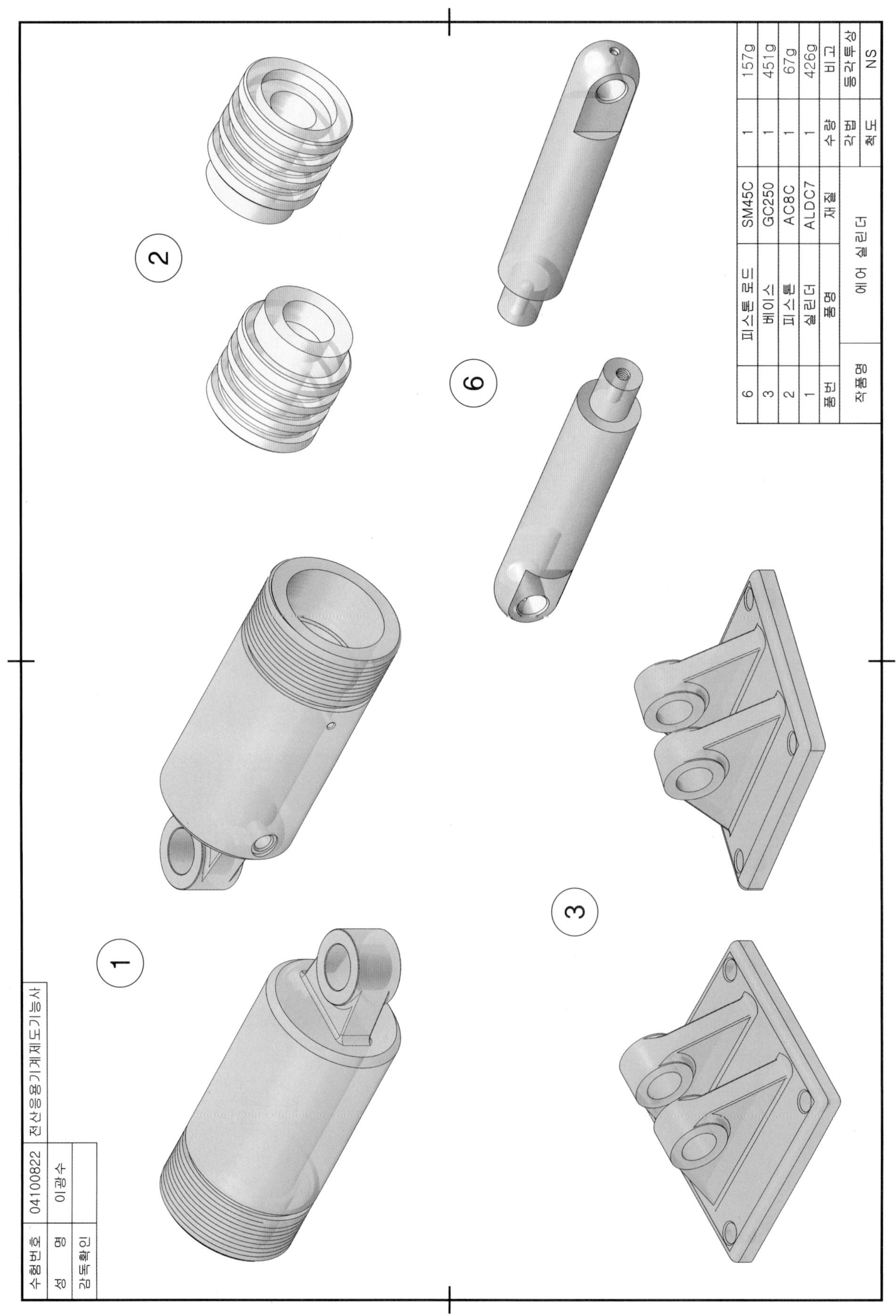

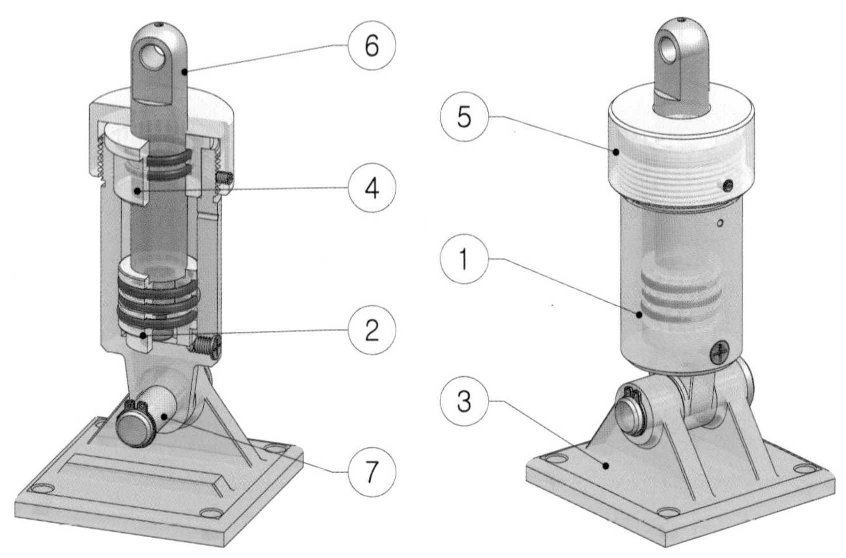

에어 실린더 조립도

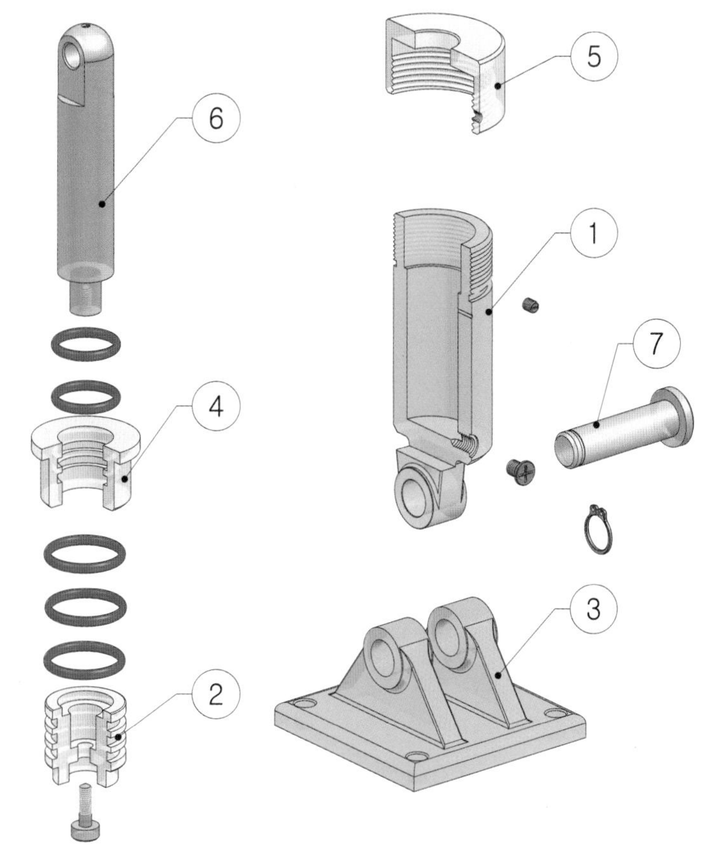

에어 실린더 구조도

과제29 턱 가공 밀링 고정구

• 등각 투상도(3D) 부품란 '비고'에 질량을 기입한다.
• 비중을 7.85로 계산하여 소수 첫째 자리에서 반올림한다.

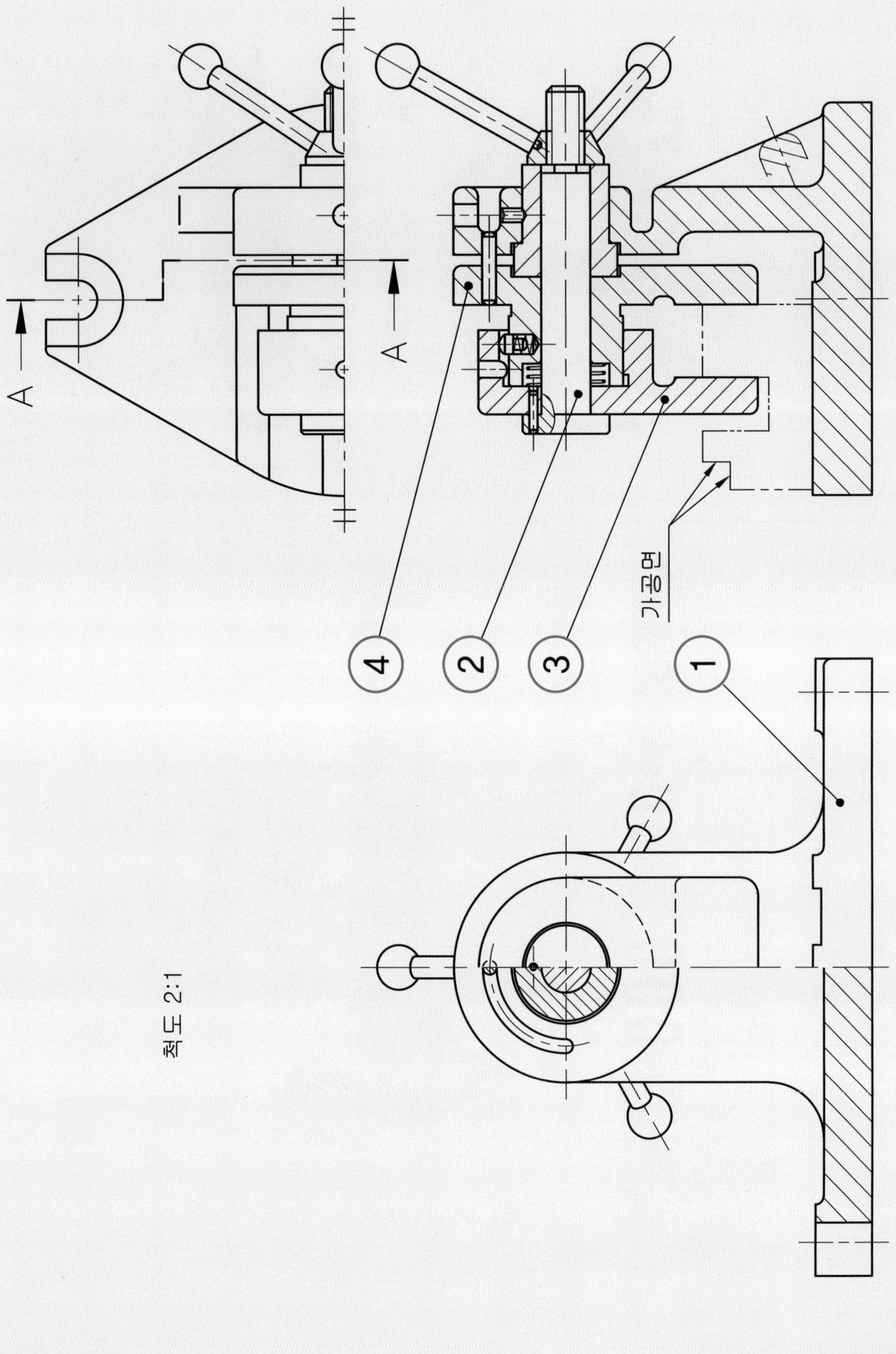

A
A
가공면
4
2
3
1
척도 2:1
단면 A-A

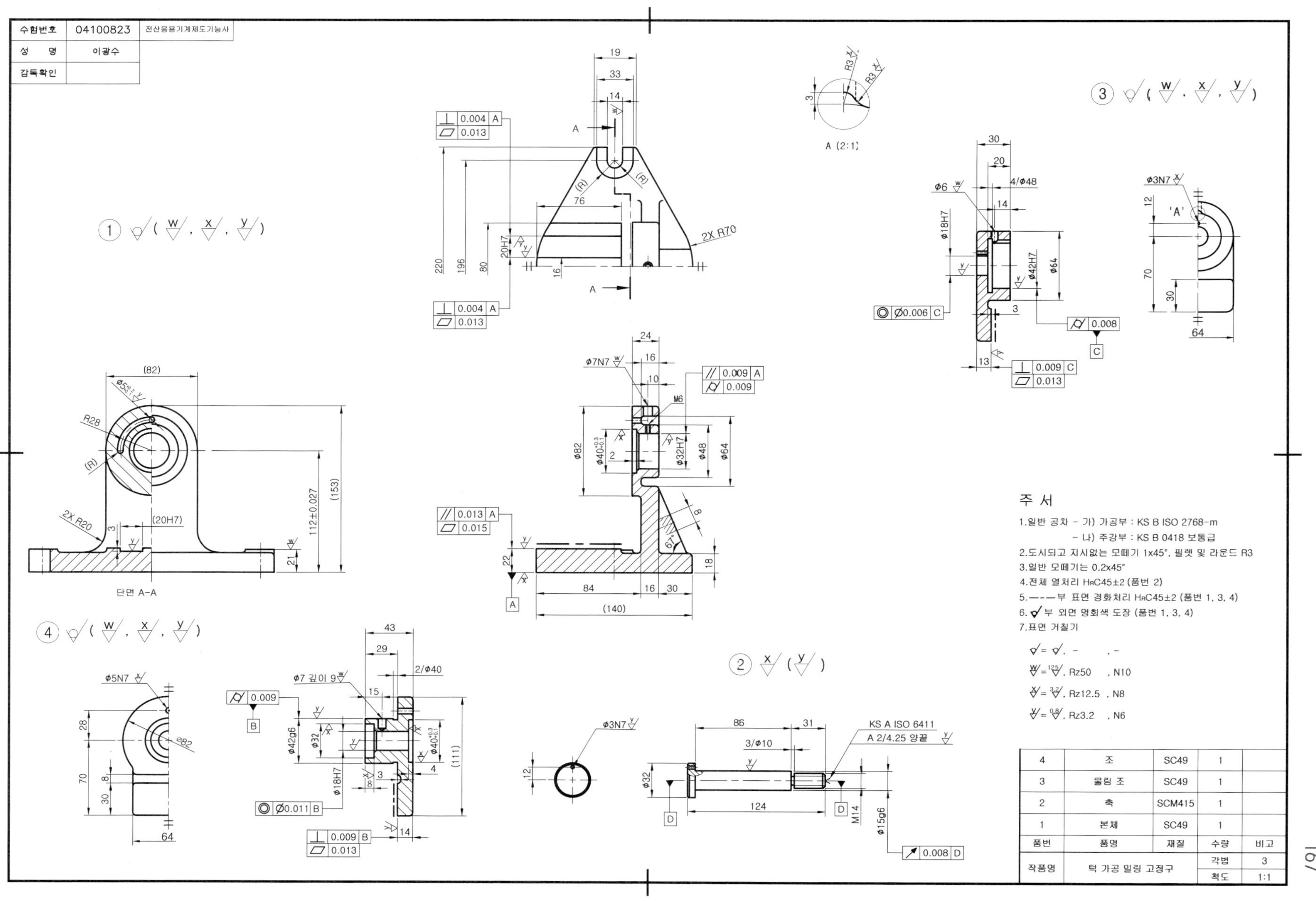
수험번호 04100823
전산응용기계제도기능사
성명 이광수
감독확인
A (2:1)
단면 A-A
주 서
1.일반 공차 - 가) 가공부 : KS B ISO 2768-m
- 나) 주강부 : KS B 0418 보통급
2.도시되고 지시없는 모떼기 1x45°, 필렛 및 라운드 R3
3.일반 모떼기는 0.2x45°
4.전체 열처리 HRC45±2 (품번 2)
5.---부 표면 경화처리 HRC45±2 (품번 1, 3, 4)
6. 부 외면 명회색 도장 (품번 1, 3, 4)
7.표면 거칠기
Rz50 , N10
Rz12.5 , N8
Rz3.2 , N6
KS A ISO 6411
A 2/4.25 양끝
4 조 SC49 1
3 물림 조 SC49 1
2 축 SCM415 1
1 본체 SC49 1
품번 품명 재질 수량 비고
작품명 턱 가공 밀링 고정구
각법 3
척도 1:1

3D 모범답안 제출용 – 턱 가공 밀링 고정구

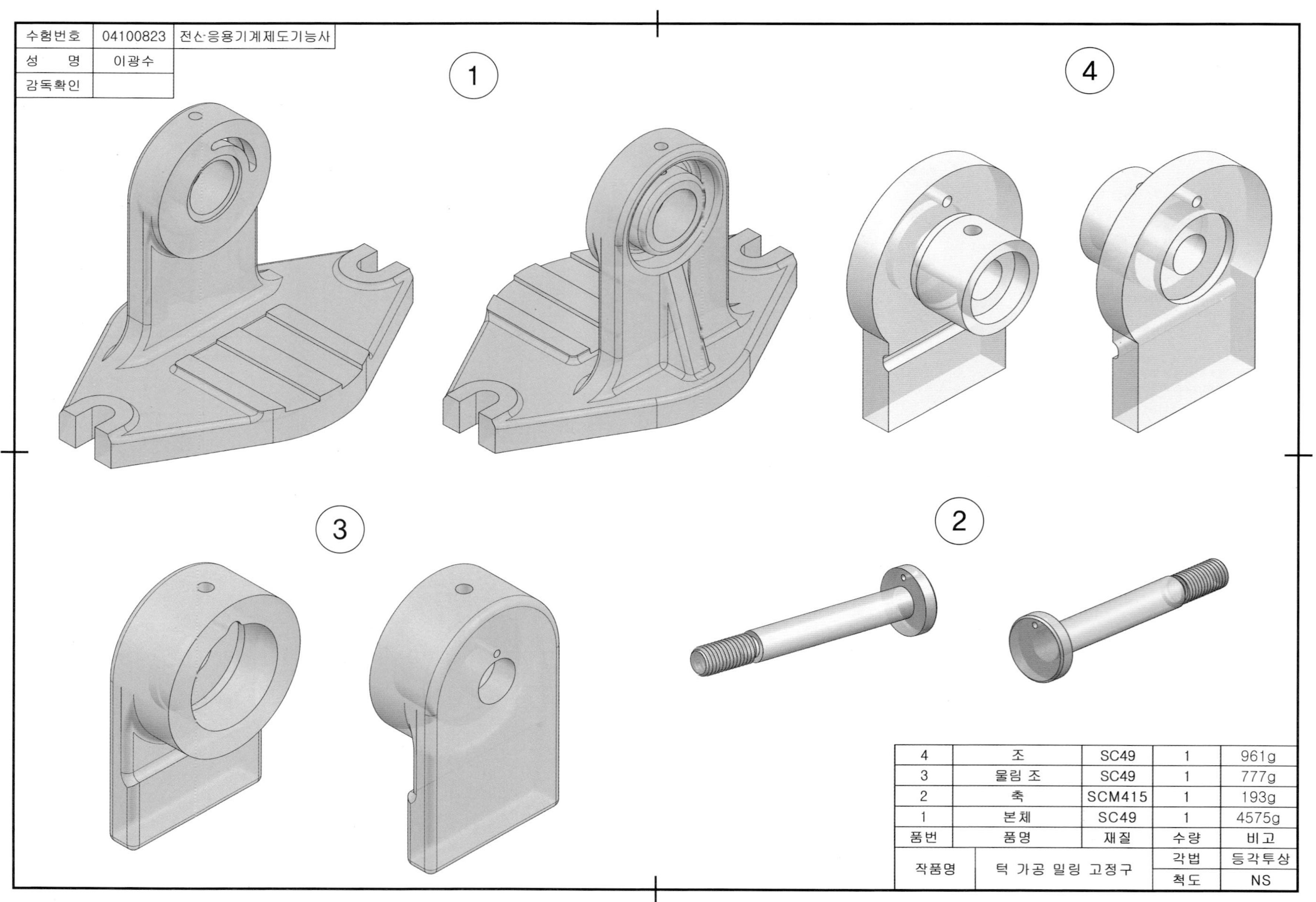

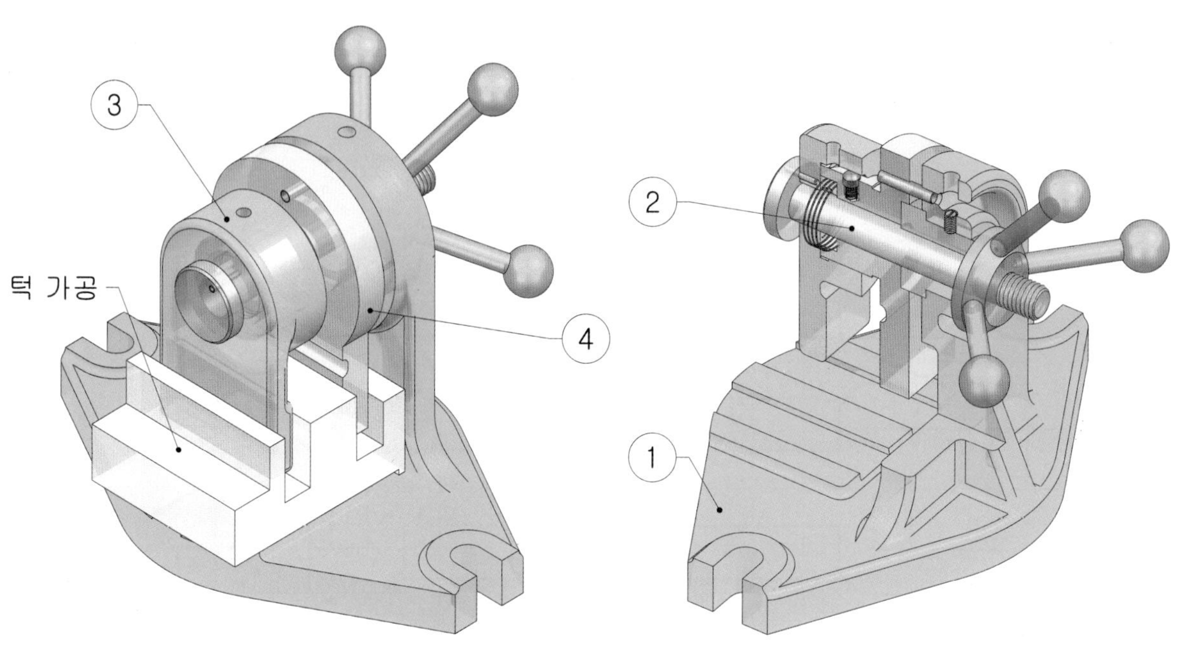

턱 가공 밀링 고정구 조립도

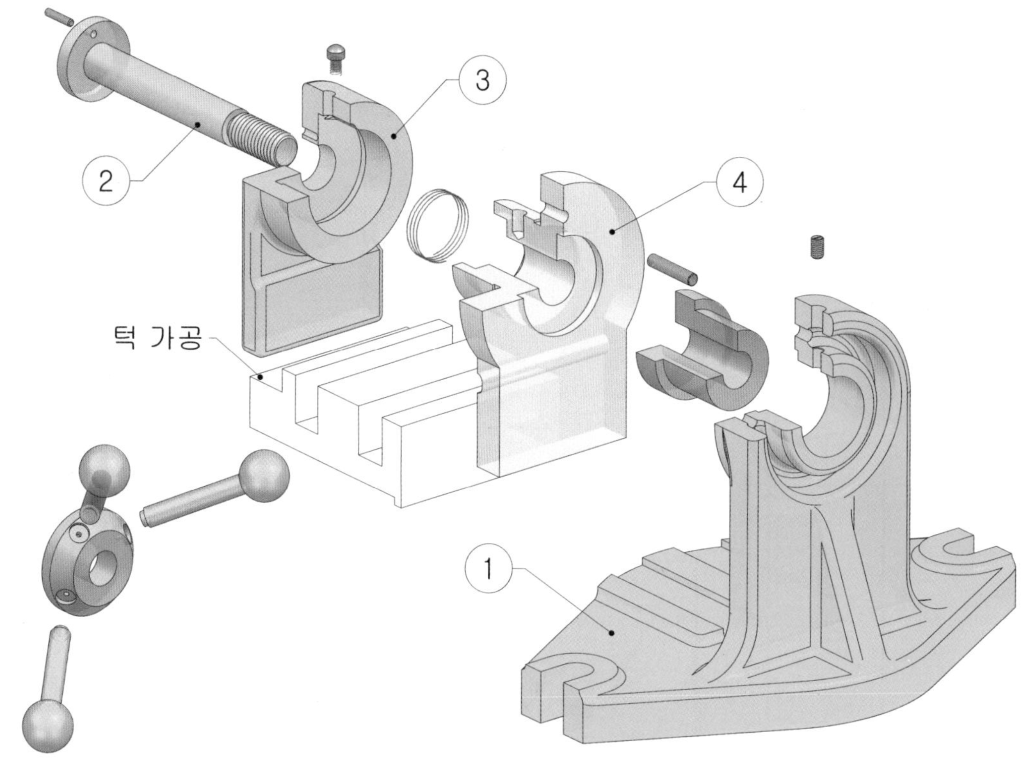

턱 가공 밀링 고정구 구조도

• 등각 투상도(3D) 부품란 '비고'에 질량을 기입한다.
• 비중을 7.85로 계산하여 소수 첫째 자리에서 반올림한다.

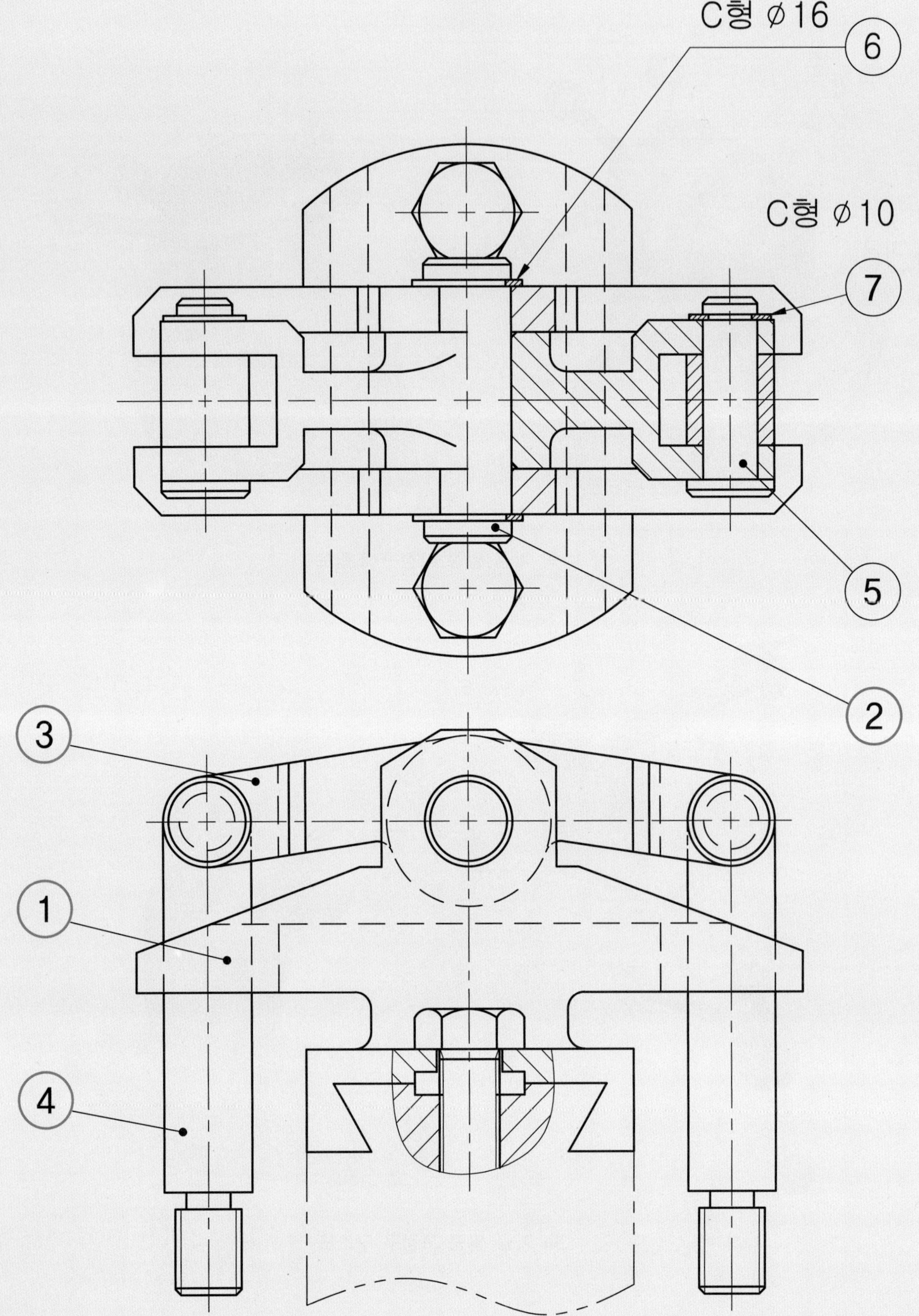

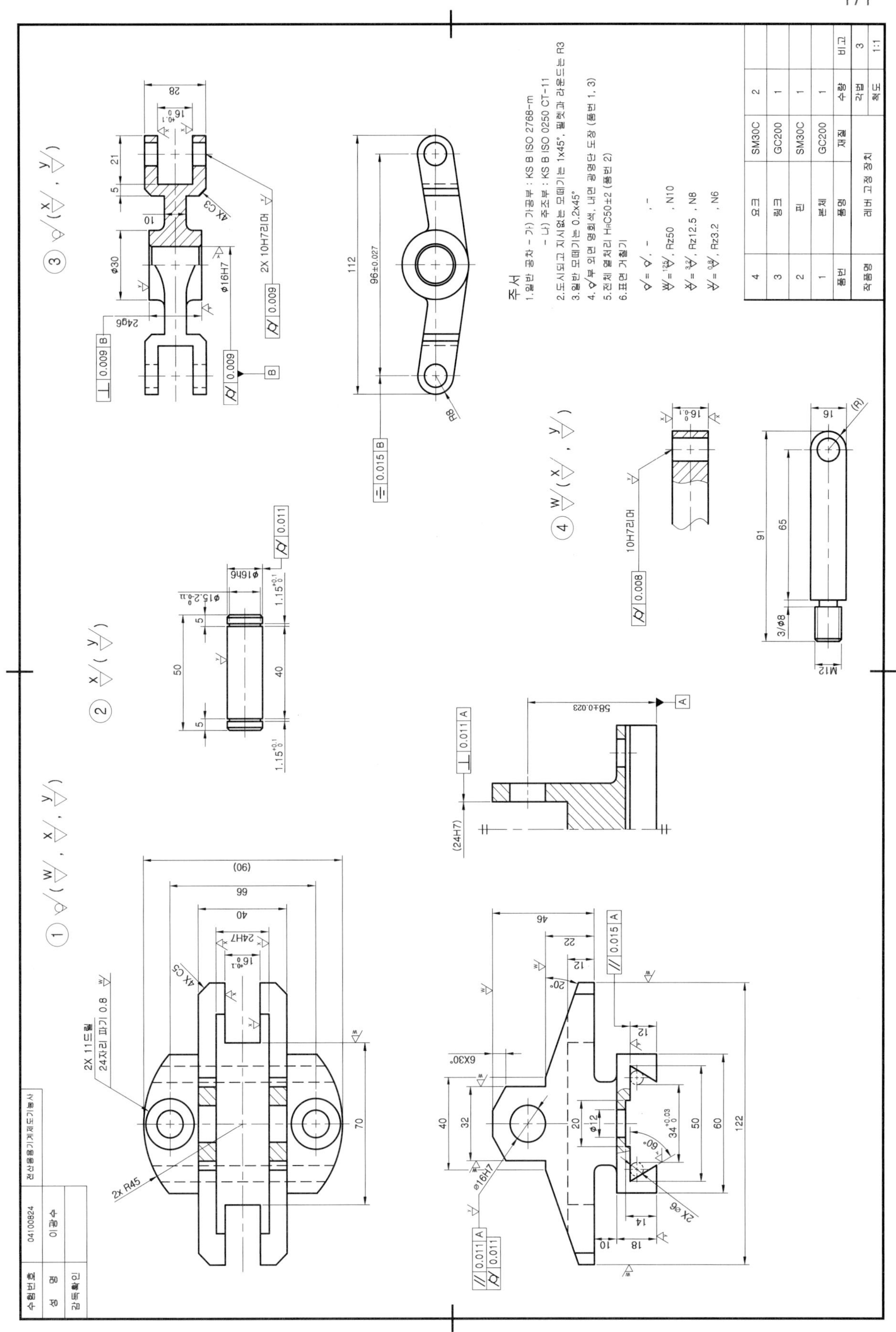
주서
1.일반 공차 - 가) 가공부 : KS B ISO 2768-m
- 나) 주조부 : KS B ISO 0250 CT-11
2.도시되고 지시없는 모떼기는 1x45°, 필렛과 라운드는 R3
3.일반 모떼기는 0.2x45°
4.부 외면 명회색, 내면 광명단 도장 (품번 1, 3)
5.전체 열처리 HRC50±2 (품번 2)
6.표면 거칠기
W = 12.5/, Rz50 , N10
X = 3.2/, Rz12.5 , N8
Y = 0.8/, Rz3.2 , N6
4 요크 SM30C 2
3 링크 GC200 1
2 핀 SM30C 1
1 본체 GC200 1
품번 품명 재질 수량 비고
작품명 레버 고정 장치 각법 3 척도 1:1
수험번호 04100824
성명 이광수
감독확인
전산응용기계제도기능사

3D 모법답안 제출용 – 레버 고정 장치

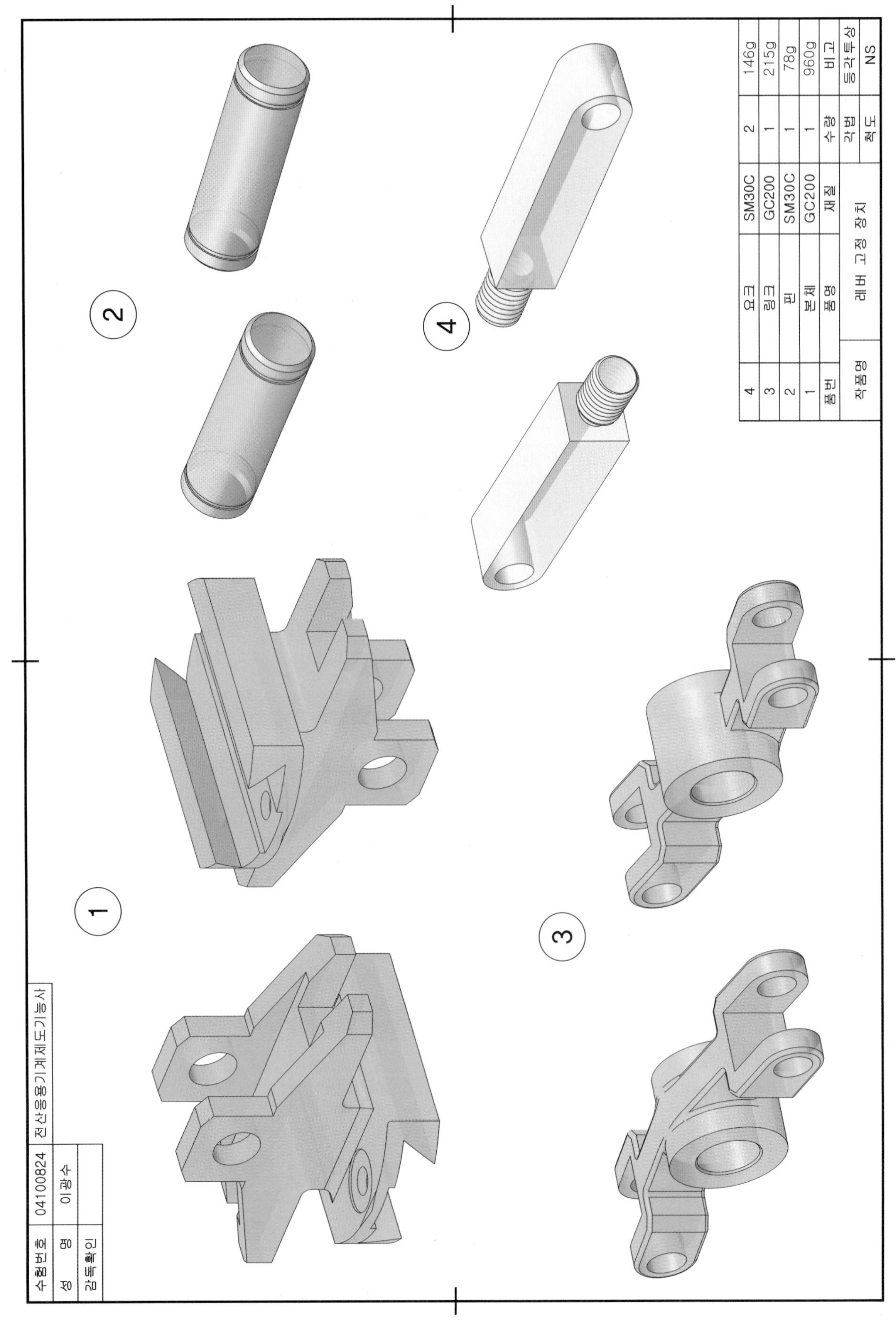

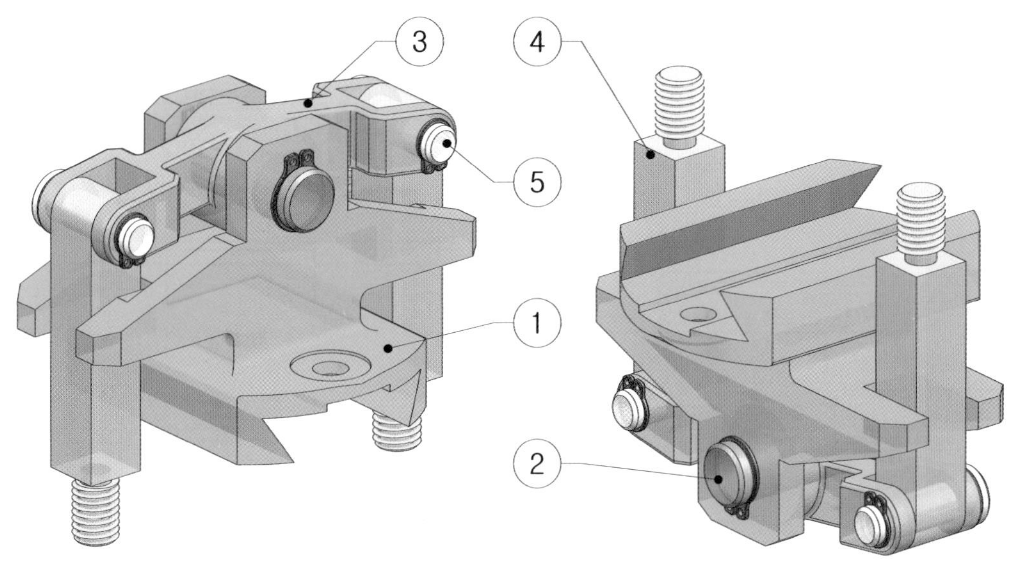

레버 고정 장치 조립도

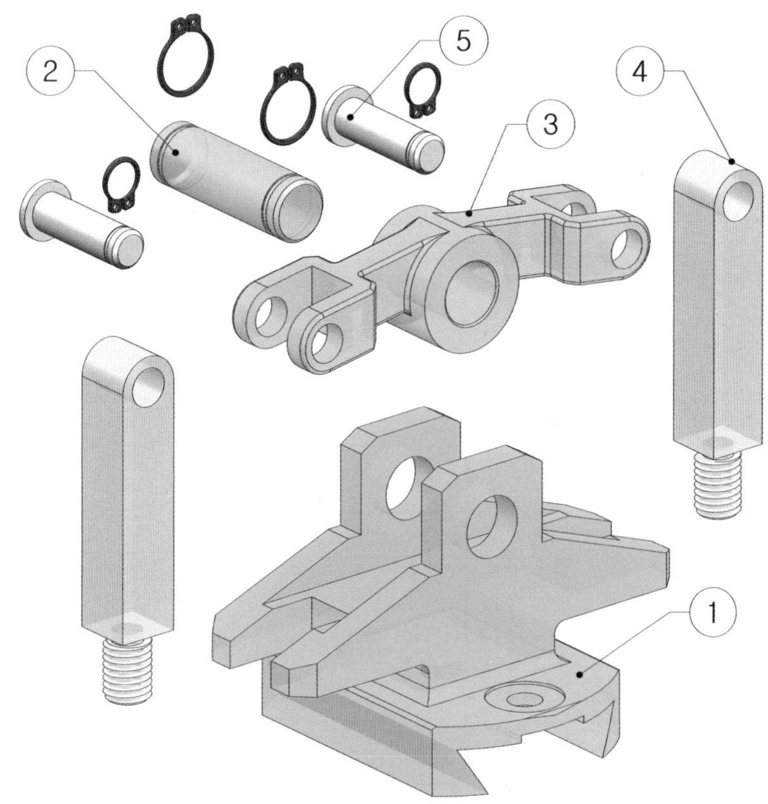

레버 고정 장치 구조도

과제31 앵글 타이트너

• 등각 투상도(3D) 부품란 '비고'에 질량을 기입한다.
• 비중을 7.85로 계산하여 소수 첫째 자리에서 반올림한다.

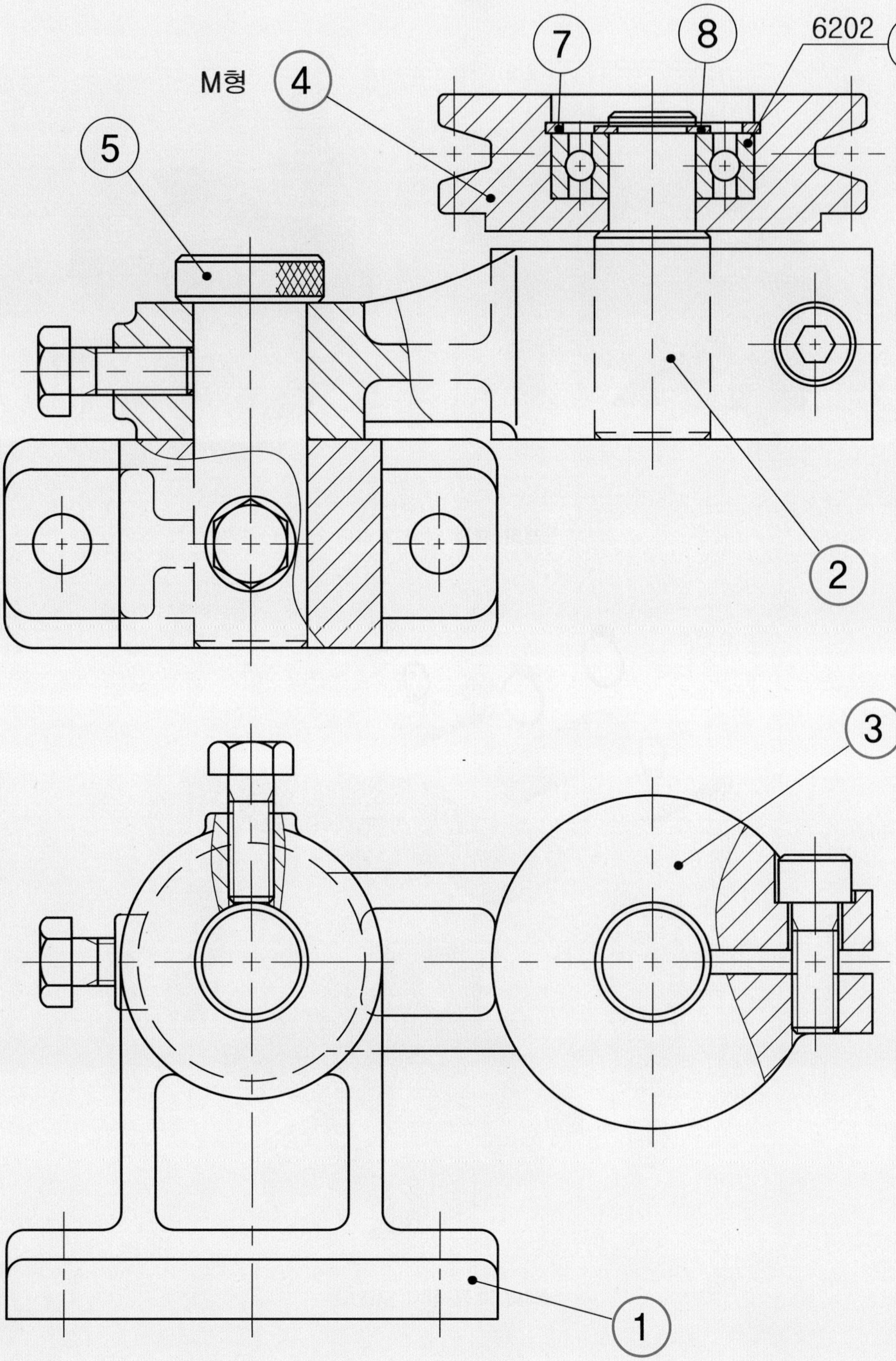

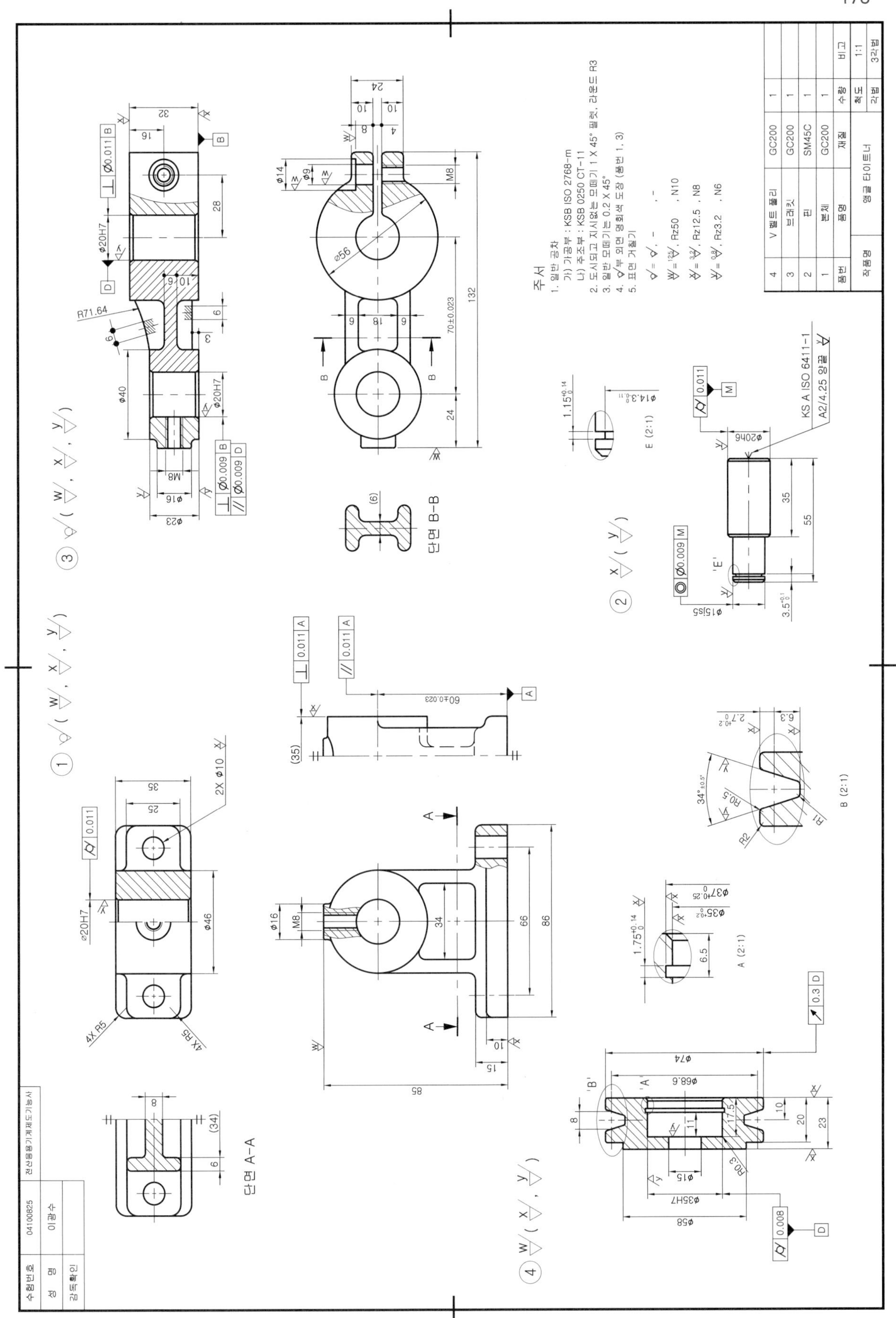

3D 모법답안 제출용 – 앵글 타이트너

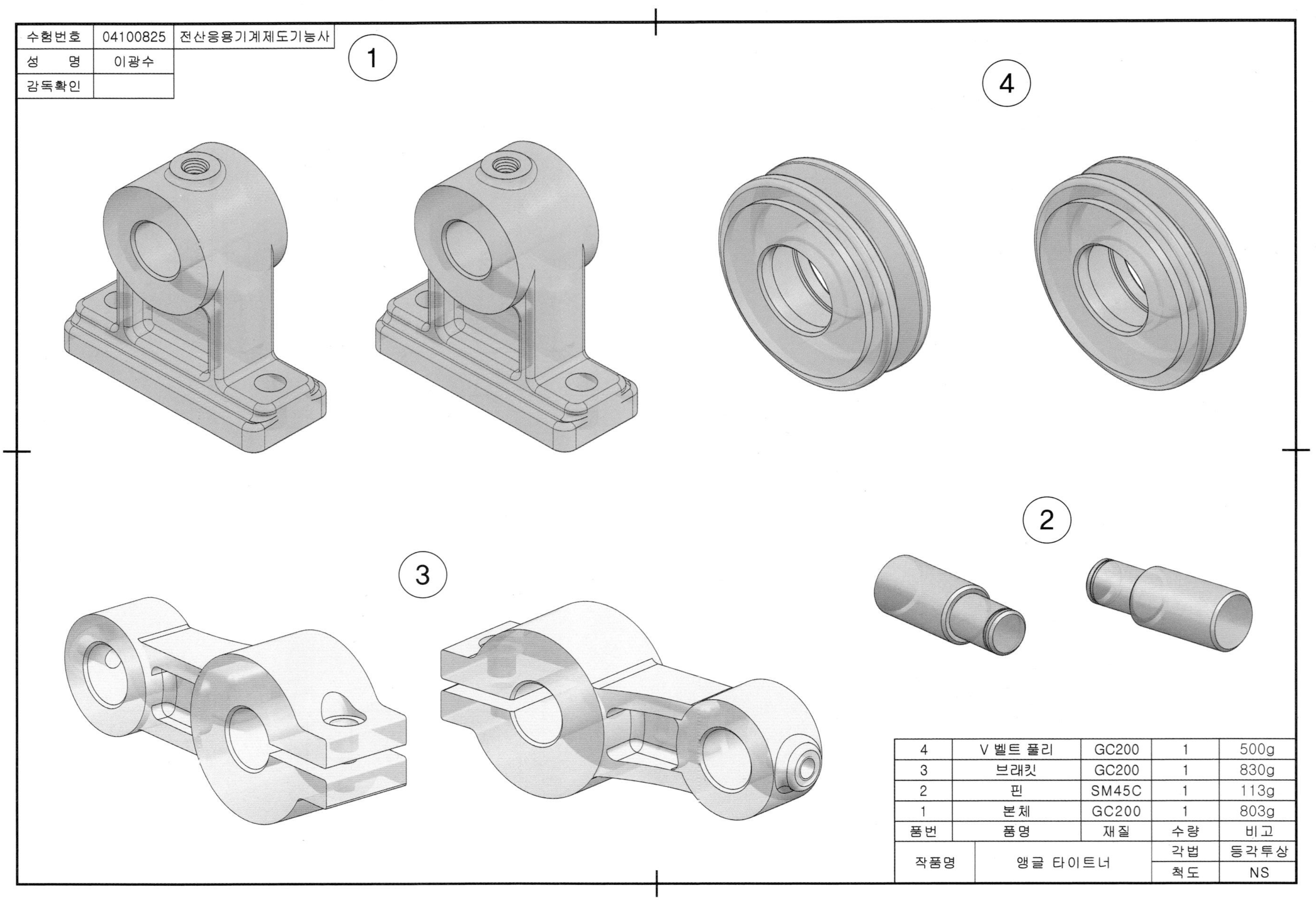

수험번호 04100825 전산응용기계제도기능사
성 명 이광수
감독확인
1
4
2
3
4 V 벨트 풀리 GC200 1 500g
3 브래킷 GC200 1 830g
2 핀 SM45C 1 113g
1 본체 GC200 1 803g
품번 품명 재질 수량 비고
작품명 앵글 타이트너 각법 등각투상
척도 NS

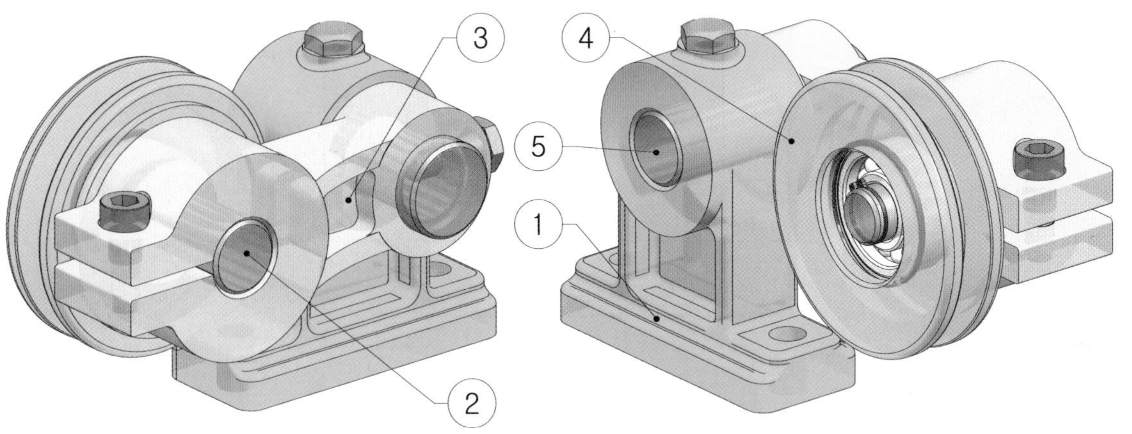

앵글 타이트너 조립도

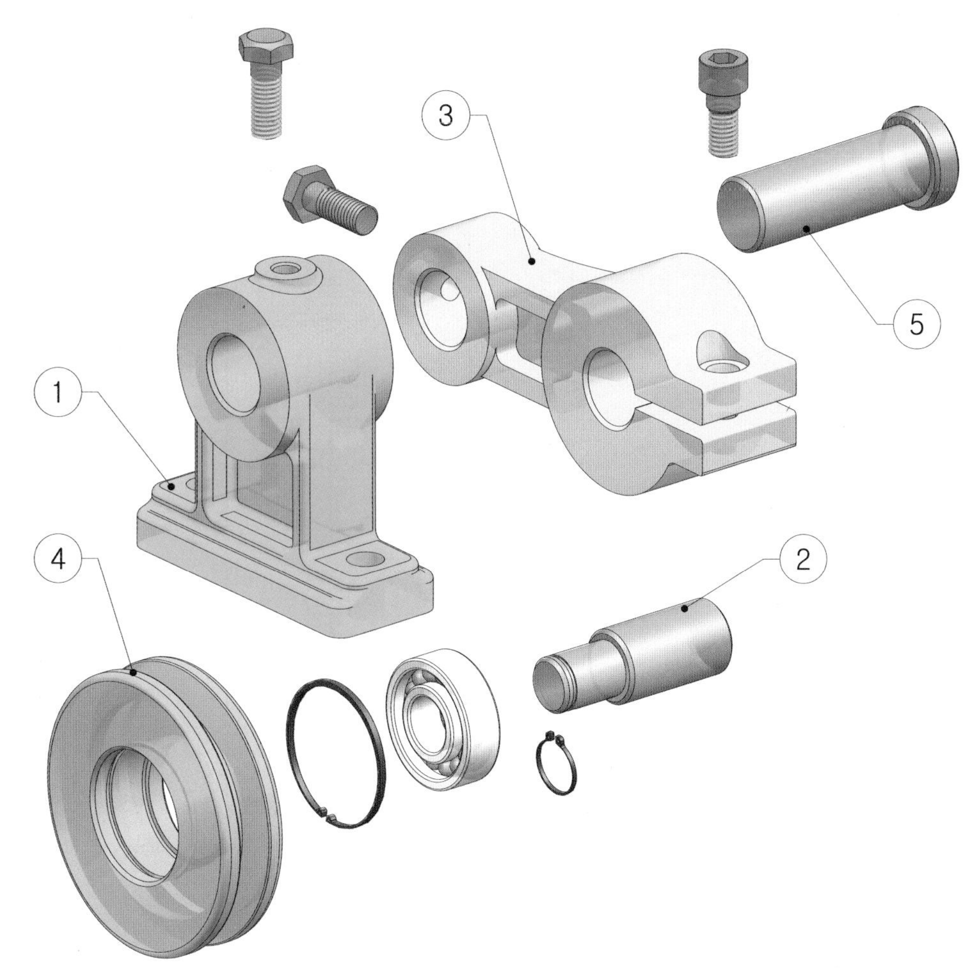

앵글 타이트너 구조도

과제32 드릴 지그1

- 등각 투상도(3D) 부품란 '비고'에 질량을 기입한다.
- 비중을 7.85로 계산하여 소수 첫째 자리에서 반올림한다.

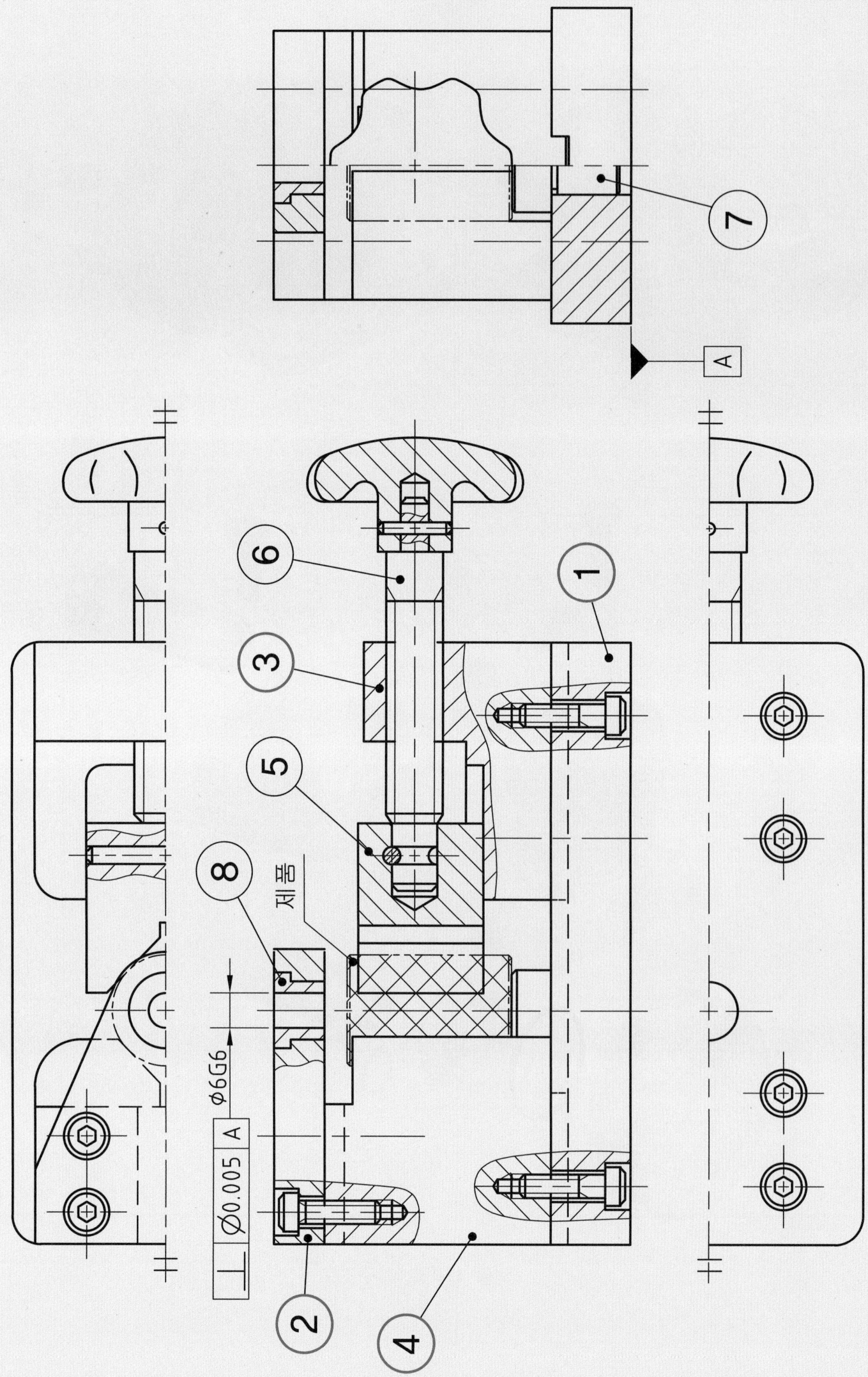

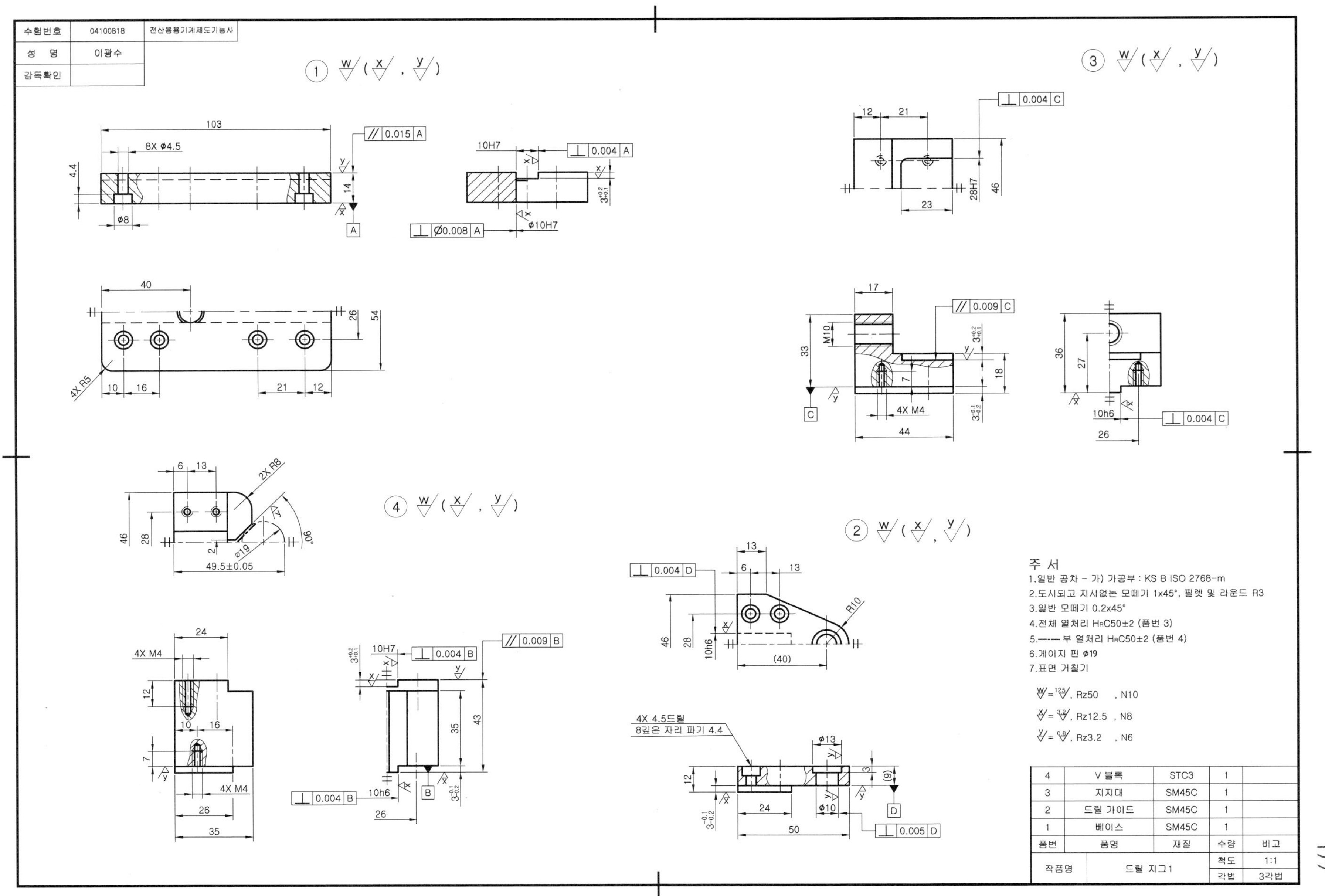
수험번호 04100818 전산응용기계제도기능사
성 명 이광수
감독확인
주 서
1.일반 공차 - 가) 가공부 : KS B ISO 2768-m
2.도시되고 지시없는 모떼기 1x45°, 필렛 및 라운드 R3
3.일반 모떼기 0.2x45°
4.전체 열처리 HRC50±2 (품번 3)
5.부 열처리 HRC50±2 (품번 4)
6.게이지 핀 ϕ19
7.표면 거칠기
Rz50 , N10
Rz12.5 , N8
Rz3.2 , N6
4X 4.5드릴
8깊은 자리 파기 4.4
4 V블록 STC3 1
3 지지대 SM45C 1
2 드릴 가이드 SM45C 1
1 베이스 SM45C 1
품번 품명 재질 수량 비고
작품명 드릴 지그1 척도 1:1 각법 3각법

3D 모법답안 제출용 - 드릴 지그1

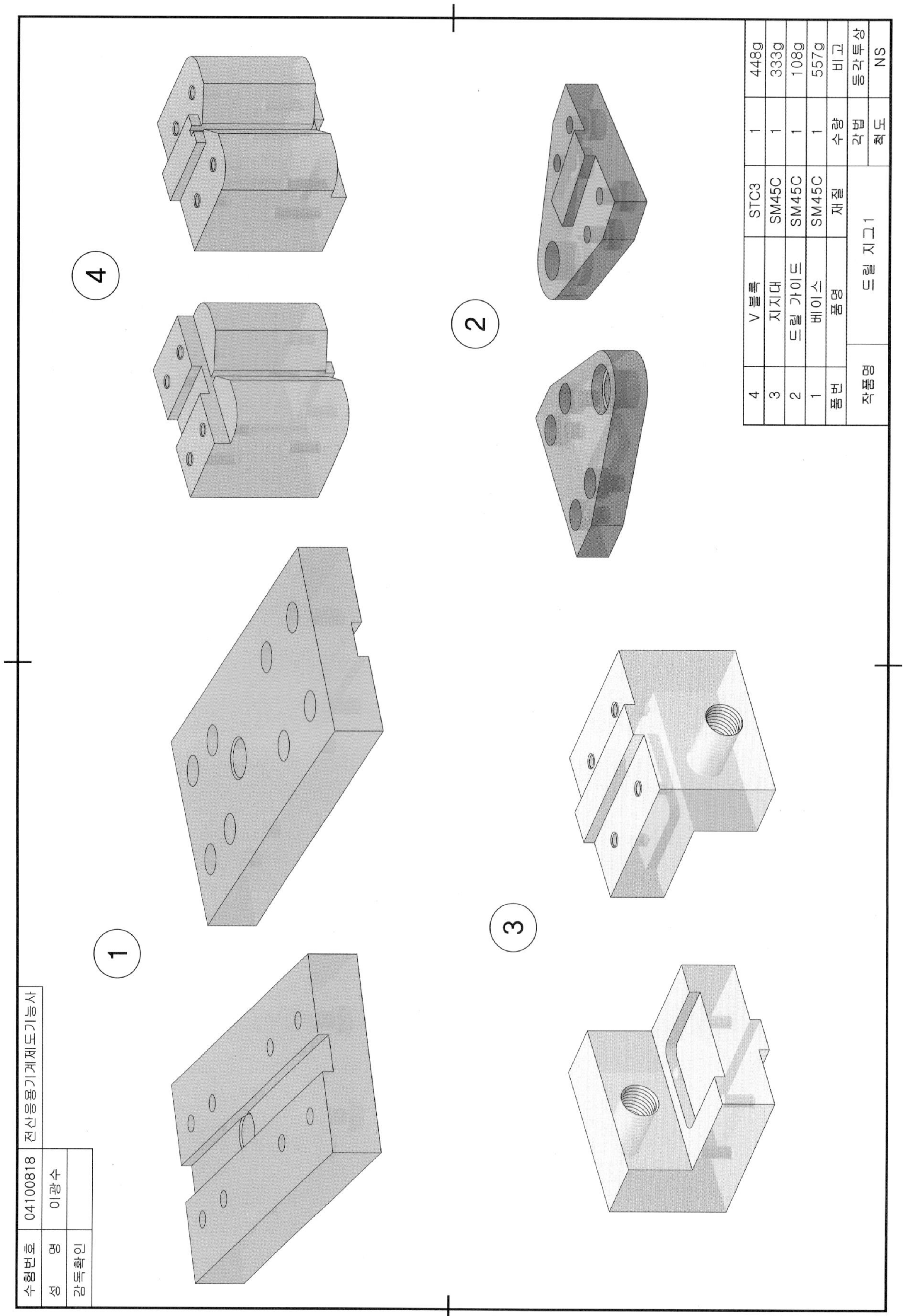

수험번호
04100818
전산응용기계제도기능사
성 명
이광수
감독확인
1
2
3
4
4
V 블록
STC3
1
448g
3
지지대
SM45C
1
333g
2
드릴 가이드
SM45C
1
108g
1
베이스
SM45C
1
557g
품번
품명
재질
수량
비고
작품명
드릴 지그1
각법
등각투상
척도
NS

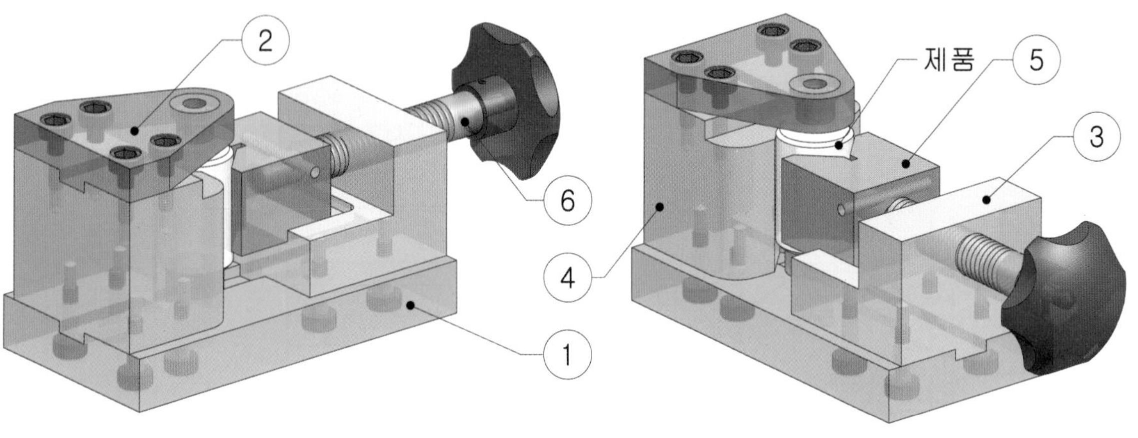

드릴 지그1 조립도

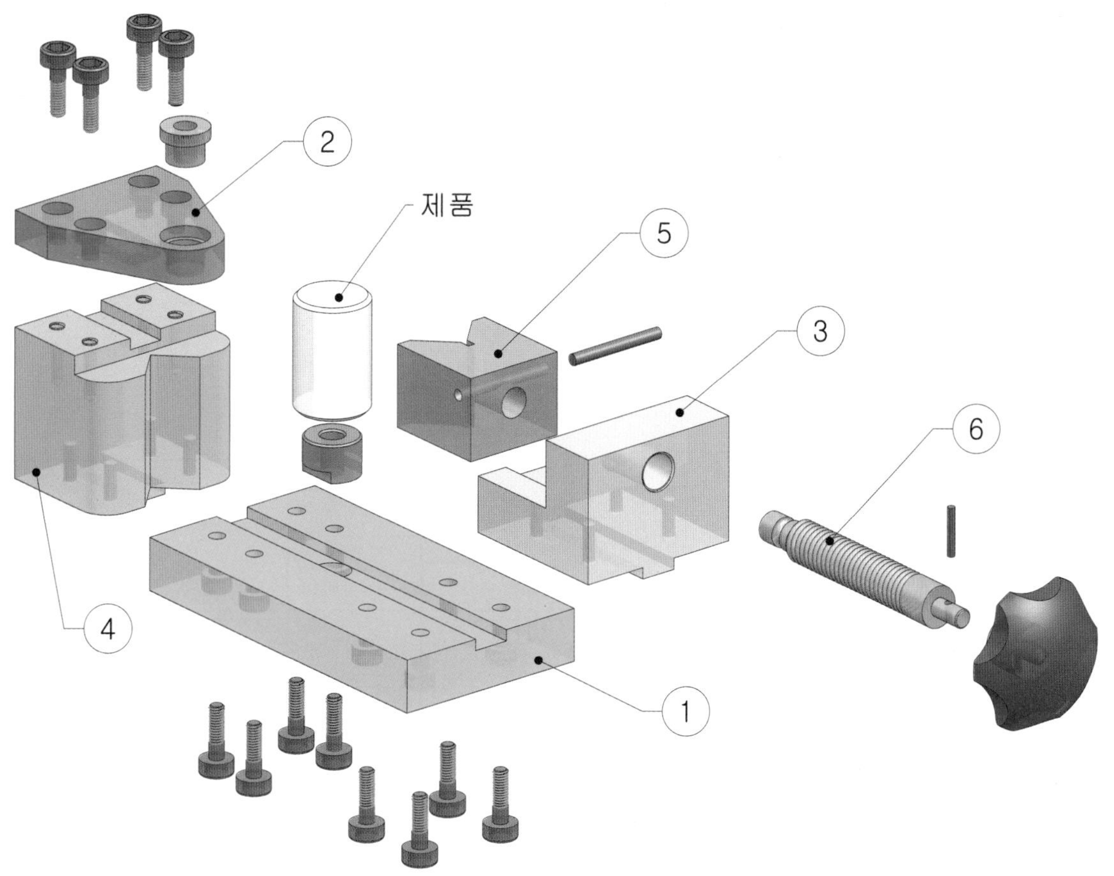

드릴 지그1 구조도

과제33 드릴 지그2

- 등각 투상도(3D) 부품란 '비고'에 질량을 기입한다.
- 비중을 7.85로 계산하여 소수 첫째 자리에서 반올림한다.

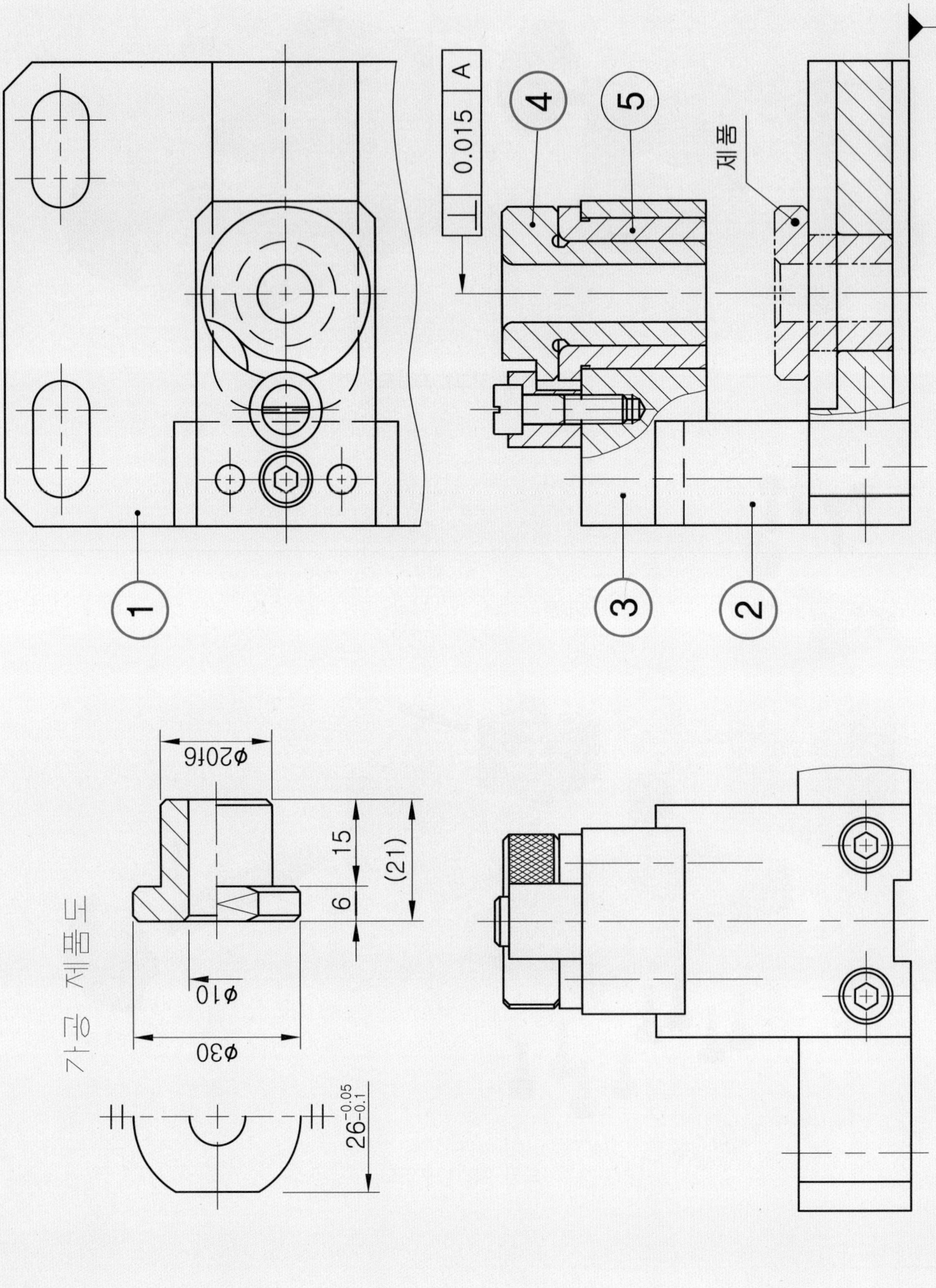

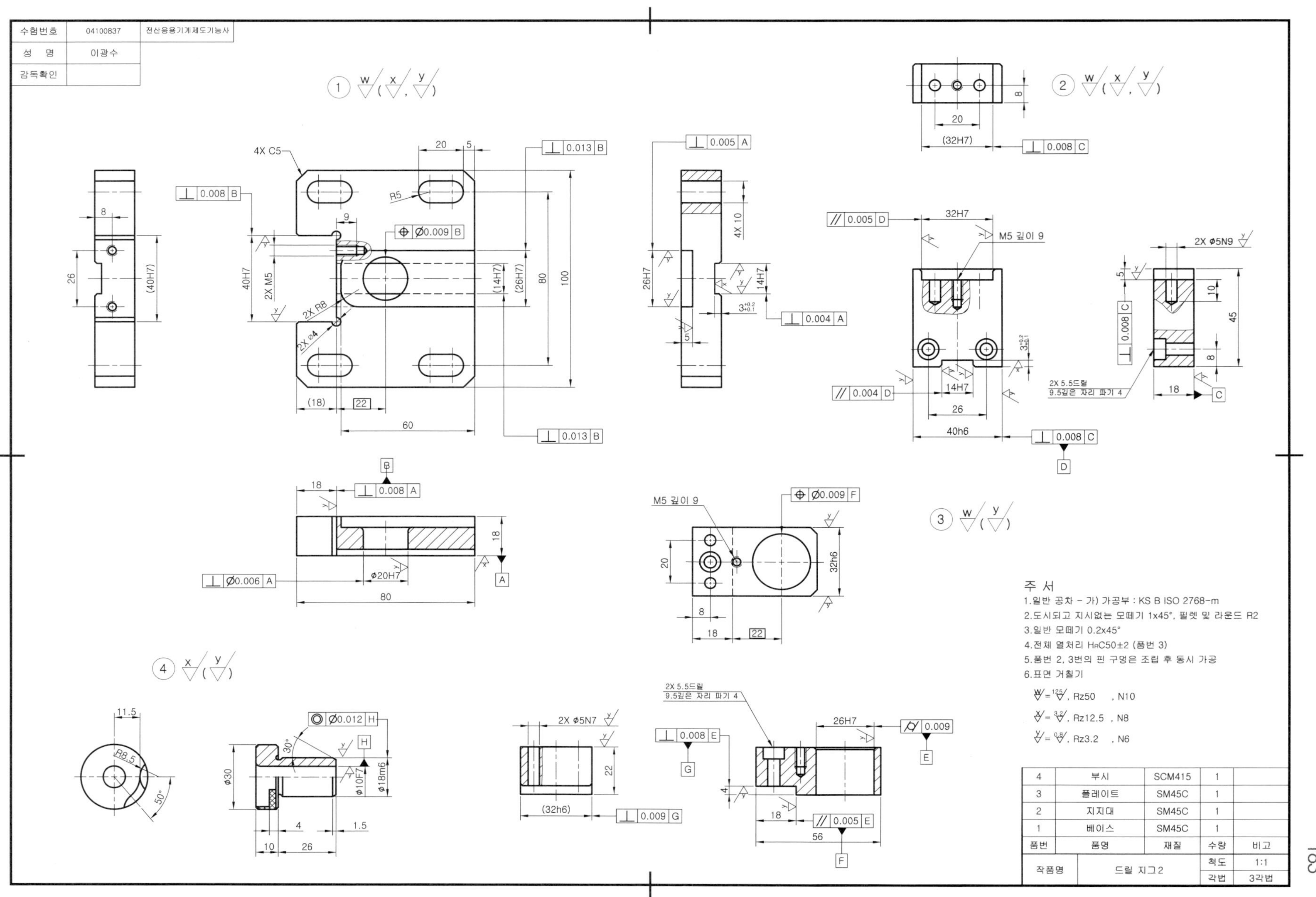
수험번호 04100837
전산응용기계제도기능사
성 명 이광수
감독확인
주 서
1.일반 공차 - 가) 가공부 : KS B ISO 2768-m
2.도시되고 지시없는 모떼기 1x45°, 필렛 및 라운드 R2
3.일반 모떼기 0.2x45°
4.전체 열처리 HRC50±2 (품번 3)
5.품번 2, 3번의 핀 구멍은 조립 후 동시 가공
6.표면 거칠기
, Rz50 , N10
, Rz12.5 , N8
, Rz3.2 , N6
4 부시 SCM415 1
3 플레이트 SM45C 1
2 지지대 SM45C 1
1 베이스 SM45C 1
품번 품명 재질 수량 비고
작품명 드릴 지그2
척도 1:1
각법 3각법

3D 모법답안 제출용 – 드릴 지그2

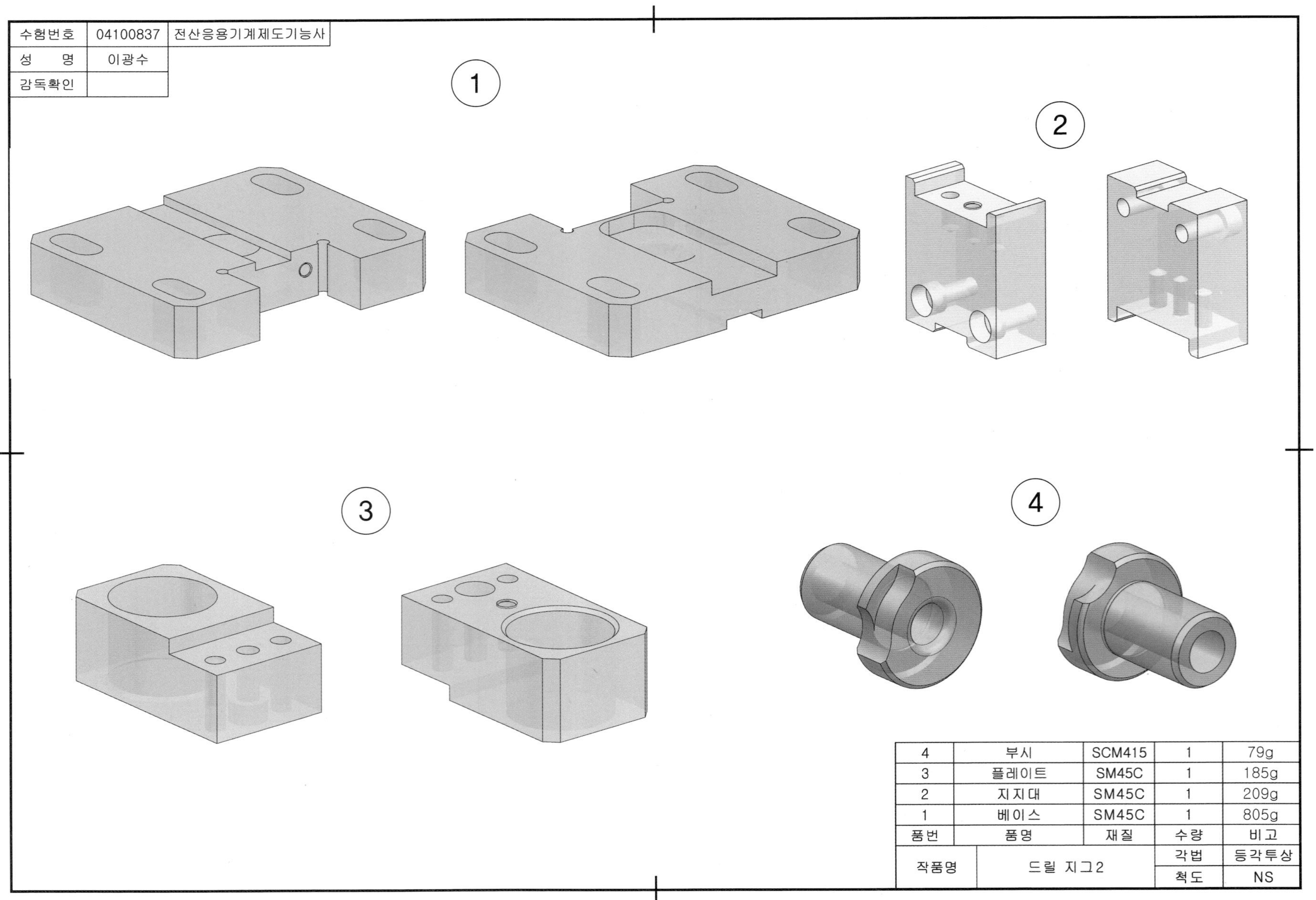

4	부시	SCM415	1	79g
3	플레이트	SM45C	1	185g
2	지지대	SM45C	1	209g
1	베이스	SM45C	1	805g
품번	품명	재질	수량	비고
작품명	드릴 지그2		각법	등각투상
			척도	NS

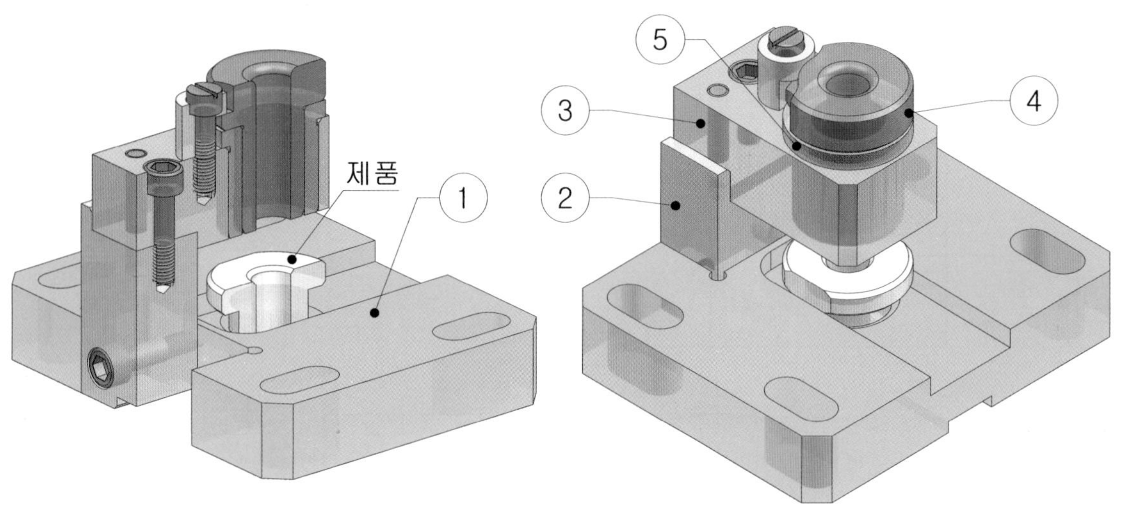

드릴 지그2 조립도

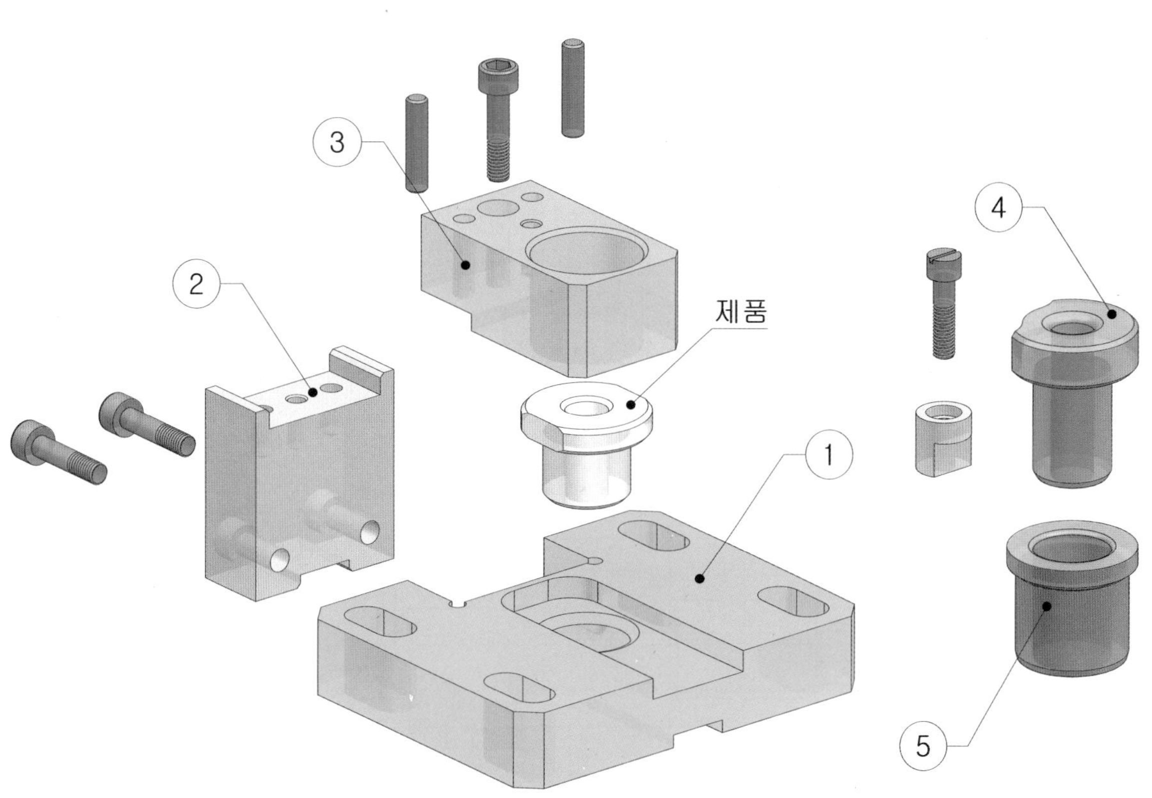

드릴 지그2 구조도

과제34 인덱싱 드릴 지그

- 등각 투상도(3D) 부품란 '비고'에 질량을 기입한다.
- 비중을 7.85로 계산하여 소수 첫째 자리에서 반올림한다.

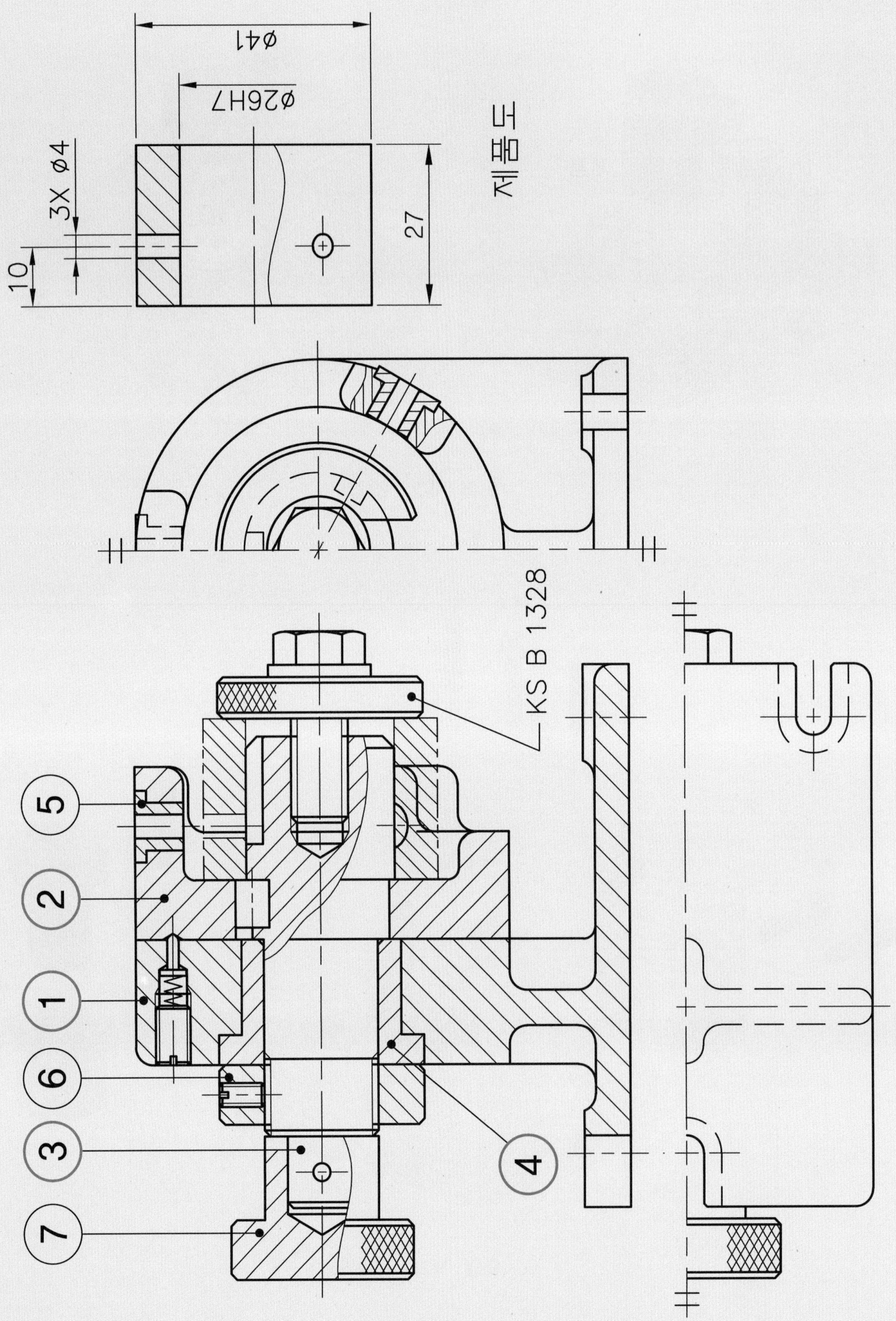

ø41

ø26H7

3X ø4

10

27

제품도

KS B 1328

5

2

1

6

3

7

4

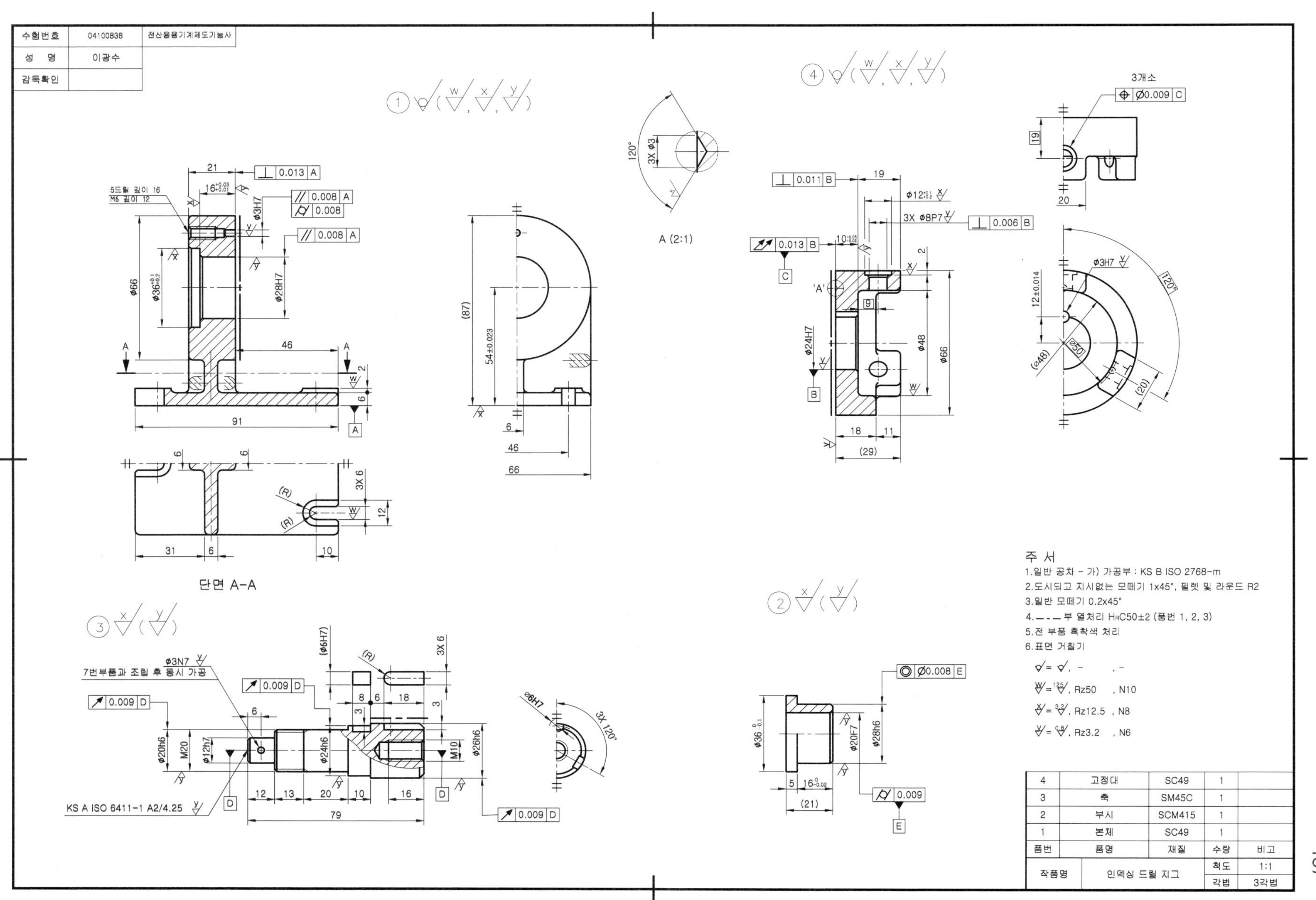
수험번호 04100838 전산응용기계제도기능사
성 명 이광수
감독확인
A (2:1)
단면 A-A
5드릴 깊이 16
M6 깊이 12
3개소
7번부품과 조립 후 동시 가공
KS A ISO 6411-1 A2/4.25
주 서
1.일반 공차 - 가) 가공부 : KS B ISO 2768-m
2.도시되고 지시없는 모떼기 1x45°, 필렛 및 라운드 R2
3.일반 모떼기 0.2x45°
4. ——— 부 열처리 HRC50±2 (품번 1, 2, 3)
5.전 부품 흑착색 처리
6.표면 거칠기
Rz50 , N10
Rz12.5 , N8
Rz3.2 , N6
4 고정대 SC49 1
3 축 SM45C 1
2 부시 SCM415 1
1 본체 SC49 1
품번 품명 재질 수량 비고
작품명 인덱싱 드릴 지그 척도 1:1 각법 3각법

3D 모법답안 제출용 – 인덱싱 드릴 지그

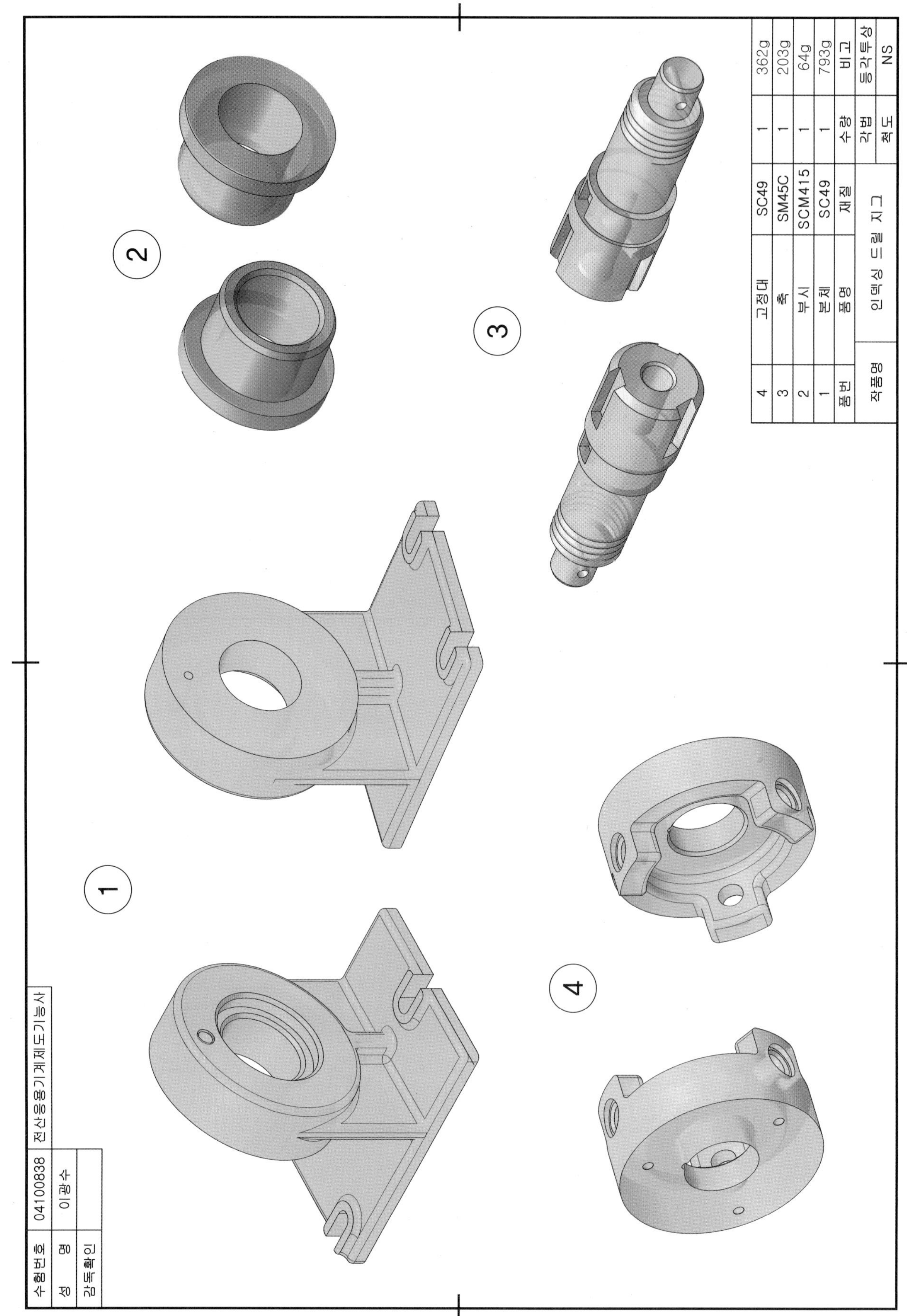

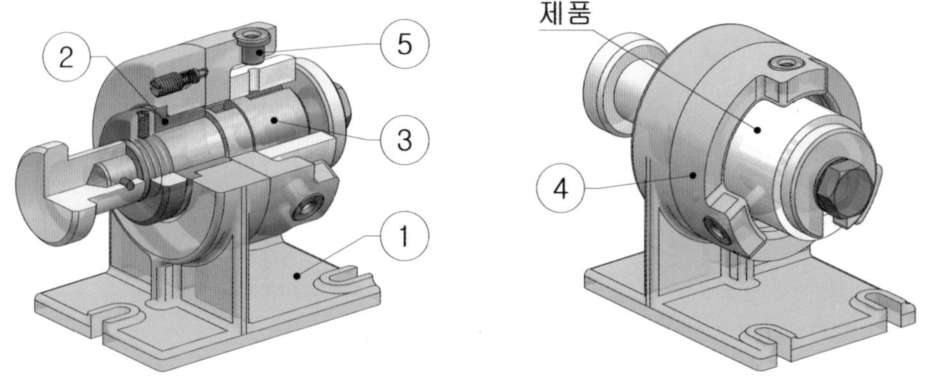

인덱싱 드릴 지그 조립도

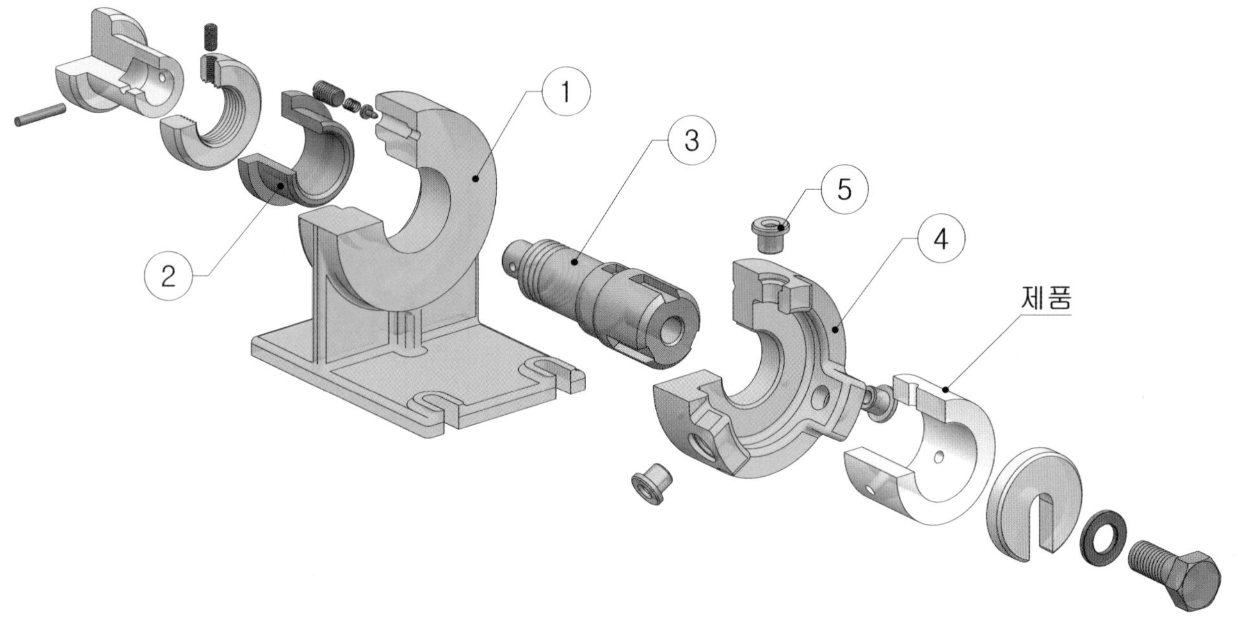

인덱싱 드릴 지그 구조도

- 등각 투상도(3D) 부품란 '비고'에 질량을 기입한다.
- 비중을 7.85로 계산하여 소수 첫째 자리에서 반올림한다.

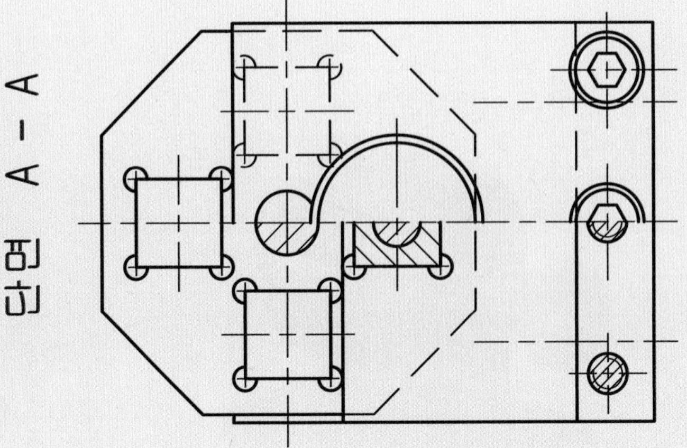

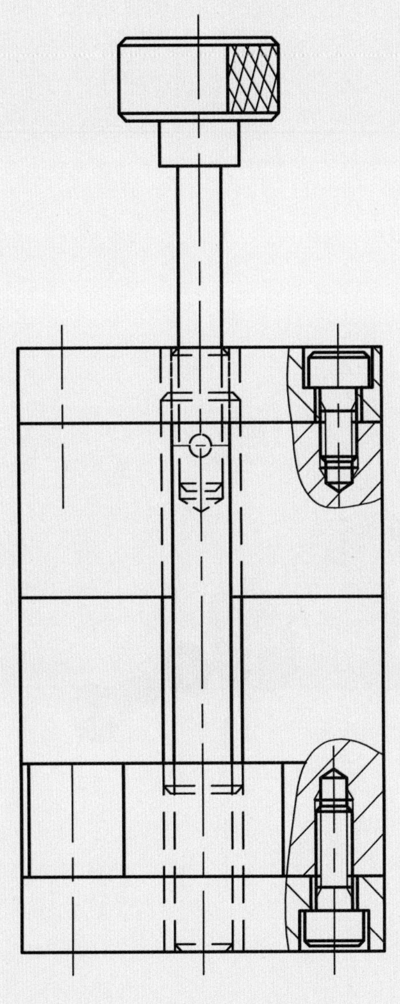

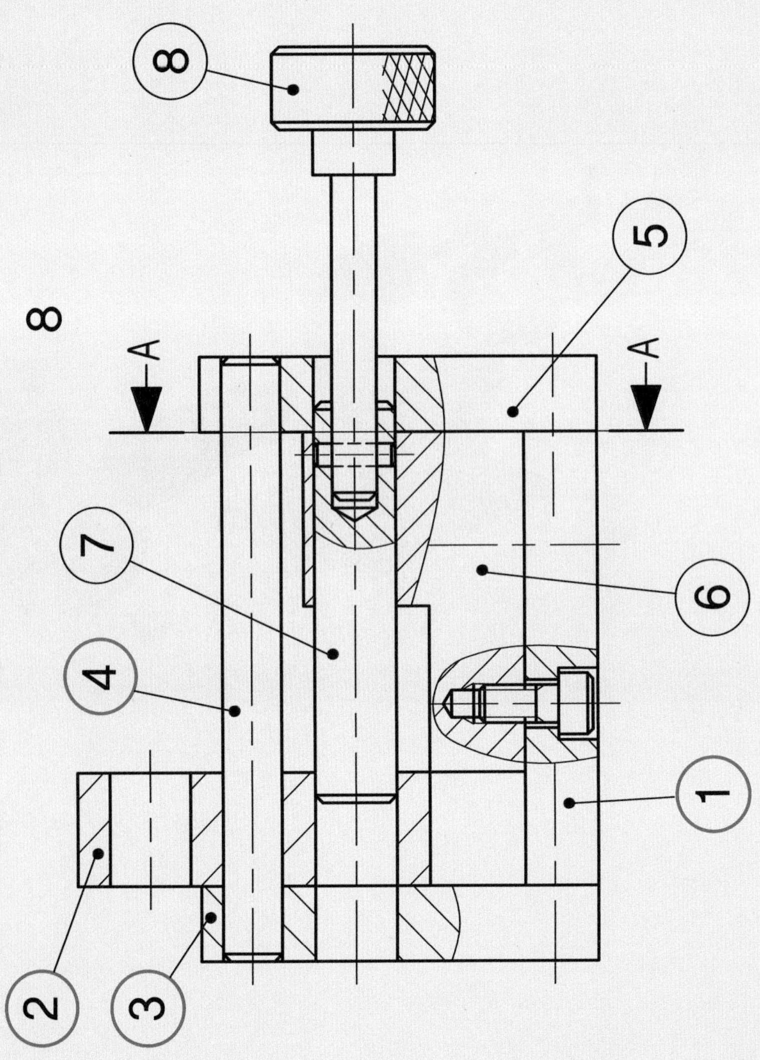

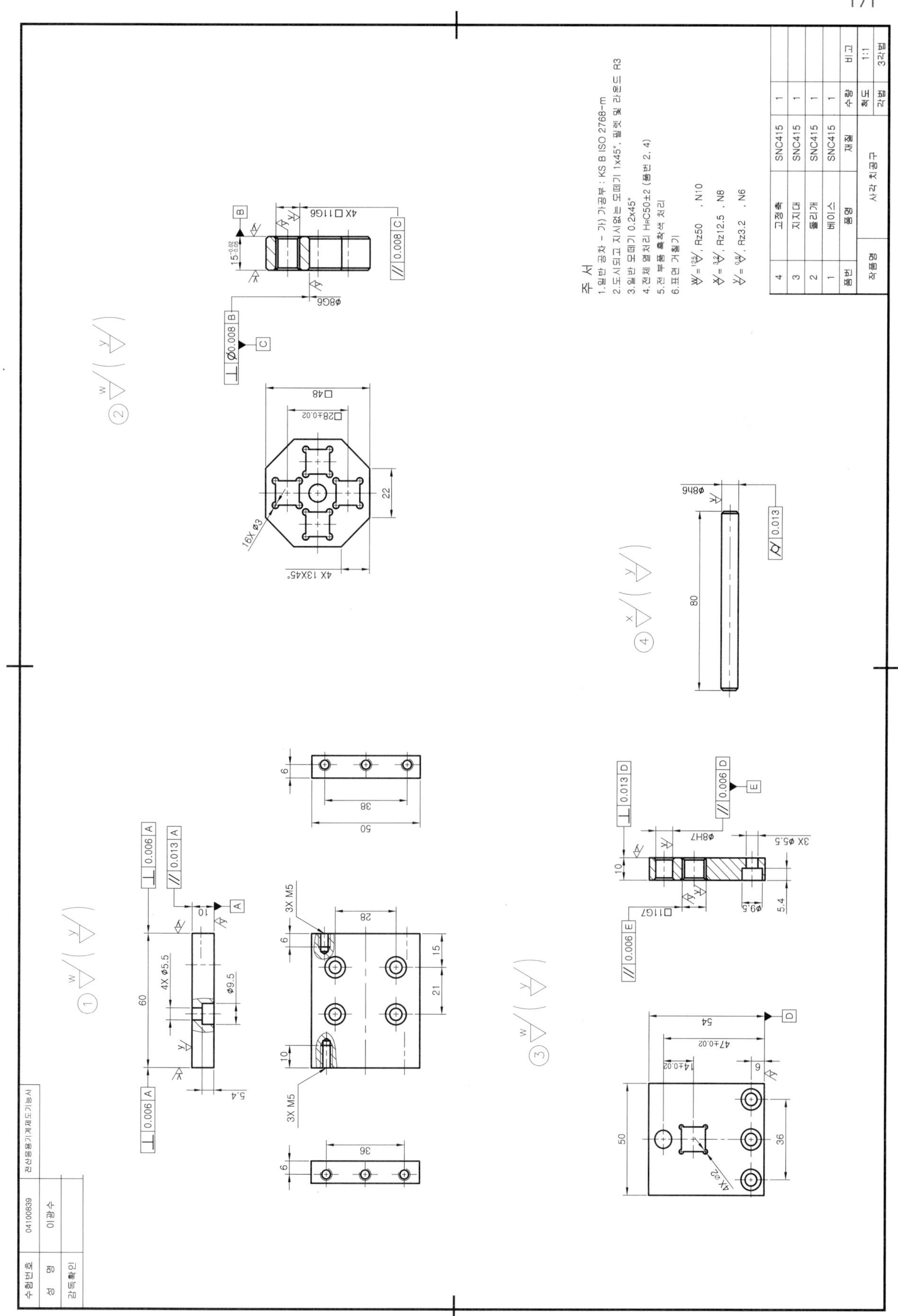
주 서
1.일반 공차 - 가) 가공부 : KS B ISO 2768-m
2.도시되고 지시없는 모떼기 1x45°, 필렛 및 라운드 R3
3.일반 모떼기 0.2x45°
4.전체 열처리 HRC50±2 (품번 2, 4)
5.전 부품 흑착색 처리
6.표면 거칠기
4 고정축 SNC415 1
3 지지대 SNC415 1
2 돌리개 SNC415 1
1 베이스 SNC415 1
품번 품명 재질 수량 비고
작품명 사각 치공구 척도 1:1 각법 3각법
수험번호 04100839
성 명 이광수
감독확인
전산응용기계제도기능사

3D 모법답안 제출용 – 사각 치공구

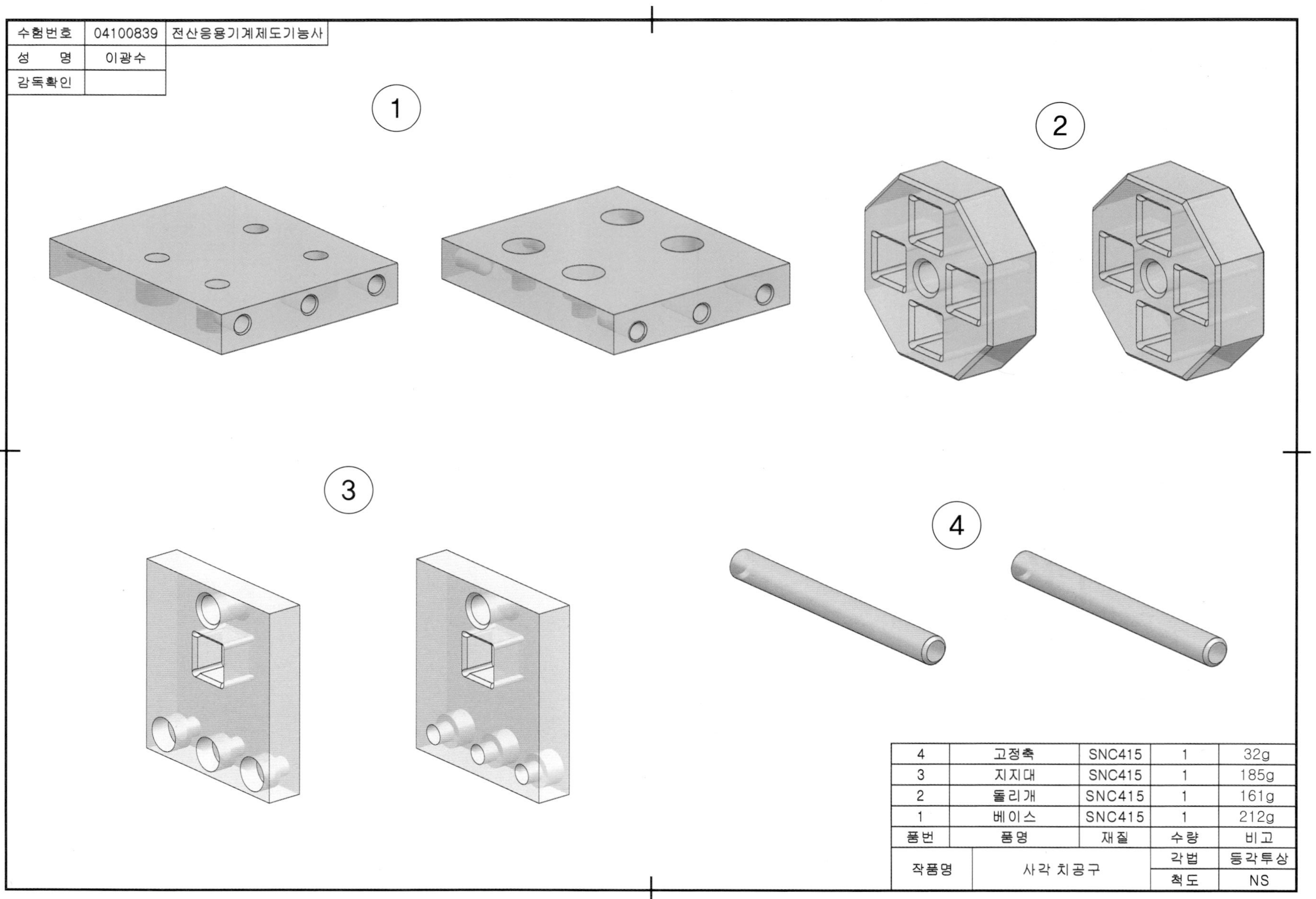

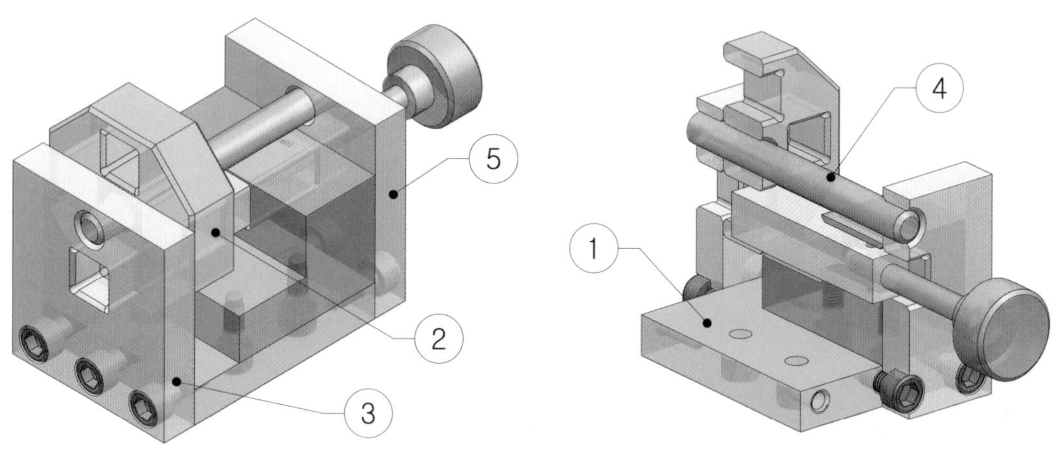

사각 치공구 조립도

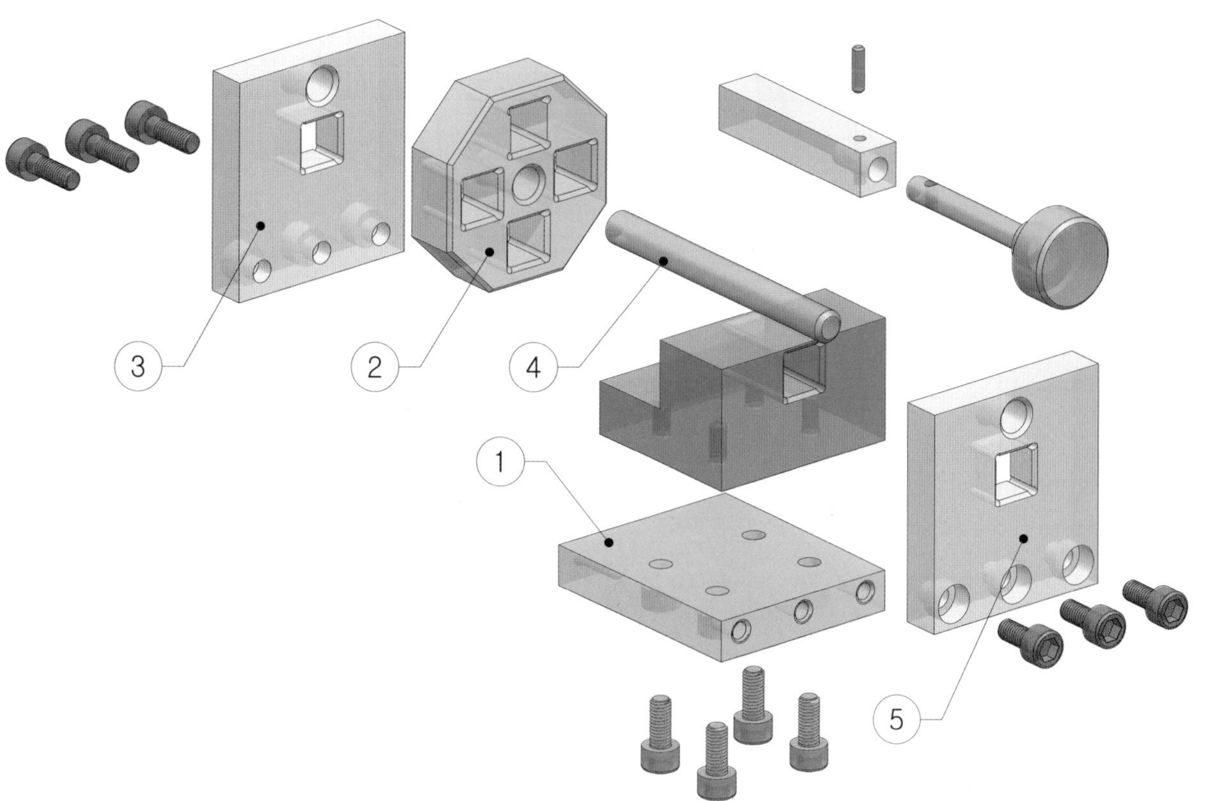

사각 치공구 구조도

과제36 기어 펌프

- 등각 투상도(3D) 부품란 '비고'에 질량을 기입한다.
- 비중을 7.85로 계산하여 소수 첫째 자리에서 반올림한다.

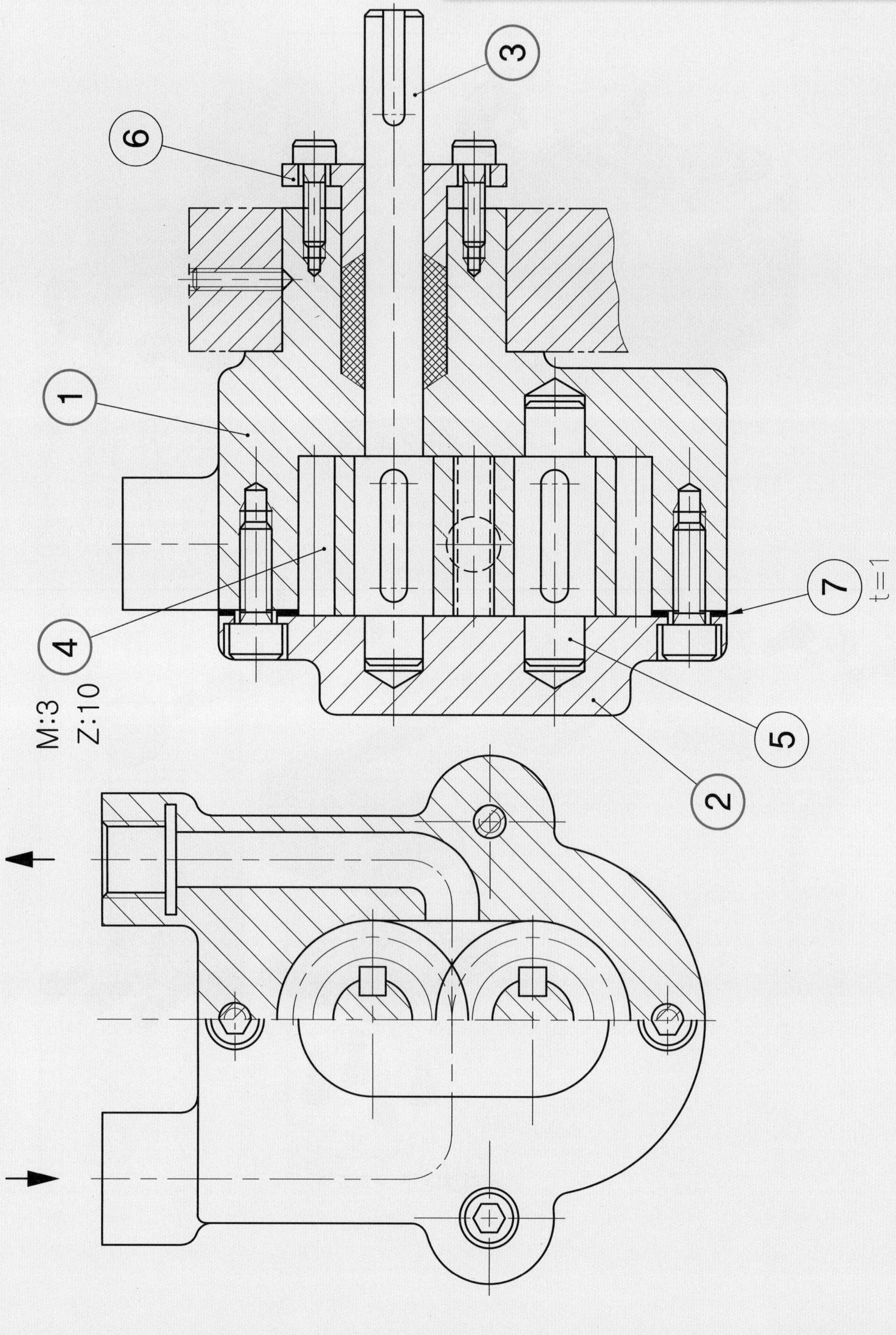

3
6
1
4
7
t=1
5
2
M:3
Z:10

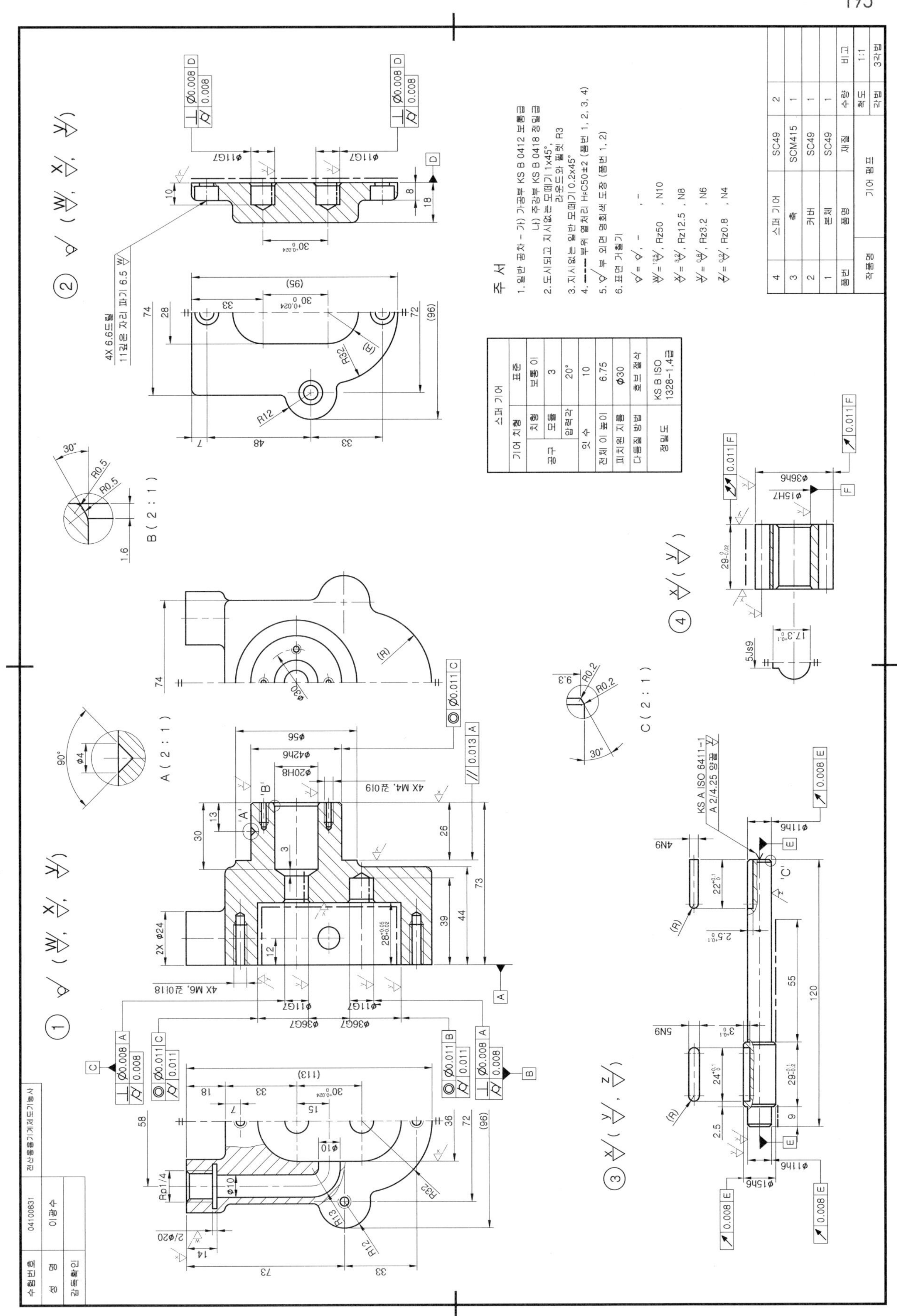
주 서
1. 일반 공차 - 가) 가공부 KS B 0412 보통급
나) 주강부 KS B 0418 정밀급
2. 도시되고 지시없는 모떼기 1x45°, 라운드와 필렛 R3
3. 지시없는 일반 모떼기 0.2x45°
4. 부위 열처리 HRC50±2 (품번 1, 2, 3, 4)
5. 부 외면 명회색 도장 (품번 1, 2)
6. 표면 거칠기
Rz250 , N10
Rz12.5 , N8
Rz3.2 , N6
Rz0.8 , N4
스퍼 기어
기어 치형 표준
치형 보통 이
모듈 3
압력각 20°
잇 수 10
전체 이 높이 6.75
피치원 지름 Ø30
다듬질 방법 호브 절삭
정밀도 KS B ISO 1328-1,4급
4 스퍼 기어 SC49 2
3 축 SCM415 1
2 커버 SC49 1
1 본체 SC49 1
품번 품명 재질 수량 비고
작품명 기어 펌프 척도 1:1 각법 3각법
수험번호 04100831
성 명 이광수
감독확인
전산응용기계제도기능사

3D 모범답안 제출용 – 기어 펌프

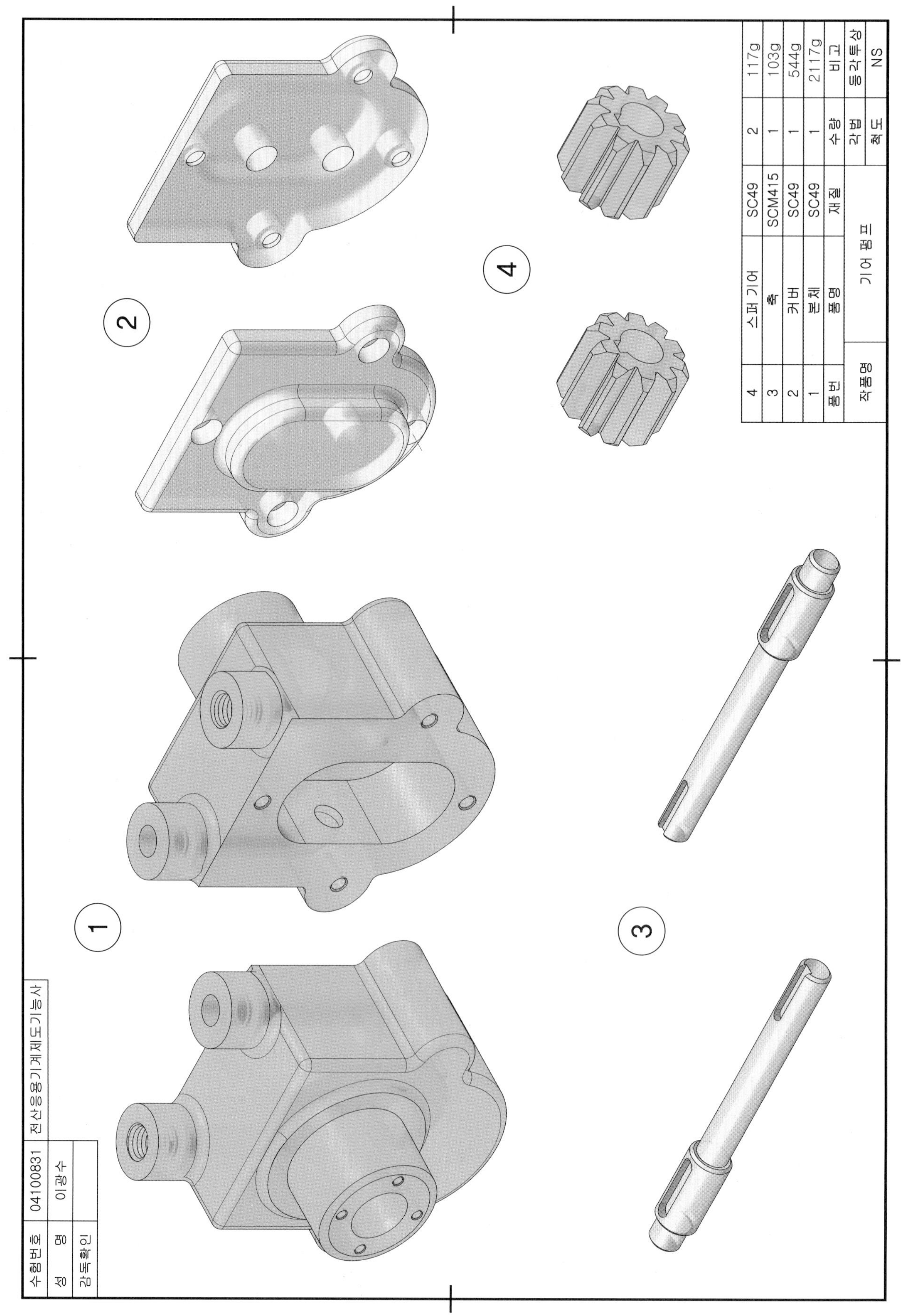

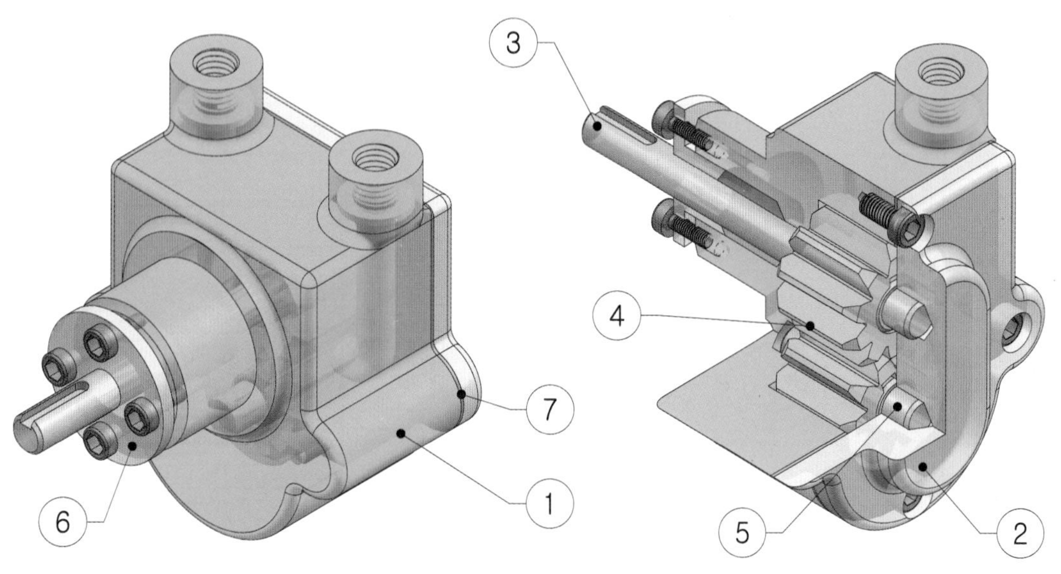

기어 펌프 조립도

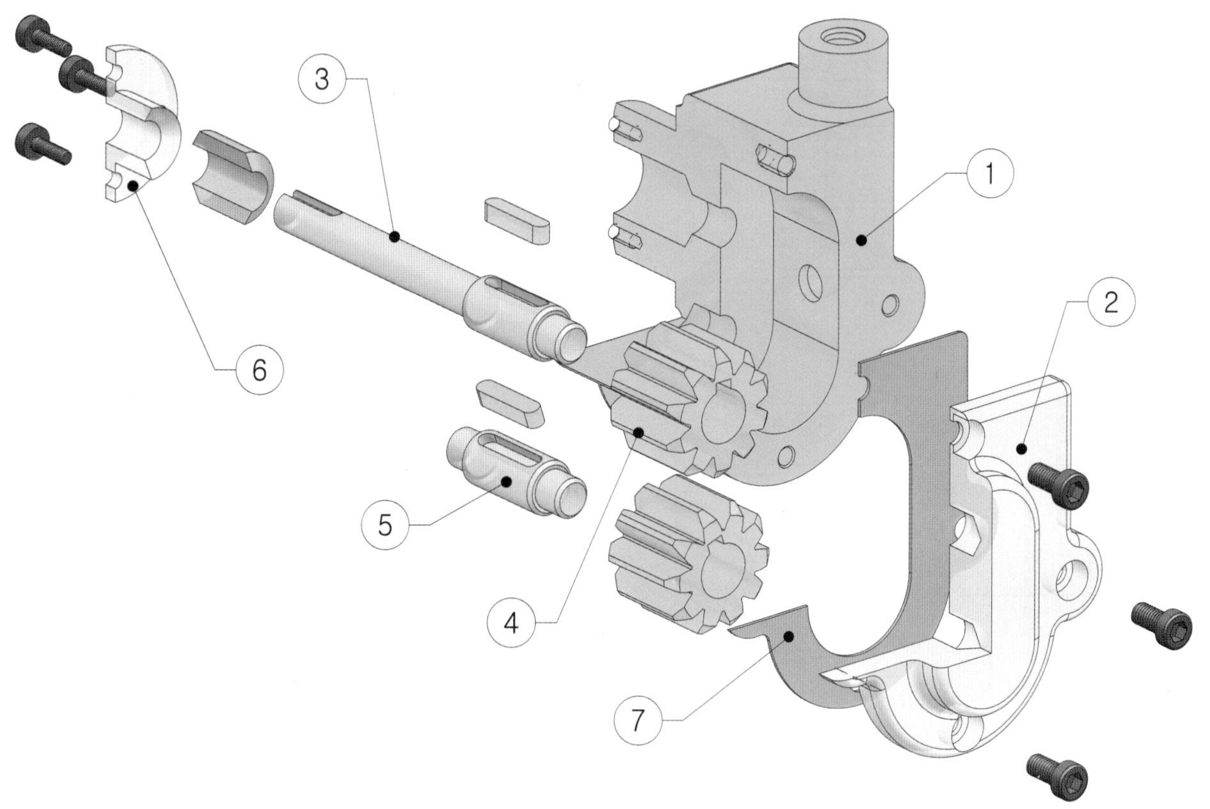

기어 펌프 구조도

과제37 리밍 지그1

- 등각 투상도(3D) 부품란 '비고'에 질량을 기입한다.
- 비중을 7.85로 계산하여 소수 첫째 자리에서 반올림한다.

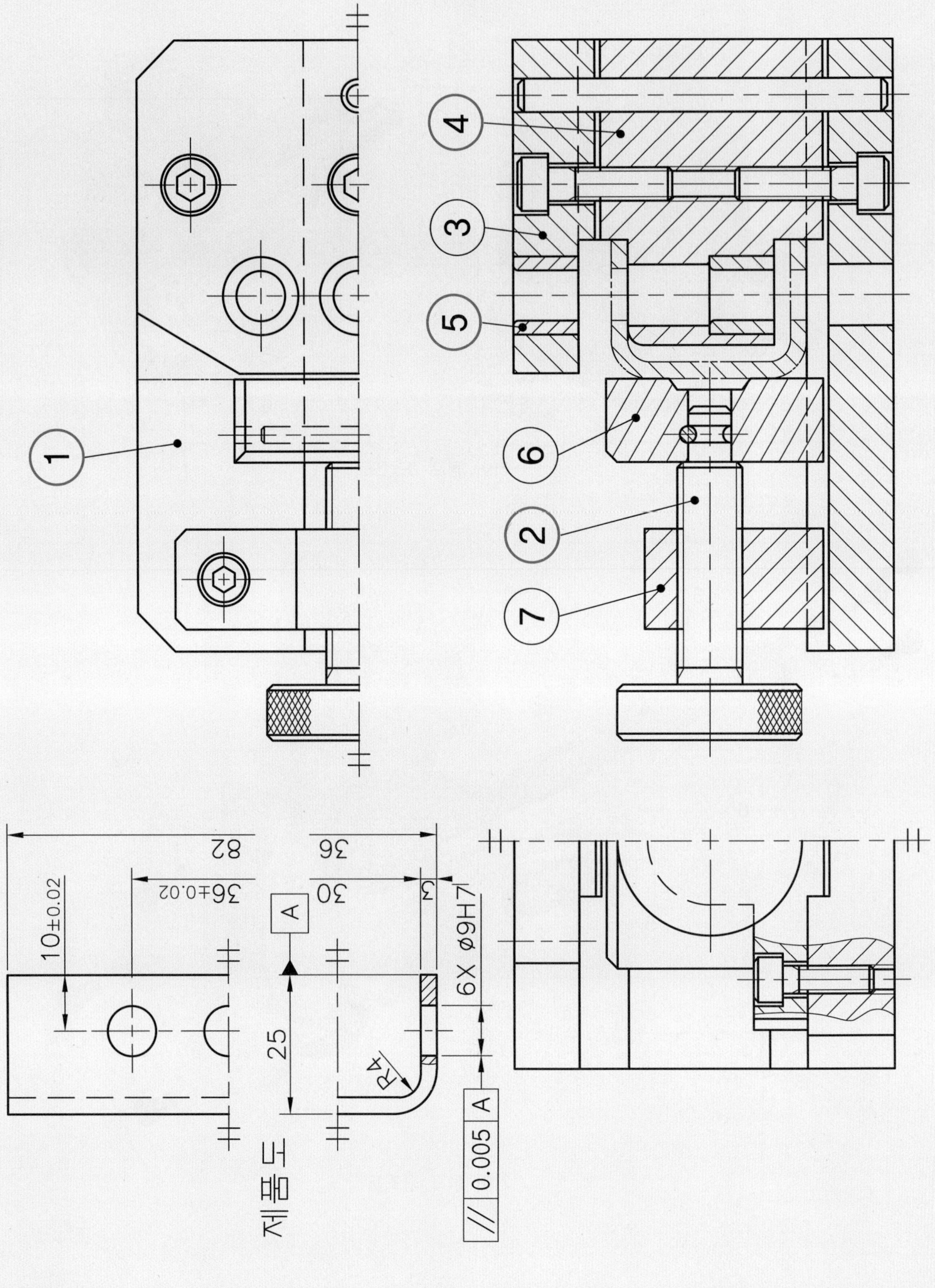

2D 모범답안 제출용 – 리밍 지그1

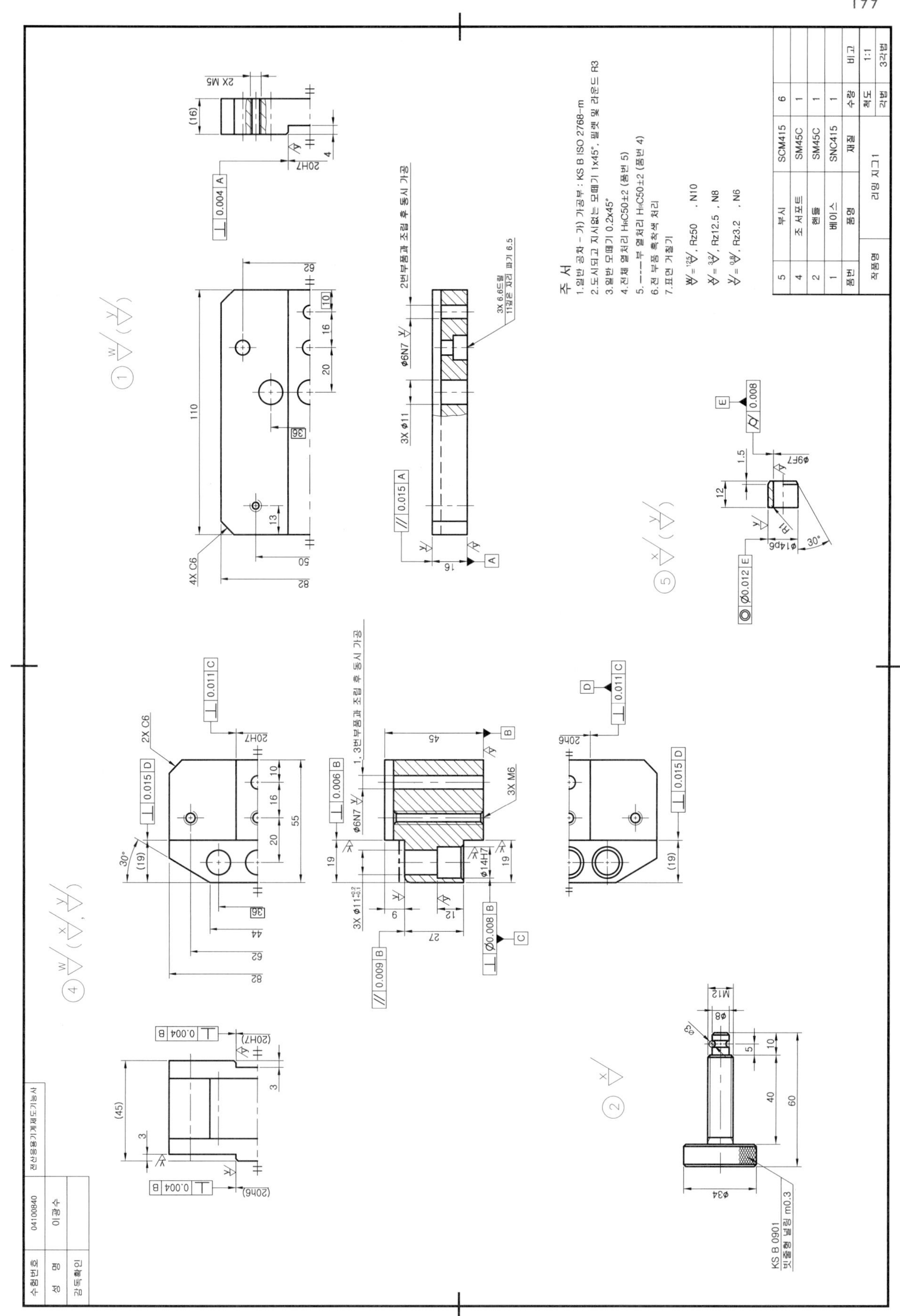

3D 모법답안 제출용 – 리밍 지그1

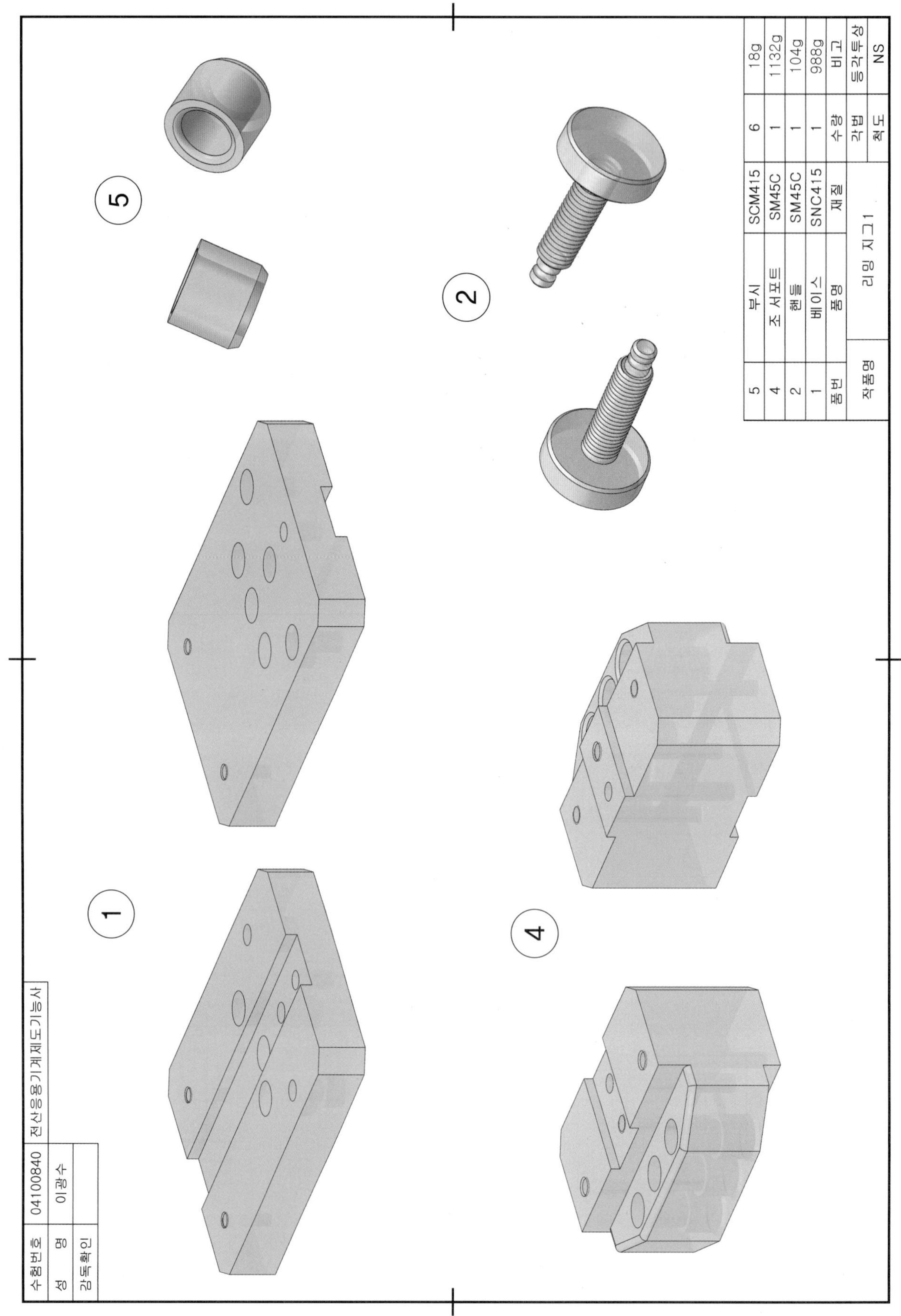

수험번호
04100840
전산응용기계제도기능사
성 명
이광수
감독확인
5
2
1
4
5
부시
SCM415
6
18g
4
조 서포트
SM45C
1
1132g
2
핸들
SM45C
1
104g
1
베이스
SNC415
1
988g
품번
품명
재질
수량
비고
작품명
리밍 지그1
각법
등각투상
척도
NS

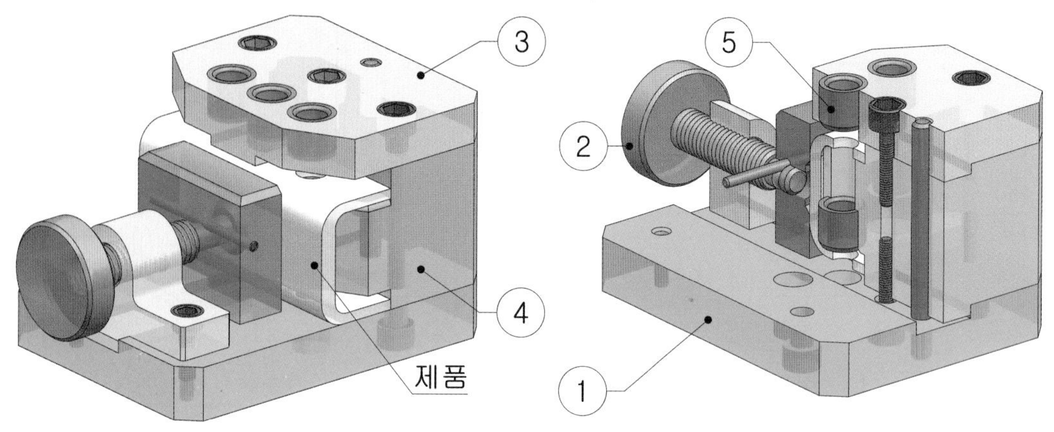

리밍 지그1 조립도

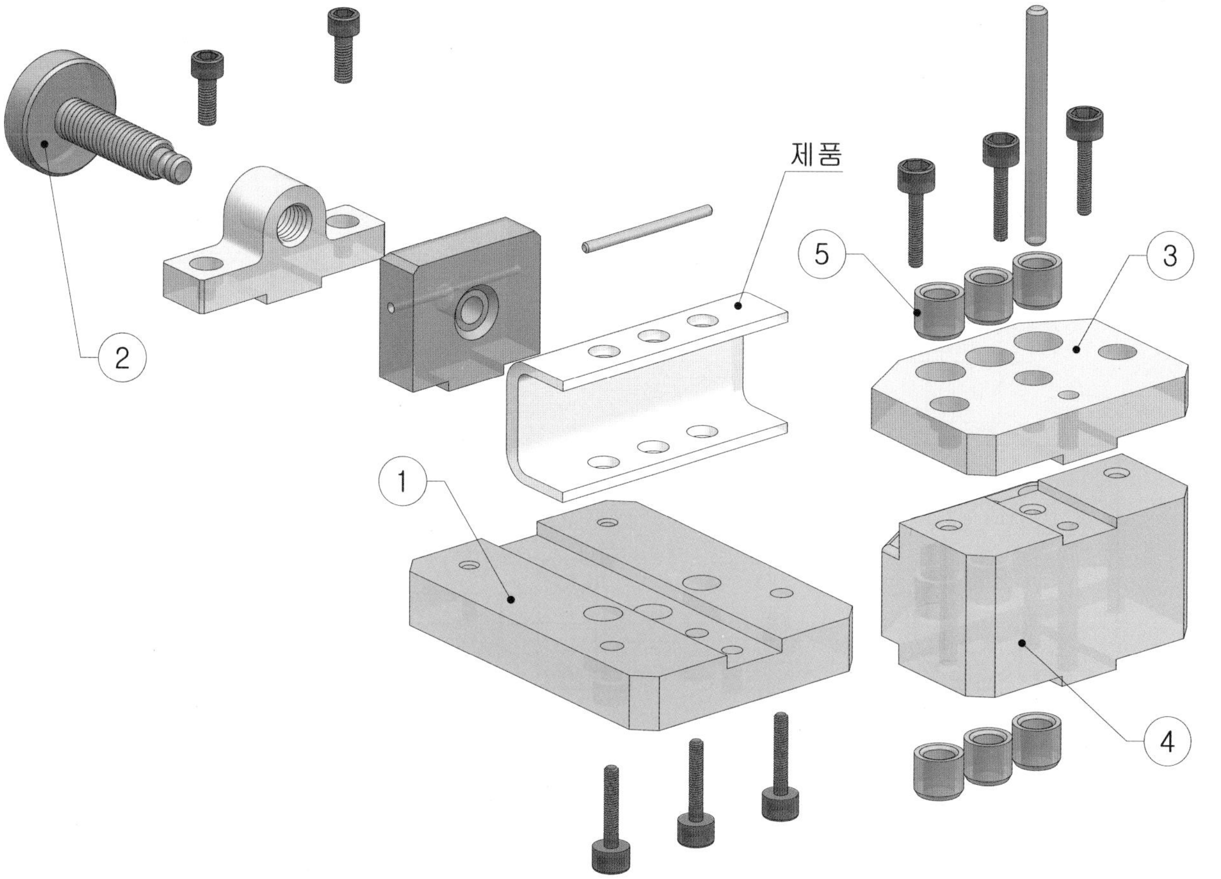

리밍 지그1 구조도

과제38 리밍 지그2

- 등각 투상도(3D) 부품란 '비고'에 질량을 기입한다.
- 비중을 7.85로 계산하여 소수 첫째 자리에서 반올림한다.

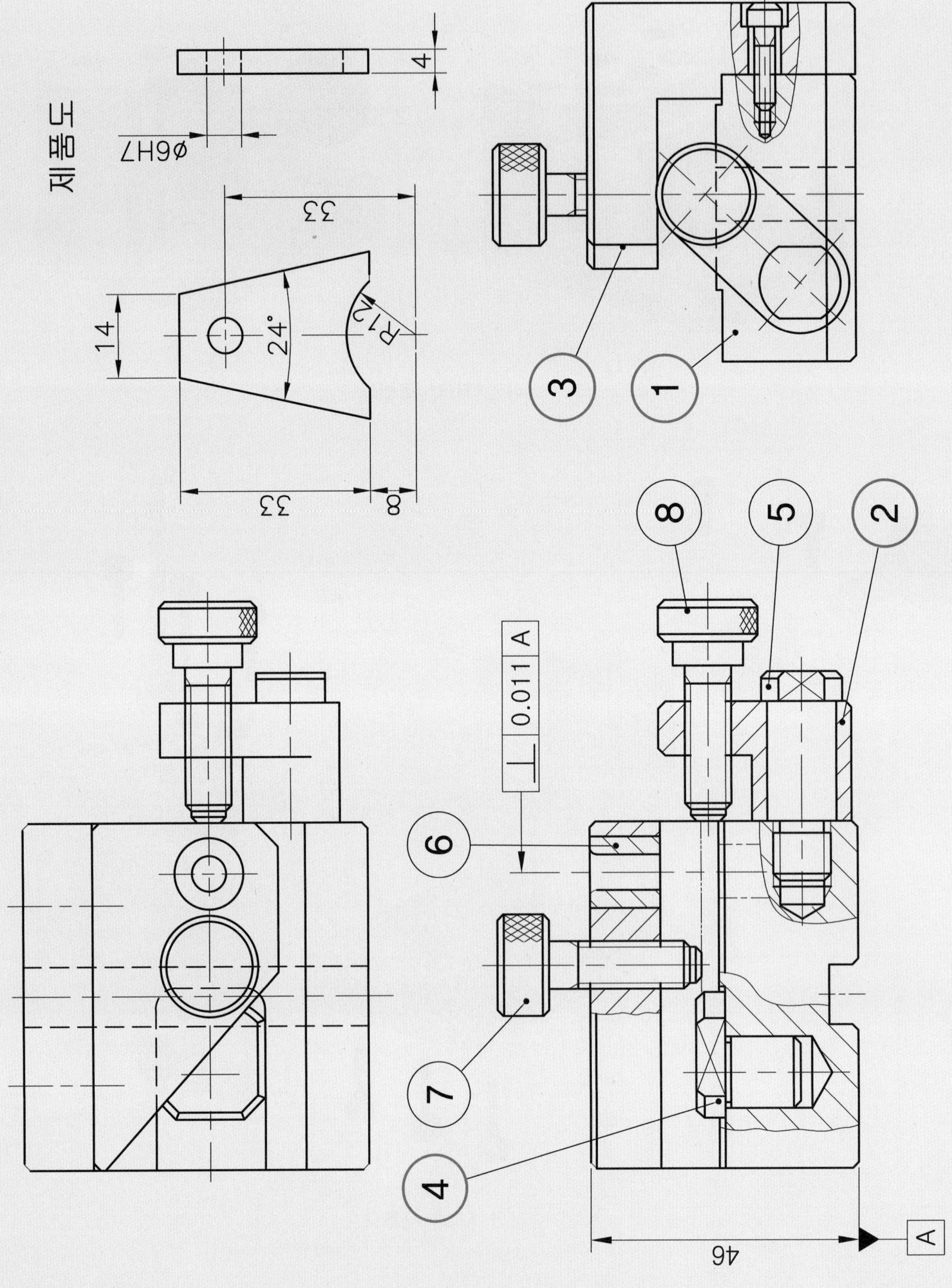

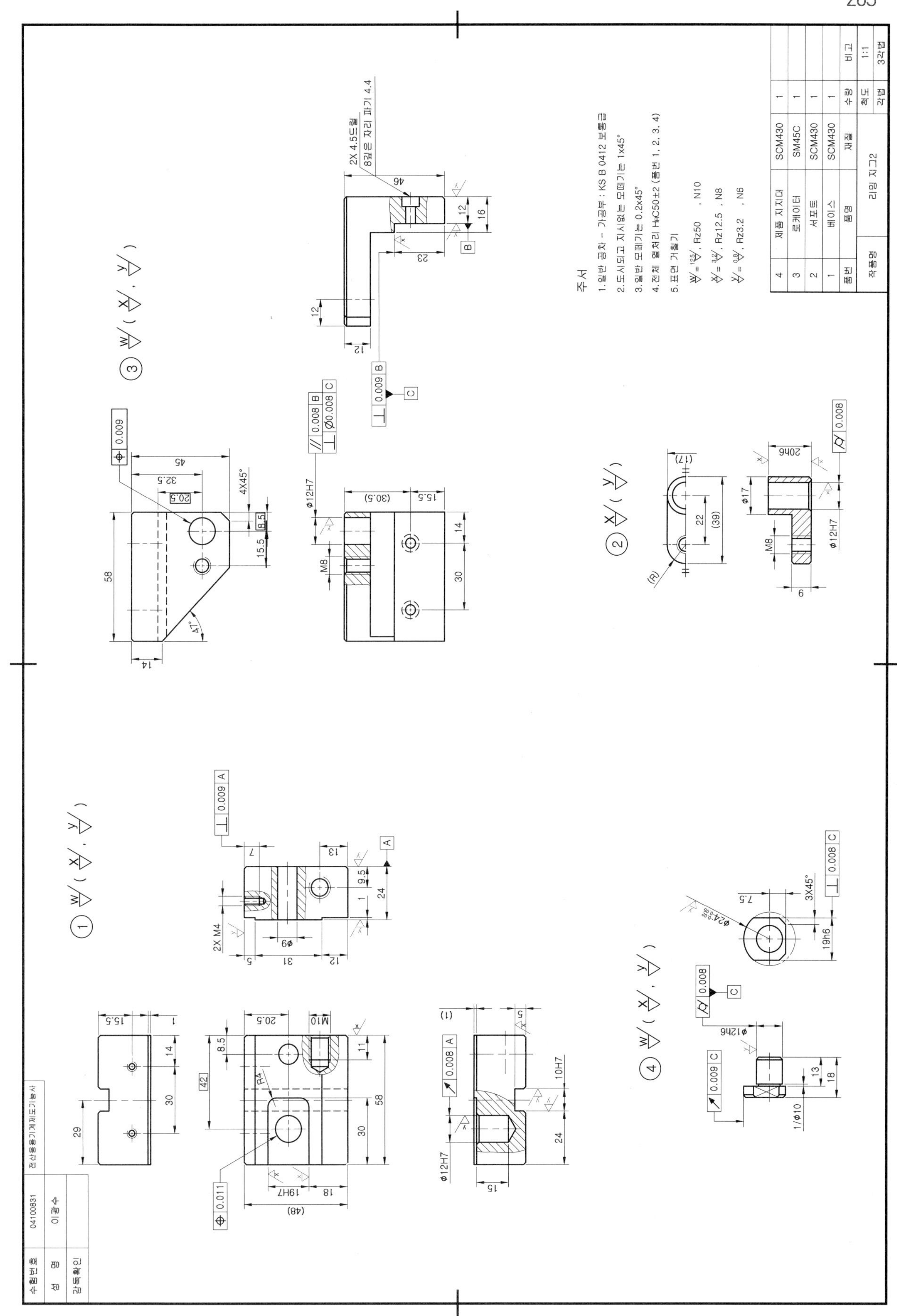
주서
1.일반 공차 - 가공부 : KS B 0412 보통급
2.도시되고 지시없는 모떼기는 1x45°
3.일반 모떼기는 0.2x45°
4.전체 열처리 HRC50±2 (품번 1, 2, 3, 4)
5.표면 거칠기
Rz50 , N10
Rz12.5 , N8
Rz3.2 , N6
4 제품 지지대 SCM430 1
3 로케이터 SM45C 1
2 서포트 SCM430 1
1 베이스 SCM430 1
품번 품명 재질 수량 비고
작품명 리밍 지그2 척도 1:1 각법 3각법
수험번호 04100831
성 명 이광수
감독확인
전산응용기계제도기능사

3D 모법답안 제출용 – 리밍 지그2

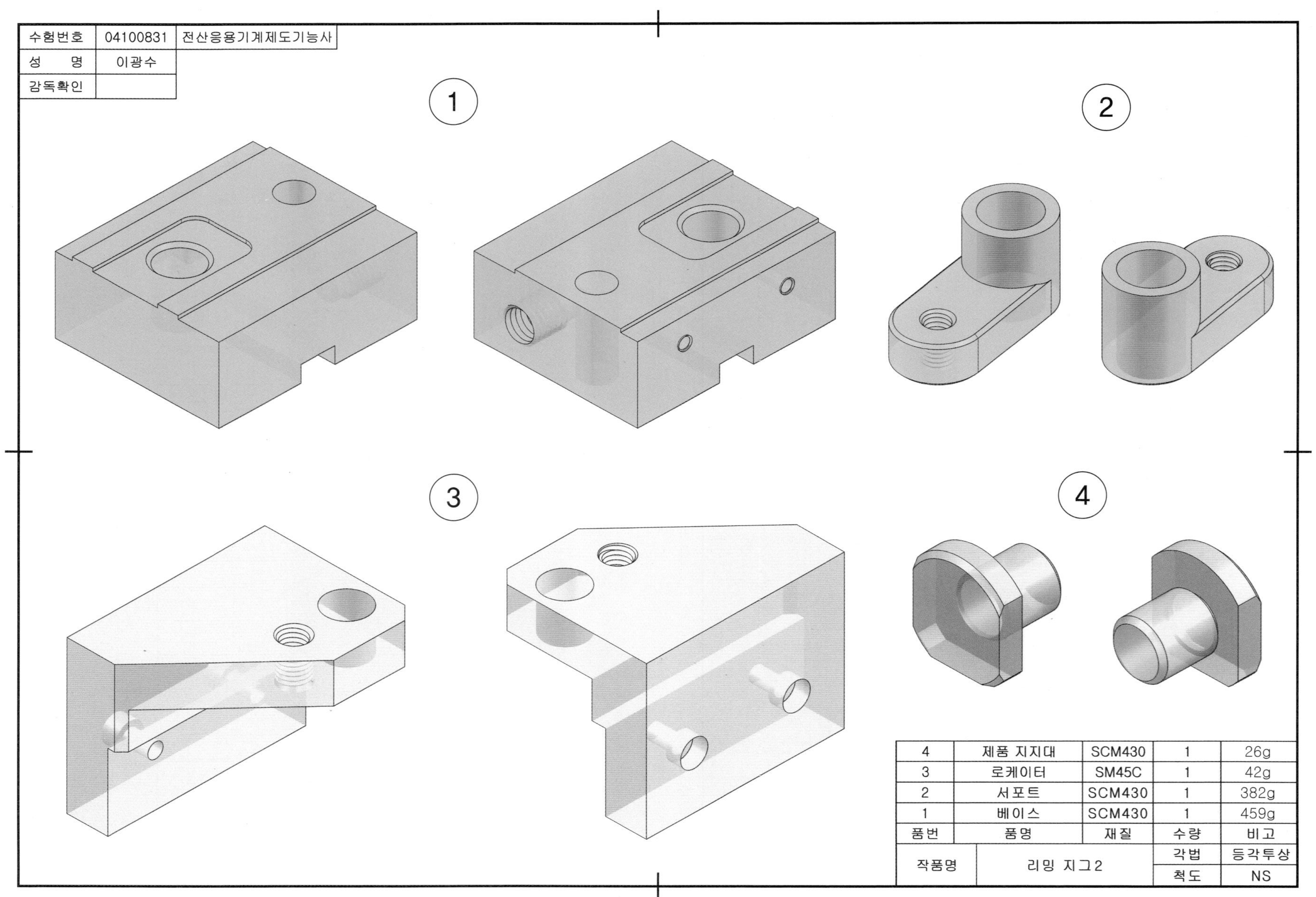

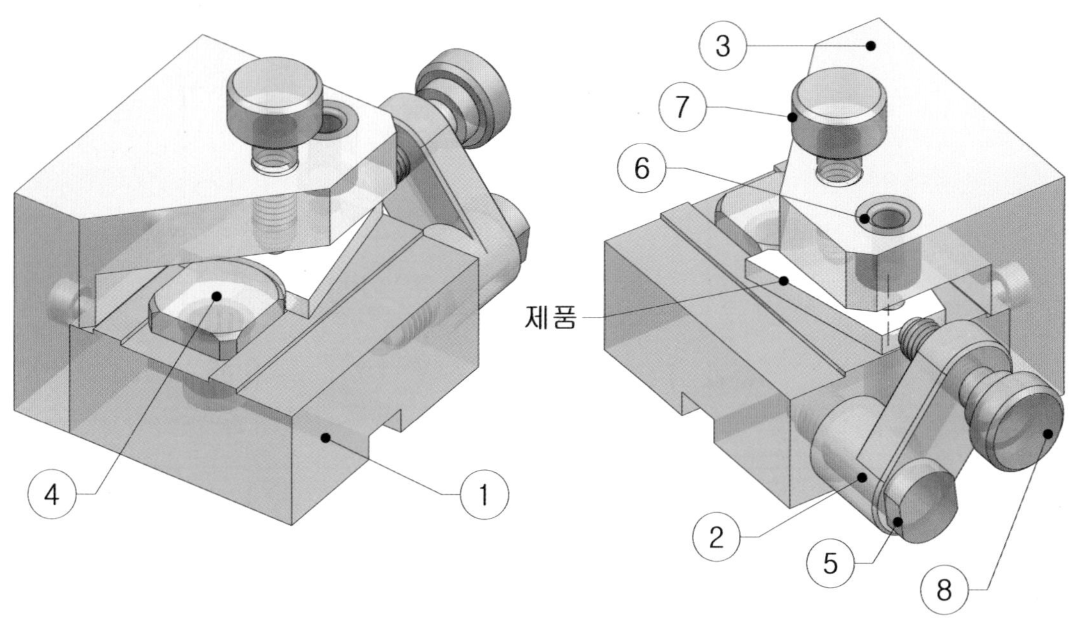

리밍 지그2 조립도

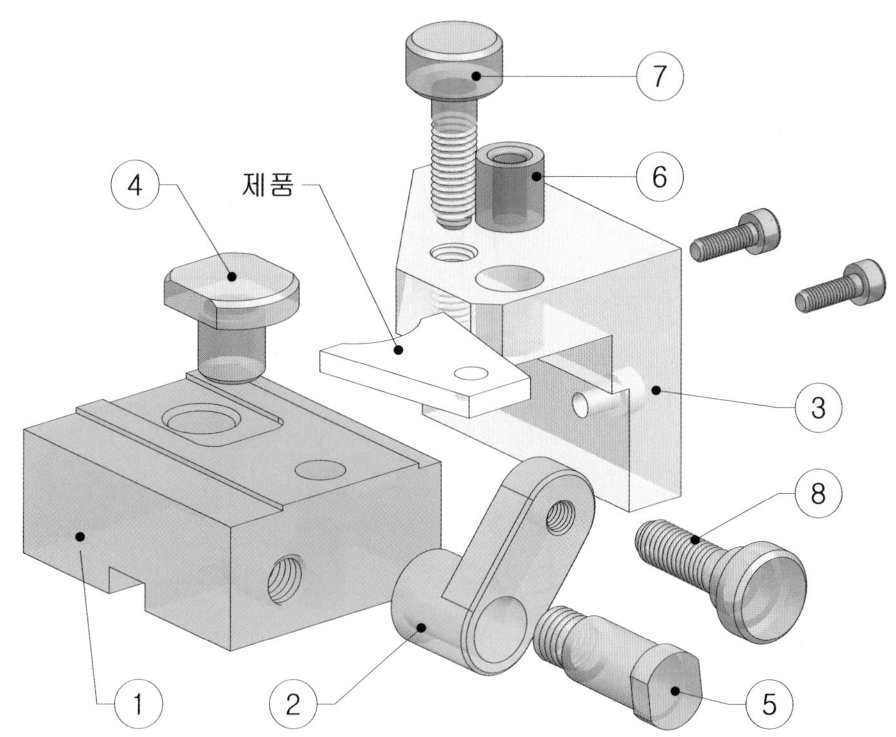

리밍 지그2 구조도

과제39 리밍 지그3

- 등각 투상도(3D) 부품란 '비고'에 질량을 기입한다.
- 비중을 7.85로 계산하여 소수 첫째 자리에서 반올림한다.

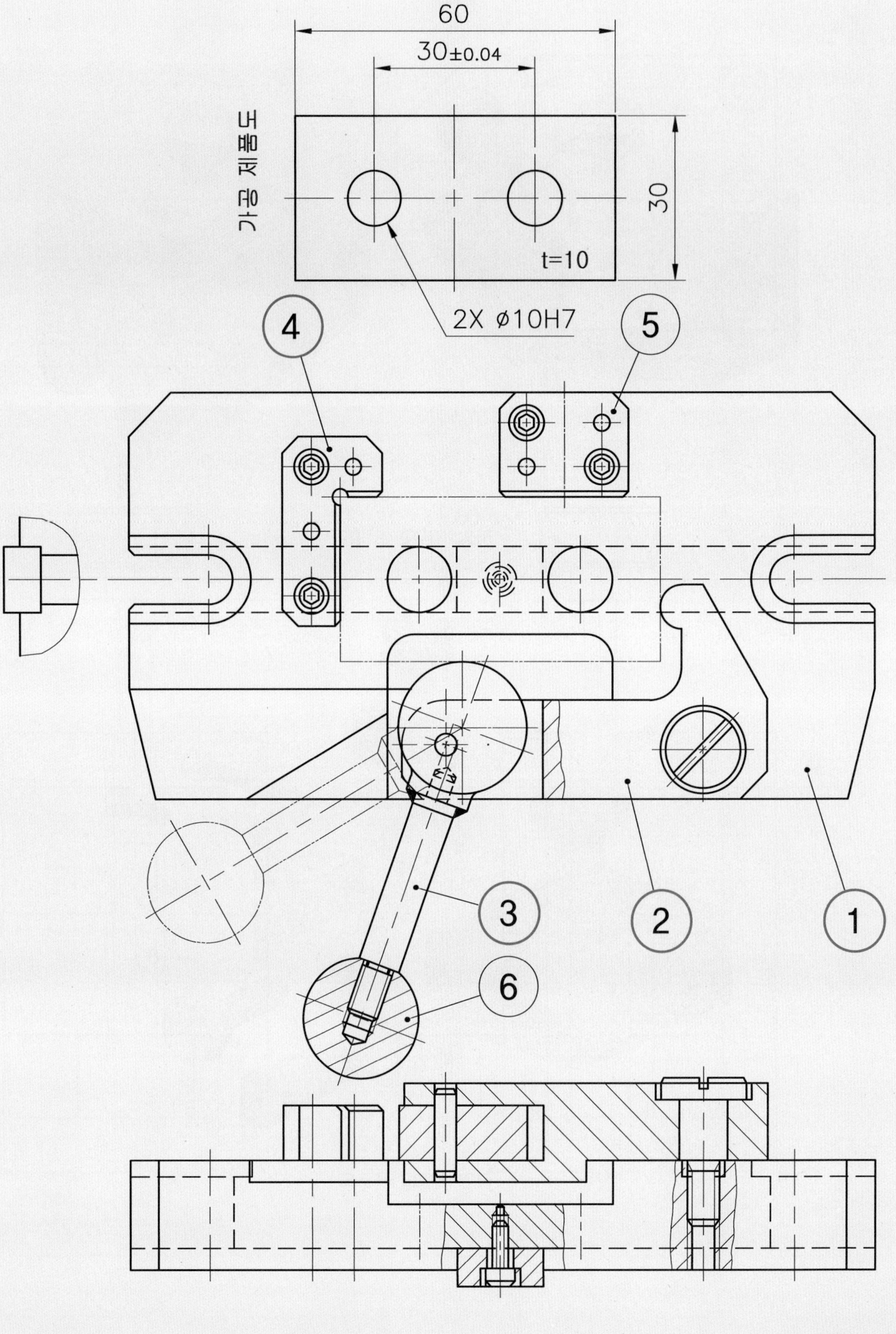

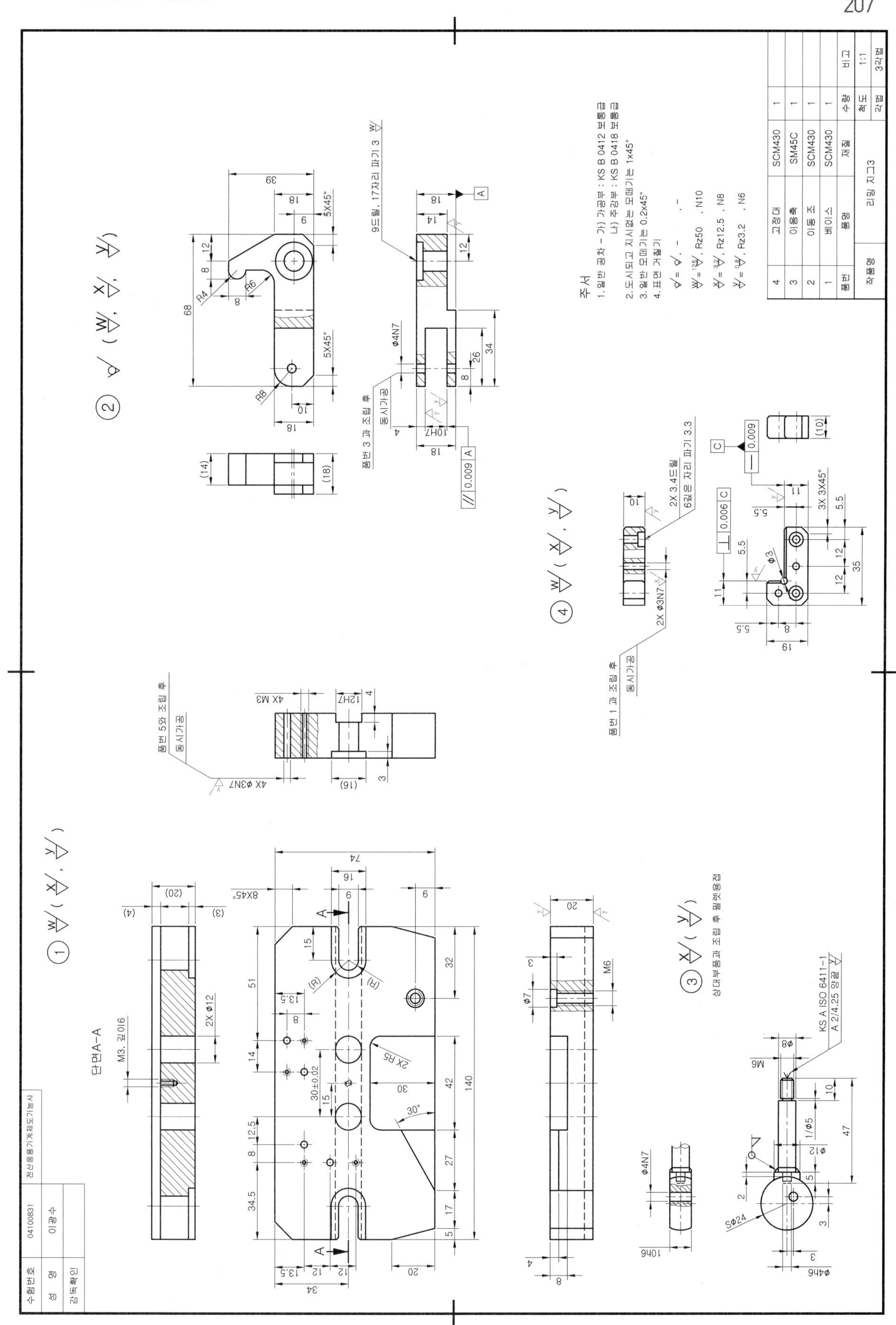

3D 모법답안 제출용 – 리밍 지그3

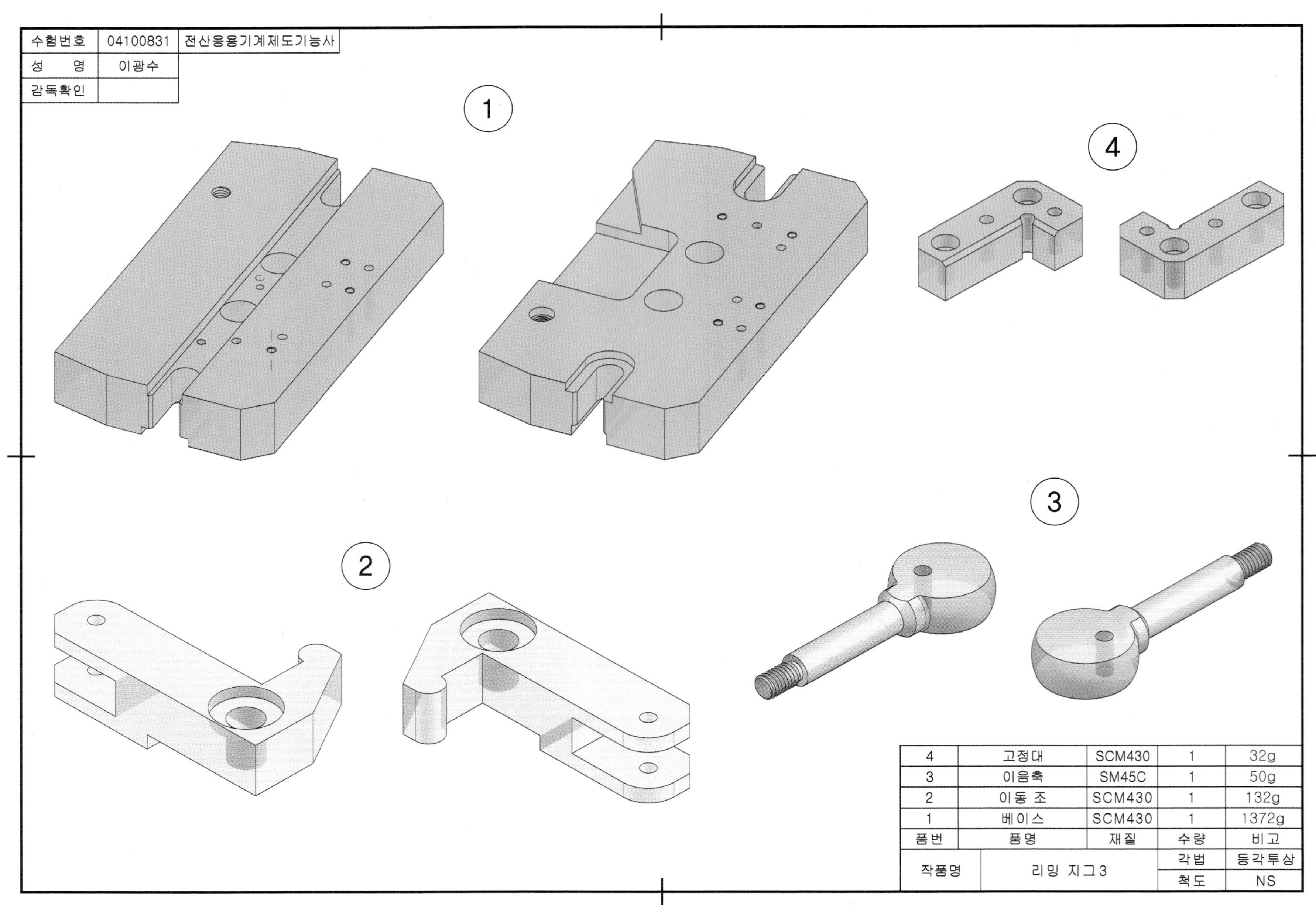

수험번호 04100831 전산응용기계제도기능사
성 명 이광수
감독확인
1
2
3
4
4 고정대 SCM430 1 32g
3 이음축 SM45C 1 50g
2 이동 조 SCM430 1 132g
1 베이스 SCM430 1 1372g
품번 품명 재질 수량 비고
작품명 리밍 지그3
각법 등각투상
척도 NS

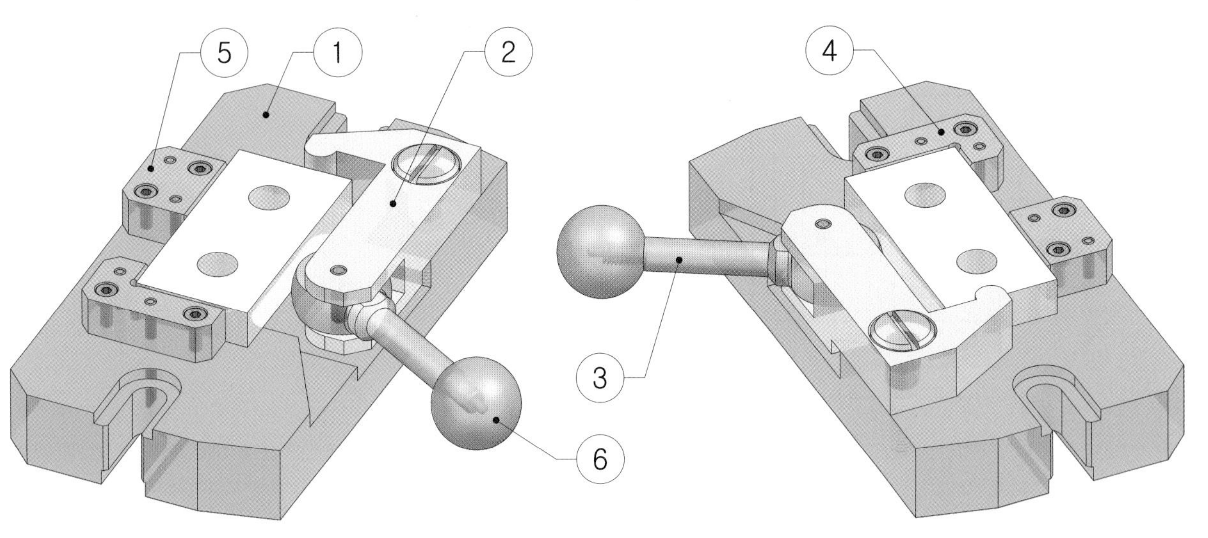

리밍 지그3 조립도

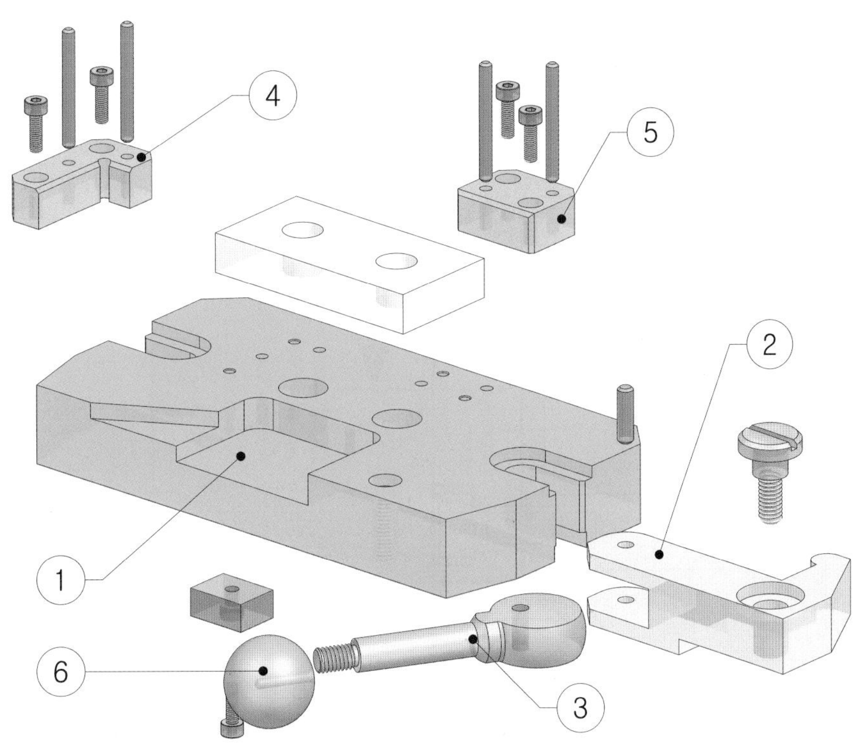

리밍 지그3 구조도

과제40 슬라이딩 블록

- 등각 투상도(3D) 부품란 '비고'에 질량을 기입한다.
- 비중을 7.85로 계산하여 소수 첫째 자리에서 반올림한다.

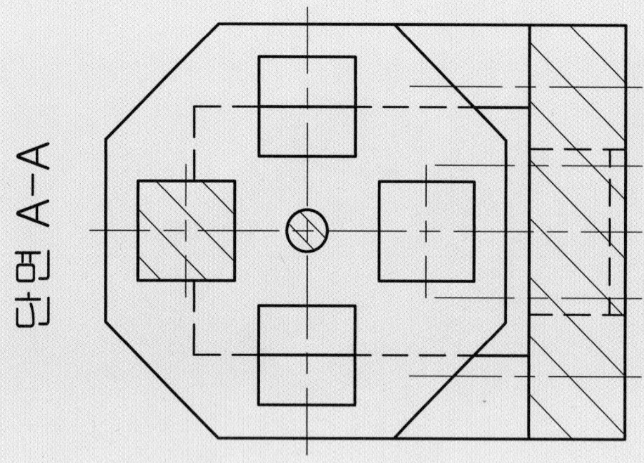

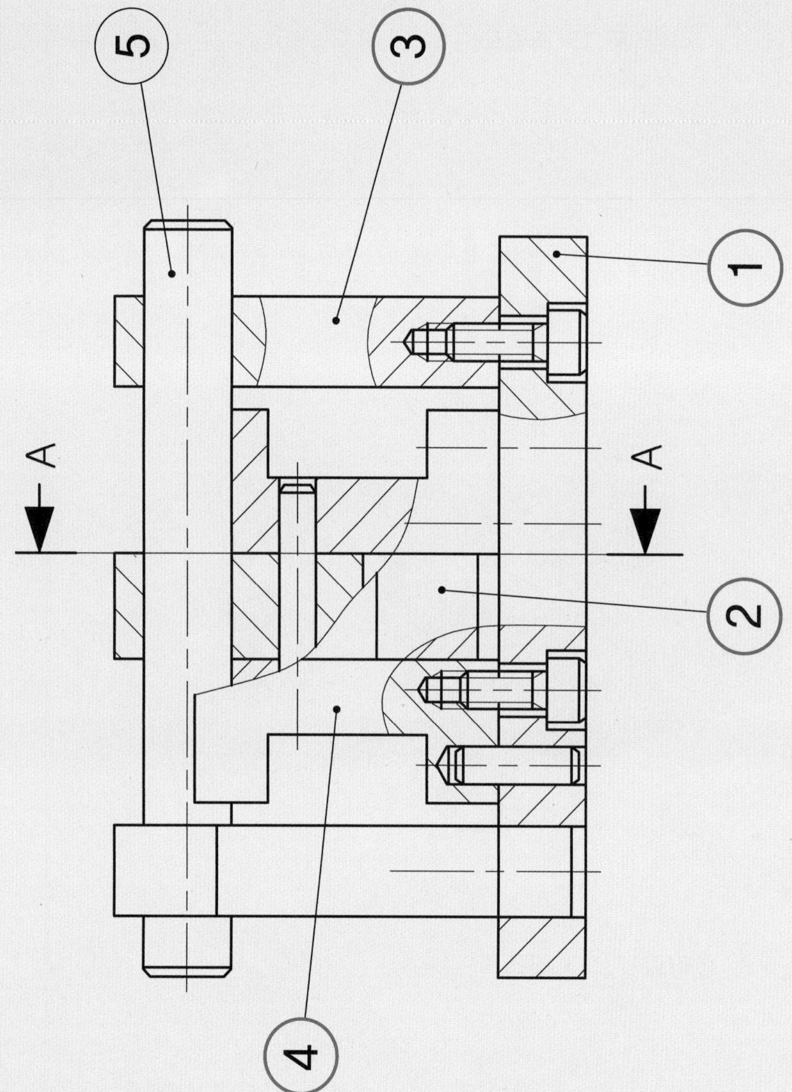

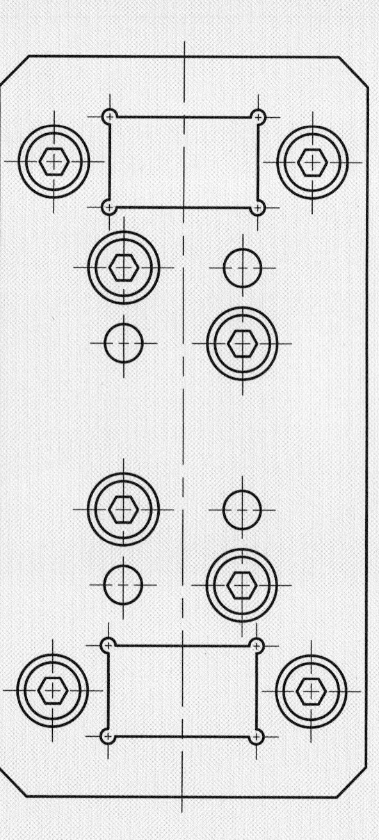

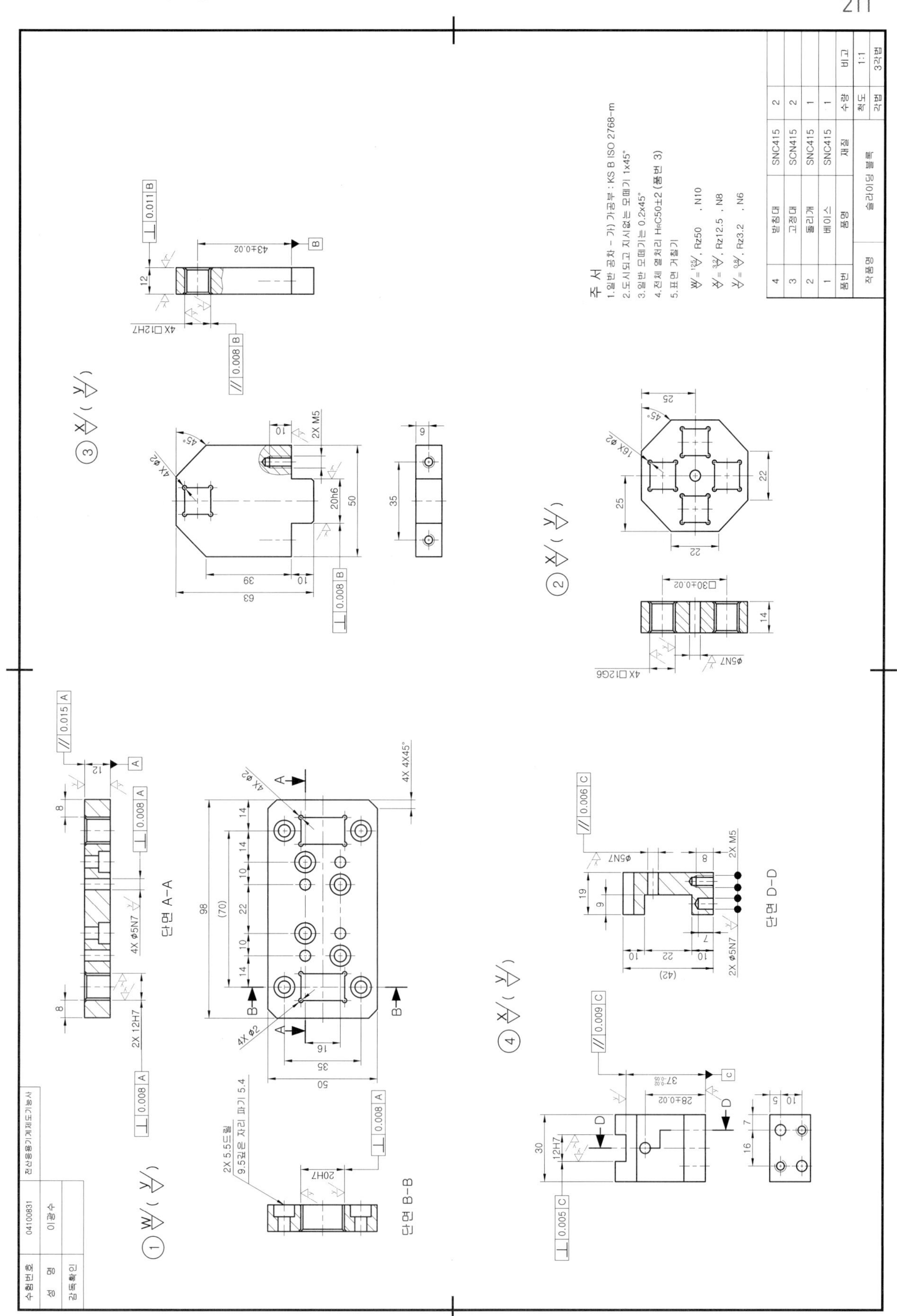
주 서
1.일반 공차 - 가) 가공부 : KS B ISO 2768-m
2.도시되고 지시없는 모떼기 1x45°
3.일반 모떼기는 0.2x45°
4.전체 열처리 HrC50±2 (품번 3)
5.표면 거칠기
4 받침대 SNC415 2
3 고정대 SCN415 2
2 돌리개 SNC415 1
1 베이스 SNC415 1
품번 품명 재질 수량 비고
작품명 슬라이딩 블록 척도 1:1 각법 3각법
수험번호 04100831 전산응용기계제도기능사
성 명 이광수
감독확인
단면 A-A
단면 B-B
단면 D-D

3D 모법답안 제출용 – 슬라이딩 블록

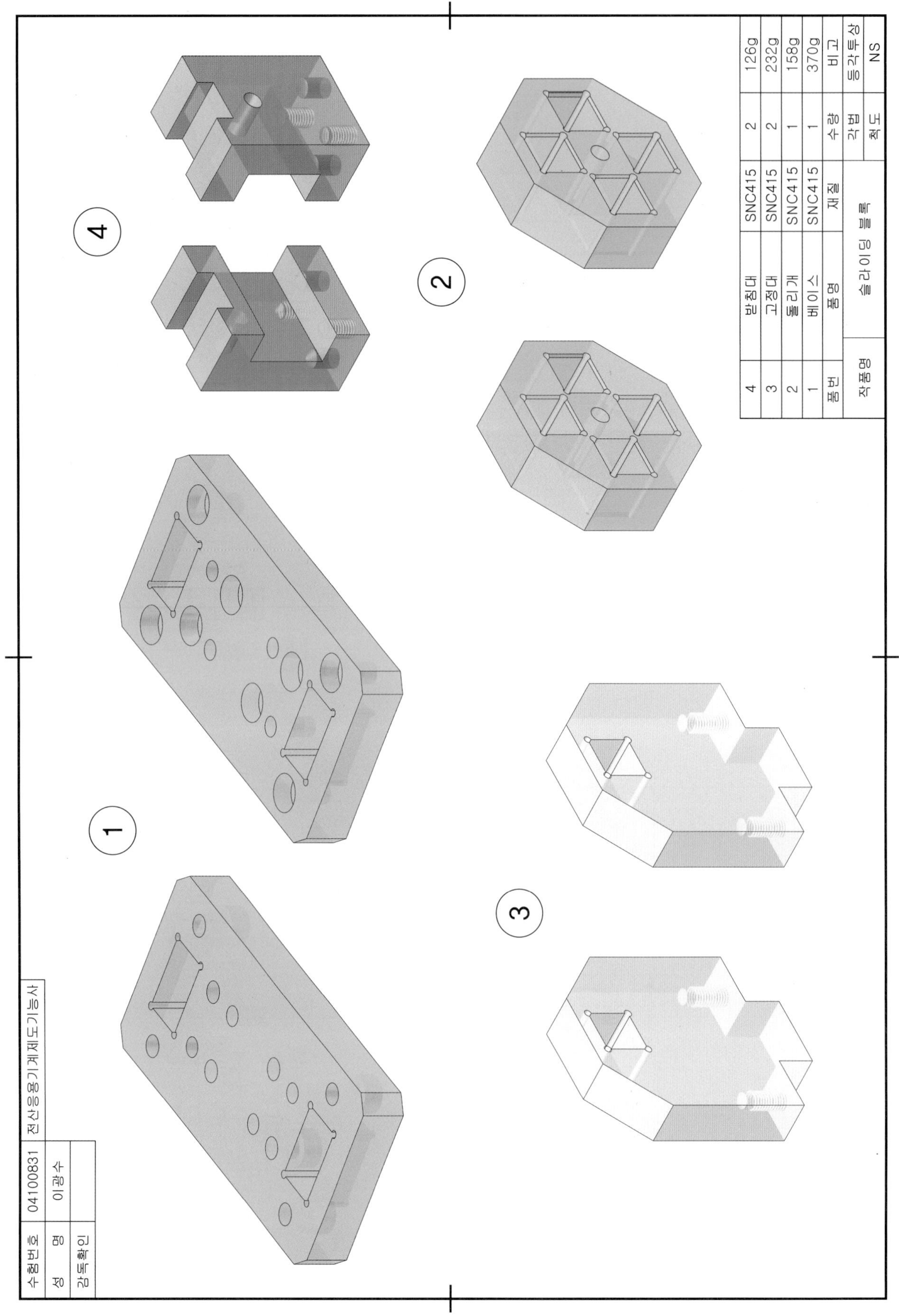

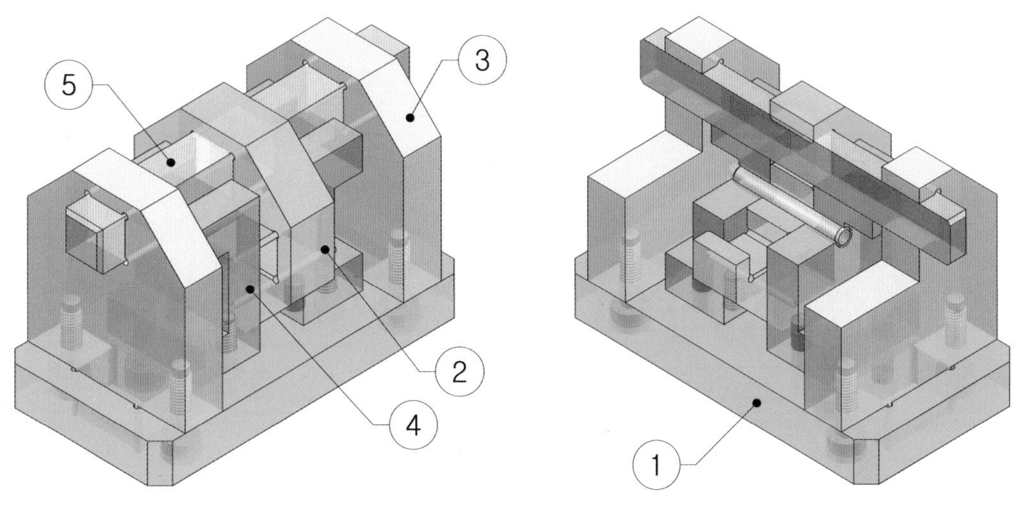

슬라이딩 블록 조립도

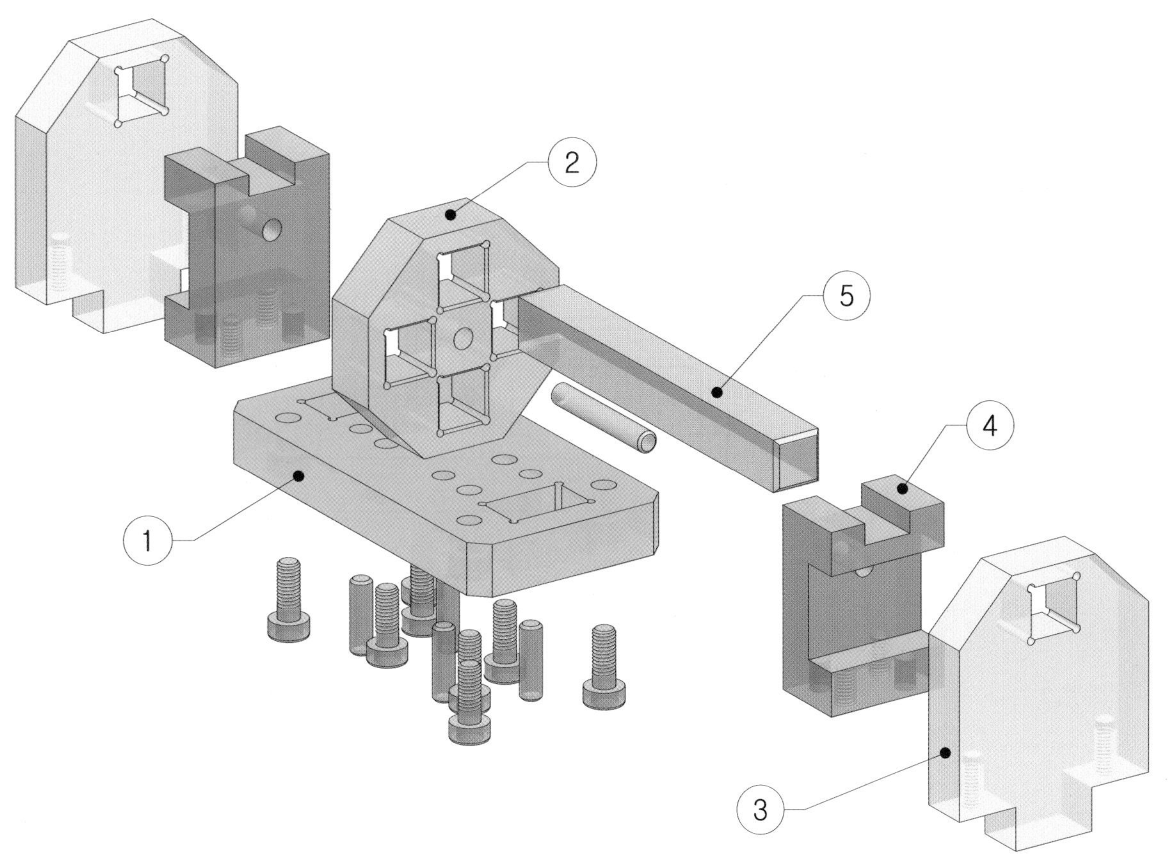

슬라이딩 블록 구조도

과제41 링크 장치1

- 등각 투상도(3D) 부품란 '비고'에 질량을 기입한다.
- 비중을 7.85로 계산하여 소수 첫째 자리에서 반올림한다.

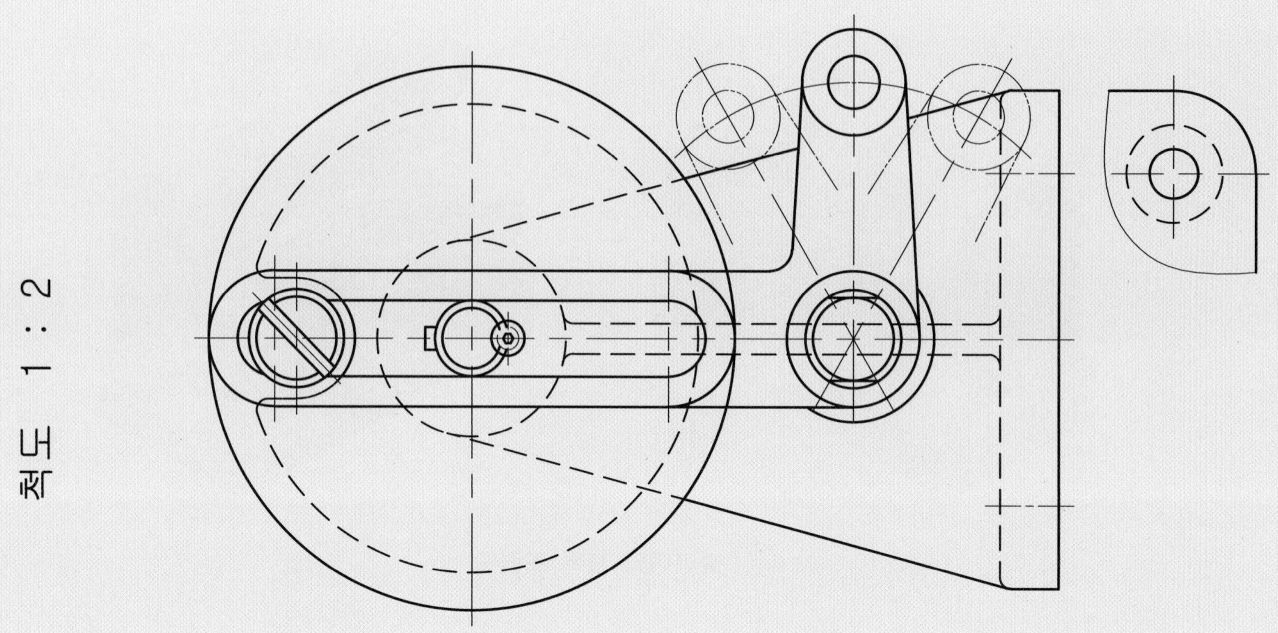

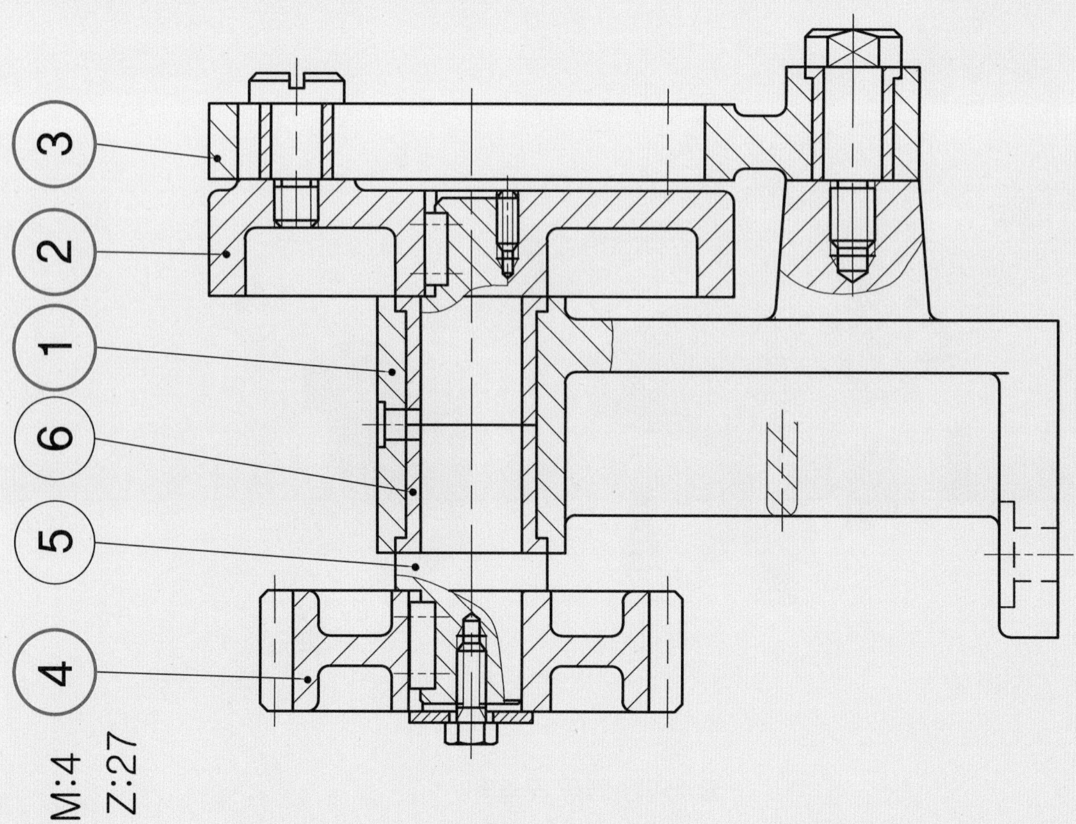

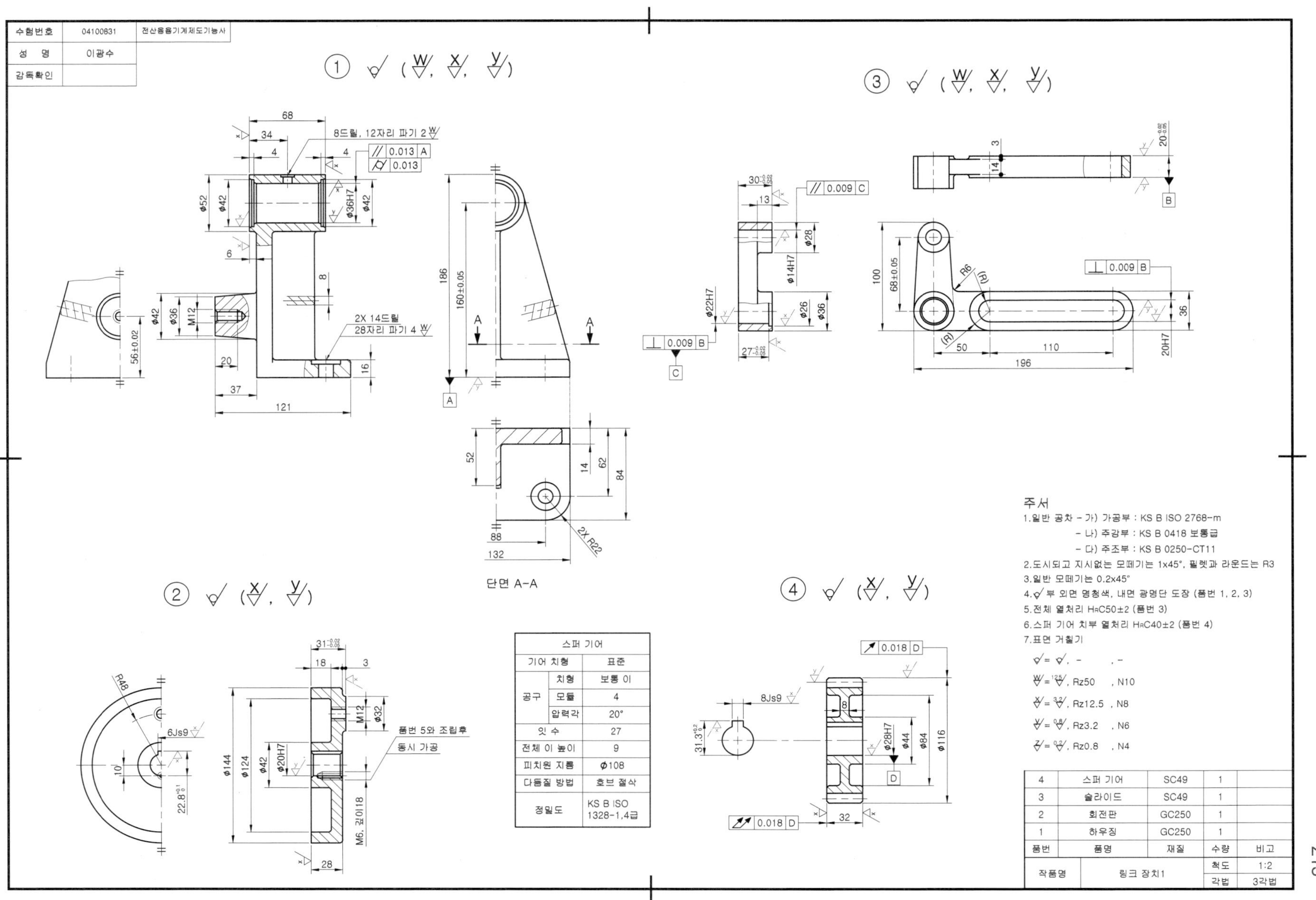
수험번호 04100831 전산응용기계제도기능사
성 명 이광수
감독확인
단면 A-A
스퍼 기어
기어 치형 표준
공구 치형 보통 이
모듈 4
압력각 20°
잇 수 27
전체 이 높이 9
피치원 지름 Φ108
다듬질 방법 호브 절삭
정밀도 KS B ISO 1328-1,4급
주서
1.일반 공차 - 가) 가공부 : KS B ISO 2768-m
- 나) 주강부 : KS B 0418 보통급
- 다) 주조부 : KS B 0250-CT11
2.도시되고 지시없는 모떼기는 1x45°, 필렛과 라운드는 R3
3.일반 모떼기는 0.2x45°
4.부 외면 명청색, 내면 광명단 도장 (품번 1, 2, 3)
5.전체 열처리 HRC50±2 (품번 3)
6.스퍼 기어 치부 열처리 HRC40±2 (품번 4)
7.표면 거칠기
Rz50 , N10
Rz12.5 , N8
Rz3.2 , N6
Rz0.8 , N4
4 스퍼 기어 SC49 1
3 슬라이드 SC49 1
2 회전판 GC250 1
1 하우징 GC250 1
품번 품명 재질 수량 비고
작품명 링크 장치1 척도 1:2 각법 3각법

3D 모법답안 제출용 - 링크 장치1

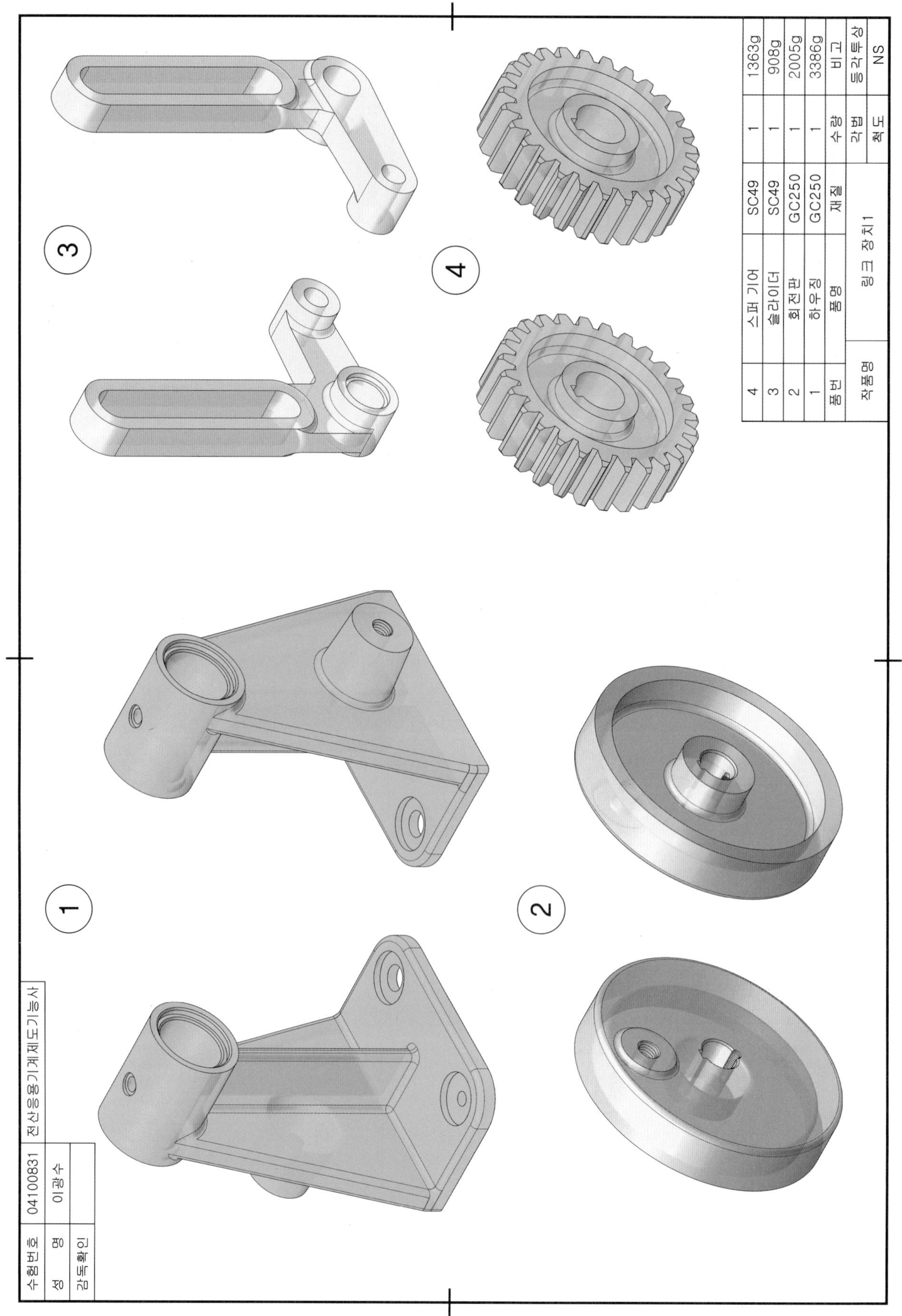

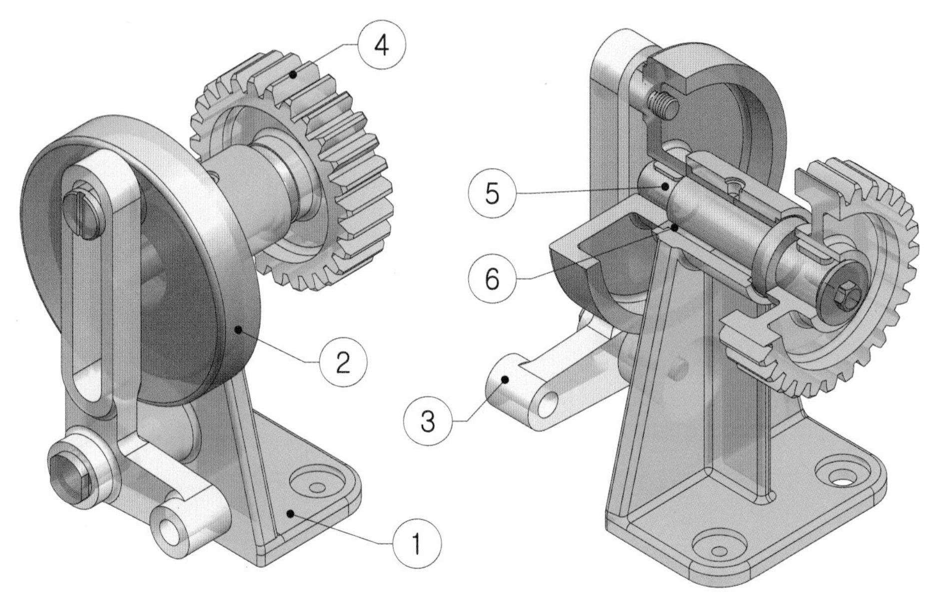

링크 장치1 조립도

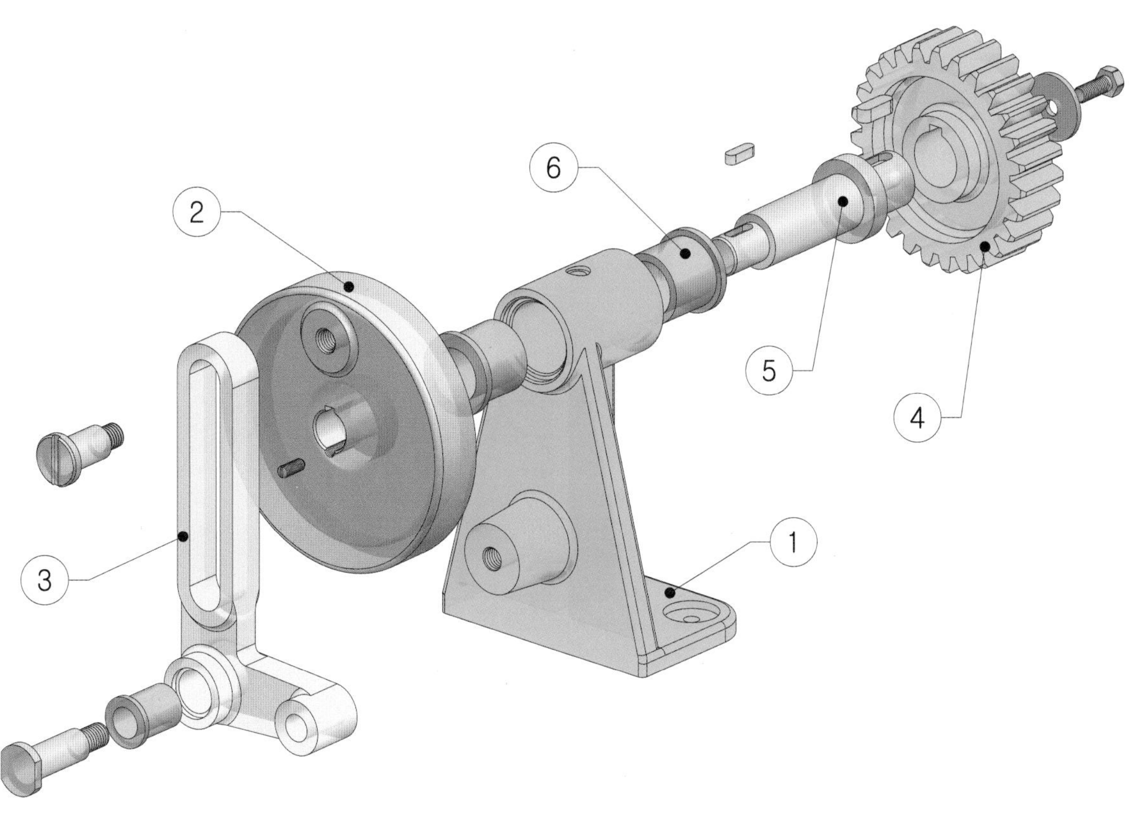

링크 장치1 구조도

- 등각 투상도(3D) 부품란 '비고'에 질량을 기입한다.
- 비중을 7.85로 계산하여 소수 첫째 자리에서 반올림한다.

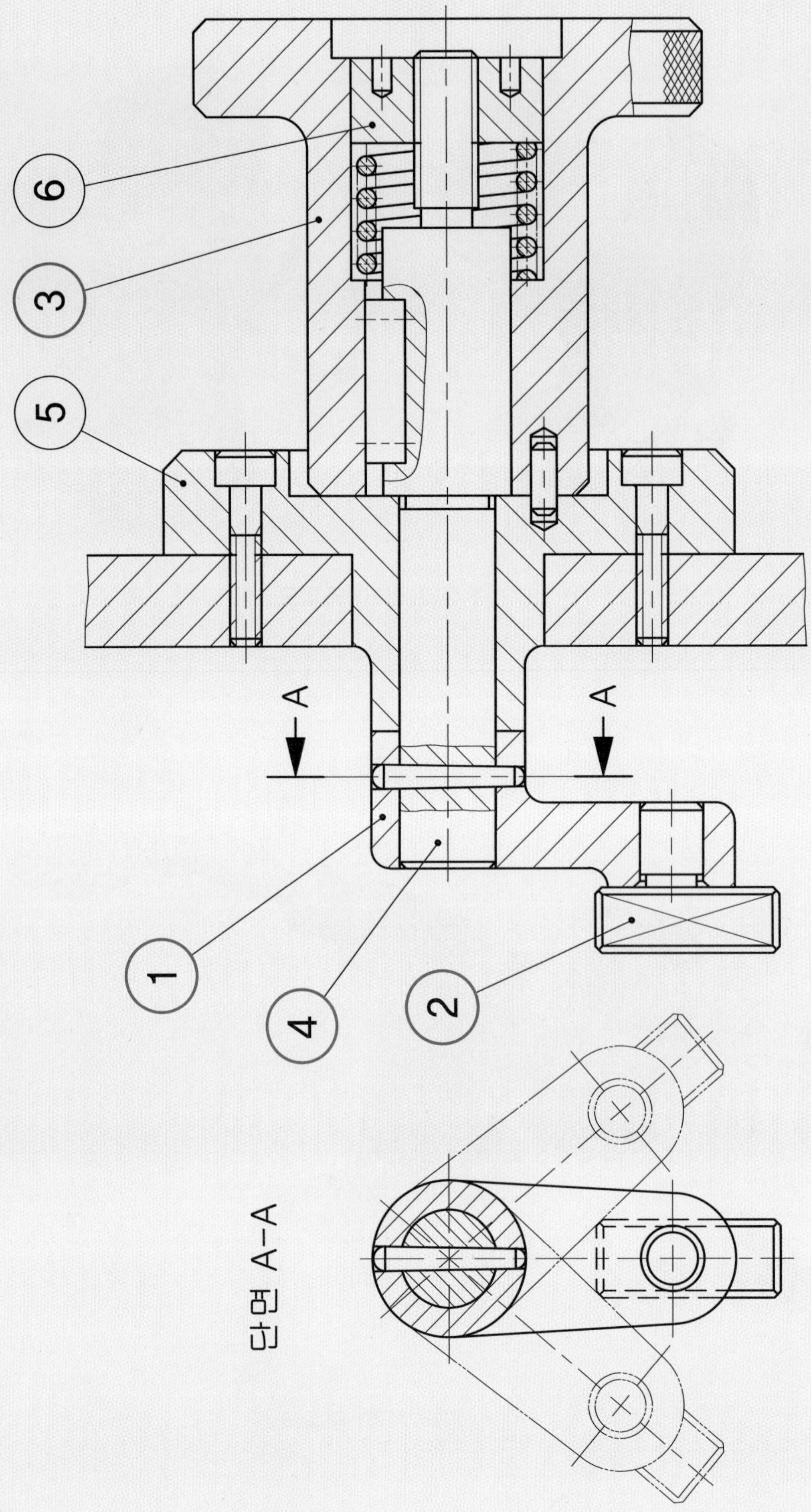

2D 모법답안 제출용 – 링크 장치2

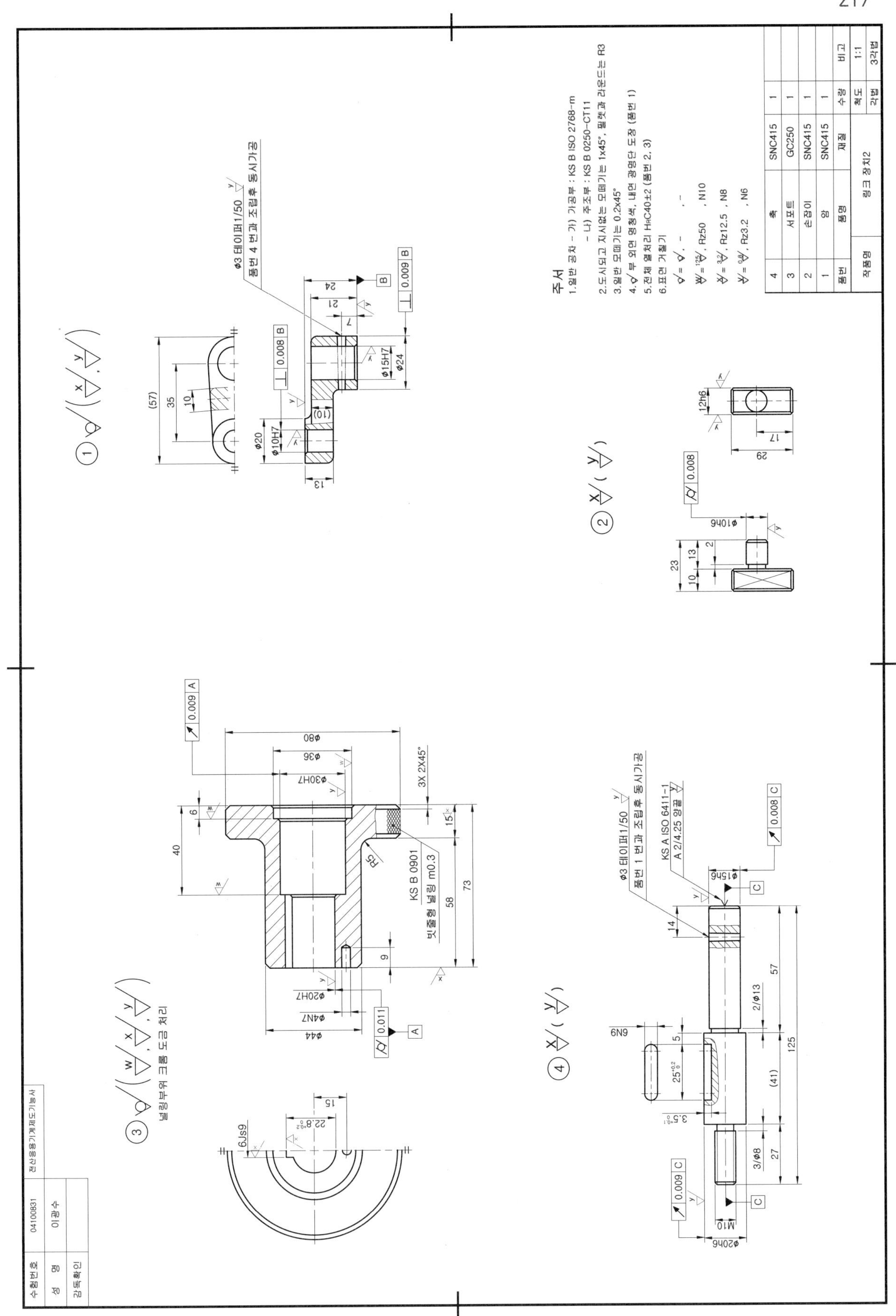

3D 모법답안 제출용 - 링크 장치2

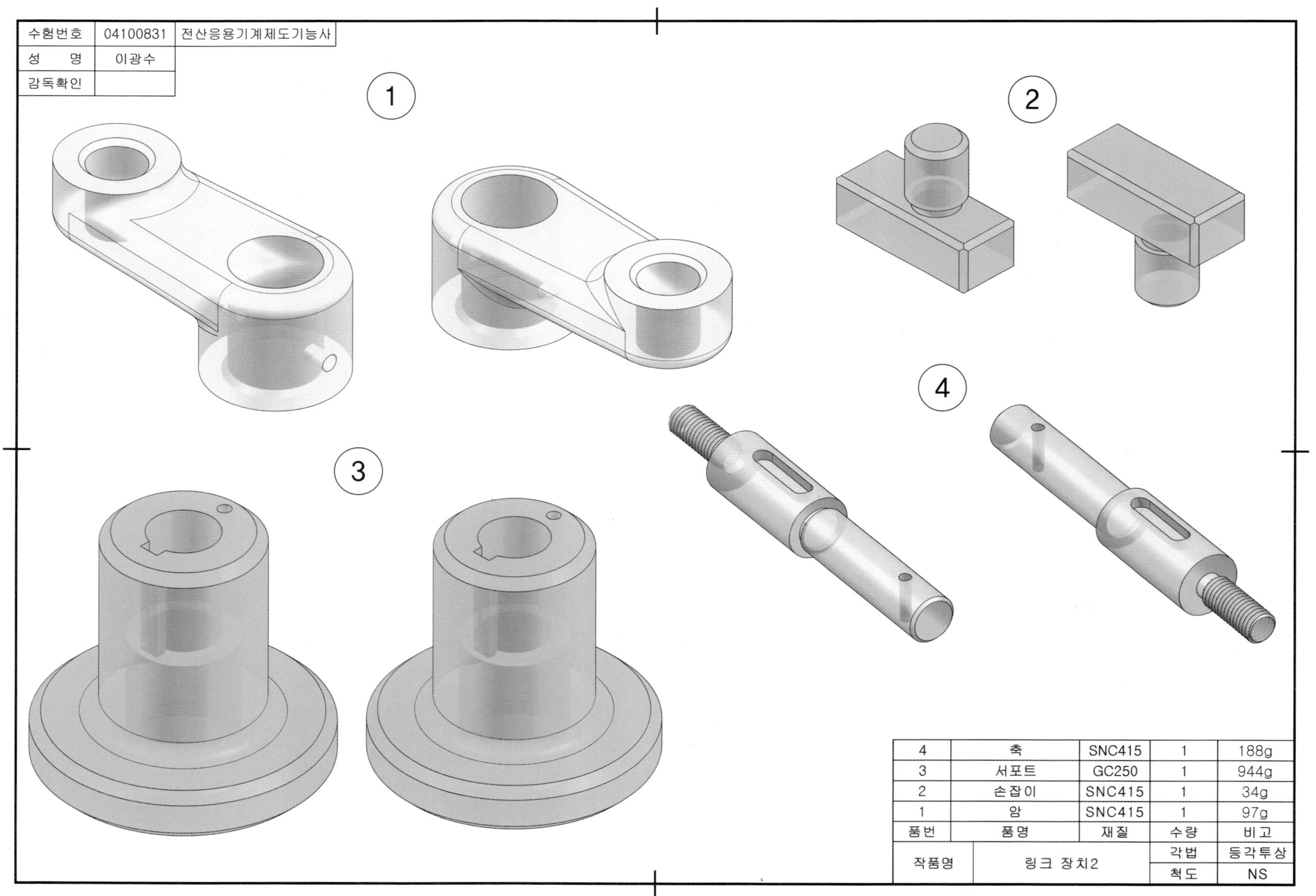

수험번호
04100831
전산응용기계제도기능사
성 명
이광수
감독확인
1
2
3
4
4 축 SNC415 1 188g
3 서포트 GC250 1 944g
2 손잡이 SNC415 1 34g
1 암 SNC415 1 97g
품번 품명 재질 수량 비고
작품명
링크 장치2
각법 등각투상
척도 NS

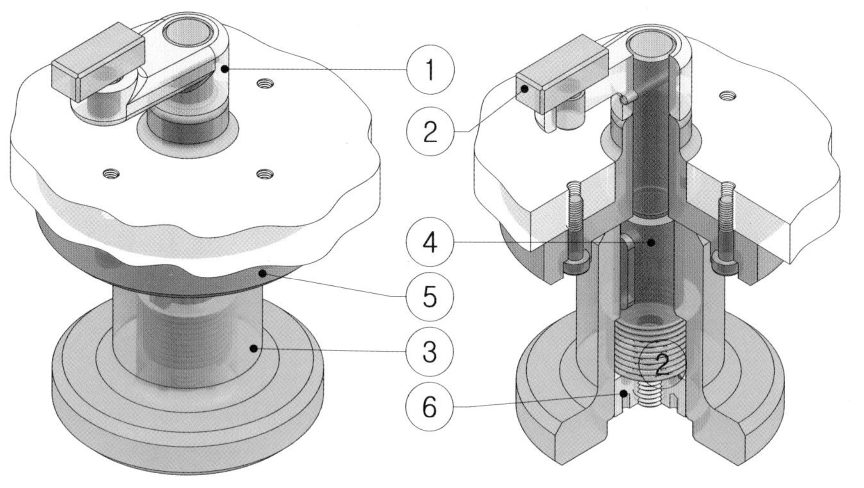

링크 장치2 조립도

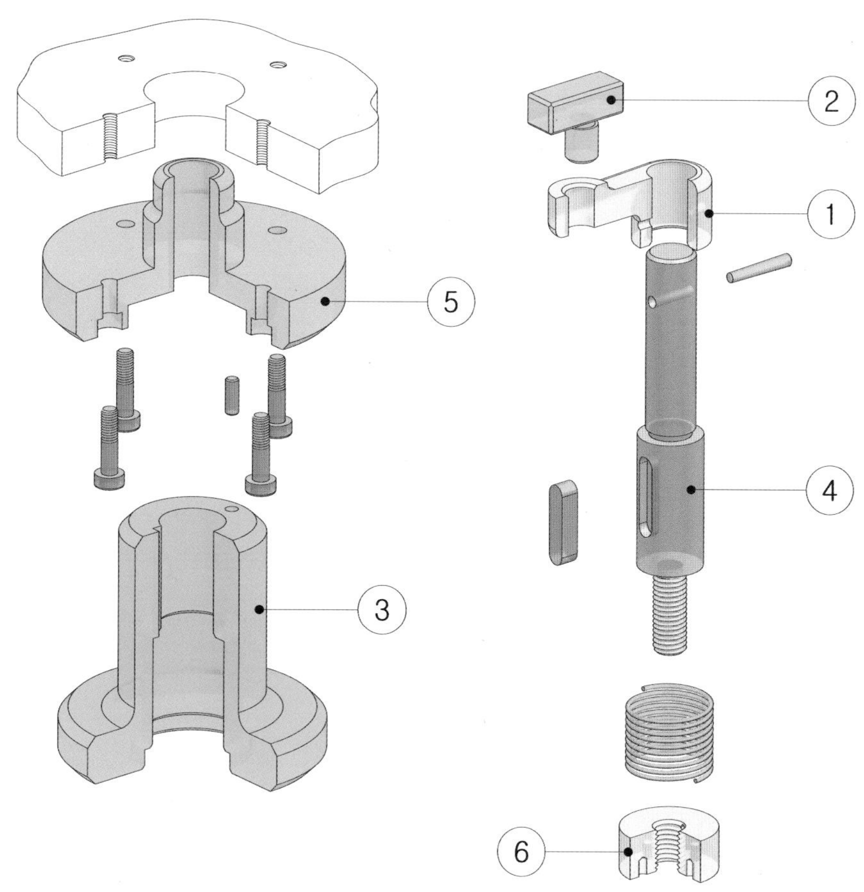

링크 장치2 구조도

과제43 서포트 브래킷

- 등각 투상도(3D) 부품란 '비고'에 질량을 기입한다.
- 비중을 7.85로 계산하여 소수 첫째 자리에서 반올림한다.

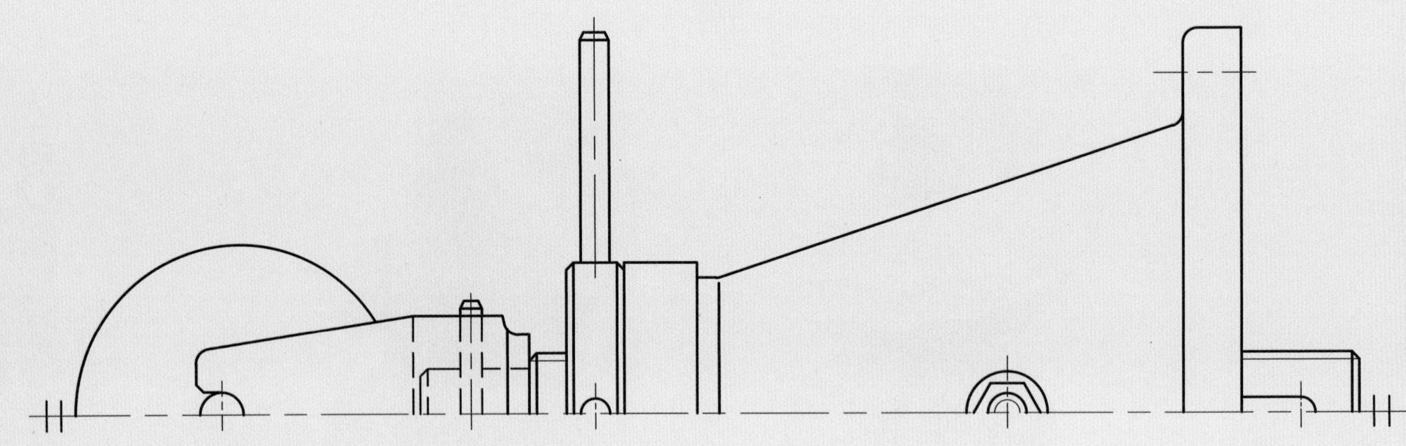

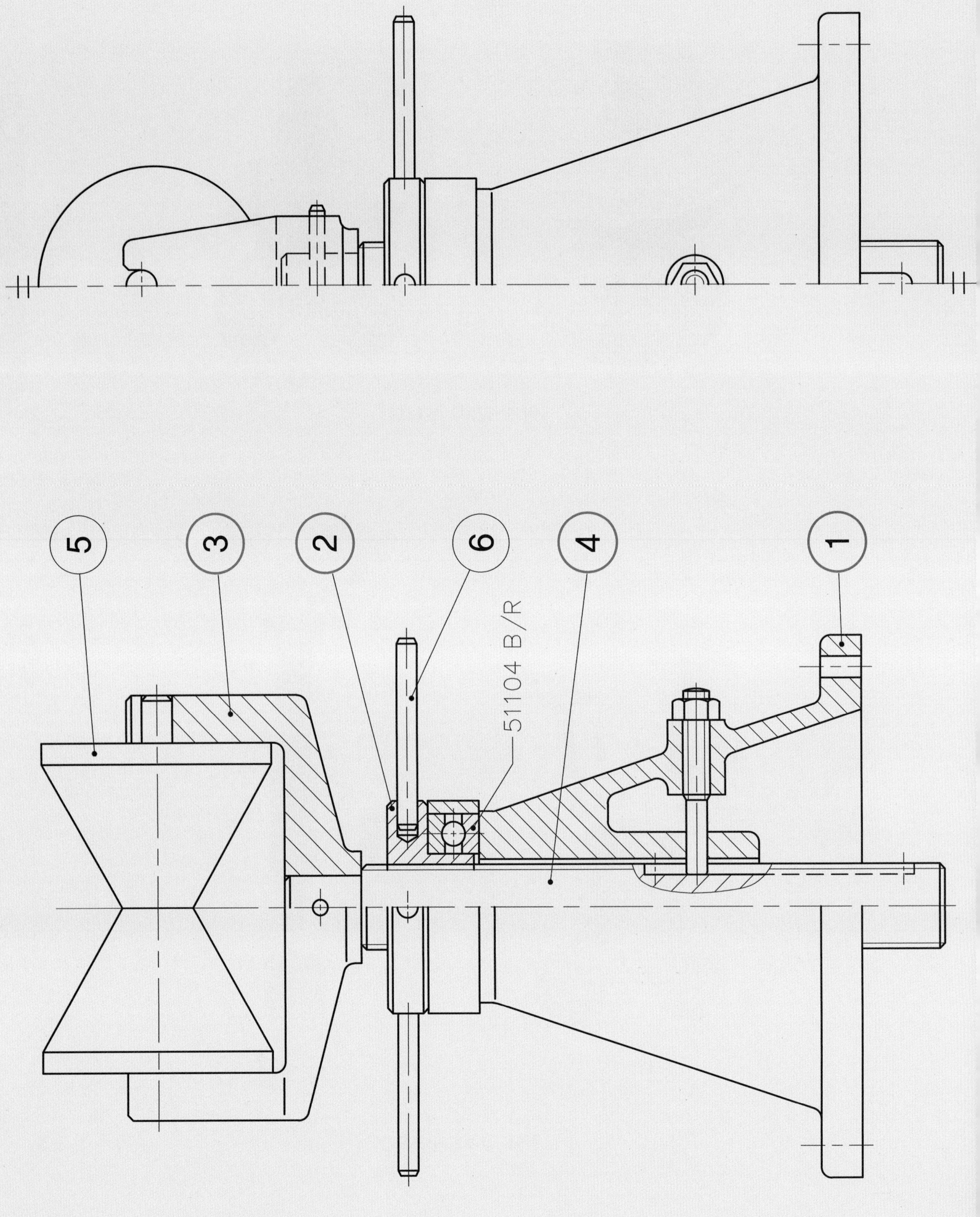

5 3 2 6 4 1

51104 B/R

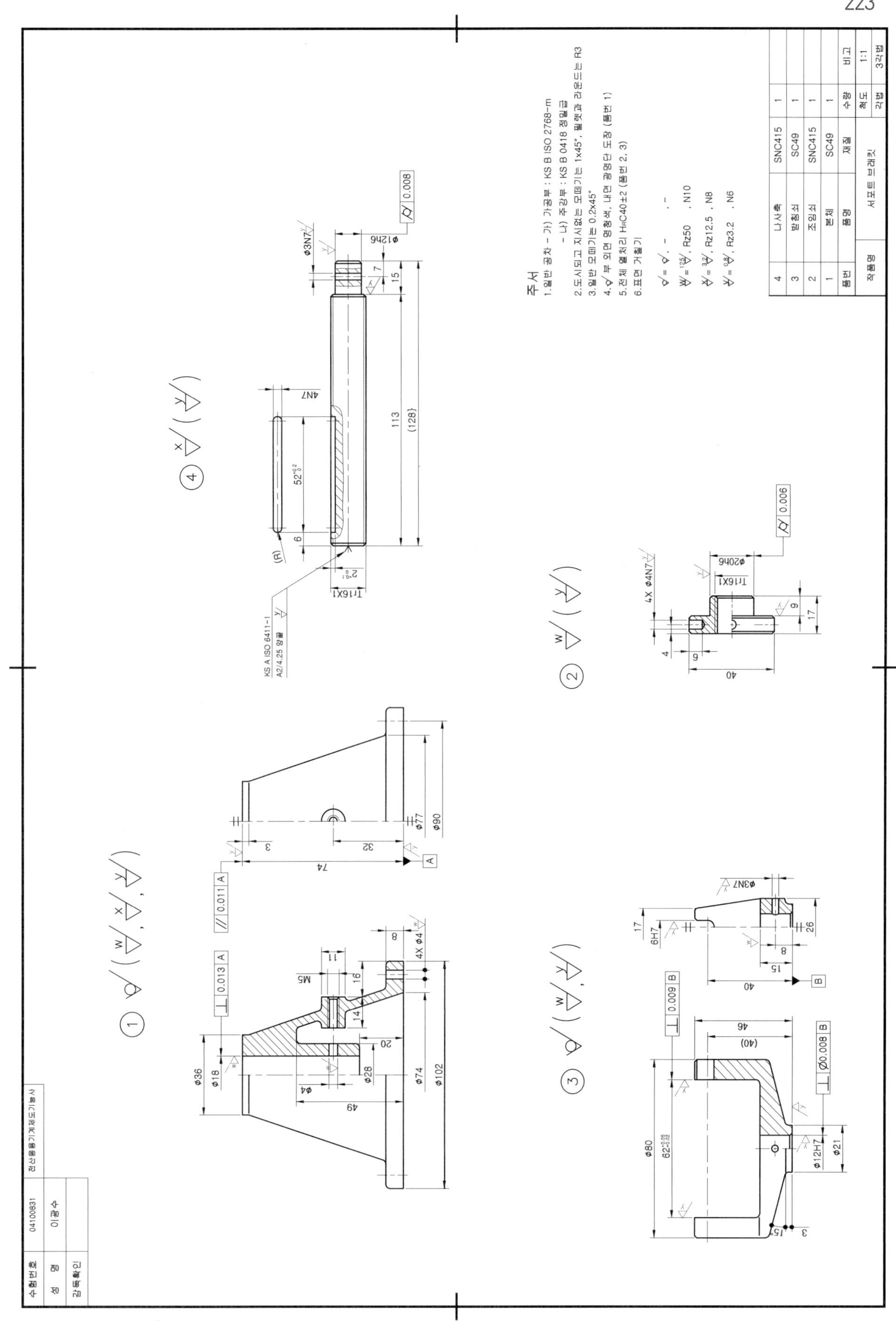

주서
1.일반 공차 - 가) 가공부 : KS B ISO 2768-m
- 나) 주강부 : KS B 0418 정밀급
2.도시되고 지시없는 모떼기는 1x45°, 필렛과 라운드는 R3
3.일반 모떼기는 0.2x45°
5.전체 열처리 HRC40±2 (품번 2, 3)
6.표면 거칠기
4 나사축 SNC415 1
3 받침쇠 SC49 1
2 조임쇠 SNC415 1
1 본체 SC49 1
품번 품명 재질 수량 비고
작품명 서포트 브래킷
척도 1:1
각법 3각법
수험번호 04100831
성명 이광수
감독확인
전산응용기계제도기능사

3D 모범답안 제출용 – 서포트 브래킷

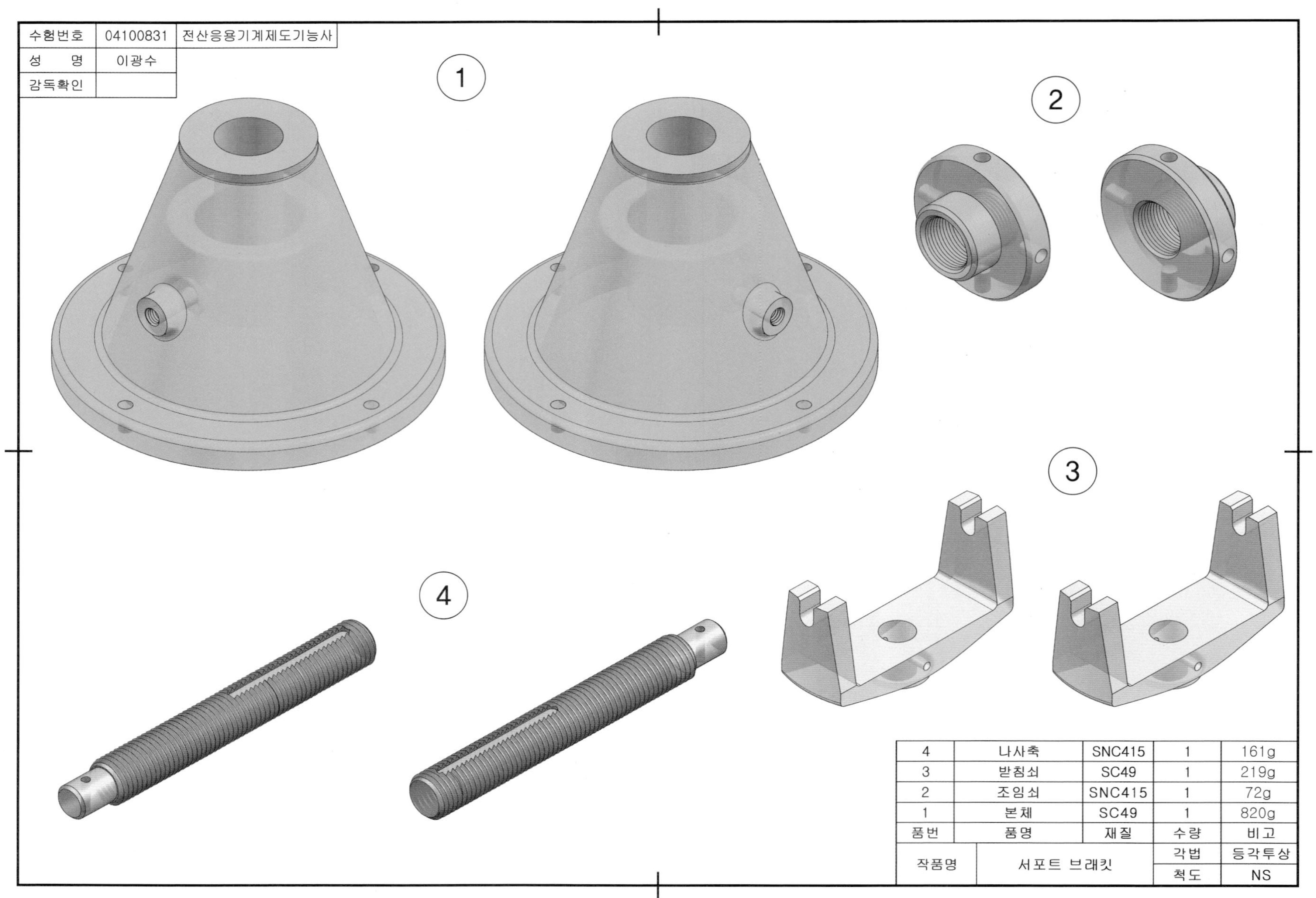

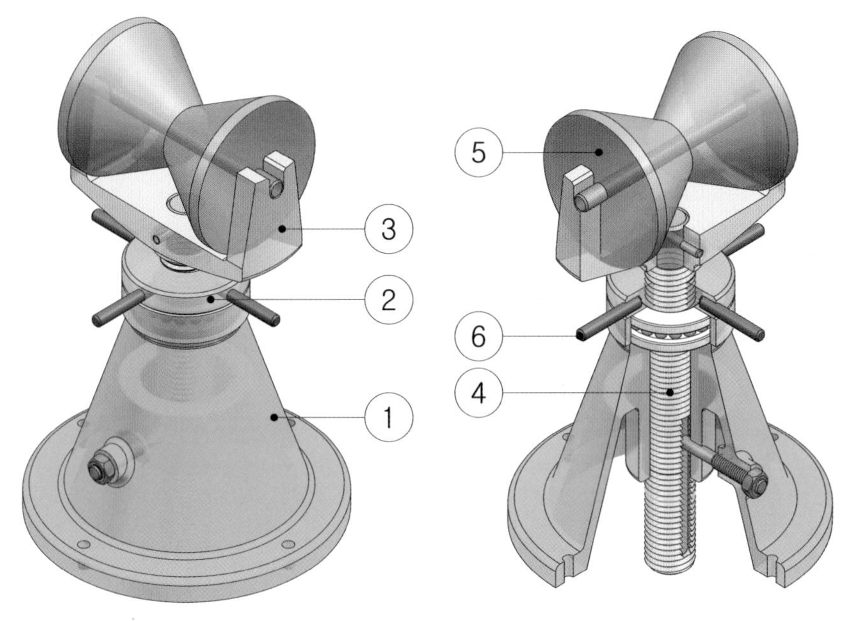

서포트 브래킷 조립도

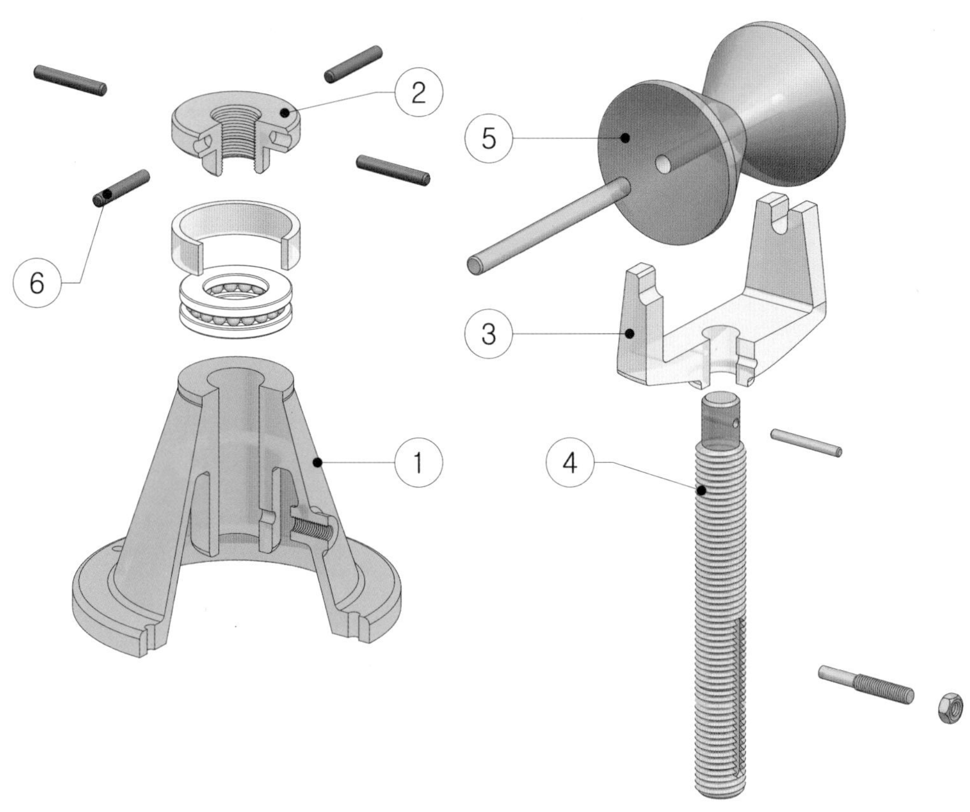

서포트 브래킷 구조도

전산응용기계제도기능사
실기

2019년 1월 20일 인쇄
2019년 1월 25일 발행

저자 : 이광수
펴낸이 : 이정일

펴낸곳 : 도서출판 **일진사**
www.iljinsa.com
(우)04317 서울시 용산구 효창원로 64길 6
대표전화 : 704-1616, 팩스 : 715-3536
등록번호 : 제1979-000009호(1979.4.2)

값 20,000원

ISBN : 978-89-429-1572-9